流体力学通论

刘沛清 著

科学出版社

北京

内容简介

本书是一本主要以传记形式和科普特色编著的流体力学通论。作者结合自己多年教学体会和经验，尝试一种将自然科学与人文历史相结合、知识传承与认知规律相结合的编纂模式，将抽象深奥的流体力学知识点打碎，从直观易懂的物理概念入手，以由浅入深、由表及里的方式，将流体力学发展史和基本知识点有机结合起来，分八章将流体力学基础、空气动力学、液体动力学、计算流体力学、实验流体力学、风洞和水洞设备、飞行奥妙与空气动力学原理和流体力学人物志等基本知识和发展历史介绍给读者，以便为初学者激发兴趣点、全面了解流体力学的发展和进一步深入学习提供参考。

本书适合于热爱流体力学的所有人们，包括大专院校的教师、研究生、本科生，从事与流体力学有关各行业的技术人员和科学爱好者，部分内容也适合于广大中学生。

图书在版编目（CIP）数据

流体力学通论/刘沛清著. —北京：科学出版社，2017
ISBN 978-7-03-051540-7

I.①流… II.①刘… III.①流体力学–物理学史 IV.①O35-091

中国版本图书馆CIP数据核字（2017）第009660号

责任编辑：鲁永芳　刘凤娟／责任校对：张凤琴
责任印制：徐晓晨／封面设计：楠竹文化

科学出版社 出版
北京东黄城根北街16号
邮政编码：100717
http://www.sciencep.com

北京虎彩文化传播有限公司 印刷
科学出版社发行　各地新华书店经销

*

2017年3月第 一 版　开本：720×1000　1/16
2021年5月第四次印刷　印张：43 3/4
字数：834 000
定价：298.00 元
（如有印装质量问题，我社负责调换）

刘沛清教授简介

刘沛清，男，1960年12月30日生，系山西省忻州市人，中共党员。1982年在华北水利水电学院获学士学位，1989年在河海大学获硕士学位，1995年在清华大学获博士学位。1997年至今，在北京航空航天大学流体力学研究所工作；2000年至今，任教育部流体力学实验室责任教授，博士生指导教师；2003年至2012年，任航空科学与工程学院副院长。现为航空气动声学工信部重点实验室主任，空气动力学国家级精品课负责人，国家级航空航天实验教学中心主任，国家航空科学技术实验室大型飞机高级人才培训班班主任，中国空气动力学学会第六届理事会理事，第十届流体力学专业委员会工业与环境流体力学专业组组长，《空气动力学学报》等编委。

2000年获全国100篇优秀博士论文称号。2003年获全国国防系统百名优秀博士、硕士先进工作者称号。2005年获国家教学成果二等奖。2009年获北京市优秀教师。2009年获北京市教学成果一等奖。2011年获北京市教学名师。2014年刘沛清负责的"先进飞行器高级人才联合培养基地"获全国示范性全日制工程硕士专业学位研究生联合培养实践基地称号。

承担教学任务：博士生课程"近代流体力学"；硕士生课程"湍流模型及

> 流体力学通论

其应用"和"水动力学理论";本科生全国精品课程"空气动力学"和北京航空航天大学通识课程"现代大学概论"。

长期从事空气动力学、水动力学实验和数值模拟工作。近年来结合国家自然科学基金重点、面上项目、国防预研和国防基础等课题,利用理论、实验和数值模拟等多种手段对工程中的一些复杂流动(旋涡分离与控制、高速层流控制技术等)开展了系统深入的研究,解决了一系列气动设计难题。近年来的主要研究方向有:航空气动声学试验、现代飞机旋涡分离及其控制技术、高速层流控制技术、现代高效轻质螺旋桨设计与优化技术、大型飞机起降气动特性、地面效应和水上迫降。研究成果在国内外学术刊物上发表论文200余篇,被SCI、EI收录60多篇,出版著作8部,授权国家发明专利19项。

电子信箱:lpq@buaa.edu.cn

办公电话:010-82339568

通信地址:北京航空航天大学新主楼C1109(邮编:100191)

前　言

如果说现代文明起源于机械工业的兴起和发展的话，那么流体力学与机械工业的结合起到了决定性的作用，也可以说流体力学是机械工业现代化皇冠上的一颗耀眼的璀璨明珠。无论是古代的水力机械还是现代最复杂的航空发动机的诞生，均与流体力学的发展密不可分，也可以说流体力学几乎涉足诸如水轮机、汽轮机、燃气轮机、膨胀机、风力机、水泵、风扇、通风机、压缩机、液力耦合器、液力变矩器、风动工具、气动马达、液压马达以及各种流体输运和控制设备等，所有以流体为工质来转换能量的机械。因此，毫无疑问，流体力学是机械工业最为活跃的一门专业基础学科，也是工科类院校开设的一门专业基础课程。为了激发初学者的学习兴趣，便于了解流体力学基本知识和发展规律，本书主要以传记形式和科普特征，将流体力学的科学知识与人文历史结合起来，分流体力学基础理论、空气动力学、液体动力学、计算流体力学、实验流体力学、风洞和水洞设备、飞行奥妙与空气动力学原理和流体力学人物志共八章介绍给读者。其中，流体力学基础、空气动力学、液体动力学和计算流体力学部分，主要介绍理论的发展及其应用；实验流体力学部分，主要介绍相似性原理、流动显示和测量技术等；风洞和水洞设备部分，主要介绍风洞和水洞设备的发展与应用；飞行奥妙与空气动力学原理部分，主要介绍飞行认知、飞行原理和飞机部件功用等；流体力学人物志部分，介绍了阿基米德、达芬奇、伽利略、牛顿、莱布尼茨、伯努利、欧拉、拉格朗日、亥姆霍兹、斯托克斯、雷诺、马赫等著名科学家在流体力学发展中的作用和主要成就。

流体力学通论

本书在内容的取材和论述过程中，从直观易懂的物理概念入手，将科学知识与历史发展相结合，用通俗易懂的语言介绍了流体力学的发展和概论。

本书承蒙北京大学工学院魏庆鼎教授和清华大学航天航空学院朱克勤教授的审阅，并提出重要建议，深表谢意。

在本书的编写过程中，作者还得到了北京航空航天大学应用空气动力学研究室的教师和同学们的大力支持。陆维爽博士生为本书的资料收集提供了帮助，借此表示衷心的感谢。

感谢科学出版社钱俊、鲁永芳编辑和其他同志们为本书的出版付出的辛勤劳动。

流体力学理论严谨，应用广泛，这对编著通论来说是一个不小的困难。所涉及内容除了理论、实验、数值计算三大分支外，尚有许多工业领域的应用，限于篇幅，本书无法全面介绍，这里主要选了空气动力学和液体动力学作为代表。因本人才疏学浅、精力有限，不妥之处在所难免，望广大读者批评指正。

刘沛清
于北京航空航天大学
2016年9月

目 录

前言

第 1 章　流体力学基础　/ 001

1.1　流体力学早期发展与微积分结合　/ 002

1.2　描述流体运动方法　/ 006

1.3　理想流体运动微分方程建立与应用　/ 014

1.4　黏性流体运动微分方程与涡量输运方程　/ 025

1.5　边界层理论的建立与应用　/ 030

1.6　层流转捩现象与稳定性理论　/ 036

1.7　湍流现象及其特征　/ 041

1.8　湍流的统计理论　/ 047

1.9　工程湍流理论　/ 054

1.10　湍流模式　/ 059

1.11　湍流高级数值模拟技术　/ 063

1.12　湍涡的多尺度讨论　/ 066

第 2 章　空气动力学　/ 077

2.1　空气动力学的发展概述　/ 078

2.2　低速翼型绕流　/ 083

2.3　翼型绕流物面近区边界层的发展与影响机理　/ 097

2.4　机翼的低速绕流　/ 106

2.5　可压缩空气动力学基础　/ 115

2.6　可压缩流动的求解方法　/ 131

2.7　高超声速空气动力学　/ 134

2.8　气动声学原理　/ 139

2.9　低速翼型及机翼失速特性　/ 149

2.10　在超声速流动中激波与边界层的干扰特性　/ 155

2.11　空气动力学在现代飞行器研制中的先导性作用　/ 164

第 3 章　液体动力学　/ 169

3.1　液体动力学发展　/ 170

3.2　液体运动　/ 176

3.3　一元流理论与机械能损失　/ 180

3.4　有压管道恒定流　/ 188

3.5　明渠恒定流　/ 192

3.6　有压管道非恒定流　/ 224

3.7　明渠非恒定渐变流　/ 233

3.8　水波动力学基础　/ 237

3.9　液体动力学应用　/ 276

第 4 章　计算流体力学　/ 287

4.1　计算流体力学起源　/ 288

4.2　离散格式与迭代方法　/ 292

4.3 计算流体力学应用 /298

4.4 计算流体力学商用软件 /306

4.5 大型轴流风机流场数值模拟 /309

4.6 大型气动声学低速回流风洞流场数值模拟 /316

第 5 章　实验流体力学　/ 327

5.1 经典流体力学实验 /328

5.2 相似性原理 /333

5.3 相似理论的应用 /339

5.4 流动显示技术 /345

5.5 流场速度测量技术 /355

5.6 流体力学动力量等的实验测量方法 /364

5.7 试验误差分析 /367

第 6 章　风洞与水洞设备　/ 375

6.1 风洞设备发展历史 /376

6.2 风洞类型 /382

6.3 低速风洞 /388

6.4 典型低速风洞简介 /398

6.5 超声速风洞 /416

6.6 跨声速风洞 /419

6.7 高超声速风洞 /431

6.8 变密度风洞 /437

6.9 水洞（或水槽）设备 /441

第 7 章　飞行奥妙与空气动力学原理 /447

7.1 飞行遐想 /448

7.2 飞行探索性认知 /453

7.3 飞行器的快速发展 /455

7.4 飞行原理 /461

7.5 机翼形状与空气动力系数 /473

7.6 超临界机翼 /481

7.7 机翼翼梢小翼 /490

7.8 细长体机身 /495

7.9 飞机稳定飞行时的力矩与尾翼 /501

7.10 飞机动力需求（发动机） /502

7.11 飞机的增升装置（高升力装置） /512

7.12 飞机起落架 /529

7.13 飞机气动噪声 /536

7.14 超声速飞机 /542

7.15 大型运输机的减阻技术 /550

第 8 章　流体力学人物志 /573

8.1 阿基米德 /574

8.2 达芬奇 / 575

8.3 伽利略 / 576

8.4 帕斯卡 / 577

8.5 牛顿 / 578

8.6 莱布尼茨 / 579

8.7 伯努利 / 580

8.8 欧拉 / 581

8.9 达朗贝尔 / 583

8.10 拉格朗日 / 584

8.11 拉普拉斯 / 585

8.12 凯利 / 586

8.13 高斯 / 587

8.14 泊松 / 588

8.15 纳维 / 589

8.16 柯西 / 590

8.17 圣维南 / 592

8.18 泊肃叶 / 593

8.19 达西 / 594

8.20 弗汝德 / 595

8.21 斯托克斯 / 596

8.22 亥姆霍兹 / 597

8.23 开尔文 / 598

8.24 黎曼 / 599

8.25 兰利 / 600

8.26 马赫 / 601

8.27 雷诺 / 602

8.28 瑞利 / 603

8.29 布辛尼斯克 / 604

8.30 拉伐尔 / 606

8.31 茹科夫斯基 / 606

8.32 李林达尔 / 607

8.33 兰姆 / 609

8.34 洛伦兹 / 610

8.35 莱特兄弟 / 611

8.36 兰彻斯特 / 612

8.37 普朗特 / 613

8.38 卡门 / 614

8.39 泰勒 / 616

8.40 周培源 / 617

8.41 柯尔莫哥洛夫 / 618

8.42 惠特尔 / 619

8.43 施利希廷 / 620

8.44 朗道 / 621

8.45 郭永怀 / 622

8.46 钱学森 / 623

8.47 陆士嘉 / 625

8.48 沈元 / 626

8.49 巴彻勒 / 627

8.50 惠特科姆 / 628

8.51 莱特希尔 / 629

8.52 庄逢甘 / 630

附录 A　湍涡运动随想　/ 633

- A.1　湍流啊湍流，我的冤家　/ 634
- A.2　一个小小湍涡的生命　/ 636
- A.3　悲壮的湍涡记忆性　/ 638
- A.4　两个卷绕着湍涡的对话　/ 639
- A.5　水调歌头·咏湍涡　/ 641
- A.6　小涡的追求与快乐　/ 642
- A.7　金缕曲·大涡破碎有感　/ 644
- A.8　一次观湖面水涡有感　/ 646
- A.9　对湍流无奈的发问？　/ 647
- A.10　一个湍涡追梦的历程　/ 648
- A.11　《天问》与《问湍流》之比拟　/ 651

附录 B　我的追梦　/ 661

- B.1　我的守望　/ 662
- B.2　追梦的人生　/ 664
- B.3　我童年的记忆　/ 666
- B.4　秋叶辉煌　/ 668
- B.5　春雪如花　/ 671
- B.6　沁园春·北航绿园　/ 675

参考文献　/ 677

后记　/ 684

第 1 章

流体力学基础

1.1 流体力学早期发展与微积分结合

公元前250年，受西西里岛叙拉古国王检验皇冠之委托，阿基米德（Archimedes，古希腊人，公元前287~公元前212年，如图1.1所示）研究了力平衡原理，提出著名的流体力学浮力定理，也是流体静力学的一部分。这期间苏格拉底、柏拉图、亚里士多德等古希腊科学家的成果主要停留在哲学层面。数学层面有毕达哥拉斯提出万事皆为数之概念，发现了勾股定律。公元以后直到文艺复兴之前，社会黑暗，科学发展缓慢。文艺复兴时期（公元14世纪到公元17世纪初），随着新兴资本主义的出现，手工业和机械工业的需求大大促进了数学和力学的发展。在这期间，意大利科学家伽俐略（Galileo Galilei，1564~1642年，如图1.2所示）发现了物体运动的惯性定律，研制了温度计和

▲图1.1 古希腊学者阿基米德（Archimedes，公元前287~公元前212年）

望远镜。意大利全才科学家达芬奇（Leonardo Di Serpiero Da Vinci，1452~1519年，如图1.3所示）发表了一系列对流动、旋涡、流体机械等定性认知成果，包括鸟飞行的定性原理，甚至在多幅画中把旋涡作为美的元素（如图1.4所示）。1653年法国科学家帕斯卡（B.Pascal,1623~1662年）提出流体静压力传递原理及帕斯卡定理，并制成水压机，后来伽

▲ 图1.2　意大利科学家伽利略（Galileo Galilei，1564~1642年）

利略和意大利科学家托里拆利（E.Torricelli，1608~1647年）从大气实验(1643年)中发现了大气压力随高度的变化。这些为经典流体力学理论的建立奠定了基础。但直到17世纪后期微积分出现之前，人类的这些定性认知是碎片化的，不成体系。应该说，只有在17世纪下叶英国科学家牛顿（Isaac Newton，1643~1727年，如图1.5所示）和德国科学

▲ 图1.3　意大利全才科学家达芬奇（Leonardo Di Serpiero Da Vinci，1452~1519年）

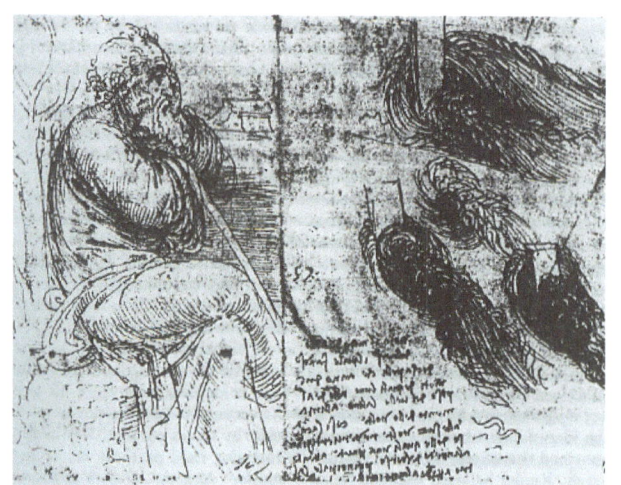

◆ 图1.4 达芬奇画"老人与旋涡"与"湍流"

家莱布尼茨（Gottfried Wilhelm Leibniz，1646～1716年，如图1.6所示）发明微积分后，才为流体力学的发展奠定了坚实的数学基础，并注入了无穷的活力。历史记载[3]，牛顿的"流数概念"微积分是在1666年撰写的一篇未公开发表的短文中提出的，而莱布尼茨是1675年在未发表的手稿和通信中提到微积分，两人拥有独立的发明权。1684年，莱布尼茨正式发表他对微分的发现。两年后，他又发表了有关积分的研究。现在通用的微积分符号是莱布尼茨提出的。后人通过研究莱布尼茨的手稿还发现，莱布尼茨和牛顿是从不同的思路创建微积分的：牛顿是为解决运动问题，先有导数概念，后有积分概念；莱布尼茨则反过来，受其哲学思想的影响，先有积分概念，后有导数概念。牛顿仅仅是把微积分当成物理研究的数学工具，而莱布尼茨则意识到了微积分将会给数学带来一场革命。牛顿与莱布尼茨微积分发明权之争，在历史上演变成了英国科学界与德国科学界、乃至与整个欧洲大陆科学界的对抗。英国数学家此后在很长一段时间内不愿接受欧洲大陆数学家的研究成果。他们坚持教授、使用牛顿那套落后的微积分符号和过时的数学观念,使得英国的数学研究停滞了一个多世纪,直到1820年才承认欧洲大陆其他国家的数学成果,重新加入国际主流。

微积分将发展变化的观点引入数学(可看成动态数学),可以说是对静态数学的一次彻底革命,是基于渐进趋近、无限逼近的极限,哲学上是

▲ 图1.5 英国科学家牛顿(Isaac Newton,1643~1727年)

一个永远达不到但又无限逼近的过程。1686年牛顿发表了著作《自然哲学之数学原理》,提出了万有引力和物体运动的三大定理,阐述了动量及角动量定律、冷却定律以及流层之间的牛顿内摩擦定律。牛顿是将物体运动与微积分概念有机结合的科学巨匠,在牛顿影响下,可以说流体

▲ 图1.6 德国科学家莱布尼茨(Gottfried Wilhelm Leibniz,1646~1716年)

力学创立与发展是微积分与流动现象有机结合的结晶，表现出了数学与物理学完美结合产生的巨大威力。

将流体力学中的数学与物理学关系可概括成如下四句话：

数学之美，
物理之妙。
数理结合，
美妙无穷。

1.2 描述流体运动方法

按照定义，质点是微观上充分大（由大量分子组成）、宏观上足够小到可忽略体积大小的带质量的空间点(物质点)，是流体力学研究的最小单元。以空气为例说明之，在海平面上，气压为101325Pa，温度288.15K，1cm^{3}空间含有空气分子2.7×10^{19}个，分子的平均自由程10^{-8}m，在什么情况下分子流满足质点连续流的定义而不是离散流，涉及分子平均自由程与物体特征尺度之间的关系。丹麦物理学家克努森(M. Knudsen，1871～1949年，如图1.7所示)研究分子运动论和气流中的低压现象时，提出用克努森数(Kn数)来判断分子的相对离散程度，Kn数定义为分子平均自由程与研究物体的特征尺度之比值。中国科学家钱学森（1911～2009年，如图1.8所示）在1946年研究稀薄气体动力学时，提出用Kn数判断流体运动的连续条件。一般空气分子平均自由程为10nm量级，把克努森数小于0.01的称为连续流，即宏观尺度要在 1000nm 以上才可认为是连续流,这时可采用流体力学方程描述流体运动。而 Kn 在 0.01~1 称为滑移流。可用有滑移边界条件的黏性流体运动方程描述流体运动。Kn 在 1.0~10 称为过渡流。Kn 大于 10 称为分子流,此时采用分子离散流假设,直接用分子运动的玻尔兹曼方程(Boltzmann equation)来描述流体运动。也就是说,宏观尺度小于 1nm 即为彻底的分子流运动(离散运动)。一但进入连续流状态,个别分子的碰撞与穿插等效应对主流的影响几乎到了微乎其微的地步,如同大象的行为(物体尺度)靠大象身上个别蚂蚁(分子)的随机运动是撼不动的。

▲图1.7 丹麦物理学家克努森(M.Knudsen,1871~1949年)

$$Kn = \frac{l(\text{分子的平均自由程})}{L(\text{宏观运动物体尺度})} = \begin{cases} \leqslant 0.01, & \text{连续流(物体尺寸} \geqslant 1000\text{nm)} \\ \approx 0.01\sim1.0, & \text{滑移流} \\ \approx 1.0\sim10.0, & \text{过渡流} \\ \geqslant 10, & \text{分子流(离散流,物体尺度小于1nm)} \end{cases}$$

因此,流体力学连续介质假设认为:流体是由无数个质点组成,它们在任何情况下均无空隙地充满着所占据的空间。也就是说,要求流体质点和空间点在任何情况下(运动和静止),均必须满足一对一的关系,即每一个流体质点在任一时刻只能占据一个空间点,而不能占据两个以上空间点(确保解不出现间断);每一个空间点在任一时刻只能被一个流

▲ 图1.8 中国科学家钱学森（1911～2009年）

体质点所占据，而不能被两个以上质点所占据（确保解不出现多值），这样人们自然会把单值连续可微函数引入到流体流动物理量的分析中。对于满足连续性条件的无数多个流体质点而言，当它们发生运动时，如何正确表征各个流体质点的运动特性，必须回答两个基本问题，其一是怎样跟踪和区分每一个流体质点，其二是如何描述每一个流体质点的运动特征及其变化，这就是流体运动学的基本问题。根据观察者着眼点的不同，对流体质点的运动可用拉格朗日方法和欧拉方法描述。

1. 拉格朗日方法

这种方法也称为流体的质点系法。其标识和确认所有流体质点（不标识空间点），然后记录每个质点在不同时刻的位置坐标，从而达到对整体流动行为的了解。显然这种方法要求观察者随时随地跟踪每个流体质点，记录该质点运动历程（直接测量资料是不同时刻质点的位置，引出质点轨迹线的概念），从而获得整体流动的运动规律。其中，以静止时刻或某一初始时刻 t_0 时质点的位置坐标 (a, b, c) 作为流体质点的标识符（做到质点标识不重名，如图1.9所示），则在任意 t 时刻，质点 (a, b, c) 所处的空间位置为 $x(a,b,c,t)$，$y(a,b,c,t)$，$z(a,b,c,t)$，跟踪所有质点的全过程，就可以了解流动全貌。其中，不同时刻任意质点的位置记录即为直接测量资料，由此通过定义、定律得到的如速度、加速度数据为间接测量数据。

$$u = \frac{\partial x(a,b,c,t)}{\partial t}, \quad v = \frac{\partial y(a,b,c,t)}{\partial t}, \quad w = \frac{\partial z(a,b,c,t)}{\partial t}$$

$$a_x = \frac{\partial u(a,b,c,t)}{\partial t}, \quad a_y = \frac{\partial v(a,b,c,t)}{\partial t}, \quad a_z = \frac{\partial w(a,b,c,t)}{\partial t}$$

式中，u,v,w 分别表示 x,y,z 三个方向上的速度分量；a_x,a_y,a_z 分别表示 x,y,z 三个方向上的加速度分量。

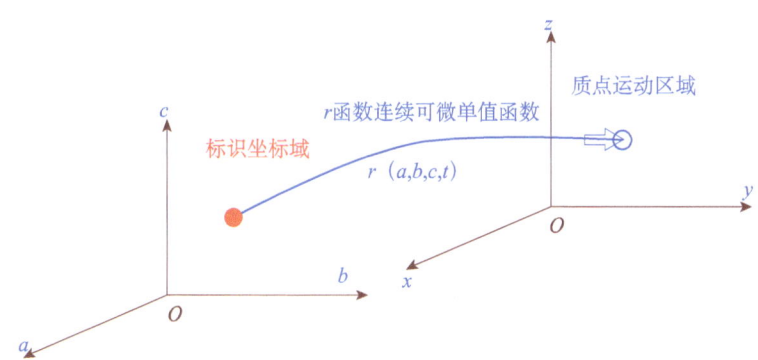

▲ 图1.9　质点标识法

对于任意流体质点，其在不同时刻所处空间位置的连线称为该质点的迹线（如图 1.10 所示）。迹线方程可表示为

$$\frac{\mathrm{d}x}{u} = \frac{\mathrm{d}y}{v} = \frac{\mathrm{d}z}{w} = \mathrm{d}t$$

这种盯着质点的方法（形象地可看为"警察跟踪小偷"的工作方式），实际上是理论力学中的质点系法的直接延伸，之所以是概念延伸，这里指无数连续质点系，那里指可数离散质点系，这种由个别到一般概念的延伸是否可行在数学上值得研究。这种方法概念清晰，便于物理定律的直接推广。但缺点是，记录资料过多，尤其是对于仅考察局部区域的流动特征十分不便。例如每年到汛期，人们仅想了解武汉段的长江水情（武汉关水位），但用这种方法描述时，必须把通过武汉段

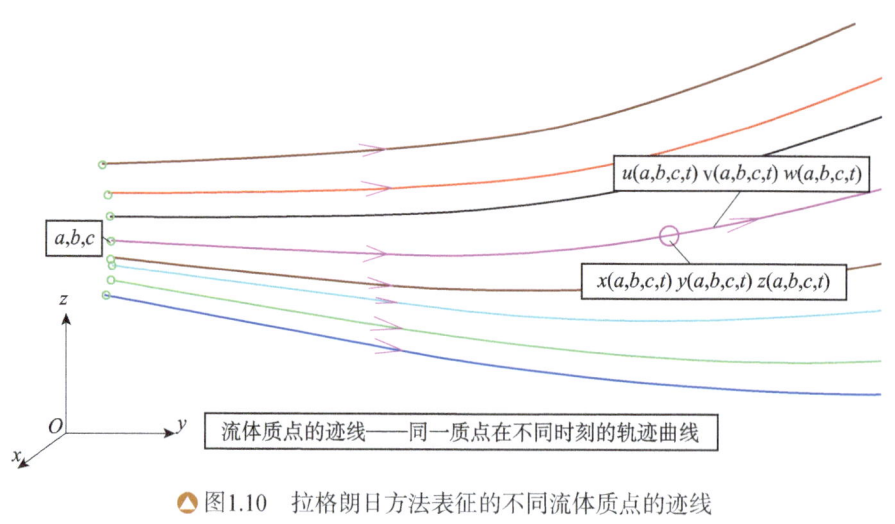

▲ 图1.10 拉格朗日方法表征的不同流体质点的迹线

长江内的所有水质点的来龙去脉搞清楚，全程跟踪并记录各质点流动过程，才能刻画武汉段长江内的流动特征。这样做，实际上对不在武汉段长江内的水质点许多记录是无用的。

2. 欧拉方法

这种方法也被称为空间点法或流场法。为了避免拉格朗日方法不必要的资料记录，欧拉提出不标识流体质点，改成标识流动区域的空间点（空间点和质点的关系仍然满足连续性假设），观察者相对于空间点不动，记录不同时刻不同质点通过固定空间点的快慢，观察者直接记录的量是不同时刻通过空间点的质点速度值，如将每个空间点上布置一个观察者，记录每个空间点在各时刻的质点速度值，就可以对所考察的流动区域特征给出全面了解。请注意，这种方法虽然标识的是空间点，但研究的仍然是流体质点，因此可以说是无标识的质点系法。例如，对于所考察区域的任一空间点的位置坐标为 (x,y,z)，在 t 时刻直接记录通过该空间点的流体质点速度为 $u(x,y,z,t)$，$v(x,y,z,t)$ 和 $w(x,y,z,t)$，如对流动区域中的所有空间点全部记录所通过的质点速度，就可以了解该区域在任意时刻的流场全貌，这种方法不需要标识流体质点信息，而是需要记录任意流体质点通过固定空间点的速度信息，因此表征的是任意时刻流体质点速度在空间上的分布，故称其为流场方法。其中，任意时刻通过任一空间点流体质点的速度记录是直接测量值，由此通过定义、定律得到的加速度值为间接测量值。形象地说，这种方法也可以看成"守株待兔"的工作方式。

这种方法引出流线概念，即指在流场中某一时刻通过任意一点的一条特定曲线，在该曲线上各点的流体质点的速度方向与曲线在该点的切线方向平行（如图1.11所示）。在某一时刻，过流场中任意一点的流线方程为

$$\frac{\mathrm{d}x}{u} = \frac{\mathrm{d}y}{v} = \frac{\mathrm{d}z}{w}$$

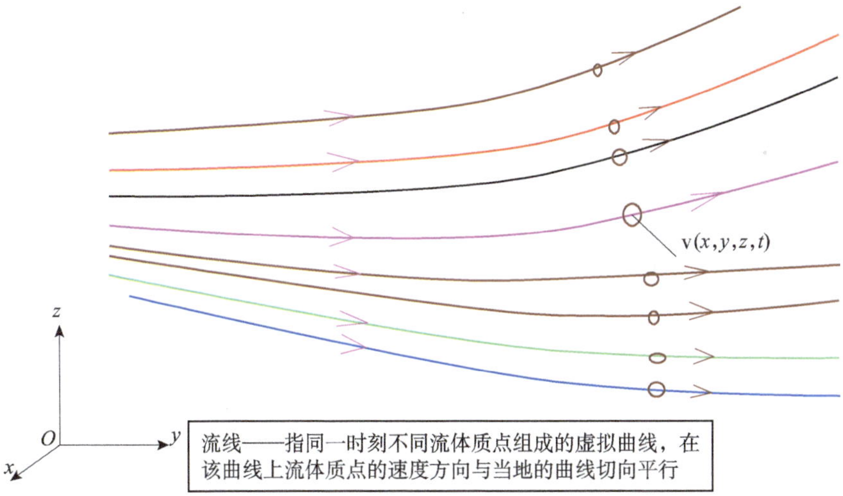

流线——指同一时刻不同流体质点组成的虚拟曲线，在该曲线上流体质点的速度方向与当地的曲线切向平行

▲ 图1.11 欧拉方法表征的流场中的流线

流线是反映流场瞬时流速方向的曲线。与迹线相比，迹线是同一质点在不同时刻的轨迹线。根据流线的定义，可知流线具有以下性质：

（1）在定常流动中，流体质点的迹线与流线重合。在非定常流动中，流线和迹线一般是不重合的。

（2）在定常流动中，流线是流体质点不可偏离的曲线。

（3）在常点处，流线不能相交、分叉、汇交、转折，流线只能是一条光滑的曲线。也就是说，在同一时刻，一点处只能通过一条流线。

（4）在奇点和零速度点例外，不满足第（3）点。

应该指出，空间点上的速度本质上是指 t 瞬时恰好占据该空间点流体质点的速度。在数学上，把一个布满了某种物理量的空间称为场，流体流动所占据的空间称为流场。如果物理量是速度，则描述的是速度场；如果是压强，则称为压强场。在高速流动时，气流的密度和温度也随流动有变化，就还有一个密度场和温度场。这都包括在流场的概念之内。

用欧拉法来描述流场时，观察者直接测量的是通过空间点的流体质点速度，那么如果在某一时段内任意跟踪一个流体质点，其运动的速度变化如何，怎样正确表达在欧拉坐标系下该质点运动的加速度呢，由此提出欧拉导数概念，流体力学也称为随体导数。以局部跟踪某一固定流体质点的加速度为例说明之。设在任意 t 时刻，占据 (x, y, z) 空间点的流体质点速度 $u=(t, x, y, z)$，在 $t+\Delta t$ 时刻，所跟踪的流体质点运动到空间点 $(x+\Delta x, y+\Delta y, z+\Delta z)$，其速度 $u=u(t+\Delta t, x+\Delta x, y+\Delta y, z+\Delta z)$，按照定义，该质点的加速度（速度的随体导数）为

$$\frac{du}{dt} = \lim_{\Delta t \to 0} \frac{u(t+\Delta t, x+\Delta x, y+\Delta y, z+\Delta z) - u(t, x, y, z)}{\Delta t}$$

$$= \frac{\partial u}{\partial t} + u\frac{\partial u}{\partial x} + v\frac{\partial u}{\partial y} + w\frac{\partial u}{\partial z}$$

如果跟着流体质点运动，其压强的随体导数为

$$\frac{\mathrm{d}p}{\mathrm{d}t} = \frac{\partial p}{\partial t} + u\frac{\partial p}{\partial x} + v\frac{\partial p}{\partial y} + w\frac{\partial p}{\partial z}$$

随体导数的一般表达式为

$$\frac{\mathrm{d}}{\mathrm{d}t} = \frac{\partial}{\partial t} + u\frac{\partial}{\partial x} + v\frac{\partial}{\partial y} + w\frac{\partial}{\partial z}$$

请注意，这里的随体导数与场论中的全导数是不同的。在场论中，一个函数 u 的全导数是

$$\frac{\mathrm{d}u}{\mathrm{d}t} = \frac{\partial u}{\partial t} + \frac{\mathrm{d}x}{\mathrm{d}t}\frac{\partial u}{\partial x} + \frac{\mathrm{d}y}{\mathrm{d}t}\frac{\partial u}{\partial y} + \frac{\mathrm{d}z}{\mathrm{d}t}\frac{\partial u}{\partial z}$$

如果是随体导数，必须跟踪指定的流体质点，则才有二者相等。因为此时坐标增量满足同一质点的运动条件，即 dx=udt，dy=vdt，dz=wdt。从上述随体导数表达式中可看出，在欧拉坐标系下，任意流体质点的加速度由局部加速度和迁移加速度组成，前者决定于速度场的非定常性，后者决定于速度场的不均匀性。由于任何物理定理均是针对物质而言的，因此在欧拉坐标系下跟着流体质点的物理量导数均指随体导数。

概括起来，拉格朗日法描述流体运动的方法是：整体跟踪，全程记录。欧拉方法描述流体运动的方法是：局部跟踪，全区记录。

1.3 理想流体运动微分方程建立与应用

18世纪，在机械工业的推动下，经典力学在微积分支撑下进入建立系统理论体系和广泛应用的时代。这期间基于微积分连续可微函数概念和质点系力学理论的结合，构成了经典连续介质力学体系。基于质点系概念的连续介质假设，是力学引进微积分建立理论体系的基础。

1738年瑞士科学家伯努利（Daniel Bernoulli，1700～1782年，如图1.12所示）将质点动能定理沿着同一微元流管两截面建立，导出一元流机械能守恒方程，即著名的理想流体定常流动能量方程（后称为伯努利方程），1757年瑞士数学家欧拉（Leonhard Euler，1707～1783年，如图1.13所示）将这一方程推广至可压缩流动。对于理想不可压缩流体的定常流动，在质量力为重力作用下，沿同一条流线上的单位重量流体质点的总机械能守恒（单位重量流体质点的位置势能、压强势能和动能之和不变）。

▲图1.12 瑞士科学家伯努利（Daniel Bernoulli，1700～1782年）

$$z+\frac{p}{\gamma}+\frac{V^2}{2g}=C$$

其中，z 为流体质点的位置；p 为流体质点的压强；V 为流体质点的速度；γ 为流体容重；g 为重力加速度；C 为常数。在不计质量力的条件下（空气的质量密度小，可以忽略重力的影响），此时沿同一条流线单位质量流体质点的压强势能和动能之和不变。

▲图1.13　瑞士数学家与流体力学家欧拉（Leonhard Euler，1707～1783年）

$$\frac{p}{\rho}+\frac{V^2}{2}=C$$

伯努利方程的发现，正确地回答了机翼上翼面吸力对升力的贡献。后来的风洞试验表明：对于翼型而言，上翼面吸力的贡献约占翼型总升力的60%～70%。

1752年法国科学家达朗贝尔（Jean le Rond d'Alembert，1717～1783年，如图1.14所示），在发表的"流体阻尼的一种新理论"一文中，首次用流

▲图1.14　法国科学家达朗贝尔（Jean le Rond d'Alembert，1717～1783年）

体力学的微分方程表示场，提出了任意三维物体理想流体定常绕流无阻力的达朗贝尔佯谬。1753年欧拉提出了连续介质假设，1755年提出描述流体运动的空间点法（即欧拉方法），并基于连续介质假设和理想流体模型，利用牛顿第二定理建立了理想流体运动微分方程。即

$$\frac{du}{dt} = \frac{\partial u}{\partial t} + u\frac{\partial u}{\partial x} + v\frac{\partial u}{\partial y} + w\frac{\partial u}{\partial z} = f_x - \frac{1}{\rho}\frac{\partial p}{\partial x}$$

$$\frac{dv}{dt} = \frac{\partial v}{\partial t} + u\frac{\partial v}{\partial x} + v\frac{\partial v}{\partial y} + w\frac{\partial v}{\partial z} = f_y - \frac{1}{\rho}\frac{\partial p}{\partial y}$$

$$\frac{dw}{dt} = \frac{\partial w}{\partial t} + u\frac{\partial w}{\partial x} + v\frac{\partial w}{\partial y} + w\frac{\partial w}{\partial z} = f_z - \frac{1}{\rho}\frac{\partial p}{\partial z}$$

其中，u，v，w分别为质点的速度分量；f_x，f_y，f_z分别为作用于质点上的单位质量力；p为质点所受的压强。该微分方程组清楚地表明，改变流体微团运动行为的是作用于微团上的质量力和微团表面上的压强力。也就是说，如果不考虑质量力，沿着某个方向无压力梯度，则沿该方向流体质点的速度保持不变。写成矢量形式为

$$\frac{d\vec{V}}{dt} = \vec{f} - \frac{1}{\rho}\nabla p$$

对于质量力有势、理想不可压缩流体的定常流动，沿着流线积分欧拉方程组，可得到伯努利方程。进一步研究表明，不仅沿着同一条流线满足伯努利方程，沿着同一条涡线、势流流场、螺旋流均满足伯努利方程。

1781年法国科学家拉格朗日（Joseph-Louis Lagrange，1736～1783年，如图1.15所示）提出描述流体运动的质点法，建立了流体质点运动速度与速度势函数和流函数的关系；并在此基础上，建立了理想正压流体在质量有势的条件下无旋流动的守恒性定理。1785年法国科学

家拉普拉斯（Pierre-Simon Laplace,1749～1827年，如图1.16所示）建立了基于力势函数的拉普拉斯方程。至此，理想流体力学和无旋流动经典理论体系基本建立。

▲图1.15　法国科学家拉格朗日（Joseph-Louis Lagrange，1736～1813年）

▲图1.16　法国科学家拉普拉斯（Pierre-Simon Laplace，1749～1827年）

1799年意大利物理学家文丘里（G. B. Venturi,1746～1822年）通过对变截面管道实验，发明了著名的文丘里流量管（如图1.17所示）。通过收缩管段将压能转化为动能，然后经扩散管段将动能转化为压能，文丘里管是利用收缩和扩散管段的组合形式来测定流量的。利用伯努利能量方程，如图1.18所示，建立上游断面1-1与喉道断面3-3之间能量方程和连续方程，得到通过管道的流量计算公式为

$$V_3 = \frac{\mu}{\sqrt{1-d_3^4/d_1^4}}\sqrt{2gh}, \quad Q = V_3 A_3$$

其中，d_1 为上游断面管道直径；d_3 为喉道断面直径；Q 为通过管道流量；h 为上游断面与喉道断面之间的测压管水头差（实验测取），μ 为文丘里流量系数（一般在 0.95~0.99）。

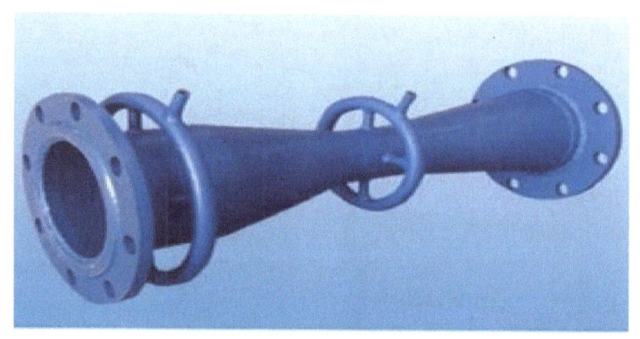

▲ 图1.17　文丘里流量管

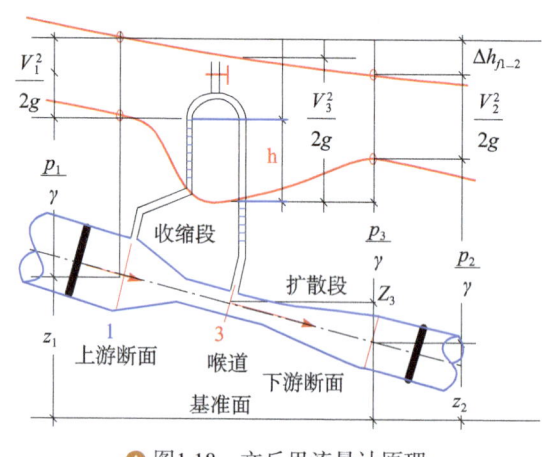

▲ 图1.18　文丘里流量计原理

进入 19 世纪，流体力学重点关注了理想流体无旋运动理论问题及其解，建立了理想流体旋涡运动理论和黏性流体力学方程等。以理想流体力学理论应用为核心，对绕过不同物体的理想不可压缩无旋流动进行了求解，如获得绕圆球、圆柱和绕角流等的势流解，利用势流叠加原理，提出势流奇点解法。1813 年法国数学家柯西（Augustin Louis Cauchy，1789~1857 年，如图 1.19 所示）提出复变函数，1850 年德

◐ 图1.19 法国数学家柯西（Augustin Louis Cauchy，1789~1857年）

◐ 图1.20 德国数学家黎曼（Georg Friedrich Bernhard Riemann，1826~1866年）

国数学家黎曼（Georg Friedrich Bernhard Riemann，1826~1866年，如图1.20所示）完成复变函数为解析函数的单值条件，1868年德国流体力学家亥姆霍兹（Hermann Ludwig Ferdinand von Helmholtz，1821~1894年，如图1.21所示）基于流函数和势函数建立了复变函数的势流解法（如图1.22所示）。与此同时，1858年亥姆霍兹提出了流体微团的速度分解定理，同时研究了理想不可压缩流体在有势力作用下的有旋运动，提出亥姆霍兹旋涡运动的三大

◐ 图1.21 德国流体力学家亥姆霍兹（Hermann Ludwig Ferdinand von Helmholtz，1821~1894年）

定律，即沿涡管的涡强不变定律、涡管保持定律和涡强守恒定律，建立了理想流体旋涡运动理论。1871年英国科学家兰金（W. J. M. Rankine，1820~1872年，如图1.23所示）基于理想流体理论，完善了奇点叠加原理，建立了自由涡、强迫涡和组合涡的数学理论，提出了著名的兰金涡流模型。1869年奥地利物理学家和哲学家玻尔兹曼（Ludwig Edward Boltzmann，1844~1906年，如图1.24所示）将麦克斯韦速度分布律推广到保守力场作用下的情况，得到了玻尔兹曼分布律。1872年，玻尔兹曼建立了著名的玻尔兹曼方程（又称输运方程），用来描述气体从非

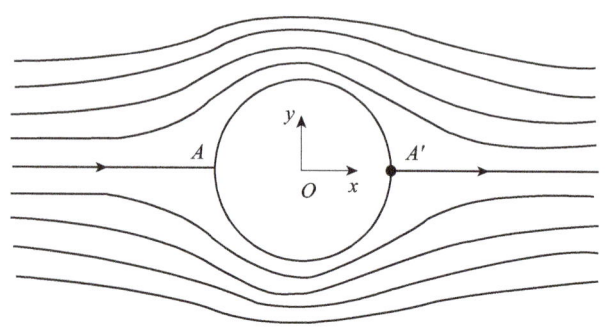

▲ 图1.22　理想流体圆柱绕流

▲ 图1.23　英国科学家兰金（W. J. M. Rankine，1820~1872年）

▲ 图1.24　奥地利物理学家和哲学家玻尔兹曼（Ludwig Edward Boltzmann，1844~1906年）

平衡态到平衡态过渡过程的统计力学,并且从统计意义对热力学第二定律进行了阐释。玻尔兹曼方程是描述稀薄气体运动的方程。

1871年英国科学家兰金,针对稳定的集中涡及其诱导流场提出著名的兰金涡流模型(如图1.25所示),该模型建立了自由涡和强迫涡的组合模型。据此得到,在涡核内为等涡量圆柱旋转流场,在涡核外部为自由涡诱导流场。由此得到的速度场和压强场为:

在涡核内,为等涡量的有涡流场(因变形速率为零,实际上也是无黏流动),其周向速度满足刚体绕轴旋转规律,即

$$u_\theta = \frac{\Gamma}{2\pi R^2} r$$

其中,u_θ为在半径r处圆周方向的速度;R为涡核半径;Γ为涡强(速度环量)。在任意半径r处相应的静压强为

$$p = p_c + \frac{1}{2}\rho u_\theta^2$$

其中,p_c为涡核中心处的静压强。

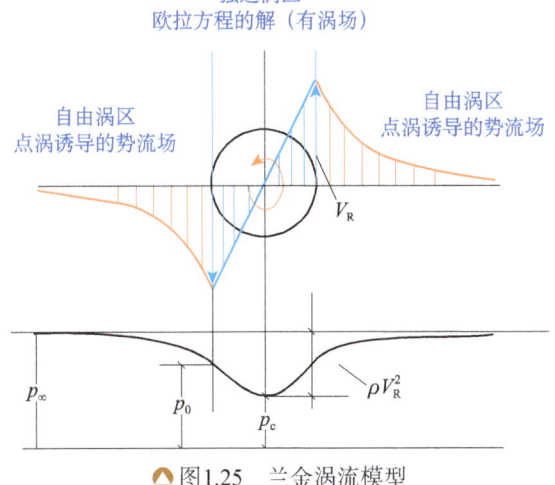

▲图1.25 兰金涡流模型

在涡核外,为点涡诱导的无涡流场(但因变形速率不为零,实际

上属于有黏性的"势流"），在半径 r 处的周向速度为

$$u_\theta = \frac{\Gamma}{2\pi r}$$

静压强为

$$p = p_\infty - \frac{1}{2}\rho u_\theta^2$$

其中，p_∞ 为无穷处的压强。外流压强与涡心处的压强之差为

$$\Delta p = p_\infty - p_c = \rho u_\theta^2(R) = \rho V_R^2$$

在涡核外，黏性切应力为

$$\tau_{r\theta} = 2\mu\gamma_{r\theta} = -\frac{\mu\Gamma}{\pi r^2}$$

在涡核边界上，扭矩 M_Z 和功率分别为

$$Mz = \int_0^{2\pi}\tau_{r\theta}R\mathrm{d}(R\theta) = -2\Gamma\mu, \quad P_w = \frac{\mu\Gamma^2}{\pi R^2}$$

其中，ρ 为流体密度；μ 为流体动力黏性系数。

这个模型得到的解也是精确的 N-S 方程解，对于对称面的二维流场，假设速度场满足 $u_\theta = f(r), u_r = 0$，代入 N-S 方程组，可获得上述解。

兰金涡流模型为人们认识空间集中涡（特别是龙卷风）形成机理提供了基础，如图 1.26～图 1.28 所示。从流体力学角度看，龙卷风实际上是一个空间集中涡的形成和发展过程。如果是飞机的尾涡就不难理解，因为产生的根源是飞机运动。但是，如果没有飞机呢，在理想流体流动和均匀流场中是生不成的。但是，对于黏性流体发生切变行为和对流作用时，就无法得出此结论。事实上，如果发生风切变，肯定会产生涡量，问题是这些涡能否集中起来，如果集中起来，是否会

发展很强。分布的涡量是否可以集中起来，就要看对流速度方向与涡量的夹角，如果对流速度方向与涡量的矢量方向几乎平行，有涡量的气流通过卷绕合并起来是可能的；如果轴心区速度很大，涡量会越来越集中，最终导致涡管面积变小，涡量增大。旋风也是如此生成的。龙卷风一般都是顶天立地，为什么呢？这是因为水平对流风切变（可以是空中的，也可以是地面的），将产生涡量分布区域大，这时涡量区面积大，但涡量值小，按照斯托克斯公式，涡量的积分值（涡强）是很大的。如果遇到强上升气流（温差产生的），将会快速卷绕起来，面积越来越小，涡量越来越大，形成强大的龙卷风是可能的。

由此看来，大范围的水平风切变和垂直方向的强对流耦合作用将会形成强大的龙卷风。

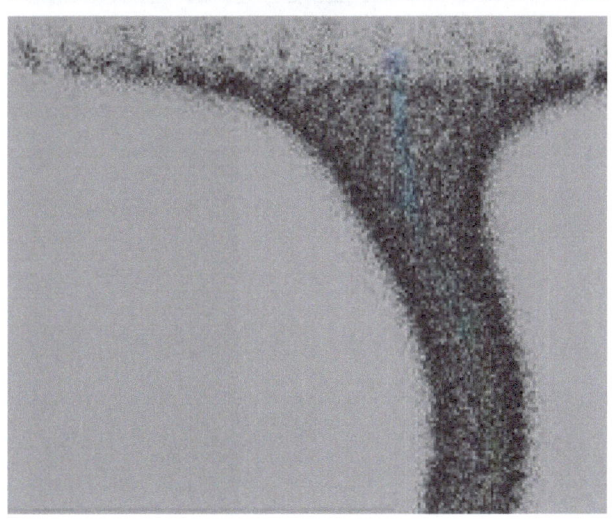

图1.26　龙卷风（www.16399.net）

▲ 图1.27　漩涡（sucai.redocn.com，xcbol.131.com）

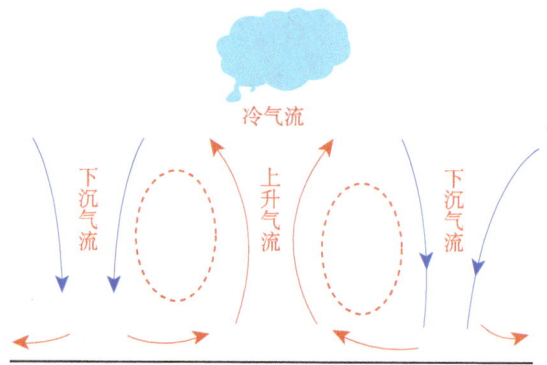

▲ 图1.28（a）　热对流引起的地表大气特征

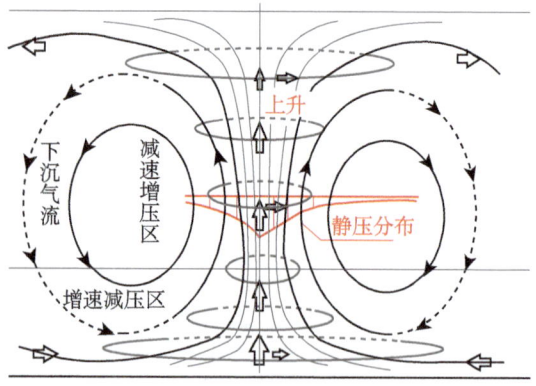

▲ 图1.28（b）　上升气流引起的龙卷风结构

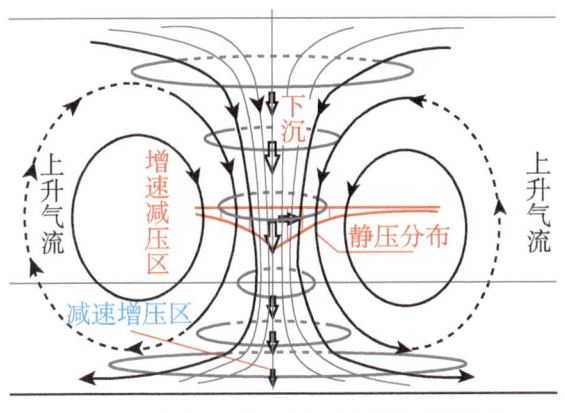

▲ 图1.28（c） 下沉对流引起的龙卷风结构

1.4 黏性流体运动微分方程与涡量输运方程

鉴于理想流体有势运动圆柱绕流无阻力与实际不符，人们开始研究黏性流体运动，基于牛顿内摩擦定律(1686年)，建立了黏性应力与流体微团变形速率之间的本构关系，并在1755年欧拉理想流体运动方程的基础上，经过1822年法国工程师纳维（Claude-Louis Navier，1785～1836年，如图1.29所示）、1829年法国科学家泊松(Simeon-Denis Poisson 1781～1840年，如图

▲ 图1.29 法国力学家纳维（Claude-Louis Navier，1785～1836年）

▲ 图1.30 法国科学家泊松（Simeon-Denis Poisson，1781～1840年）

▲ 图1.31 法国流体力学家圣维南（Adhémar Jean Claude Barré de Saint-Venant，1797～1886年）

1.30所示）、1843年法国力学家圣维南（Adhémar Jean Claude Barré de Saint-Venant，1797～1886年，如图1.31所示），最后由1845年英国科学家斯托克斯（George Gabriel Stokes，1819～1903年，如图1.32所示）在剑桥大学三一学院提出应力变形率的三大关系，建立了牛顿流体黏性运动微分方程，即著名的纳维-斯托克斯（Navier-Stokes）方程组，简称N-S方程组。对于不可压缩黏性流体，N-S方程组为

$$\frac{\mathrm{d}u}{\mathrm{d}t} = \frac{\partial u}{\partial t} + u\frac{\partial u}{\partial x} + v\frac{\partial u}{\partial y} + w\frac{\partial u}{\partial z} = f_x - \frac{1}{\rho}\frac{\partial p}{\partial x} + v\Delta u$$

$$\frac{\mathrm{d}v}{\mathrm{d}t} = \frac{\partial v}{\partial t} + u\frac{\partial v}{\partial x} + v\frac{\partial v}{\partial y} + w\frac{\partial v}{\partial z} = f_y - \frac{1}{\rho}\frac{\partial p}{\partial y} + v\Delta v$$

$$\frac{\mathrm{d}w}{\mathrm{d}t} = \frac{\partial w}{\partial t} + u\frac{\partial w}{\partial x} + v\frac{\partial w}{\partial y} + w\frac{\partial w}{\partial z} = f_z - \frac{1}{\rho}\frac{\partial p}{\partial z} + v\Delta w$$

其中，u，v，w分别为质点的速度分量；f_x，f_y，f_z分别为作用于质点上的单位质量力；p为作用于质点上的压强；v为流体运动黏性系数；

Δ为拉普拉斯算子。写成矢量形式为

$$\frac{\mathrm{d}\vec{V}}{\mathrm{d}t} = \vec{f} - \frac{1}{\rho}\nabla p + v\Delta\vec{V}$$

这个方程组说明，导致流体微团速度变化的是作用于流体微团上的质量力、压强差力（表面法向力）和黏性力（表面切向力，反映在运动方程中表现为动量的黏性扩散行为。请注意这里无黏性耗散，黏性耗散只能出现在能量方程中）。玻尔兹曼方程与N-S方程比较发现，它们之间存在

▲图1.32 英国科学家斯托克斯（George Gabriel Stokes，1819～1903年）

一定的关系，实际上N-S方程组是玻尔兹曼方程的流体力学极限。至此，从1755年导出理想流体运动的欧拉方程组到1845年导出黏性流体运动的N-S方程组，历时90年，数学家们为流体力学主要方程的建立与推导做出了卓越贡献。此后，流体力学开始进入到大量流动问题的求解过程和应用的阶段。

对于质量力只有重力、不可压缩黏性流体的定常流动，沿着流线积分N-S方程组，可得到类似于理想流体的伯努利方程，但在能量方程多了一项因克服黏性摩擦力做功而损失的机械能项。即

$$z_1 + \frac{p_1}{\gamma} + \frac{V_1^2}{2g} = z_2 + \frac{p_2}{\gamma} + \frac{V_2^2}{2g} + \Delta h_{f1-2}$$

$$\Delta h_{f1-2} = \int_1^2 \frac{v}{g}[-\Delta u \mathrm{d}x - \Delta v \mathrm{d}y - \Delta w \mathrm{d}z]$$

与理想流体伯努利方程相比，上式右边多出的项表示单位重量流体

质点克服黏性应力做功所消耗的机械能，这一项不可能再被流体质点机械运动所利用，故称其为单位重量流体质点的机械能损失，这个损失与积分路径（流线的形状）有关。这表明：在黏性流体中，沿同一条流线上单位时间单位重量流体质点所具有的机械能沿着流动方向总是减小的（如图1.33所示），不可能保持守恒（理想流体时，总机械能是保持守恒的，无机械能损失），流体总是从机械能大的地方流向机械能小的地方。

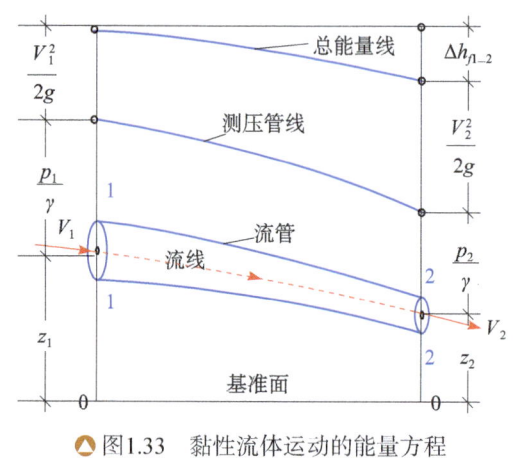

● 图1.33　黏性流体运动的能量方程

对不可压缩黏性流体运动的N-S方程取旋度，在质量力有势的条件下，可得到大家熟悉的涡量输运微分方程（类似于理想不可压缩流体的亥姆霍兹涡量方程），即

$$\frac{d\vec{\Omega}}{dt} = (\vec{\Omega} \cdot \nabla)\vec{V} + v\Delta\vec{\Omega}$$

式中，$\vec{\Omega} = \nabla \times \vec{V}$为涡线的涡量，如图1.34所示中的涡核区。这个方程左边表示涡量的随体导数（或者涡量输运率），右边第一项表示流场的不均性引起涡管的拉伸和弯曲变形，右边第二项表示涡管的黏性扩散。如果设流体黏性系数为零，则可得到理想不可压缩流体在有势质量力作用下的亥姆霍兹涡量方程。

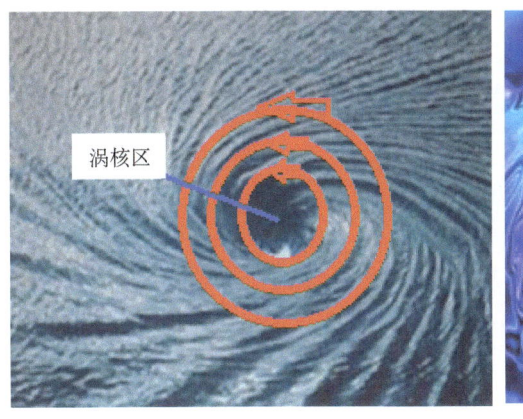
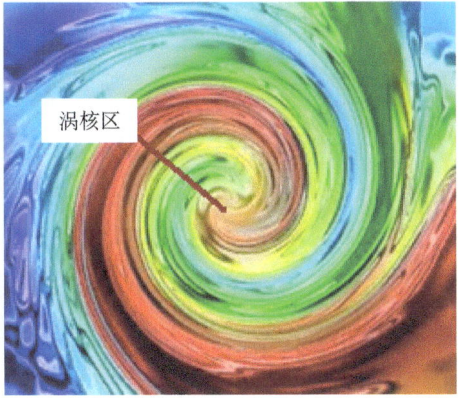

◆ 图1.34　旋涡（news.pedaily.cn）

$$\frac{d\vec{\Omega}}{dt} = (\vec{\Omega} \cdot \nabla)\vec{V}$$

现来进一步讨论上述方程中各项的物理意义。例如，方程中包含的项

$$\frac{\partial \Omega_x}{\partial t} = \Omega_x \frac{\partial u}{\partial x} + \cdots$$

表示涡管的轴向拉伸变形（涡管轴线拉伸 $\frac{\partial u}{\partial x} > 0$，使涡量增大，截面减小），引起涡量的变化率。方程中包含的项

$$\frac{\partial \Omega_x}{\partial t} = \Omega_y \frac{\partial u}{\partial y} + \cdots$$

表示涡管的剪切作用，引起涡量的变化率。方程中包含的项

$$\frac{\partial \Omega_x}{\partial t} = v \frac{\partial^2 \Omega_x}{\partial y^2} + \cdots$$

表示涡量的黏性扩散项。

1.5 边界层理论的建立与应用

在 20 世纪，机械工业几乎达到顶峰，进入全面发展和完善的时代，毫无疑问这促使了力学全面快速的发展，形成了多学科、多领域的研究成果，在理论、实验和应用等方面均表现出各自独特的内容和方向，这期间的流体力学也就自然分成了理论流体力学、实验流体力学、计算流体力学三大分支。按研究介质又分为以水为研究对象的液体动力学或水动力学、以空气为研究对象的空气动力学或气体动力学分支。在基础理论的指导下，重点研究了与黏性有关的复杂流动问题（如层流、湍流、转捩、射流、分离流、尾流等），解决了绕流物体阻力和热交换等难题。在理论方面，自从 1845 年导出 N-S 方程以来，人们一直寻求其精确解，但由于该方程组是非线性的二阶偏微分方程组，一般意义的精确求解存在数学上的困难，据说迄今为止只找到 N-S 精确解 73 个，著名的例子有无压平板拖曳产生的库埃特流动（19 世纪末法国物理学家 Couette），充分发展的层流管流（泊肃叶流动，法国生理学家 Poiseuille，1799~1869 年，如图 1.35 所示），小雷诺数圆球绕流的 Stokes(1851) 解等。实际中存在的大量问题只能利用近似方法求解。

自从 1752 年法国科学家达朗贝尔提出任意三维物体理想流体定

常绕流无阻力的达朗贝尔佯谬以来，人们对基于理想流体模型的经典理论开始产生怀疑，到19世纪上半叶理想势流理论的研究逐渐进入完善阶段，经典流体力学的研究处于低谷状态，特别是用该模型得出圆柱绕流无阻力的结论，让人们一筹莫展。此时自然要想到用表征黏性流体的N-S方程求解，但遇到一个棘手问题是，如何处理大雷诺数下物体绕流黏性效应的影

▲图1.35　法国生理学家泊肃叶（Poiseuille，1799～1869年）

响？按照当时公认的事实，如当以来流速度和圆柱直径计算的来流雷诺数大于10^4以后，黏性效应的影响可以忽略不计，也就是可以不考虑黏性的影响，则就又回到理想流体绕流的老命题上。如果不忽略黏性的影响，则大雷诺数的概念如何理解，再说当时也无法较精确求解全N-S方程组。这个问题直到1904年世界流体力学大师德国力学家普朗特（Ludwig Prandtl，1875～1953年，如图1.36

▲图1.36　德国力学家、世界流体力学大师普朗特（Ludwig Prandtl，1875～1953年）

所示）提出著名的边界层理论之前，没有得到令人信服的解决方案。从 1752 年达朗贝尔疑题算起，经历 152 年。从 1845 年导出 N-S 方程组算起，也徘徊了 59 年。现在看来是一个简单的问题，即整体流动和局部流动的关系问题，属于受近壁影响的黏性区域大小问题，但在当时是流体力学界的大难题。1904 年普朗特在德国海德尔堡第三次国际数学年会上发表了一篇论小黏性流体运动的论文，提出著名的边界层概念（如图 1.37 和图 1.38 所示），深刻阐述了绕流物体在大雷诺数情况下表面受黏性影响的边界层流动特征及其控制方程，巧妙地解决了整体流动和局部流动的关系问题，即以来流速度和圆柱直径计算的来流雷

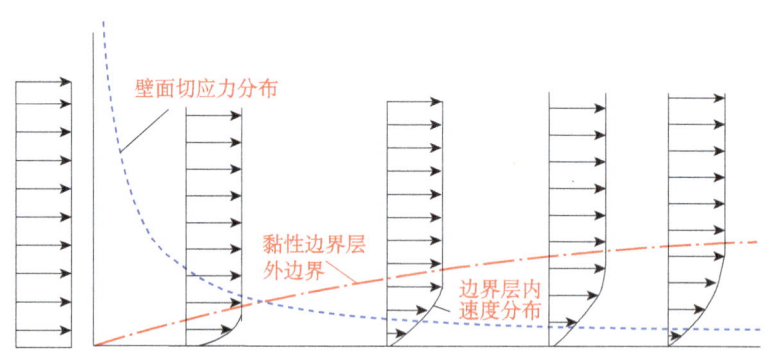

▲ 图1.37　在零压梯度下的层流边界层

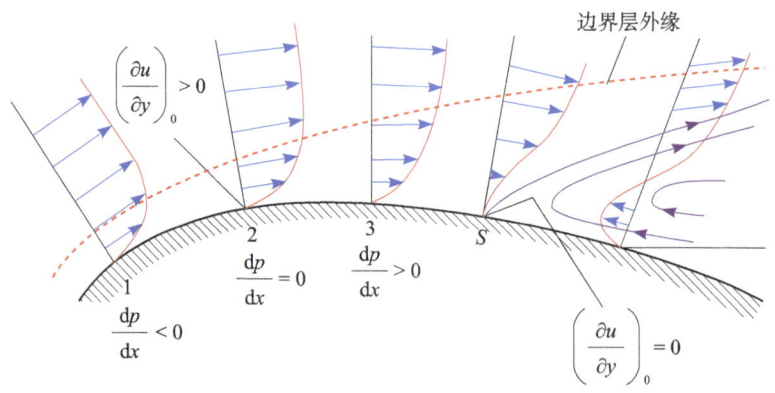

▲ 图1.38　在可变压力梯度下的边界层发展

第1章 流体力学基础

诺数只能表征整体流动特征，无法表征绕流物体壁面附近的局部流动行为（边界层流动），来流雷诺数只能控制黏性效应对边界层外的流动影响，而对边界层内黏性影响只能由边界层内的流动特征决定；并在此基础上，提出边界层的分离与

▲图1.39 圆柱绕流边界层分离

控制（如图1.39、图1.40、图1.41），找到了物体绕流近壁黏流与远离壁面无黏外流的匹配关系，从而为黏性流动问题的解决找到了新的途径，起到划时代的里程碑作用。

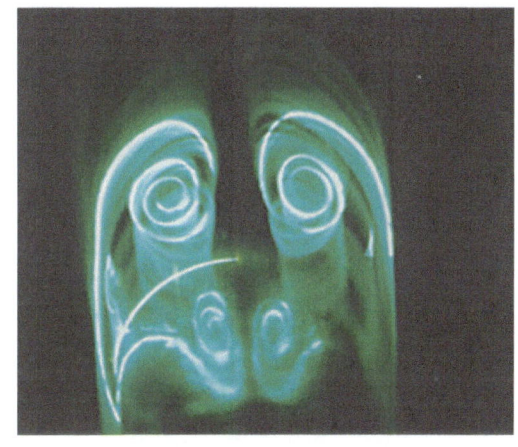

▲图1.40 斜圆柱背涡结构

普朗特通过大量实验发

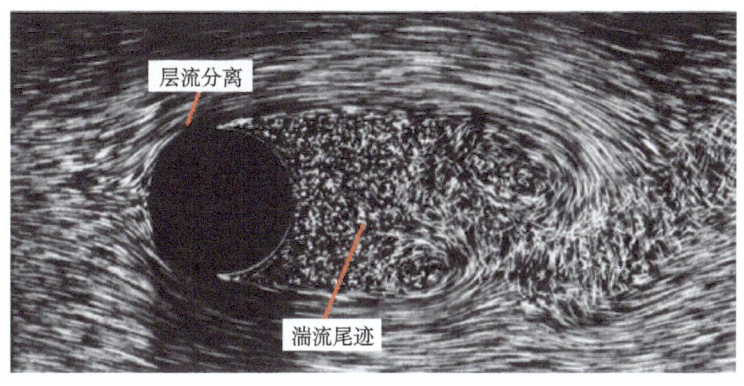

▲图1.41 圆柱绕流层流边界层分离（引自An Album of Fluid Motion，圆柱直径计算的Re=2000）

现；虽然整体流动的 Re 数很大，但在靠近物面的薄层流体内，流场的特征与理想流动相差甚远，沿着法向存在很大的速度梯度，黏性力无法忽略。普朗特把这一物面近区黏性力起重要作用的薄层称为边界层（boundary layer）。边界层概念的引入，为人们如何计入黏性的作用开拓了思路，对整个流场提出的基本分区是：

（1）整体流动区域可分成理想流体的流动区域（势流区）和黏性流体的流动区域（黏流区）。

（2）在远离物体的理想流体流动区域，可忽略黏性的影响，按势流理论处理。

（3）黏性流动区域仅限于物面近区的薄层内，称为边界层。在该区内，黏性应力作用不能忽略，与惯性力同量级，流体质点做有旋运动。根据边界层内黏性力与惯性力同量级假设，可估算边界层的厚度。以平板绕流为例。设来流的速度为 U，在 x 方向的长度为 L，边界层厚度为 δ，则在边界层内，流体微团的惯性力为

$$F_J = m\frac{du}{dt} \propto \rho L^2 \delta \frac{U}{T} = \rho L^2 \delta \frac{U}{L/U} = \rho L U^2 \delta$$

流体微团的黏性力为

$$F_\mu = \rho \nu A \frac{du}{dy} \propto \rho L^2 \nu \frac{U}{\delta} = \rho L^2 \nu \frac{U}{\delta}$$

根据惯性力与黏性力同量级假设，得到

$$F_J \approx F_\mu, \quad \rho L \delta U^2 \approx \rho L^2 \nu \frac{U}{\delta}$$

$$\frac{\delta}{L} \approx \frac{1}{\sqrt{Re_L}}, \quad Re_L = \frac{UL}{\nu}$$

说明边界层的厚度与板长度 L 之比与以来流速度和板长计算的整体

Re_L 数的开方成反比。如果来流速度 U=14.6m/s，板长度 L=1.0m，空气运动黏性系数为 v =1.46×10^{-5}m²/s，计算得 Re_L=10^6，边界层厚度为毫米量级，相当于板长的1/1000。平板层流边界层的理论解 δ=5.0mm。

据此，普朗特导出的二维层流边界层控制方程组（N-S 方程组简化形式）如下：

$$\frac{\partial u}{\partial x}+\frac{\partial v}{\partial y}=0$$

$$\frac{\partial u}{\partial t}+u\frac{\partial u}{\partial x}+v\frac{\partial u}{\partial y}=f_x-\frac{1}{\rho}\frac{\partial p}{\partial x}+v\frac{\partial^2 u}{\partial y^2}$$

$$f_y-\frac{1}{\rho}\frac{\partial p}{\partial y}=0$$

上述方程组与原方程组相比，形式上得到简化，但类型上发生了变化。原方程组为椭圆类方程组，现在变为抛物类方程组。该方程组看起来简单，但仍然属于非线性的偏微分方程组，如果没有其他假设条件，求解难度比原方程组降低不了多少。为此，普朗特引入第二个假设条件，即纵向速度分布相似性假设，这个相似性条件可将偏微分方程组的求解转换成为常微分方程的求解，可容易地获得边界层内速度分布的近似解。另外，如果忽略质量力 f_y=0，由边界层方程组第三方程得出边界层内的压强沿法线方向不变，其值等于边界层外边界压强。

1908 年德国流体力学家勃拉修斯(Blasius，普朗特的学生)给出无压梯度平板边界层级数解，1921 年美国科学家卡门(Theodore von Karman，1881～1963年，如图 1.42 所示)推导出边界层动量积分方程，1921 年德国科学家波尔豪森(Pohlhausen)基于动量积分方程建立了近似求解方法，研究了压力梯度对边界层的影响，1938 年英国科学家霍沃斯（Howarth）研究了绕直角流动问题等。

△ 图1.42　美籍科学家卡门（Theodore von Karman，1881～1963年）

这期间借助相似性条件假设，人们对各种黏性层流边界层问题进行了近似求解，如1929年德国学者托尔明（Tollmien）得到平板层流尾迹的高斯解，1933年德国学者施利希廷（Schlichting，普朗特的学生）求解了圆形层流射流的相似解，1945年德国学者曼格勒（Mangler）引进一种相似变换，将轴对称层流边界层问题转换为平面边界层问题，并对锥形体绕流进行求解。概括起来，壁面薄层黏性流动和相似性条件是建立高雷诺数绕流物体边界层理论的重要依据。

1.6　层流转捩现象与稳定性理论

但自然界中存在大量的流动不是层流，而是与其绝然不同湍流，这类流动更为复杂，实际应用更加迫切，于是对湍流的研究开始引起高度重视。这其中同时进行着两大分支的研究，一个是层流失稳的转捩问题，另一个是充分发展的湍流问题。对于第一转捩问题，早在1839年德国学者汉根（Hagen）发现圆管中的水流特性与速度大小有关，1869年发现两种不同流态水流特性不同。1880年英国学者雷诺(Osborne Reynolds, 1842~1912年，如图1.43所示)进行了著名的圆管流态转捩实验（如图1.44和图1.45所示），1883年提出层流和湍流的概念，并建议用一个无量纲数（以后称为雷诺数）作为判别条件，给出雷诺数为2000（现在取2320）。对于边界层为湍流流态的观察也早有学者进行，1872年英国学者弗汝德

▲图1.43　英国物理学家雷诺（Osborne Reynolds, 1842~1912年）

（William Froude，1810年~1879年，如图1.46所示）观察到平板阻力与速度的1.85次幂成正比，而非层流的一次幂。1914年普朗特研究圆球阻力时提出湍流边界层概念，1924年荷兰学者伯格斯）Burgers）研究了边界层的转捩，1934年美国学者德雷顿（Dryden）给出平板边界

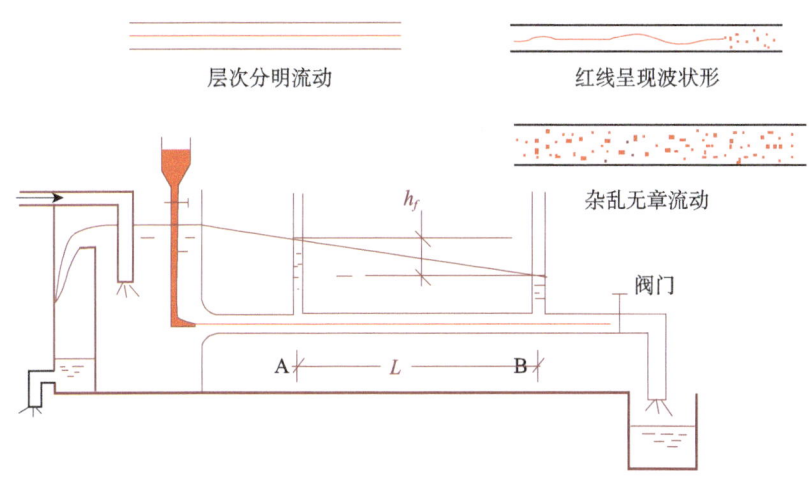

▲图1.44　雷诺转捩试验装置

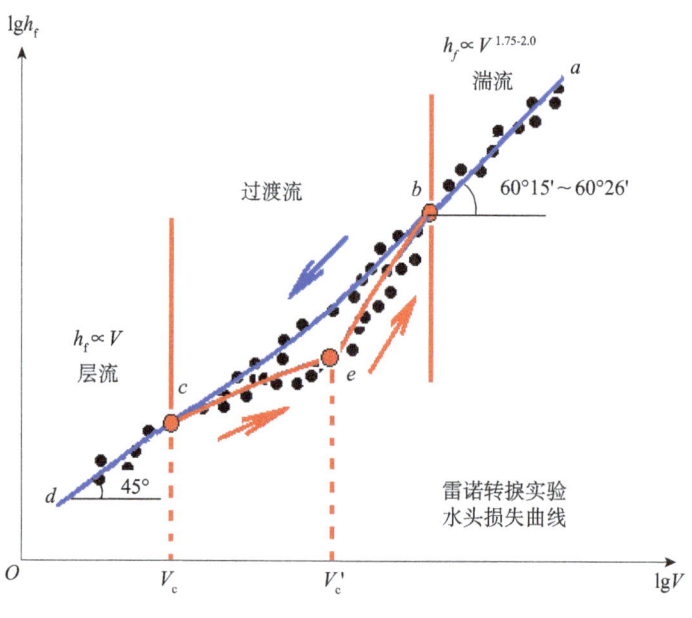

图1.45 雷诺转捩实验结果

层转捩的临界雷诺数(以边界层厚度计算)为2740，1946年他又把这个数提高到8700。

在后来的研究中，人们更关注扰动在层流流动中的发展，即层流稳定性问题，1880年英国学者瑞利(Rayleigh，1842～1919年，如图1.47所示)研究了无黏性影响的微波扰动问题，1907年德国学者奥尔(Orr)与1908年德国学者索末菲(Sommerfeld)分别研究了微扰波运动振幅随时间的演变过程，提出著名的微扰稳定性方程，即

图1.46 英国流体力学家弗汝德（William Froude，1810～1879年)

Orr-Sommerfeld 方程。同时 1897 年荷兰物理学家洛伦兹(Lorentz,1853～1928年,如图 1.48 所示)提出微扰动能方程,研究了微扰动能随时间的演变过程。1935 年托尔明与 1945 年美国华人流体力学家

▲图1.47 英国物理学家瑞利(Rayleigh,1842～1919年)

林家翘等给出了平板间 Poisuille 流动受阻尼扰动的临界雷诺数。但是,用微扰方法研究圆管 Poiseuille 流动的稳定性问题并不成功。

稳定性理论给不出湍流转捩的物理机制,20 世纪 60 年代美国学者克兰(Kline)用氢气泡技术研究了平板边界层的转捩现象(如图 1.49 所示),发现了边界层失稳先从二维的 T/S (Tollmien-Schlichting) 波失稳开始,依次出现三维的马蹄涡的拉伸与变形、破碎、喷射和扫掠等复杂的猝发现象(如图 1.50 所示),这些构成稳定性理论的基础。

▲图1.48 荷兰物理学家洛伦兹(Lorentz,1853～1928年)

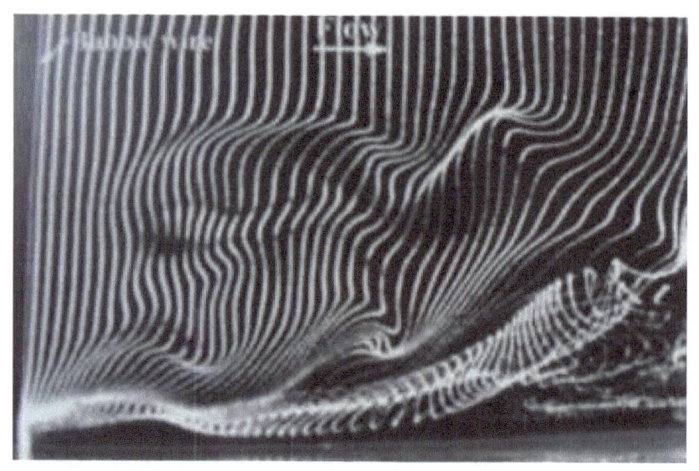

▲ 图1.49　氢气泡显示壁湍流的猝发（tdjxxy.tju.edu.cn）

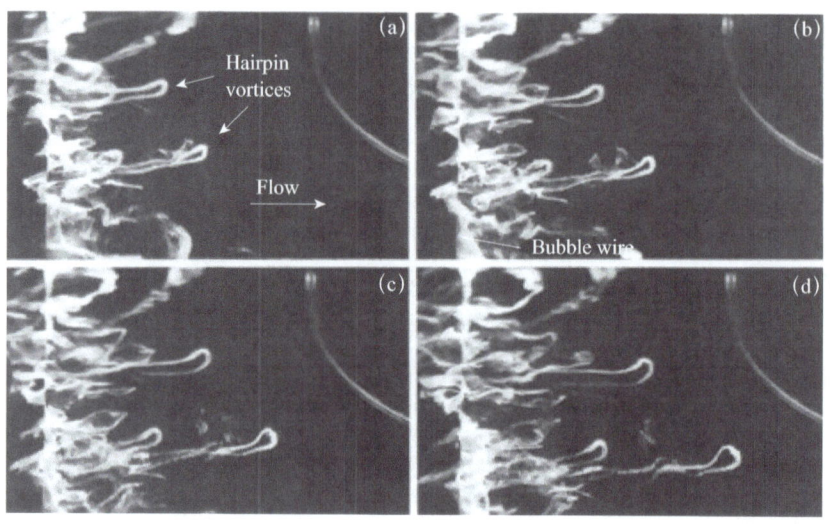

▲ 图1.50　氢气泡流动显示的发卡涡结构（tdjxxy.tju.edu.cn）

层流失稳形成湍流，一个最明显的特征是湍流的随机性。现已发现：湍流的随机性特征并不仅仅来自外部边界条件的各种扰动和激励，更重要的是来自于内部的非线性机制。混沌的发现，大大地冲击了"确定论"，确定的方程系统并不像著名科学家拉普拉斯所说的那样，只要给出定解条件就可决定未来的一切，而是确定的系统可以产生不确定的结果。混沌使确定论和随机论有机地联系起来，使我们更加确信，确定的 N-S 方程组可以用来描述湍流（即一个耗散系统受非线性惯性力的作用，在一定的条件下可能发生多次非线性分叉（bifurcation）而最终变成混乱的结构）。用一首诗来描述层流的转捩过程。

> 分裂破碎谁能阻，
> 乱世勿忘归去路。
> 大旋涡来忽分裂，
> 有序无序总相随。

注解："分裂破碎谁能阻"表示当绕流 Re 达到一定值后，层流转捩成湍流是必然的，这是由内部的不稳定性决定的，无法阻挡。"乱世勿忘归去路"表示形成湍流后平均运动是可分辨的（可控的）。"大旋涡来忽分裂"表示大涡突然破裂成小涡。"有序无序总相随"表示湍流场中存在大涡的拟序结构。

1.7 湍流现象及其特征

就湍流而言，最早开展详细观察的是文艺复兴时期意大利全才科学家达芬奇，他在海滩上对旋涡和湍流进行定性观察，并用画笔记录下湍流和旋涡的流场结构，他在一幅湍流名画中这样写到：乌云被狂风卷散撕裂，沙粒从海滩扬起，树木弯下了腰。清楚地刻画了湍流的分裂破碎，湍涡的卷吸和壁剪切作用等。从 1880 年雷诺进行了转捩实验开始，1883 年雷诺提出时均值概念，认为湍流的瞬时运动由时均运动和脉动运动组成，不过当时雷诺称湍流为曲折运动。1895年雷诺从假设湍流瞬时运动满足N-S方程组出发，利用时均值概念对N-S方程取时均，提出描述时均运动的雷诺方程组，从此湍流研究开始走上封闭湍流方程之不归路（其实，瞬时运动物理量是否满足N-S方程组，一开始就有争议。其最突出的关注点是表征流体微团运动的应力与变形率本构关系（牛顿内摩擦定律）是否适应于瞬时湍流？此外，N-S方程组要求物理量是连续可微函数，实际上从测量结果看瞬时物理量不可能是连续可微的，最多是个连续函数而已）。

1937年泰勒（G. I. Taylor，1886~1975年，如图1.51所示）和卡门认为湍流是一种不规则的运动，当流体流过固体表面或相邻同类流体流过或绕过时，一般会在流体中出现这种不规则运动。1959年荷兰学者欣兹（J. O. Hinze）认为，湍流是一种不规则的流动状态，但其各种物理量随时间和空间坐标的变化表现出随机性，因而能够辨别出不同的统计平均值。我国学者周培源认为，湍流是一种不规则的旋涡运动。一般教科书定义，湍流是一种杂乱无章、互相混掺的不规则随机运动。目前比较公认的看法是，湍流是一种由大小不等、频率不同的旋涡结构组成，使其物理量对时间和空间的变化均表现为不规则的随机性。在湍流的研究中，形成了以普朗特为代表的

图1.51　英国力学家泰勒（G. I. Taylor，1886~1975年）

工程湍流方法和以泰勒为代表的湍流统计理论，近几十年随着计算技术的提高，数值研究湍流得到快速发展。

相对湍流的定义而言，湍流的基本特征容易表达，具体如下：

（1）湍流的有涡性（eddy）。湍流中伴随有大大小小的旋涡运动，旋涡是引起湍流物理量脉动的主要原因。一般认为，在一个物理量变化过程中，大涡体产生大的涨落，小涡体产生小的涨落，如果在大涡中还含有小涡，则会在大涨落中含有小涨落（如图1.52所示）。这些旋涡四周速度方向是相对（相反）的，因而会产生大的剪切应力。

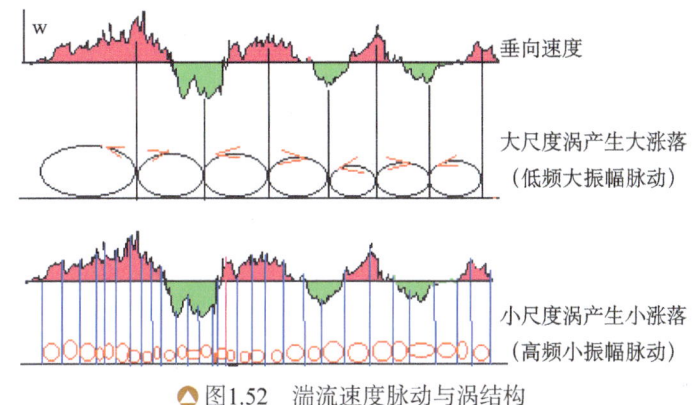

图1.52　湍流速度脉动与涡结构

（2）湍流的不规则性（irregularity）。湍流中流体质点的运动是杂乱无章、无规律的随机游动。但由于湍流场中含有大大小小不同尺度的涡体，理论上并无特征尺度，因此这种随机游动必然要伴随有各种尺度的跃迁。

（3）湍流的随机性（random behavior）。湍流场中质点的各物理量是时间和空间的随机变量，它们的统计平均值服从一定的规律性。近年来随着分形、混沌科学问世和非线性力学的迅速发展，人们对这种随机性有了新的认识。

（4）湍流的扩散性。由于流体质点的脉动和混掺，致使湍流中动

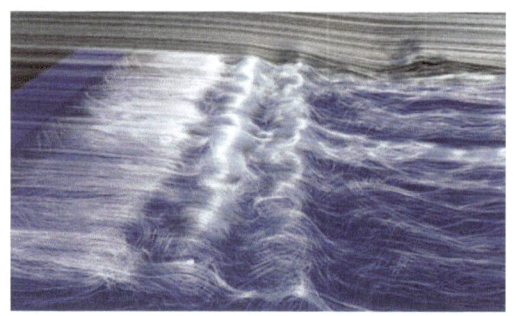

▲ 图1.53　在后台阶绕流的拟序结构（流线，Tino Weinkauf and Hans-Christian Hege）

量、能量、热量、质量、浓度等物理量的扩散大大增加，明显大于层流的情况。

（5）湍流能量的耗散性。湍流中的小尺度涡将通过剪切作用，由流体黏性引起大的湍动能耗散，这是因为小尺度涡引起的耗散（如图1.53所示）比层流黏性摩擦大得多。

（6）湍流的拟序结构（coherent structure）。湍流中的脉动并非完全不规则的随机运动，而是在表面上看来不规则运动中仍具有可检测的有序运动，这种拟序结构对剪切

▲ 图1.54　湍流大涡结构（www.sznews.com）

湍流脉动的生成和发展起着主导作用（如图1.54和图1.55所示）。例如，自由剪切湍流中（湍流混合层、远场的湍射流和湍尾流等）拟序结构的发现，清晰地刻画了拟序大尺度涡在这些湍流中的混掺和卷吸作用（如图1.56所示）。在壁剪切湍流中条带结构的发现，揭示了在壁面附近湍流生成的机制（如图1.57和图1.58所示）。

▲ 图1.55　湍流大涡结构（www.xxsb.com）

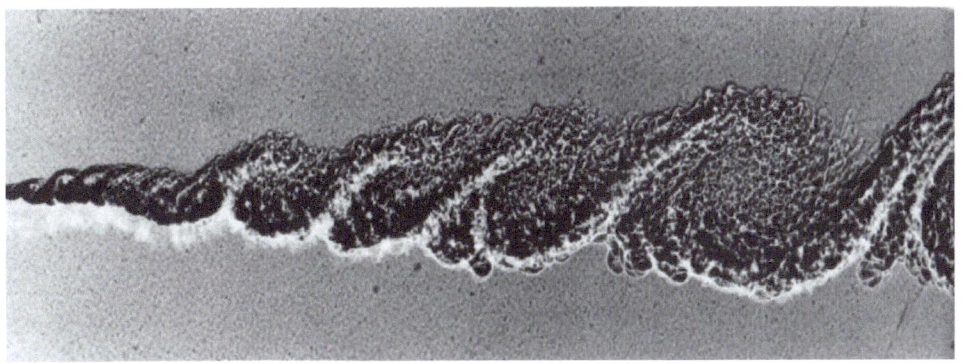

🔺 图1.56　大尺度相干结构（引自An Album of Fluid Motion）

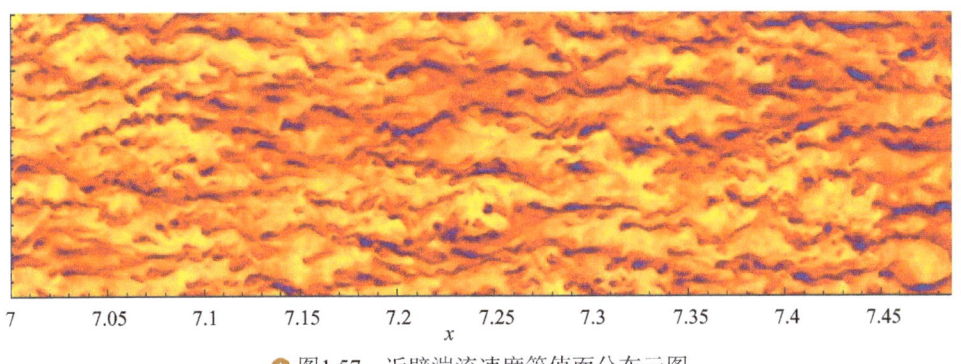

🔺 图1.57　近壁湍流速度等值面分布云图

🔺 图1.58　近壁区的拟序结构

（7）湍流的间歇性（intermittency）。最早发现湍流的间歇性是在湍流和非湍流交界区域，如湍流边界层的外区、湍射流的卷吸区等，在这些区湍流和非湍流是交替出现的。但近年研究表明，即使是在湍流的内部也是间歇的，这是因为在湍流涡体的分裂破碎过程中，大涡的能量最终会串级到那些黏性起主导作用的小涡上，而这些小涡在空间场中仅占据很小的区域，因此湍流的间歇性是普遍的。

（8）湍流的时均值分解概念。

考虑到湍流的随机性，1895年雷诺首次将瞬时运动分解为时均运动（描述流动的平均趋势）与脉动运动（偏离时均运动的程度）之和。以后人们又提出空间分解和统计分解等方法。

①时间分解法（雷诺的时均值概念）。如果湍流运动是一个平稳的随机过程，则在湍流场中任一点的瞬时速度 u 可分解为时均速度和脉动速度。对于非平稳的随机过程，严格而言不能用时均分解法，但如果时均运动的特征时间远大于脉动运动的特征时间，且当取均值时间 T 远小于时均运动的特征时间又远大于脉动运动的特征时间，时均值分解仍近似成立。

②空间分解法（空间平均法）。如果湍流场是具有空间均匀性的随机场，则可采用空间平均法对湍流的瞬时运动进行空间分解，得到空间平均运动和脉动运动。

③系综平均法（概率意义上的分解）。如果湍流运动既不是时间平稳的，也不是空间均匀的，那么我们可在概率意义上将湍流的瞬时运动分解为统计平均运动和脉动运动。

上述三种分解方法，虽然是针对不同性质的湍流场提出的，但在一定的条件下它们之间在统计意义上是等价的。由概率论的各态历经性定理（ergodic theorem）可知，一个随机变量在重复多次试验中出现的所有可能值，也会在相当长的时间内（或相当大的空间范围内）一次试验中重复出现许多次，且出现的概率是相同的。因而，对于时间上平稳、空间上均匀的湍流场，各物理量按上述三种分解法得到的平均值是相等的。

1.8 湍流的统计理论

在湍流的统计理论方面，1922 年英国气象学家理查森（L. F. Richardson，1881~1953 年，如图 1.59 所示）提出湍流的能量串级理论，即大尺度涡通过湍动剪切从基本（时均或平均）流动中获取能量，然后再通过黏性耗散和色散（失稳）过程，这些大涡串级分裂成不同尺度的小涡（如图 1.60 所示），并在涡体的分裂破碎过程中将能量逐级传给小尺度涡，直至达到黏性耗散为止，并用一首著名的诗来描述。

▲图1.59　英国气象学家理查森（L. F. Richardson，1881~1953年）

Big whirls have little whirls,
Which feed on their velocity.
Little whirls have smaller whirls,
And so on to viscosity.

中文译为:

大涡用动能哺育小涡,
小涡照此把儿女养活。
能量沿代代旋涡传递,
但终于耗散在黏滞里。

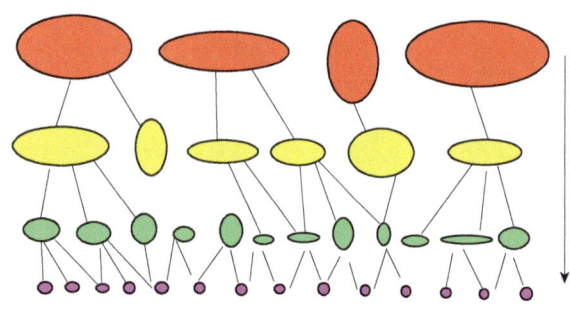

图1.60　湍涡的串级观点

1935 年，英国科学家泰勒（Taylor，1886～1975 年，如图 1.51 所示）提出均匀各向同性湍流理论，给出一系列重要概念，建立了一维能谱关系，并提出冻结湍流假设。1938 年，基于两点速度相关函数，美籍科学家卡门（如图 1.42 所示）和霍沃斯导出各向同性湍流结构函数的动力学方程，即著名的 K-H 方程。1953 年，澳大利亚力学家巴彻勒（G. K. Batchelor，1920～2000 年，如图 1.61 所示）进

图1.61　澳大利亚力学家巴彻勒（G. K. Batchelor，1920～2000年）

一步研究了均匀各向同性湍流理论。1941年，俄罗斯统计学大师柯尔莫哥洛夫（Kolmogorov，1903～1987年，如图1.62所示）提出局部均匀各向同性理论，并导出湍流结构函数能谱密度分布的 −5/3 定律（如图1.63～图1.66所示）。1949年，巴彻勒和汤森德（Townsend）发现湍流的间歇性。1967年，美国科学家克兰（Kline）提出湍流的拟序结构。1991年，Robinson绘制出湍流边界层的猝发图形。

▲图1.62 俄罗斯统计学大师柯尔莫哥洛夫（Kolmogorov，1903～1987年）

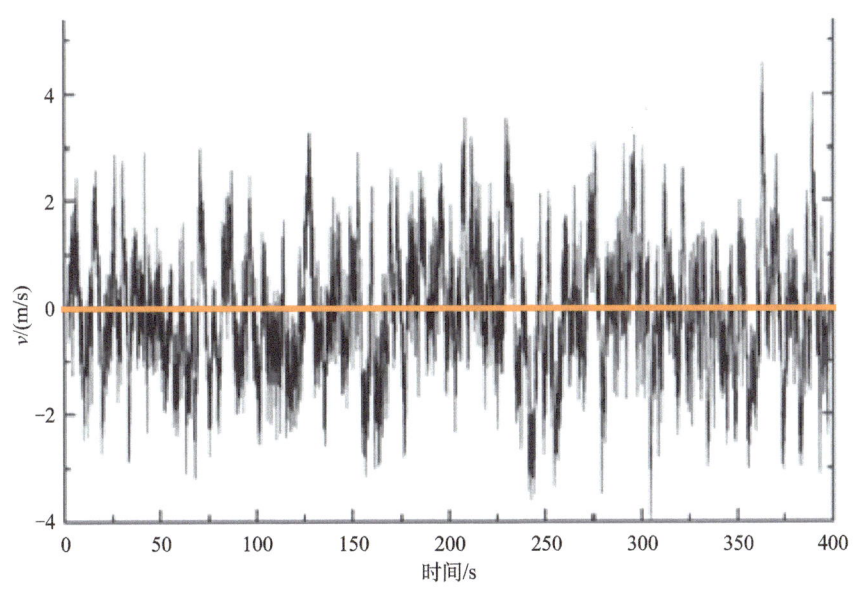

▲图1.63 具有正态概率分布的湍流脉动速度过程（流向）

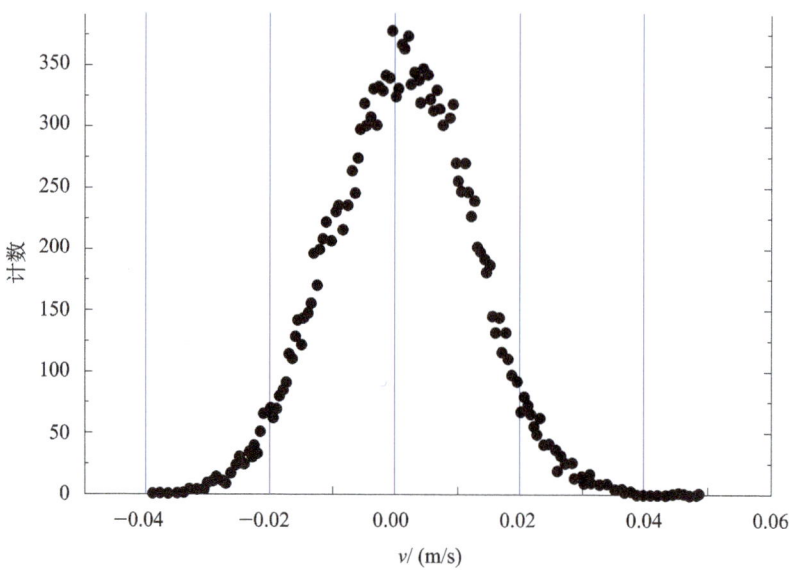

▲ 图1.64　湍流脉动速度的正态概率分布

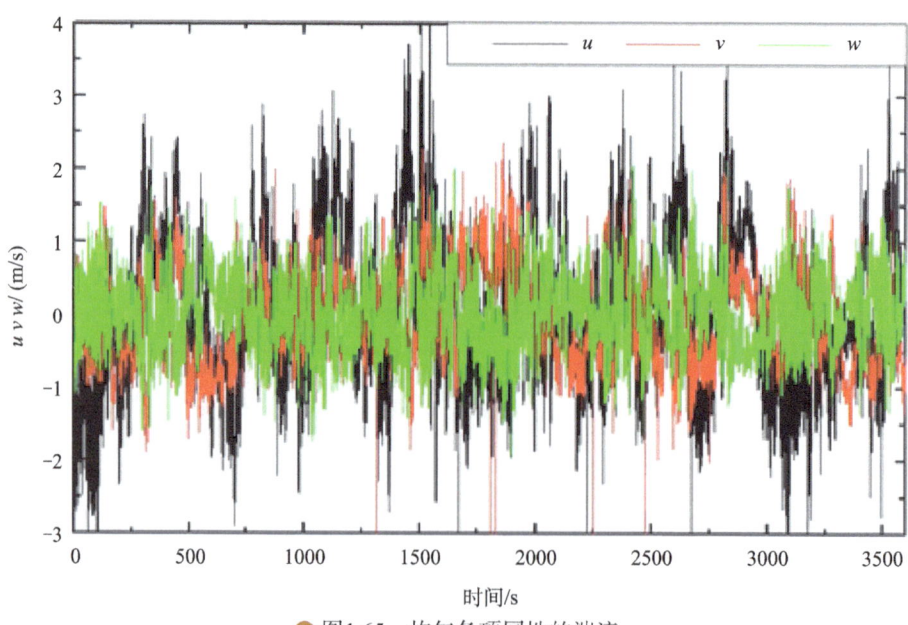

▲ 图1.65　均匀各项同性的湍流

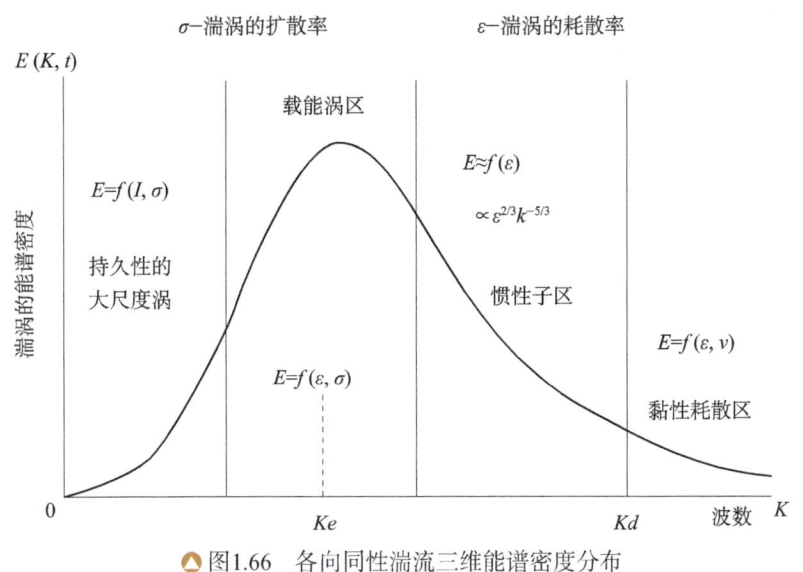

▲ 图1.66 各向同性湍流三维能谱密度分布

关于均匀各向同性的湍流（如图 1.67～图 1.70 所示），这是泰勒提出的一个小尺度湍涡诱导流场的理想模型。但这些小尺度湍涡的形状如何，至今不得而知。它们如何存在于湍流场中，其涡形是涡片、涡管、涡丝、涡块、涡豆吗？是湍涡的终极吗？如果存在小尺度涡形，均匀各向同性湍流是否指由这些小尺度涡诱导的流场是均匀各向同性的？但不一定是湍涡本身，因为真实的有形涡很难是各向同性的。如果不存在小尺度涡形，湍流就存在有涡湍流（湍涡）和无涡湍流（湍流）之分？在湍流研究中，均匀各向同性湍流起什么作用？起耗散作用吗？机制是什么？与流体黏性的耗散机制有何异同？这些问题从认知层面上尚需要进一步澄清。对于湍涡而言，给人们的感觉是，如同孔子对待老子与他对话的感觉一样，有点神龙见首不见尾（可见大涡，不可见小涡）的味道。湍流中的湍涡其实是一个十分抽象的概念，如同儒家中的"仁"字、道家中的"道"字一样，给人的感觉常常是既真实又模糊，有时只能意会不能言传。

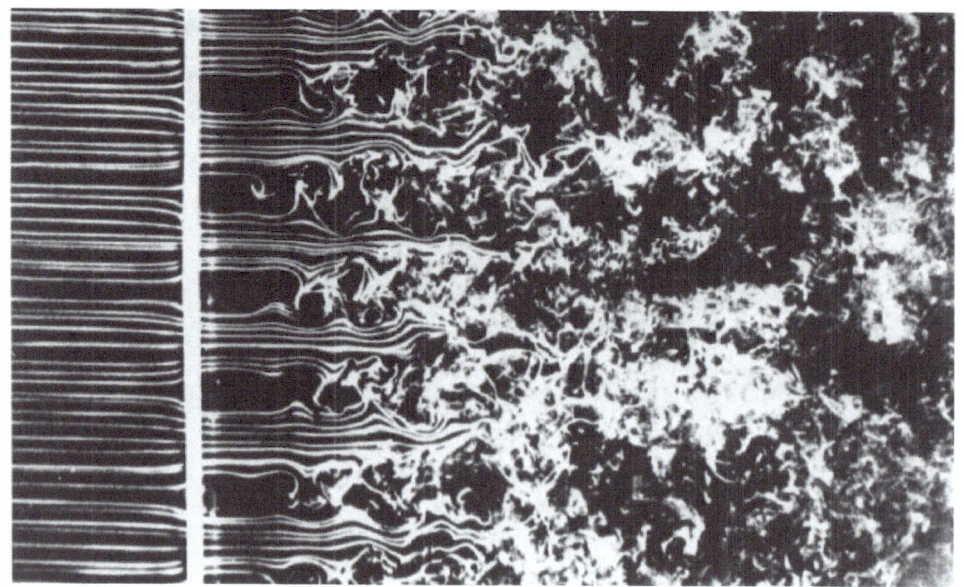

▲ 图1.67　网格后的湍流结构（引自An Album of Fluid Motion）

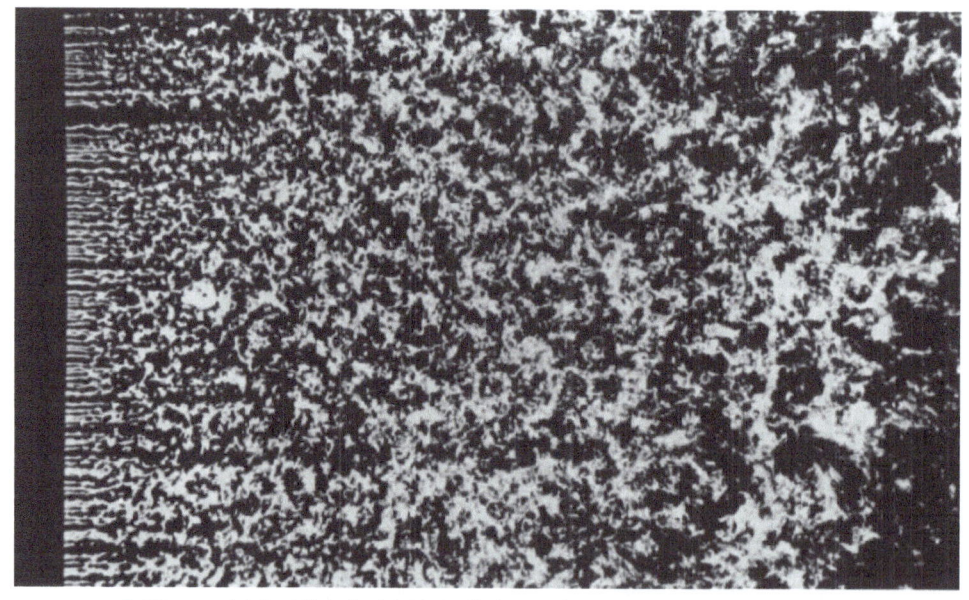

▲ 图1.68　网格后均匀各向同性的湍流（引自An Album of Fluid Motion）

第1章 流体力学基础

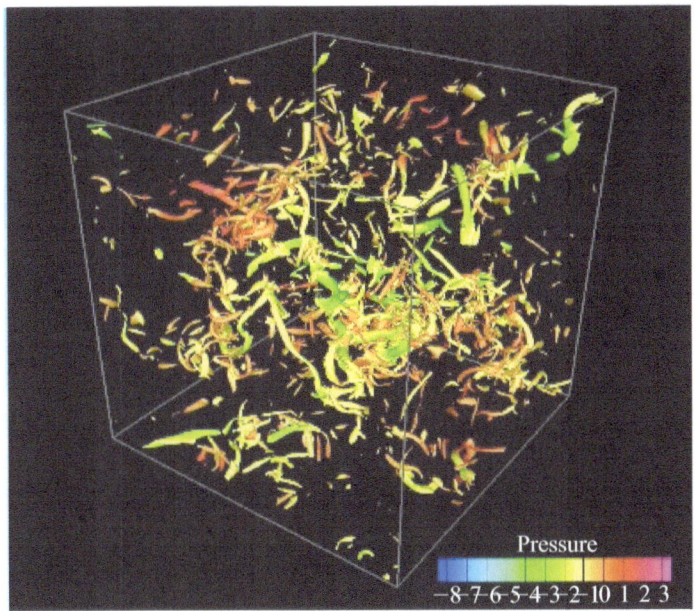

▲ 图1.69 小尺度湍流涡结构（ltcs.pku.edu.cn）

▲ 图1.70 大气中的均匀湍涡结构

1.9 工程湍流理论

对于工程实用意义湍流理论，主要是以普朗特为代表从唯象学出发的半经验理论以及后来发展起来的湍流模式理论，这些为解决湍流的工程计算起到重要的作用。基于唯象学原理，1877年法国力学家布辛尼斯克（Joseph Valentin Boussinesq，1842～1929年，如图1.71所示）首先将湍流脉动产生的附加切应力（后来称为雷诺应力）与黏性应力进行比拟，提出著名的涡黏性假设，建立了雷诺应力与时均速度梯度之间的比拟

▲图1.71 法国科学家布辛尼斯克（Joseph Valentin Boussinesq，1842～1929年）

关系。虽然涡黏性的概念早于Reynolds方程组的出现，但却为后来的工程湍流奠定了基础。对于简单的近壁区时均二元流动（如图1.72和图1.73所示），湍动切应力（雷诺应力）可表达为

$$\tau_t = -\rho \overline{u'v'} = \rho v_t \frac{\partial u}{\partial y}$$

式中，v_t 为涡黏性系数（turbulent or eddy viscosity）。相对比，时均流产生的黏性切应力为

$$\tau_l = \rho v \frac{\partial u}{\partial y}$$

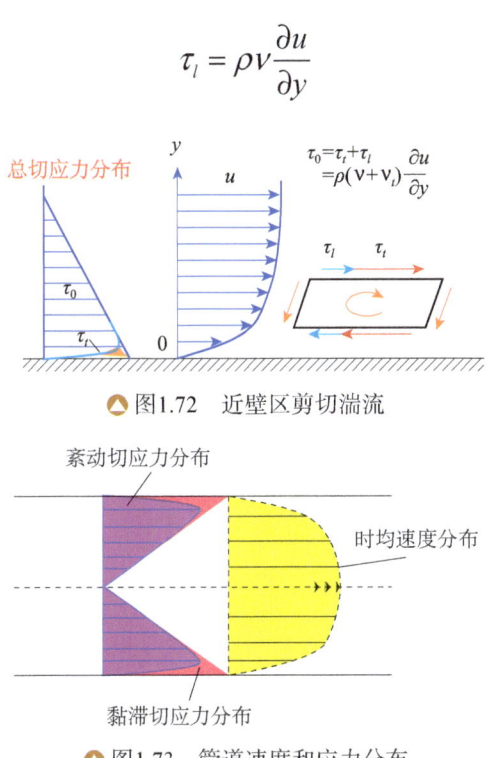

▲图1.72　近壁区剪切湍流

▲图1.73　管道速度和应力分布

作用于流层之间的总切应力为

$$\tau_0 = \tau_t + \tau_l = \rho(v + v_t)\frac{\partial u}{\partial y}$$

其中，涡黏性系数 v_t 与分子黏性系数 v 相比，v_t 不是流体的物理属性，而是湍流运动状态的函数。这样，湍流问题的封闭就归结为如何确定 v_t 的大小和分布。起初布辛尼斯克认为 v_t 是常数，后来人们发现 v_t 不仅对不同的流动问题取值不同，且对同一流动问题在不同时刻不同区域其值也不是常数，根据湍流运动特性 v_t 可在流场中发生明显的变化。按照量纲分析和湍流研究结果，涡黏性 v_t 由载能涡的特征长度

尺度和特征速度尺度决定。即

$$v_t \propto l_t V_t$$

其中，l_t 为载能涡长度尺度；V_t 为载能涡速度尺度。湍动应力与黏性应力的比值为

$$\frac{\tau_t}{\tau_l} = \frac{-\rho \overline{u'v'}}{\rho v \frac{\partial u}{\partial y}} = \frac{\rho v_t \frac{\partial u}{\partial y}}{\rho v \frac{\partial u}{\partial y}} = \frac{v_t}{v} = \frac{l_t V_t}{v} = Re_t$$

式中，Re_t 表征大尺度湍涡运动特性雷诺数，一般 Re_t 为 $10^3 \sim 10^5$。

1925 年普朗特基于分子运动论的比拟，提出混合长理论，并在 1932 年德国学者尼古拉兹 (Nikuradse) 沙粒管道阻力实验结果的基础上，解决了管道湍流时均速度分布和阻力损失问题，导出著名的对数速度分布公式，对 1858 年法国工程师达西 (Darcy) 和德国学者魏斯巴赫 (Weisbach) 提出的阻力损失公式中沿程阻力系数给出半经验半理论解。

按照普朗特的混合长理论，对于剪切湍流，普朗特认为：湍流涡体的特征速度 V_t 正比于时均速度梯度和混合长度（流体质点受湍涡的作用发生自由混掺的平均尺度，与湍涡的平均尺度同量级）的乘积，也就是

$$V_t \propto l_m \left| \frac{\partial u}{\partial y} \right|$$

利用上式，并将比例系数吸收在混合长度 l_m 中，则可得到

$$\tau_t = -\rho \overline{u'v'} = \rho l_m^2 \frac{\partial u}{\partial y} \left| \frac{\partial u}{\partial y} \right|, \quad v_t = l_m^2 \left| \frac{\partial u}{\partial y} \right|$$

在近壁湍流中（如图 1.74 所示），靠近壁面附近受壁面影响，脉动速度很小，湍流切应力也很小，但流速梯度很大，黏性切应力起主导作用，速度分布是线性的，这一层区称为黏性底层区。在黏性底层外区是湍流核

心区，此时湍动切应力起主导作用，速度分布符合对数或幂次分布。在湍流核心区和黏性底层区之间为过渡区。黏性底层不是层流，也不是湍流，在这层内存在湍斑。黏性底层厚度与壁面粗糙度直接影响沿程损失。在近壁湍流区，假设湍动切应力近似等于壁面切应力 τ_w，假设混合长度与质点到壁面的距离 y 成正比，即 $l_m=ky$（k 为卡门常数，约为 0.4），得

$$\frac{\tau_w}{\rho} = k^2 y^2 \left(\frac{\mathrm{d}u}{\mathrm{d}y}\right)^2$$

积分上式得到著名的近壁区时均速度对数分布曲线。即

$$\frac{u}{u^*} = \frac{1}{k}\ln\frac{u^* y}{\nu} + C$$

其中，C 为常数；$u^* = \sqrt{\dfrac{\tau_w}{\rho}}$ 为摩阻速度。对于管道流动，如果用断面平均速度 V 表示壁面切应力，有 $\dfrac{\tau_w}{\rho} = \dfrac{1}{8}\lambda V^2$。其中，$\lambda$ 表示沿程阻力系数。

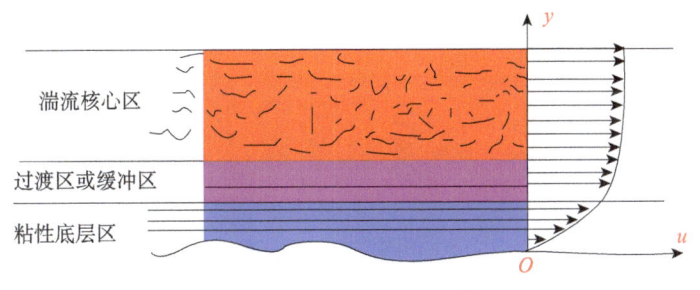

● 图1.74 近壁区湍流结构

与混合长理论类似的，还有1931卡门提出的相似性理论和1932年泰勒提出的涡量输运理论。后来，因尼古拉兹试验曲线是人工加糙的，对于自然粗糙商用管道不太适应。现在工程上普遍使用的曲线图是1944年由美国工程师莫迪（Moody）绘制的（称为莫迪图，如图1.75所示），该曲线图在过渡粗糙区借用了1939年由英国医生科尔布

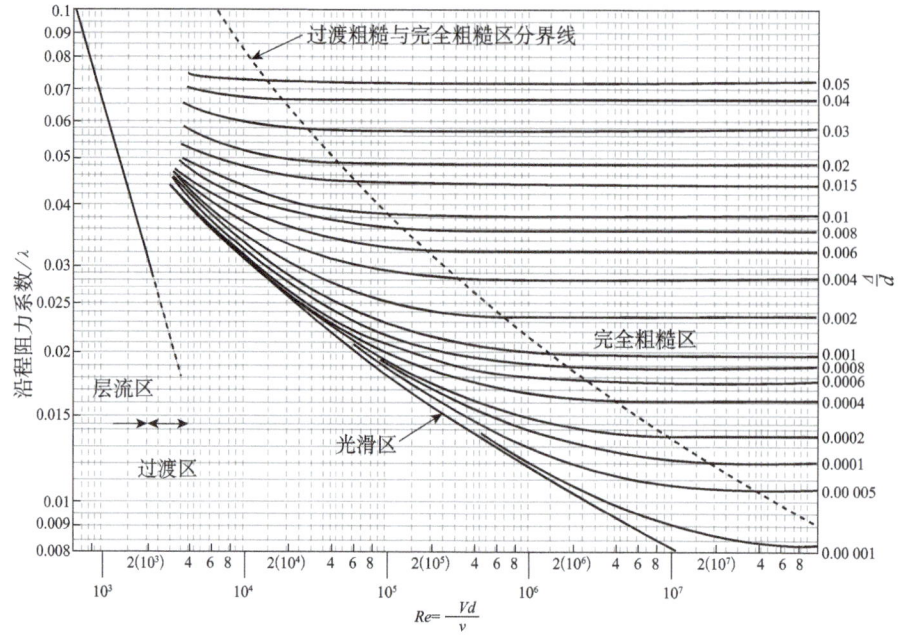

▲ 图1.75 莫迪图（沿程阻力系数关系曲线）

鲁克（Leonard Colebrook，1883～1967年，如图1.76所示）和美国学者怀特（White）提出的沿程阻力系数公式。

▲ 图1.76 英国医生科尔布鲁克（Leonard Colebrook，1883～1967年）

1.10 湍流模式

湍流模式理论是在上述半经验理论的基础上发展起来的，在20世纪30年代混合长理论虽然成功地解决了诸如湍流边界层、湍射流、湍尾流和管道湍流等一些常见强剪切湍流的时均速度分布问题，但由于混合长理论仅限于考虑涡黏性与时均量之间的关系，未考虑湍动量的扩散和输运，其中的经验常数局限性很大，无法应用于复杂的分离流中。因此，1940年我国著名力学家周培源先生（1902～1993年，如图1.77所示）首次推导出雷诺应力的输运微分方程，这使得人们通过引入湍动量的输运方程封闭雷诺方程组成为可能。柯尔莫哥洛夫（1942年）和普朗特（1945年）借助涡黏性假设，首先提出通过引入湍动能方程的封闭模式（后来被称为 one-equation model），1967年英国科学家布拉德肖（P. Bradshaw，1935年～，如图1.78所示）提出，对于

▲图1.77　流体力学家周培源（1902～1993年）

强剪切流采用剪切应力输运方程进行封闭。一方程模式的特征长度尺度需要经验确定，对流动的依赖性较强。为此，柯尔莫哥洛夫（1942年）、普朗特（1945年）、周培源（1945年）、罗塔（Rotta，1951年）、斯伯丁（Spalding，1967年）、朗德（Launder，1967年）等提出将一方程模式中长度尺度用微分输运方程封闭，建立了二方程模式，最常用的是表征湍动能和湍动能耗散率的二方程模式。用单位质量的湍动能 K 表征载能涡特征速度尺度，用单位质量湍动能耗散率 ε 取代载能涡的特征长度尺度，将涡黏性 v_t 看成 K、ε 的函数，通过量纲分析可表示为

▲ 图1.78　英国科学家布拉德肖（P. Bradshaw，1935年～　）

$$v_t = C_\mu \frac{K^2}{\varepsilon}$$

式中，C_μ 为经验常数。湍动能 K 和湍动能耗散率 ε 用输运方程封闭。对于标准的 K-ε 湍流模式有：

湍动能 K 方程

$$\frac{\partial K}{\partial t} + u_j \frac{\partial K}{\partial x_j} = \frac{\partial}{\partial x_j}\left[\left(\frac{v_t}{\sigma_K} + v\right)\frac{\partial K}{\partial x_j}\right] + P - \varepsilon$$

湍动能耗散率 ε 方程

$$\frac{\partial \varepsilon}{\partial t} + u_j \frac{\partial \varepsilon}{\partial x_j} = \frac{\partial}{\partial x_j}\left[\left(\frac{v_t}{\sigma_\varepsilon} + v\right)\frac{\partial \varepsilon}{\partial x_j}\right] + C_{\varepsilon 1}\frac{\varepsilon}{K}P - C_{\varepsilon 2}\frac{\varepsilon^2}{K}$$

式中，$P = -\overline{u_i'u_j'}\frac{\partial u_i}{\partial x_j}$ 为湍动动能产生项。模式中各经验常数须由实验确定，目前多数学者推荐的各常数取值为：$C_\mu = 0.07 \sim 0.09$，$\sigma_K = 1.0$，$\sigma_\varepsilon = 1.3$，$C_{\varepsilon 1} = 1.41 \sim 1.45$，$C_{\varepsilon 2} = 1.9 \sim 1.92$。K-ε 模式被广泛地用于湍流的工程计算中，现已得到许多成功的算例，如各种湍动射流（如图1.79所示）、突扩分离流和其他一些强剪切类流动问题。

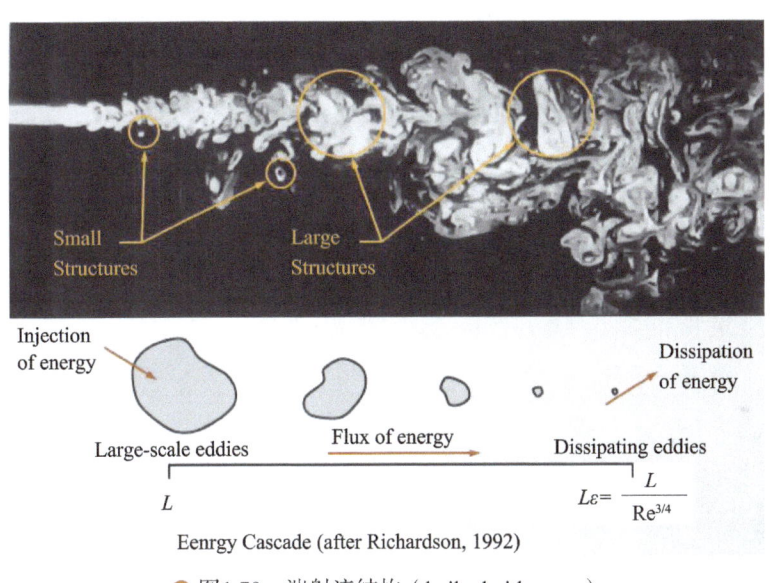

▲ 图1.79　湍射流结构（baike.baidu.com）

以后又发展了湍动应力输运方程模式及其简化的代数应力模式（W. Rodi 1972 年提出）。在此基础上，目前建立了许多不同湍动特征量表示的一、二方程模式。现常用的有 K-ε 二方程模式、SST K-ω 二方程模式、SA 一方程模式等（这些模型在流场数值模拟中发挥着重要的作用，如图1.80所示）。

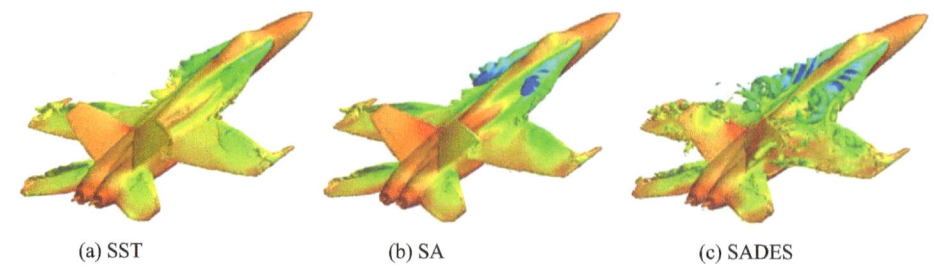

(a) SST　　　　　　(b) SA　　　　　　(c) SADES

▲ 图1.80　不同湍流模型数值模拟的三角翼前缘涡（ltcs.pku.edu.cn）

总体来说，在湍动量输运方程建立中，所用的一个通用关系是：任何湍动量的输运率＝扩散项＋产生项－耗散项＋附加项。

$$\frac{\mathrm{d}(\ )}{\mathrm{d}t}=\frac{\partial}{\partial x_i}(\ )+产生项-耗散项+附加项$$

湍流模式目前在工程湍流计算中虽然发挥着重要作用（如图1.81～图1.83所示），但细心的人们会发现，要想通过一个统一的模式对各种复杂流动给出较精确的预报是相当困难的，也不是复杂的湍流模式就一定比简单的好。不同类型的流动适应的湍流模式也不同，这要看建立模式时所针对的流动类型。

▲ 图1.81　方柱绕流数值模拟（www.cfluid.com）

▲ 图1.82　飞机起落架绕流（www.020fea.com）

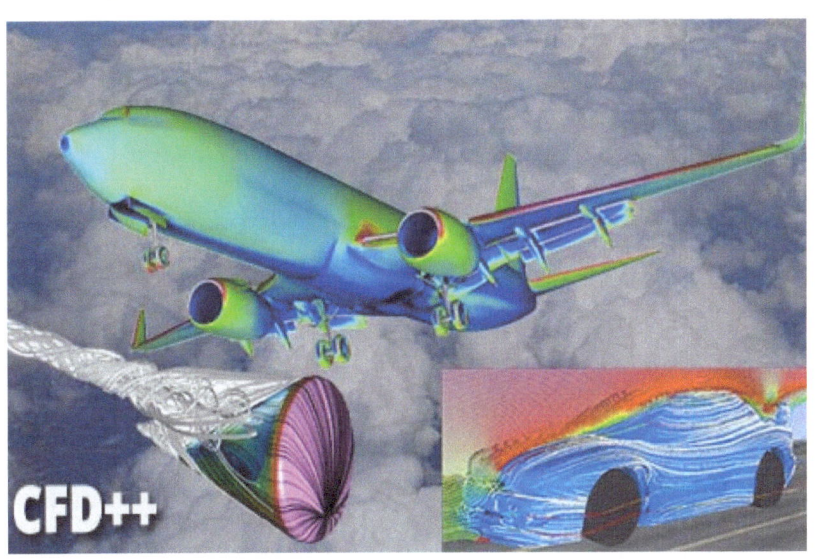

◭ 图1.83　CFD模拟流场（www.metacomptech.com）

1.11 湍流高级数值模拟技术

　　湍流是一个极其复杂的多尺度、多层次结构的流动现象，对其的预测与控制与人们的认知水平和了解程度密切相关。例如，当仅需要时均量的变化时，可用雷诺时均方程组求解（Reynolds-averaged Navier-Stokes equations，RANS）；如果需要了解大尺度的湍流结构，则发展了大涡模拟技术（large eddy simulation，LES）；如果需要了解湍流场的全部信息，必须从瞬时 N-S 方程入手，发展全尺度湍流运动的直接数值模拟技术（direct numerical simulation，DNS）。以上三种模拟技术，对流场的分辨率不同，所模拟的湍流尺度也不同。一般而言，直接数值模拟要求模拟所有尺度的湍流分量，最小尺度到耗散尺度量级，相当于网格 Re 数接近 1.0；对于雷诺时均方法，湍流脉动分量用统计量表征的湍流模型进行了封闭，数值模拟的网格尺度可由时均流动的性质决定；对于大涡模拟技术，网格尺度在惯性子区以上，耗散尺度分量用模化方程取代，因此这种技术可模拟大尺度的湍流分量。直接数值模拟技术是从 20 世纪 70 年代发展起来的，Orzag 和 Patterson (1972) 最早用直接数值模拟计算了各向同性湍流，网格数只有 32^3，相应的雷诺数 $Re_\lambda = 35$。与此相反，实验测量仅能获得有限的流场信息，包括有限尺度的湍流分量。例如，湍流流场中的涡量分布很难测量，因此至今湍涡结构的发展与演化只有通过流动显示定性观察或通过数值模拟给出定量结果。由于直接数值模拟能够实时获取流动演化过程，因此是研究湍流机理和控制湍涡的有效工具（如图 1.84 所示）。利用直接数值模拟的数据库还可以评价已有湍流模式，进而研究改进湍流模式的途径。

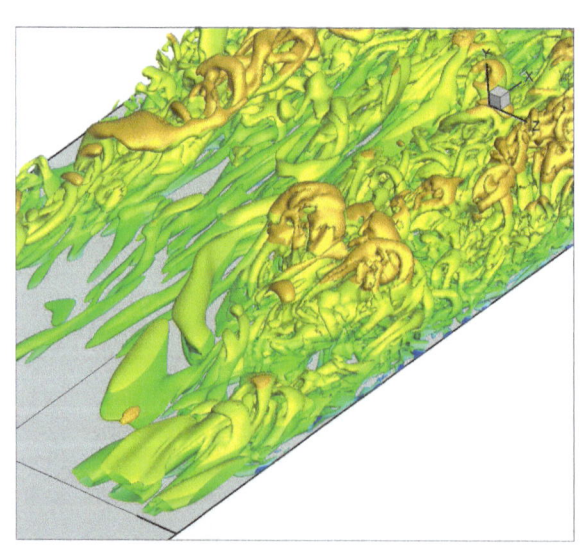

图1.84 转捩区拟序结构（直接数值模拟）

现已发现，在湍流运动中除了存在许多随机性很强的小尺度涡体外，还存在着一些组织性相当好的大尺度涡结构，它们有比较规则的旋涡运动结构；它们的形态和尺度对于同一类型的湍流运动具有普遍意义；它们对湍流中的雷诺应力和各种物理量的湍流输运过程起重要作用。为此大涡模拟的主要思想是：放弃全尺度范围湍动涡的数值模拟，改为只将比网格尺度大的大涡运动用 N-S 方程进行直接数值模拟，而比网格尺度小的小涡运动对大尺度涡运动的影响则通过建立通用模型来模拟。可见，一定意义上大涡模拟是介于直接数值模拟与一般模式理论之间的折衷技术。用于模拟小涡运动对大尺度运动的影响的模型称为亚格子尺度模式(subgrid scale model，实质上是小尺度涡的耗散模型)。大涡模拟方法最早是由美国气象学家 Smagorinsky（1963 年）在研究全球气象预报时提出的，1970 年气象学家 Deardoff 首次将该方法用于槽道中湍流的计算。在 20 世纪 70 年代，Ferziger 引入类同于时均处理方法中的湍动能和耗散率概念，计入涡尺度对涡黏性系数的影响，改正了 Smagorinsky 的亚格子模型。1991 年，Germano 等提出动态模型，使 Smagorinsky 模型具有自率定效应。我国学者苏铭德在 1986 年提出了大涡模拟中的代数应力模型，并用其计算了平直槽道和弯曲槽道内的湍流流动。

概括起来，人们对湍流的研究如果从 1880 年雷诺的圆管流态转捩试验算起，至今已过 136 年，但湍流仍然是尚未解决的难题。目前，在湍流基础理论研究方面，呈现出多个分支，主要方向有：湍流稳定性理论、湍流统计理论、湍流模式理论、湍流实验、切变湍流的拟序结构、湍流大涡模拟和直接数值模拟等。其中，比较有代表性是湍流模式，但其时均运算却将脉动运动的全部细节一律抹平，丢失了包含在脉动运动中的大量有重要意义的信息，而且各种湍流模式都有一定的局限性。近代计算机技术的飞速发展给人们提供了解决湍流问题的新途径，公认比较有前途的是大涡模拟和直接数值模拟。但由于受到计算机速度和容量的限制，直接数值模拟还仅限于低雷诺数的流动，对于高雷诺数完全数值模拟目前还不可能进行。而大涡模拟是介于直接数值模拟和湍流模式理论之间的折中办法，由于其具有较少的计算消耗和较高的计算精度，受到大家关注。我国学者在湍流研究方面，近几十年取得较为显著的成绩，受篇幅所限在此处就不一一列举了。

1.12 湍涡的多尺度讨论

1. 湍涡的多尺度结构

湍流是自然界中普遍存在的一类复杂流动现象，从1880年英国科学家雷诺完成圆管层流转捩试验以来，至今关于湍流的许多基本问题尚未得到解决。但经过136年的探索，人们对湍流的研究已取得相当大的成就。特别是随着计算机和现代测量技术的迅速发展，对湍流的认知早已从简单的时均流层次深入到不同尺度的湍涡结构层次。20世纪50年代以来，随着湍流拟序结构的发现，普遍认为：湍流并不是完全由小尺度涡的随机性决定的，而是存在大尺度涡的拟序结构。湍流实际上是一个由不同尺度、不同频率涡体构成的复杂流动现象，其最大涡的尺度与流动区域特征尺寸同量级，最小涡的尺度与流体的黏性尺度相当，这就使得湍流成为多尺度的复杂流动现象。在流体的运动过程中，不同尺度的湍涡相互作用并演变，既存在随机的小尺度涡也存在大尺度涡的拟序结构，如图1.85～图1.87所示。

▲图1.85　梵高于1889年创作的传世名作《星空》（类似大尺度涡）
梵高（Vincent Willem van Gogh，1853～1890年）是荷兰后印象派画家

▲图1.86　大气湍流中的大涡结构

▲ 图1.87 湍急水流中的大涡结构

2. 湍涡尺度的演变特征

在湍流的发展过程中，湍涡尺度不仅范围宽，而且是随时间从大尺度涡到小尺度涡不断演变的，这种尺度演变有可能是渐变的，也有可能是突变的。譬如1922年英国气象学家理查森就提出了一种湍涡尺度演变的渐变理论，即湍流的能量串级理论，如图1.60所示。该理论表明：大尺度涡通过湍动剪切从时均流动中获取能量，然后再通过黏性耗散和色散过程，这些大涡串级分裂成不同尺度的小涡，并在涡体的分裂破碎过程中将能量逐级传给更小尺度涡，直至达到黏性耗散为止。

但湍涡尺度的演变有无突变呢？这个问题一直未见报道。最近作者在北京航空航天大学应用空气动力学研究室的拖曳水槽中，通过反复对机翼尾涡衰变过程的观察发现：在机翼尾涡的衰变过程中，相对稳定、衰变比较缓慢的是大尺度涡和小尺度涡，而中等尺度涡演变较快，几乎看不到一个尺度演变的渐变过程。具体分为三个阶段：①大尺度涡缓慢衰变期。在这个时期大尺度涡主要受到对流和扩散的作用，耗散作用较弱，处于大尺度涡相互诱导和卷绕的过程，衰变比较缓慢，如图1.88所示；②中等尺度涡的快速演变期。实验中可看到，只有在大尺度涡无法维持以致快速破碎时才会出现中等尺度涡的演变过程，整个过程中所占时段最短，属于快速衰变期，如图1.89所示；③小尺度涡耗散期。属于湍流衰变后期。如图1.90所示。在这个时期，小尺度涡主要受到黏性扩散和耗散作用，对流作用很弱，属于小尺度涡缓慢耗散期，整个过程所占时段较长，湍涡的能量主要在这一级尺度涡中被黏性耗散掉。这些还需要进一步的实验验证。

🔺 图1.88　大尺度涡（两个同向涡与一个近壁涡的卷绕，以对流和扩散的行为为主）

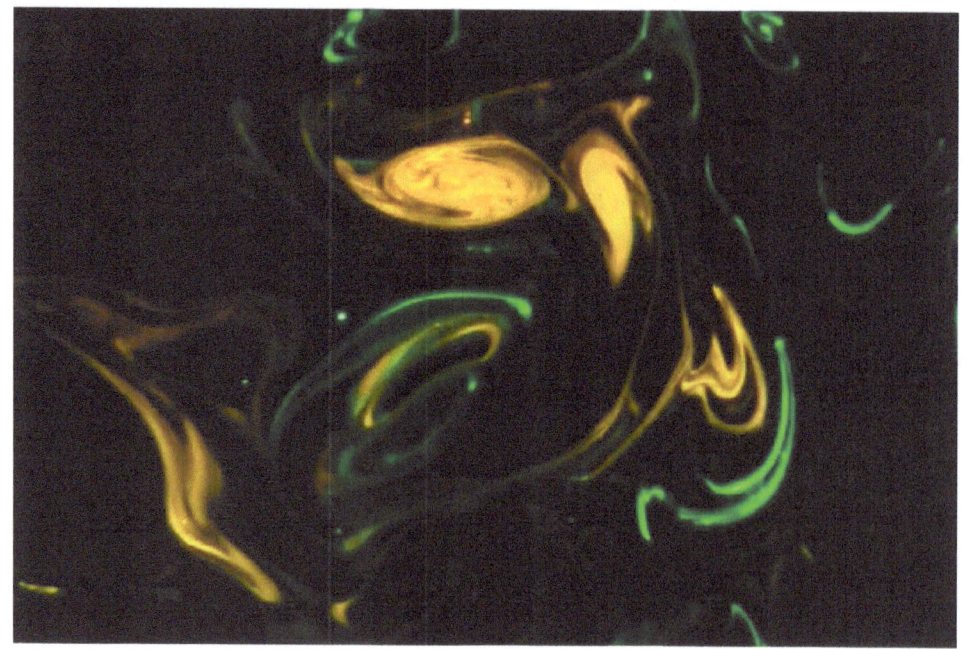

▲ 图1.89 中等尺度的涡（大涡快速破碎，出现中等尺度涡的过渡情况）

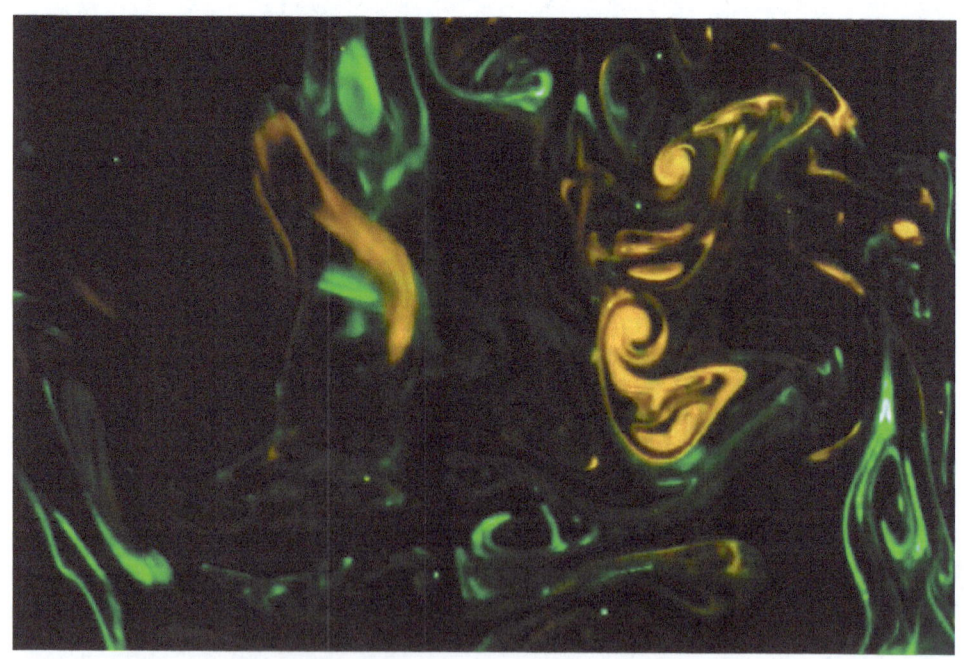

▲ 图1.90 小尺度涡（湍流衰变期，以黏性扩散和耗散的作用为主）

3. 湍涡的大尺度和小尺度量级

湍涡尺度的变幅虽然很宽，但对于稳态的湍流结构，常常是大尺度涡和小尺度涡起控制作用，前者对湍涡起产生作用，后者对湍涡起耗散作用。因此在湍流模式建立中，并不是所有尺度的湍涡都需要模化，而是只模化对动力学方程起控制作用的那些尺度的湍涡结构。为此，人们特别关注两种尺度的涡结构，其一是与时均流动发生相互作用的大尺度涡结构（large eddies），这类涡通过时均剪切运动的作用，从时均流动能中源源不断地提取能量以维持湍流的脉动运动。另一种尺度的涡是耗散涡结构（dissipative eddies），这类涡尺度虽小，但它们通过黏性起耗散湍流脉动动能的作用。这些耗散涡也被认为是维持湍流宏观运动的最小尺度的涡，因为更小尺度的湍涡在强黏性耗散的作用下不可能持续维持。

对于大尺度湍涡，长度尺度可用积分尺度表征，因为积分尺度表征了一个脉动速度强相关性的区域。用 l_t 表征这个积分尺度，用单位质量的湍动动能 K 的开方根表征速度尺度，即 $V_t = \sqrt{K}$，这类尺度的大涡也被称为载能涡（energy containing eddies）。对于耗散尺度的涡，柯尔莫哥洛夫认为它们的长度尺度和速度尺度由流体运动黏性系数 υ 和湍动能耗散率 ε 决定。在耗散涡尺度下，假设长度尺度为 η，速度尺度为 v，因受黏性限制，认为质点脉动的惯性力与黏性力同量级，即

$$Re_\eta = \frac{\mathrm{v}\eta}{\upsilon} \approx 1.0$$

通过量纲分析，得到

$$\eta = \left(\frac{v^3}{\varepsilon}\right)^{1/4}, \quad \mathrm{v} = (v\varepsilon)^{1/4} \quad \tau = \left(\frac{v}{\varepsilon}\right)^{1/2}$$

其中，τ 为耗散涡的时间尺度，这些尺度也被称为柯尔莫哥洛夫微尺度。湍动能耗散率 ε 用微尺度表达为

$$\varepsilon \approx \frac{\mathrm{v}^3}{\eta}$$

现在考察大尺度与微尺度之间关系。根据湍动能输运方程

$$\frac{\partial K}{\partial t} + u_j \frac{\partial K}{\partial x_j} = \frac{\partial}{\partial x_j}\left[-\frac{\overline{u_i' u_i'}}{2}u_j' - \frac{\overline{p' u_j'}}{\rho} + v\frac{\partial K}{\partial x_j}\right] - \overline{u_i' u_j'}\frac{\partial u_i}{\partial x_j} - \varepsilon$$

在剪切湍流中，处于局部平衡状态的湍流，要维持湍动能不衰减，在量级上应有

$$-\overline{u_i' u_j'}\frac{\partial u_i}{\partial x_j} = \varepsilon$$

估计，雷诺应力 $-\overline{u_i' u_j'}$ 主要由大尺度涡决定，则 $\overline{u_i' u_j'} \approx V_t^2$。时均速度梯度与大尺度涡相互作用得到湍动能产生项，因此时均速度梯度可用大涡尺度来表征，即

$$\frac{\partial u_i}{\partial x_j} \approx \frac{V_t}{l_t}$$

这样，在此情况下湍动能的耗散率 ε 用大涡尺度可表达为

$$\varepsilon \approx \frac{V_t^3}{l_t}$$

现将 ε 的大涡尺度表达式代入柯尔莫哥洛夫微尺度中，可以获得大涡长度尺度与小涡长度尺度之间的关系为

$$\frac{l_t}{\eta} \approx \left(\frac{V_t l_t}{\nu}\right)^{3/4} = Re_t^{3/4}$$

式中，Re_t 为由载能涡尺度表征的湍流雷诺数。同样，大涡速度尺度与小涡速度尺度的关系为

$$\frac{V_t}{v} \approx \left(\frac{V_t l_t}{\nu}\right)^{1/4} = Re_t^{\frac{1}{4}}$$

由此表明，大涡和小涡尺度之比是 Re_t 函数，随着 Re_t 的增大，它们之间的尺度宽度更大。

例如，对 V_t=1.46m/s，l_t=10mm，由此得到 Re_t=1000，则

$$\frac{l_t}{\eta} \approx Re_t^{\frac{3}{4}} = 178, \quad \frac{V_t}{v} \approx Re_t^{\frac{1}{4}} = 5.6$$

此时，耗散涡长度尺度为 η=0.056mm=56μm，这个尺度是保持空气连续流的最小宏观尺度 1μm 的 56 倍，这说明湍流满足质点宏观连续流的条件。耗散涡速度尺度为 V=0.26m/s，耗散率 ε=311m²/s³。如果取 V_t=1.46m/s，l_t=1mm，则 Re_t=100，耗散涡长度尺度为 η=0.0316mm=31.6μm，耗散涡速度尺度为 0.46m/s，耗散率 ε=3112m²/s³；如果取 V_t=1.46m/s，l_t=0.1mm，则 Re_t=10，耗散涡长度尺度为 η=0.0178mm=17.8μm，耗散涡速度尺度为 0.82m/s，耗散率 ε=31121m²/s³；如果取 V_t=1.46m/s，l_t=0.01mm，则 Re_t=1，耗散涡长度尺度为 η=0.01mm=10μm，耗散涡速度尺度为 1.46m/s，耗散率 ε=311214m²/s³。由此可见，最小涡的尺度大于保持空气连续流的最小宏观尺度 1μm 的 10 倍，说明湍流满足连续性条件，湍流是质点宏观运动的结果。

如果取耗散涡最小的长度尺度（保持连续性要求）η=1μm，由 $\eta V/\nu$=1，得到耗散涡最大速度尺度 v=14.6m/s，耗散涡最小的时间尺

度 $\tau=6.8\times10^{-8}$s，耗散涡最大的耗散率 $\varepsilon=3.1\times10^{9}$ m^2/s^3。为了便于比较，由图 1.91 给出载能涡尺度与耗散涡尺度比值与湍动雷诺数的关系，图 1.92 给出载能涡尺度与耗散涡尺度的关系，图 1.93 给出载能涡尺度与耗散率 ε 的关系。

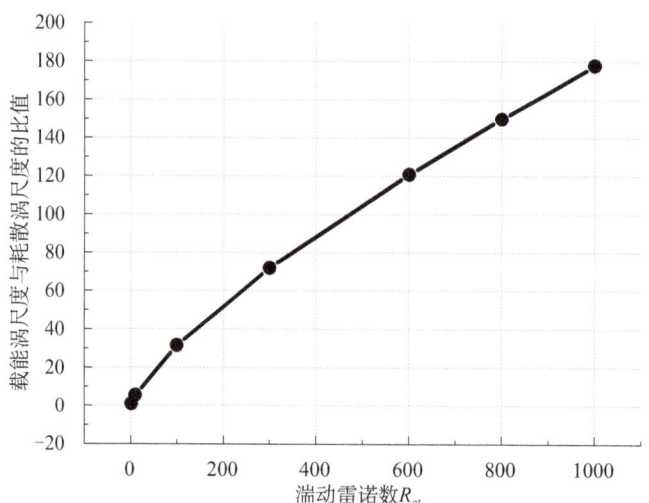

▲ 图 1.91 载能涡尺度与耗散涡尺度比值与湍动雷诺数的关系

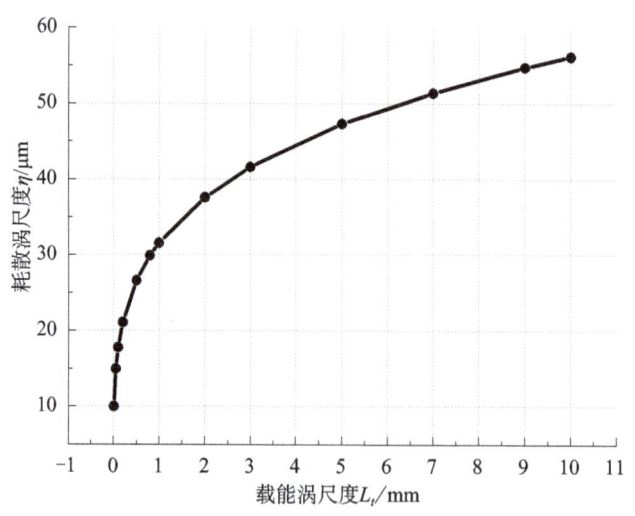

▲ 图 1.92 载能涡尺度与耗散涡尺度的关系（$V_f=1.46$m/s）

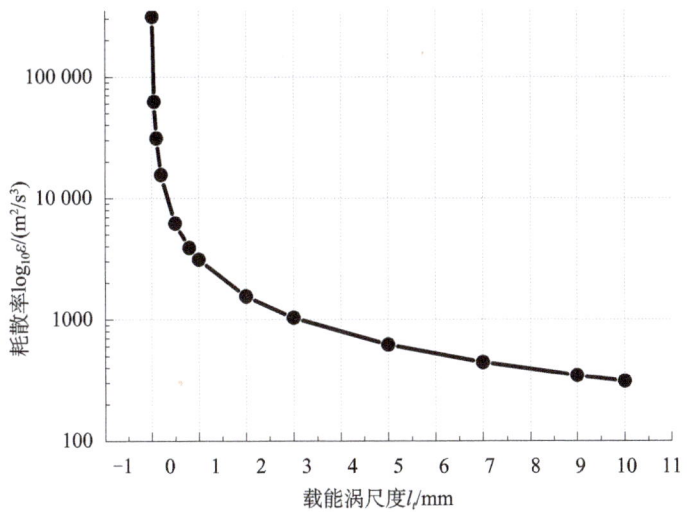

▲ 图1.93 载能涡尺度与耗散率ε的关系（V_t=1.46m/s）

根据湍动能耗散率的定义

$$\varepsilon = \nu \overline{\frac{\partial u_i'}{\partial x_j}\frac{\partial u_i'}{\partial x_j}} \approx \frac{V_t^3}{l_t}$$

脉动速度梯度的尺度可表示为

$$\left[\frac{\partial u_i'}{\partial x_j}\right] \approx \frac{V_t}{l_t} Re_t^{\frac{1}{2}} = \frac{\mathrm{v}}{\eta}$$

由此表明，脉动速度梯度可以由柯尔莫哥洛夫微尺度表征，这个与湍动能由小尺度涡耗散的概念是一致，这说明在耗散率中出现的脉动速度梯度是由小尺度涡决定的。根据上面分析，可得到脉动速度梯度与时均速度梯度量级表达式

$$\left[\frac{\partial u_i'}{\partial x_j}\right] \approx \frac{V_t}{l_t} Re_t^{\frac{1}{2}}, \left[\frac{\partial u_i}{\partial x_j}\right] \approx \frac{V_t}{l_t}, \left[\frac{\partial u_i'}{\partial x_j}\right] \approx \left[\frac{\partial u_i}{\partial x_j}\right] Re_t^{\frac{1}{2}}$$

第 2 章

空气动力学

2.1 空气动力学的发展概述

空气动力学是研究物体与空气之间有相对运动时，即物体在空气中运动或物体不动而空气绕过物体时，空气的运动及作用力的规律。传统的空气动力学指的是飞行器的空气动力学，尤其是普通飞机的空气动力学。空气对运动飞机的作用力一部分体现为升力，使飞机"托住"在空气里的作用力。另一部分，体现为阻力，对飞机的飞行起阻力作用。

人们在研究空气动力学问题时，常依据相对飞行原理，将飞行器穿过空气的运动等效为飞行器不动而空气绕过飞行器的运动。相对飞行原理是指，当飞行器以某一速度在静止空气中做均速直线运动时，飞行器与空气的相对运动规律和相互作用力，与飞行器固定不动而让空气以同样大小和相反方向的速度流过飞行器的情况是等效的，如图2.1所示。

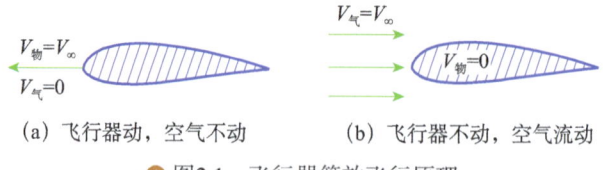

(a) 飞行器动，空气不动　　(b) 飞行器不动，空气流动

图2.1　飞行器等效飞行原理

相对飞行原理，为空气动力学的研究提供了便利，相对飞行原理

是空气动力学实验的基本原理。人们在实验研究时,可以将飞行器模型固定不动,人工制造直匀气流流过模型,以便观察流动现象,测量模型受到的空气动力,进行试验空气动力学研究,而且在风洞试验中让空气流动要比让物体移动更容易实现(如图2.2和图2.3所示)。

图2.2 飞机缩比模型风洞试验

图2.3 小轿车原型风洞试验

早在意大利文艺复兴时期，意大利全才科学家达芬奇（1452～1519年，如图1.3所示）就对鸟的飞行原理进行了研究，给出一些定性的概念。后来英国的凯利、美国的兰利和德国的李林达尔等著名科学家做了进一步更深入的研究。英国的凯利（George Kelly，1773～1857年，如图2.4所示）被称为经典空气动力学之父，他对鸟类飞行原理进行了大量的研究，通过对鸟翼面积、鸟的体重和飞行速度的观察，估算出速度、翼面积和升力之间的关系，提出人造飞行器应该将推进动力和升力面分开考虑。美国的兰利（Samuel Pierpont Langley，1834～1906年，如图2.5所示）提出了机翼升力计算公式。德国工程师和滑翔飞行家李林达尔（Otto Lilienthal，1848～1896年）开始制造滑翔机，他是制造与实践固定翼滑翔机的航空先驱者之一，并在柏林附近试飞2000多次，积累了丰富的资料，为日后美国莱特兄弟实现动力飞行提供了宝贵的经验。

图2.4　英国空气动力学乔治·凯利（George Kelly，1773～1857年）

图2.5　美国科学家兰利（Samuel Pierpont Langley，1834～1906年）

进入20世纪，人类创建了空气动力学完整的科学体系，并得到了蓬勃的发展。美国莱特兄弟是两个既有实践经验又有理论知识，且富有想象力和远见的工程师，1903 年 12 月 27 日，奥维尔·莱特驾驶他们设计制造的"飞行者一号"首次试飞成功，这是人类历史上第一架有动力、载人、持续、稳定、可操纵的飞行器，从此开创了动力飞行的新纪元。其后，飞机的发展推动了空气动力学的迅速发展。1906 年，茹科夫斯基（N. Joukowski，1847～1921 年，如图 2.6 所示）发表了著名的升力公式，奠定了二维翼型理论的基础，并提出以他名字命名的翼型。1918～1919 年，普朗特（如图 1.36 所示）提出了大展弦比机翼的升力线理论。20 世纪 20～30 年代，空气动力学的理论和实验得到迅速发展，所建造的许多低速风洞对各种飞行器研制进行了大量的实验，从而很大程度上改进了飞机的气动外形，实现了飞机动力增加不大的情况下，使飞机的飞行速度从 50m/s 增大到 170m/s。1925 年阿克莱特（Ackeret）导出翼型的超声速线化理论，1939 年戈泰特提出了亚声速三维机翼的相似法则，1944 年冯·卡门（如图 1.42 所示）和钱学森（如图 1.8 所示）采用速度图法，提出了比普朗特－葛劳渥（Glauert）法则更为精确的亚声速相似律公式，1946 年钱学森首先提出高超声速相似律。20 世纪 30～40 代，人类建造了一批超声速风洞，使飞机在 20 世纪 40 年代末突破了"声障"，20 世纪 50 年代随后突破了"热障"，实现了超声速飞行和人造卫星。

20 世纪 50 年代以后，随着计算机的出现和发展，使计算空气动力学

▲图2.6　俄罗斯科学家茹科夫斯基
（N. Joukowski, 1847～1921年）

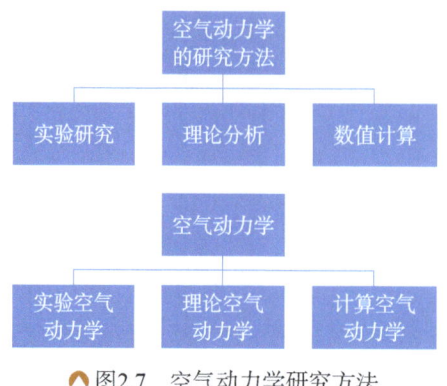

▲ 图2.7 空气动力学研究方法

得到迅速的发展，理论、实验、计算成为飞行器设计必不可少的途径（如图2.7所示）。

飞行器空气动力学按照所研究的流动问题速度的大小又可划分为几类。处理低速问题的称为低速空气动力学，处理高速问题的称为高速空气动力学（如图2.8所示）。高速范围内根据声速这一重要的参考量又分为几个部分。研究飞行速度低于声速的称为亚声速空气动力学，超过声速的称为超声速空气动力学，而研究声速附近飞行速度的问题则称为跨声速空气动力学。洲际导弹和宇宙飞船重返大气时，起初短时间内速度也在声速的10倍以上，这类飞行称为高超声速飞行。一般规定飞行速度大于5倍声速的称为高超声速飞行，处理这方面问题的称为高超声速空气动力学。此外，还有研究外层大气中的稀薄气体力学，研究在外层大气中离子化的空气磁流体动力学等。

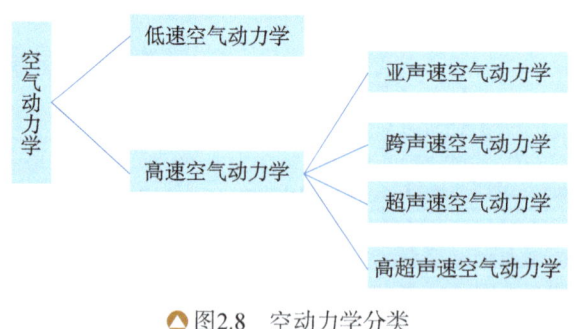

▲ 图2.8 空动力学分类

2.2 低速翼型绕流

首先人类靠气球实现了依赖空气浮力飞天的梦想,但仅仅有气球飞上天是不够的,鸟类和很多的飞行器不是依靠空气的浮力飞行,它们是通过空气绕过时的相对运动而产生的气动力飞行。所以人们逐渐认识到空气绕过机翼产生相对运动时可以产生升力,而且这个升力比浮力要大得多。第二是在空气中运动的物体必然要克服空气阻力,所以引出飞行器的动力概念。第三是飞行器要在空中能够保持稳定飞行就需要力乘距离的概念,即力矩的概念。这三个力学概念的提出为人类实现真实的飞行奠定了基础(如图2.9所示)。

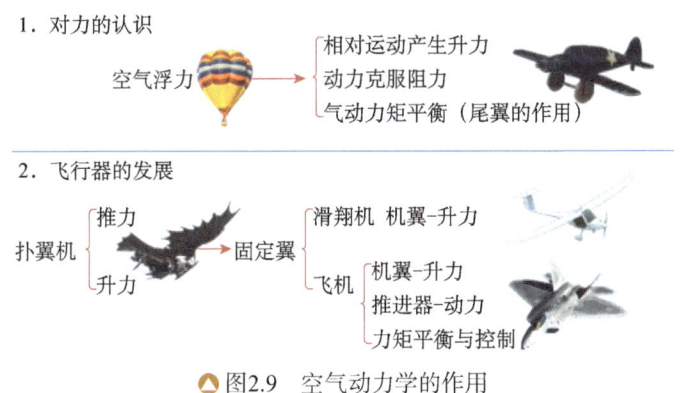

▲图2.9 空气动力学的作用

飞机的研究从模仿鸟类开始,所造的仿鸟模型叫仿制鸟。后来人们把动力和升力分开,分开以后就出现了固定翼的飞行器,所谓固定翼就是升力面是固定的，所以最早的固定翼就是滑翔机。滑翔机是无动力的飞机，是通过机翼产生升力的。另外，飞行器安装发动机后，有了动力就变成了真实的飞行器。如果再把动力、升力、阻力以及飞行器的重力进行平衡和控制，再加上导航系统，飞行器就可以振翅高飞了，从而实现了人类的飞天梦想，人们远行可以通过飞机实现，现在的旅客飞机速度快、安全、舒适，所以飞行器是人类20世纪最伟大的科技成就之一（如图2.10所示）。有了飞行器以后，恐怕原来孔子说的"父母在不远行"的说法就得改成"父母在不久行"。意思是，你不要长久离开父母，远不怕，飞到美国不就是需要13个小时吗？所以飞机的出现，使得人们居住和生活地之间的距离感觉缩短了许多。

▲图2.10　飞行器的布局特点

真正的飞行器是怎样实现飞行的，离不开对鸟的认识。在飞行方面，可以这样说，鸟类是人类的鼻祖，无论造什么样的飞行器，都需要向鸟学习。因为鸟有在空中足够的飞行经验，它们经过了长期的进化。下面我们通过对鸟飞行原理的分析，探讨翼型产生升力的奥妙。

对于一个鸟的骨架与羽翼（如图2.11所示），顺着气流方向在羽翼上切出的一个剖面。我们会发现这个剖面前面是翼骨，然后通过肌肉把羽毛连起来，所以切开以后相当于前面一个圆头，后面一个薄薄的羽毛，具有一定的弯曲程度，并且剖面呈流线型，如果仅考虑绕过这种独特剖面形状的流动问题时，空气动力学称为翼型绕流（如图2.12所示）。

图2.11　鸟的羽翼及剖面

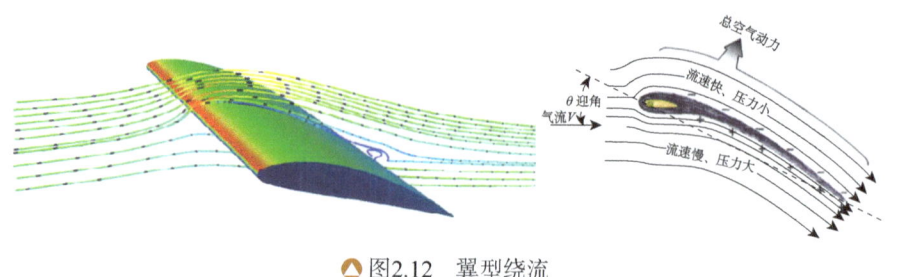

▲ 图2.12　翼型绕流

业已知道，当气流绕过翼型时，就会在翼型上作用空气动力，此力在垂直于来流方向的分力为翼型升力，在平行于来流方向的分力为翼型阻力，其大小除与来流速度、翼型几何形状和尺寸有关外，还与翼型和来流方向之间的夹角（迎角）有关。1686年牛顿在应用力学原理和演绎方法中提出：在空气中运动的物体所受的力，正比于物体运动速度的平方和物体的特征面积以及空气的密度。牛顿根据作用力与反作用力原理，提出所谓的"漂石理论"（skipping stone theory），认为翼型所受的升力是翼型下翼面对气流冲击作用的结果，与上翼面无关（如图2.13所示）。现在看来是不完全对的。

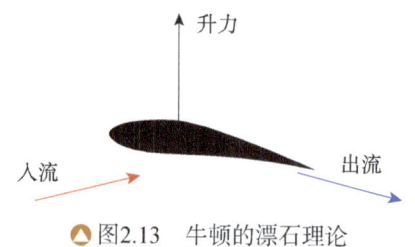

▲ 图2.13　牛顿的漂石理论

1738年瑞士科学家伯努利给出理想流体能量方程式，建立了空气压强与速度之间的定量关系，为正确认识升力提供了理论基础，特别是由该能量定理得出，翼型上的升力大小不仅与下翼面作用的空气顶托力有关，也与上翼面的吸力有关（如图2.14所示）。后来的风洞试验证实：这个上翼面吸力占翼型总升力的60%～70%。

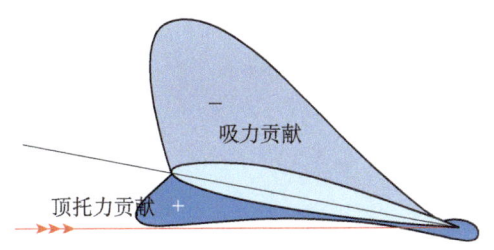

🔺 图2.14　翼型上下翼面压强分布

1902年德国数学家库塔（Martin Wihelm Kutta，1867～1944年，如图2.15所示）和1906年俄国物理学家茹科夫斯基（如图2.6所示），将有环量圆柱绕流升力计算公式推广到任意形状物体的绕流，提出对于任意物体绕流，只要存在速度环量，就会产生升力，升力方向以来流方向按反环量旋转90°，后人称为库塔-茹科夫斯基升力环量定律（如图2.16所示）。即

$$L = \rho V_\infty \Gamma$$

式中，L为作用在绕流物体上的升力；ρ为来流空气密度；V_∞为来流速度；Γ为绕流物体的速度环量。

🔺 图2.15　德国数学家库塔（Martin Wihelm Kutta，1867～1944年）

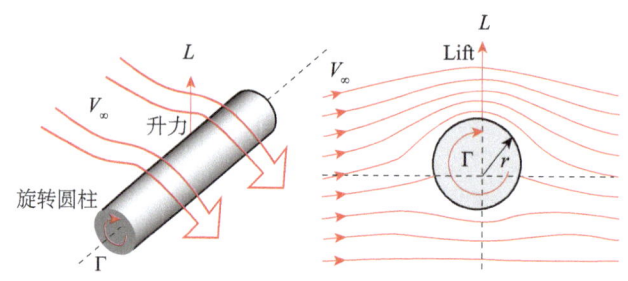

⬥ 图2.16 库塔-茹科夫斯基升力环量定律

当不同的环量值绕过翼型时，可能会出现后驻点位于上翼面、下翼面和后缘点三个不同位置的流动图画。后驻点位于上、下翼面的情况，气流要绕过尖后缘，势流理论得出，在该处将出现无穷大的速度和负压，这在物理上是不可能的。因此，物理上可能的流动图画是后驻点与后缘点重合，或者气流从上下翼面平顺地流过翼型后缘，后缘速度值保持有限，流动实验也证实了这一分析，库塔、茹科夫斯基就用这一条件给出确定附着环量的唯一性条件。

根据开尔文环量守恒定律，对于理想不可压缩流体，在有势质量力作用下，绕相同流体质点组成的封闭周线上的速度环量不随时间变化。$d\Gamma/dt=0$。翼型都是从静止状态开始加速运动到定常状态，根据旋涡守恒定律，翼型引起气流运动的速度环量应与静止状态一样处处为零，但库塔条件得出一个不为零的环量值，这似乎出现了矛盾，那么如何认识环量产生的物理原因？

当翼型在刚开始启动时，因黏性边界层尚未在翼面上形成，绕翼型的速度环量为零，后驻点不在后缘处，而在上翼面某点，气流将绕过后缘流向上翼面。随时间的发展，翼面上边界层形成，下翼面气流绕过后缘时将形成很大的速度，压力很低，从后缘点到后驻点存在大的逆压梯度，造成边界层分离，从而产生一个逆时针的环量，称为起动涡（如图2.17所示）。起动涡脱离翼型后缘随气流流向下游，封闭流体线也随气流运动，但始终包围翼型和起动涡，根据涡量保持定律，必然绕翼型存在一个反时针的速度环量，使得绕封闭流体线的总环量为零。这样，翼型后驻点的位置向后移动。只要后驻点尚未移动到后缘点，翼型后缘不断有逆时针旋涡脱落，因而绕翼型的环量不断增大，直到气流从后缘点平顺离开（后驻点移到后缘为止，如图2.18所示）为止，形成最终的附着涡和起动涡（如图2.19所示）。起动涡远远甩到后面，附着涡叠加在翼型上随翼型以一定的速度匀速运动，并对翼型的气动力产生重要影响（如图2.20所示）。

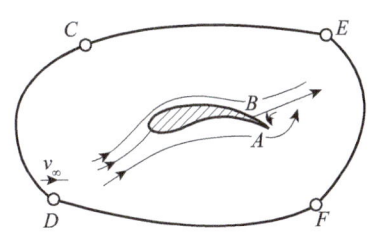

图2.17　起动过程中的翼型绕流边界层未平衡的状态

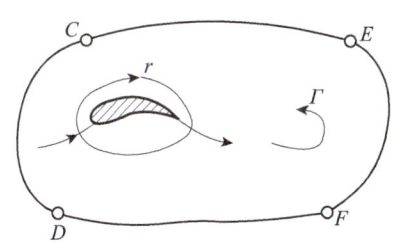
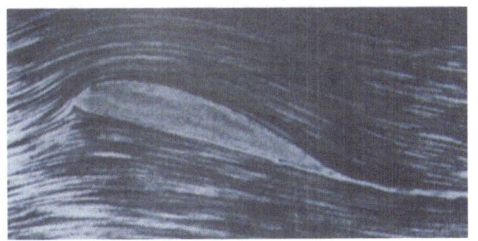

图2.18　翼型定常绕流边界层平衡状态

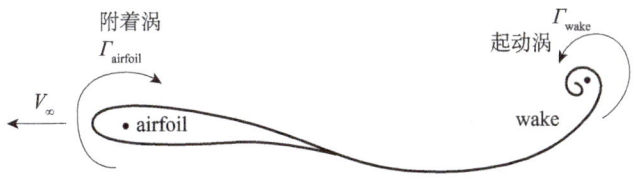

图2.19　翼型绕流附着涡和起动涡

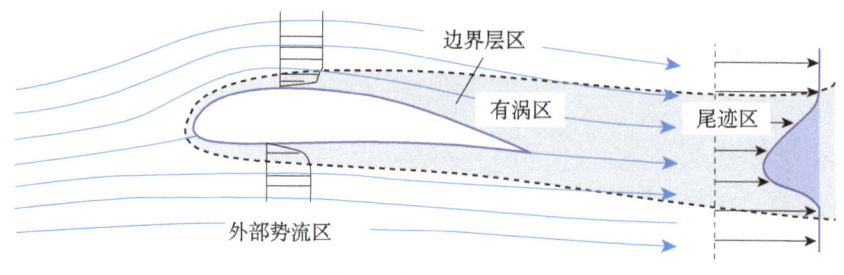

▲ 图2.20 翼型定常绕流(平衡边界层结构)

最早的机翼是模仿风筝的,在骨架上蒙张布,基本上是平板。在实践中发现弯板比平板好,能用于较大的迎角范围。1903年莱特兄弟研制出薄而带正弯度的翼型。茹科夫斯基的翼型理论出来之后,明确低速翼型应是由圆头、上下翼面组成(如图2.21所示)的。圆头能适应于更大的迎角范围,弯曲的翼面可避免绕翼面气流分离,并对翼型不对称绕流产生附着涡的机理进一步给出说明(如图2.22所示)。从平板到翼型的绕流升阻比明显不同(如图2.23所示)。

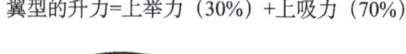

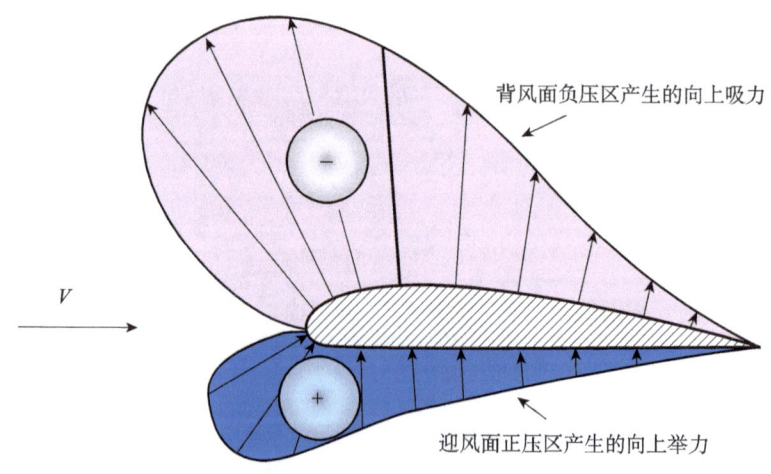

▲ 图2.21 翼型压力分布及其对升力的贡献

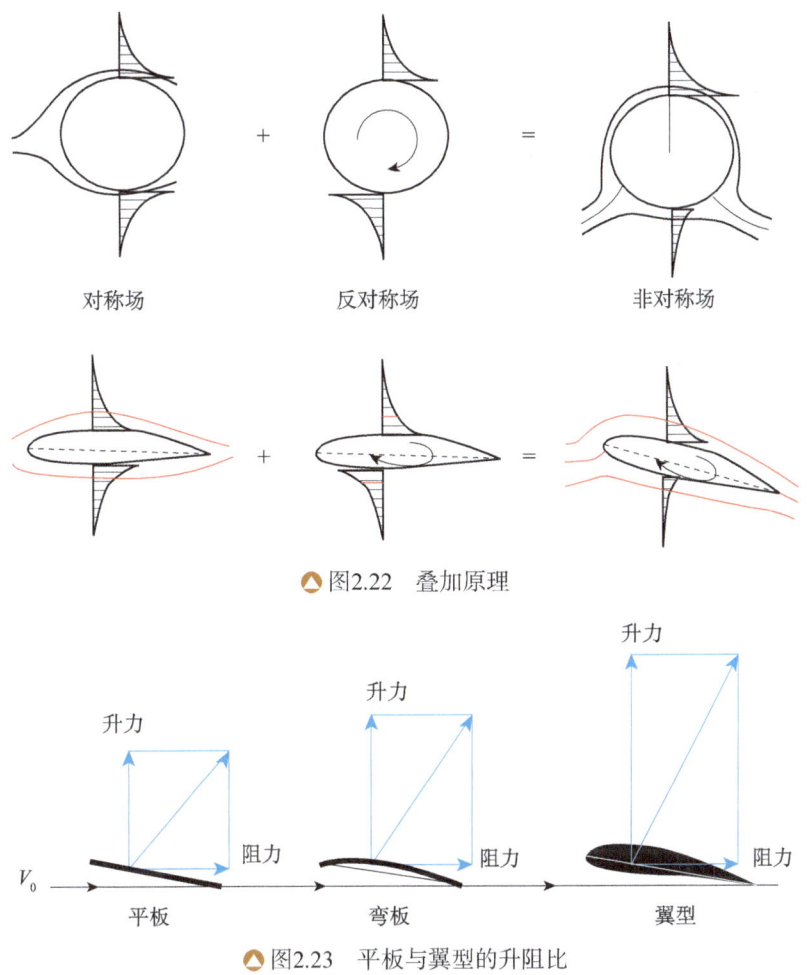

▲ 图2.22 叠加原理

▲ 图2.23 平板与翼型的升阻比

1909年茹科夫斯基利用复变函数的保角变换法研究了理想流体翼型定常绕流，提出著名的茹科夫斯基翼型理论（如图2.24所示）。20世纪20年代，人们利用速度势函数的奇点叠加原理和小扰动假设，提出薄翼型理论。得出：在小迎角下，对于薄翼型理想不可压缩绕流，扰动速度势、物面边界条件、压强系数均可进行线性叠加，作用在薄翼型上的升力、力矩可以视为弯度、厚度、迎角作用之和，因此绕薄翼型的流动可用三个简单流动叠加。

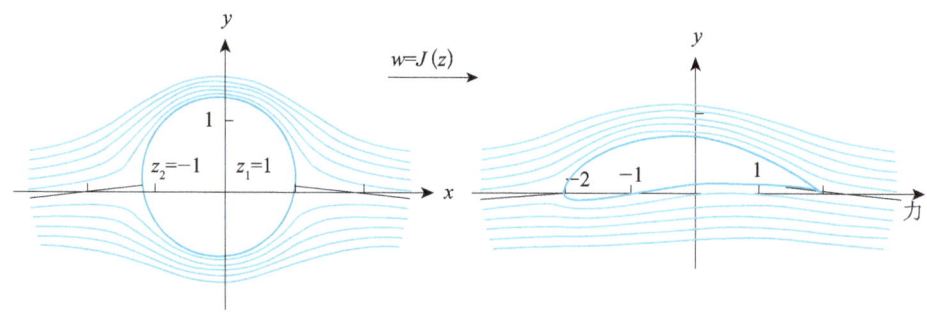

◭ 图2.24　茹科夫斯基翼型

在第一次世界大战期间，交战各国都在实践中摸索出一些性能较好的翼型。如茹科夫斯基翼型、德国 Gottingen 翼型，英国的 RAF 翼型（Royal Air Force 英国空军；后改为 RAE 翼型，Royal Aircraft Estabilishment 是皇家飞机研究院），美国的 Clark-Y 等。20 世纪 30 年代以后，出现美国 NACA 翼型（National Advisory Committee for Aeronautics，后来为 NASA，National Aeronautics and Space Administration）和苏联的 ЦАГИ 翼型（中央空气流体研究院）。美国国家航空咨询委员会（缩写为 NACA，现在 NASA）在 20 世纪 30 年代后期，对翼型的性能作了系统的研究（如图 2.25 所示），提出了 NACA 四位数翼族和五位数翼族等，如图 2.26 所示。他们对翼型做了系统研究之后发现：①如果翼型不太厚，翼型的厚度和弯度作用可以分开来考虑；②各国从经验上获得的良好翼型，如将弯度改直，即改成对称翼型，且折算成同一相对厚度的话，其厚度分布几乎是不谋而合的。由此提出，将当时认为是最佳的翼型厚度分布作为 NACA 翼型族的厚度分布（如图 2.27 所示）。

第 2 章 空气动力学

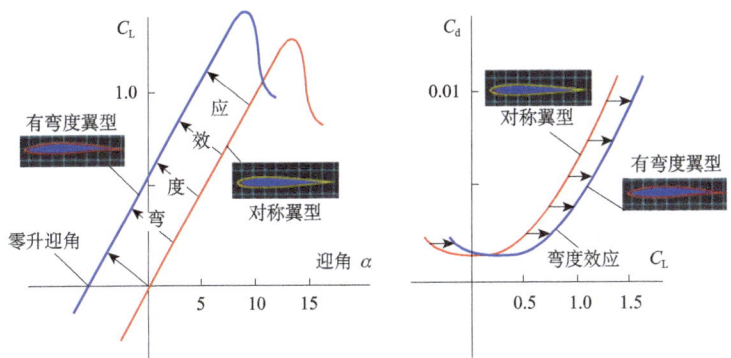

● 图2.25 翼型的升力系数与阻力系数

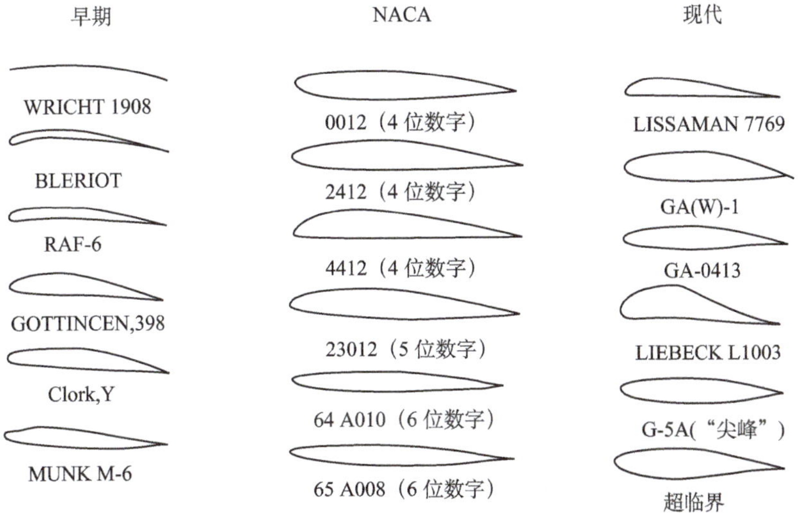

● 图2.26 翼型演变

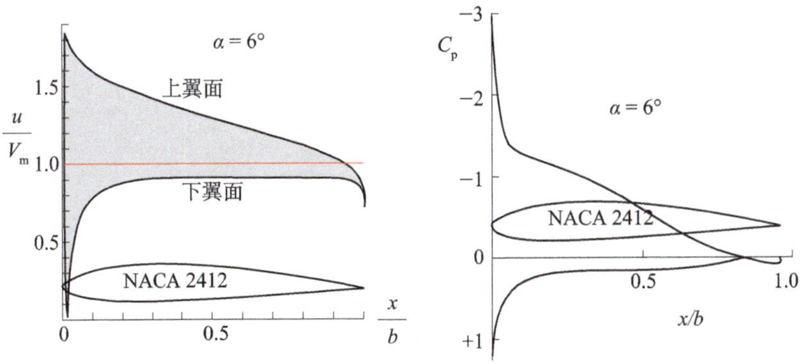

● 图2.27 NACA2412翼型上下翼面上的速度和压强分布

那么在翼型绕流时（如图 2.28 所示），对于同样的来流，为什么下翼面的压强大于上翼面压强？这是人们认识飞行原理长期纠结的地方，也是空气动力学的经典问题。

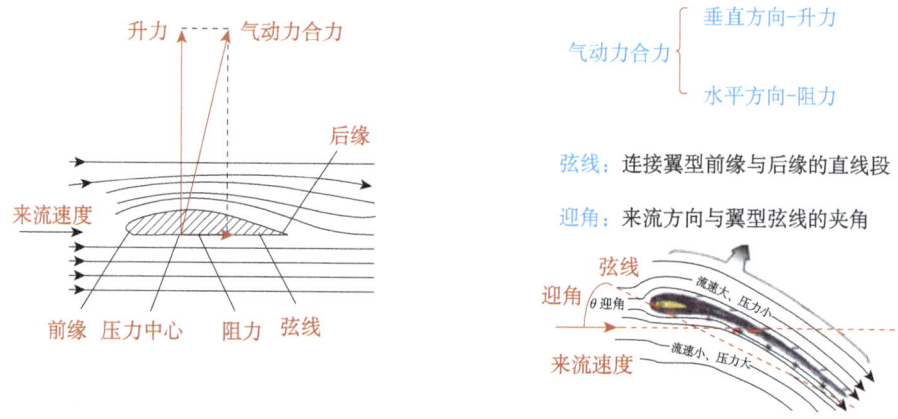

▲ 图2.28 翼型绕流

其实细究起来，关于翼型的升力是如何产生的，至今说法不一，而且有些观点也存在一定的错误。NASA 官方网站对此进行了详细报道（http://www.grc.nasa.gov/www/K-12/airplane/short.html）。

（1）基于伯努利观点的"长距理论"(longer path) 或"等时理论"(equal transit time) 最为广泛。这一理论认为：气流在翼型前缘点被分为上下两部分，最后同时在翼型后缘汇合。但因翼型上下表面形状不对称，气流沿翼型上表面运动的距离长，自然流速快，根据伯努利定理，速度快的气压小，这样就形成下翼面压强大于上翼面压强，从而产生升力。由于这个理论主要依赖于"伯努利定律"，后文称其为伯努利学派。这个理论的关键在于，认为"机翼上下表面不对称"是升力之源。但现代飞机广泛采用的超临界翼型，出于减小激波强度目的，其下表面的长度实际上比上表面长度还长，因此升力产生的解释出现了疑议。同时，这个理论也无法解释飞机倒飞的原因。

（2）基于牛顿第三定律（作用力与反作用力原理）的"漂石理论"(skipping stone)。这种理论认为：升力来源于空气对翼型下翼面的反作用力，就像打水漂一样，石子在快速滑过水面时，会排开水体从而获得反向的作用力重新离开水体，飞机在飞行时不断向下推开空气，从而依靠反作用力获取升力。这个理论认为：产生升力主要是翼型下表面，翼型上表面的贡献可以忽略。从而引申出：翼型下表面不变，则上表面的形状改变不会导致升力改变——这显然是不对的。一个典型的例子是扰流板，当机翼上表面的扰流板打开时，下表面不变，上表面可以说形状改变不大，但对气动力的影响很大。对于真实空气绕流，由于存在黏性，在翼面近壁区附近，由于存在黏性边界层，导致沿翼面的流动速度，在翼面垂向有着不同的大小，离物体越近，差异越大。

（3）流管理论。当气流流过上下表面时，由于上表面凸起，导致上方流线间距变窄，而下方较平坦，流线间距变宽，根据流体的连续性定理：当流体连续不断地流过一个粗细不等的管道时，由于管道中任一部分的流体都不能中断或堆积起来，因此在同一时间内，流进任一截面的流体质量和从另一截面流出的流体质量是相等的，导致上表面流速大于下表面流速，再根据伯努利定理产生升力。疑点在于：此理论只能在二维环境中成立，真实的机翼周围有大量气流被影响，流管收缩变形不明显。

（4）下洗气流理论。绕过翼型的气流流向存在向下偏的趋势，同时产生反作用力来提供升力。这一部分升力确实存在，称为"撞击升力"，但在整个翼型升力中所占比重相对较小。对于大型客机采用的"超临界翼型"，其后加载效应是靠机翼后缘向下弯曲产生下洗流来提供升力。

上述各理论或观点均是在无黏流条件下得到的，作者认为很难用任一种理论或观点解释翼型绕流的整个区域，实际上它们仅适应于翼型绕流不同局部区域的流动特征，如图2.29所示。

大量风洞试验发现，在来流一定时，作用于翼型上的气动力大小与翼型的形状、尺寸、姿态等有关。特别是，翼型的外形与升力和阻力的比值有关。良好翼型外形，产生的升力大、阻力小，升力与阻力的比值（升阻比）较大，气动效率高。即举起1N重力所需付出的阻力小，效率好。在空气动力学里专门讨论翼型的优化，从原理上说，就是寻求使升力和阻力比值最大的外形（如图2.29所示）。在当今飞机机翼设计中寻求升阻比较大的外形是永恒的机翼气动优化设计问题。对大型民用飞机机翼用的翼型，设计好的升阻比可达到80～110。

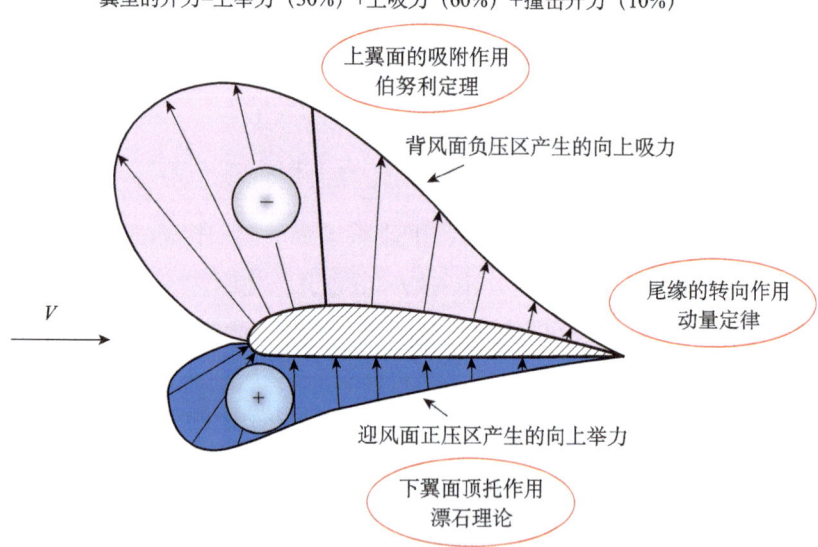

▲ 图2.29 基于理想流体翼型绕流的各理论适应性

2.3　翼型绕流物面近区边界层的发展与影响机理

在无界运动流场中，当以定转速旋转的无限长圆柱达到平衡时，在圆柱上作用一个与流动方向垂直的合力，称为升力。如果把旋转圆柱体看成涡核，则涡核内的流场为等涡量的有涡场，涡核外的流场为圆柱体诱导的流场，为无涡场，这样的流动模型就是典型的兰金涡模型。此时，旋转圆柱的环量通过与流体接触的圆柱边界面作用于流体上，从而诱导圆柱外的流场，流动直观易懂，也得到实验验证。但对于理想流体低速翼型绕流，翼型是不旋转的，那么环量是如何产生的？这就涉及翼型绕流环量（附着涡）形成过程的物理机制。在 114 年前基于理想流体运动的起动涡与附着涡概念的理论解释（或物理解释），属于空气动力学公认的经典内容，这么多年来虽然也有些异议，但还是得到大家普遍认可。记得作者在刚开始接触时，直观上感觉有点抽象不好理解，当时学得似懂非懂，后来讲授空气动力学课程多年熟悉后，也就没有再为此提出过多异议。最近不知为什么又开始翻炒此事，常在想难倒对于翼型绕流的升力产生问题，用这个理想流体流动的起动涡与附着涡概念真的能够解释黏性绕流现象？如果是这样，二者之间存在怎样的关联？附着涡又是如何存在于翼型物面近区的？由翼型后缘下翼面出现的逆时针涡一定要脱落吗？尖后缘点到底起什么作用？如何理解平顺离开后缘？等等。这些看似是简单的问题，细究起来还着实不易回答。

1. 黏性流体定常翼型绕流边界层特性与气动力

如图 2.30 所示，在定常黏性流体翼型绕流中，将会形成绕过翼型上下翼面近壁区的边界层流动，处于稳定平衡状态。此时，翼型绕流将形成近壁区的边界层黏性流动（有涡流动）和边界层外的势流。现取包围翼型的绕行封闭红线（封闭围线包含上下翼面的边界层流动）以顺时针为正（如图2.30所示），由斯托克斯积分公式有

$$\Gamma = \oint_C \vec{V} \cdot \mathrm{d}\vec{s} = \int_A 2(\omega_u - \omega_d)\mathrm{d}\sigma$$

其中，绕流翼型的速度环量以顺时针为正，在上翼面近壁区边界层内的涡量为 $2\omega_u$，为顺时针旋转（ω_u 为旋转角速度），对速度环量为正贡献。下翼面近壁区边界层内的涡量为 $2\omega_d$，以逆时针旋转，为负贡献。由此可进一步写成

$$\Gamma = \oint_C \vec{V} \cdot \mathrm{d}\vec{s} = \int_0^b \left[\int_0^{\delta_u(x)} 2\omega_u \mathrm{d}y - \int_0^{\delta_d(x)} 2\omega_d \mathrm{d}y \right] \mathrm{d}x = \int_0^b \gamma(x) \mathrm{d}x$$

$$\gamma(x) = \int_0^{\delta_u(x)} 2\omega_u \mathrm{d}y - \int_0^{\delta_d(x)} 2\omega_d \mathrm{d}y = \gamma_u - \gamma_d$$

$$\gamma_u = \int_0^{\delta_u(x)} 2\omega_u \mathrm{d}y, \quad \gamma_d = \int_0^{\delta_d(x)} 2\omega_d \mathrm{d}y$$

其中，$\gamma(x)$ 为沿着弦线分布的面涡强度；γ_u 为上翼面的值（正贡献）；γ_d 为下翼面的值（负贡献）。在翼型后缘处，按照库塔–茹科夫斯基条件，要保持气流平顺离开后缘，则有 $\gamma(b) = 0$，由此得到

$$\gamma_u = \gamma_d, \int_0^{\delta_u(x)} 2\omega_u \mathrm{d}y = \int_0^{\delta_d(x)} 2\omega_d \mathrm{d}y$$

作为近似，如图2.31所示，根据定义可得

$$2\omega_u \approx \frac{V_u}{\delta_u(b)}, \quad 2\omega_d \approx \frac{V_d}{\delta_d(b)}$$

由此得到

$$\int_0^{\delta_u(b)} \frac{V_u}{\delta_u(b)} \mathrm{d}y \approx \int_0^{\delta_d(b)} \frac{V_d}{\delta_d(b)} \mathrm{d}y, \quad V_u \approx V_d$$

这就是库塔、茹科夫斯基后缘条件（平顺离开后缘的条件，即离开后缘的上下翼面速度近似相等）。

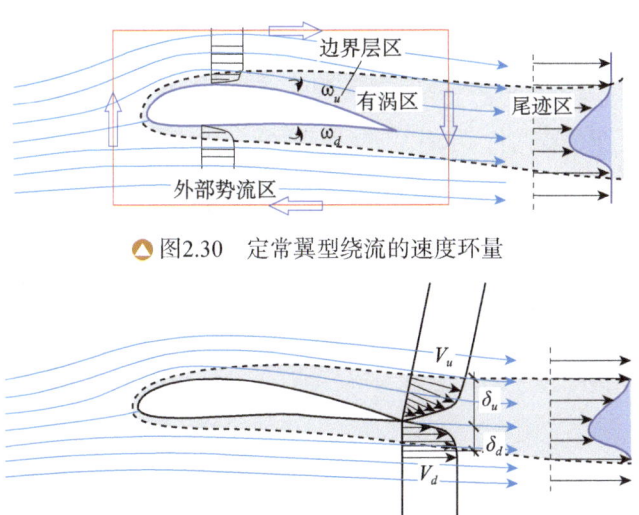

▲ 图2.30 定常翼型绕流的速度环量

▲ 图2.31 定常翼型绕流的后缘条件

如果做下列处理：

$$\gamma_0 = \int_0^{\delta_u(b)} 2\omega_u \mathrm{d}y$$

$$\Gamma = \oint_C \vec{V} \cdot \mathrm{d}\vec{s} = \int_0^b [\gamma_u - \gamma_d] \mathrm{d}x = \int_0^b [\gamma_u - \gamma_0] \mathrm{d}x + \int_0^b [\gamma_0 - \gamma_d] \mathrm{d}x = \Gamma_u + \Gamma_d$$

$$L = \rho V_\infty \Gamma_u + \rho V_\infty \Gamma_d$$

则可获得上下翼面对升力的分别贡献。如图2.32所示，在小迎角下，基于压强系数分布作用于翼型上升力系数C_L的计算公式为

$$C_L = \int_0^1 (C_{pd} - C_{pu}) \mathrm{d}\xi = \int_0^1 C_{pd} \mathrm{d}x + \int_0^1 (-C_{pu}) \mathrm{d}\xi$$

$$L = \rho V_\infty \Gamma_u + \rho V_\infty \Gamma_d = \frac{1}{2} \rho V_\infty^2 b C_L$$

$$\Gamma_d = \frac{1}{2} V_\infty b \int_0^1 C_{pd} \mathrm{d}\xi, \quad \Gamma_u = \frac{1}{2} V_\infty b \int_0^1 (-C_{pu}) \mathrm{d}\xi$$

式中，C_{pu}和C_{pd}分别为作用于翼型面上的压强系数；ξ为x/b。

显然，在离前缘任意位置处，$\gamma(x)$ 的大小决定于当地上下翼面边界层内涡量积分值之差，根据上下翼面边界层内的速度分布特征，$\gamma(x)$ 沿弦线的分布应由前缘向后缘逐渐减小的变化曲线，如图 2.33 所示。可见，基于理想流体绕流概念的附着涡，实际上是指翼型定常绕流上下翼面近壁区黏性边界层内涡量积分值之差。如用理想流体绕流模型取代边界层绕流，应该看成理想流体绕过翼型型面边界曲线叠加边界层排移厚度的外形，同时在这个边界上附加由黏性边界层产生的环量值，这个环量值就是附着涡。这说明，附着涡是通过翼面边界层流动加给外部势流的。

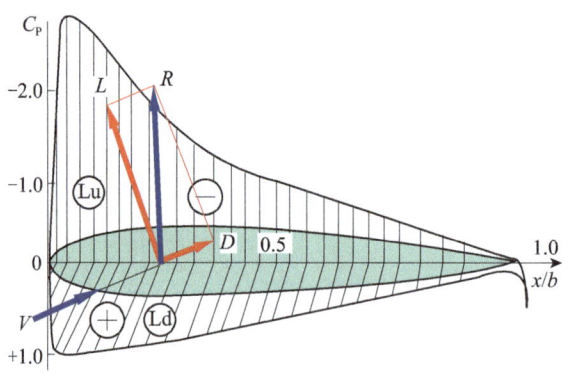

▲ 图2.32 沿弦线分布的压强系数与气动力

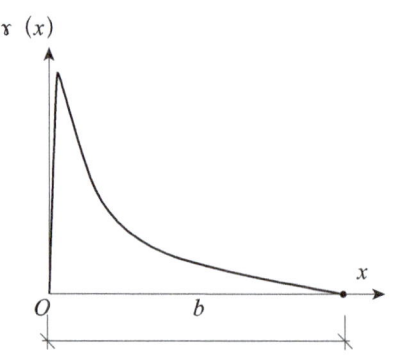

▲ 图2.33 沿弦线分布的面涡强度分布

对于在近壁区边界层内的流动，黏性流体运动总是伴随着涡量的产生、扩散和耗散。在来流雷诺数较大的情况下，近壁区边界层内的有涡流动，符合普朗特的边界层薄层近似，在无滑移边界条件下，相当于使物面成为具有一定强度分布的涡面源，其物面上的涡量 Ω_b（顺时针为正）与壁面切应力 τ_b 关系为

$$\Omega_b = 2\omega_b = \left(\frac{\partial u}{\partial y} - \frac{\partial v}{\partial x}\right)_b = \left(\frac{\partial u}{\partial y}\right)_b = \frac{\tau_b}{\mu}$$

其中，u 和 v 为边界层内流动速度分量。由此可见，翼面上的涡量与壁面切应力有关，说明边界层内的涡量翼面上最大，离开物面区涡量减小，这是由涡量的黏性扩散和耗散引起的。对于不可压缩黏性流体翼型绕流，其涡量 Ω 的扩散方程为

$$\frac{\partial \Omega}{\partial t} + u\frac{\partial \Omega}{\partial x} + v\frac{\partial \Omega}{\partial y} = \nu\left(\frac{\partial^2 \Omega}{\partial x^2} + \frac{\partial^2 \Omega}{\partial y^2}\right)$$

在定常边界层流动中，上述方程可简化为

$$u\frac{\partial \Omega}{\partial x} + v\frac{\partial \Omega}{\partial y} = \nu\frac{\partial^2 \Omega}{\partial y^2}$$

在边界层内，一方面涡量沿着主流方向迁移，并随之而逐渐衰减。另一方面涡量沿着垂直方向扩散，其垂向扩散速度和衰减快慢取决于流体黏性系数。涡量的迁移速度取决于流动速度，因此物面上产生的涡量不会扩散至全场，只能局限于边界层内。涡量在壁面法线方向扩散的距离量级为 $\sqrt{\nu t}$，涡量沿流向迁移的距离为 $V_\infty t$，对于弦长为 b 翼型，从前缘产生的涡量迁移到后缘所需的时间为 b/V_∞，由此得到边界层厚度为

$$\delta \propto \sqrt{v\frac{b}{V_\infty}} = \sqrt{v\frac{b^2}{V_\infty b}} = b\sqrt{\frac{v}{V_\infty b}}$$

$$\frac{\delta}{b} \propto \frac{1}{\sqrt{Re}} \quad \left(Re = \frac{V_\infty b}{v}\right)$$

2. 翼型起动过程中边界层的演变机理

对于翼型起动过程中的非定常绕流问题，属于翼面近壁区黏性边界层的形成与发展过程，物理机制复杂，涉及无黏流与黏性流的转化、上翼面后缘区分离点的移动、分离区和分离涡的演变发展过程等。显然，这种翼型起动实质上是一个非定常边界层的形成和发展过程，最终达到翼型定常绕流的稳定平衡边界层流动。控制这一过程的发展是不可压缩二维非定常层流边界层微分方程，即

$$\frac{\partial u}{\partial x} + \frac{\partial v}{\partial y} = 0$$

$$\frac{\partial u}{\partial t} + u\frac{\partial u}{\partial x} + v\frac{\partial u}{\partial y} = \frac{\partial V_e}{\partial t} + V_e\frac{\partial V_e}{\partial x} + v\frac{\partial^2 u}{\partial y^2}$$

式中，V_e 为边界层的外流速度。在翼型从静止开始起步的初期（如图 2.34 所示），边界层很薄，黏性剪切力很大，迁移惯性力较小，外流场的非定常惯性力是主要的，上述方程可简化为

$$\frac{\partial u}{\partial x} + \frac{\partial v}{\partial y} = 0$$

$$\frac{\partial u}{\partial t} - v\frac{\partial^2 u}{\partial y^2} = \frac{\partial V_e}{\partial t}$$

而对于翼型起动过程的后期，边界层基本形成并接近稳定状态，此时非定常惯性力处于次要地位，边界层方程可简化为

$$\frac{\partial u}{\partial x} + \frac{\partial v}{\partial y} = 0$$

$$\frac{\partial u}{\partial t} - v\frac{\partial^2 u}{\partial y^2} = V_e \frac{\partial V_e}{\partial x} - u\frac{\partial u}{\partial x} - v\frac{\partial u}{\partial y}$$

根据非定常翼型绕流边界层的发展过程，分离与旋涡脱落的演化，结合黏性流动的物理机制，可将翼型绕流的起动过程分为以下阶段。

（1）初期势流阶段。翼型刚开始起动（如图2.34所示），绕过翼型流动几乎未形成边界层流动，以理想流体绕流为主，后驻点位于上翼面后缘区，下翼面气流绕过后缘点到达后驻点，后缘点与后驻点不重合，在翼型后缘区无分离，此时附着涡量几乎为零，升力也趋近于零。在此情况下，物面近区的速度，下翼面略大于上翼面。

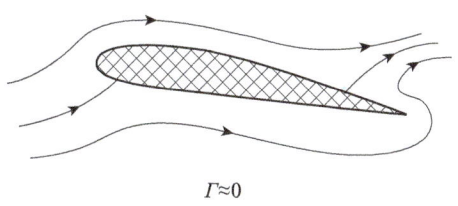

$\Gamma \approx 0$

图2.34　初期势流阶段（加速）

（2）分离泡阶段。受绕过后缘点离心惯性力的影响，使得从后缘点到后驻点的绕流逆压强梯度不断增大，最终导致后缘区分离，形成分离泡（如图2.35所示），同时上翼面的后驻点移动到分离泡的末端，上翼面后缘区出现分离点，分离点与后缘点不重合。此时翼型后缘近区的黏性流动开始形成，但整体流动仍然以理想流体绕流为主，附着涡量几乎为零（分离泡内的两个反向旋转的涡相互抵消），升力也趋近于零。

流体力学通论

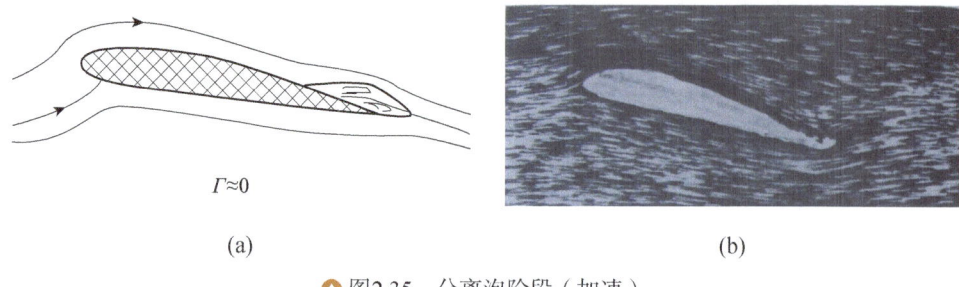

(a) $\Gamma \approx 0$　　　　　　　　　(b)

▲ 图2.35　分离泡阶段（加速）

（3）后缘分离涡周期性脱落阶段。随着翼型速度的增大，分离泡内旋涡运动的能量不断增大，致使泡内流动动能堆积无法自耗，从而分离泡打开，形成旋涡脱落（如图2.36所示），同时因气流速度增大使绕后缘点离心惯性力的增大，后缘点附近负压增强，导致上翼面后缘区的分离点向后缘点移动（从高压向低压流动），这时上翼面绕流的边界层开始形成，相对而言下翼面稍慢些，从而加大了上翼面边界层外流区的速度，绕过翼型物面近区的边界层流动开始发挥作用，附着涡量不为零，升力也开始大于零。随着翼型速度不断增大，从后缘生成的旋涡不断被脱落出去，并随流动甩下下游，于此同时后缘点绕流速度不断增大，后缘点离心惯性力的增大使后缘点附近负压不断增强，导致上翼面后缘区的分离点进一步向后缘点移动，这时上翼面绕流边界层不断发展，下翼面绕流边界层也开始形成和发展，上下翼面边界层外流区的速度差进一步增大，绕翼型的附着涡量继续增大，升力也继续增大。

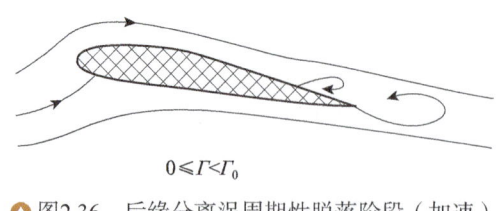

$0 \leqslant \Gamma < \Gamma_0$

▲ 图2.36　后缘分离涡周期性脱落阶段（加速）

（4）边界层稳定平衡阶段。后缘分离涡周期性脱落重复进行到翼型达到匀速不再加速为止。此时，上翼面的分离点移动到后缘点，旋涡脱落停止，绕后缘点气流平顺离开，上下翼面边界层形成稳定状态，边界层外流区的速度差达到最大，绕翼型的附着涡量达到最大，升力也达到最大，翼型绕流完成起动过程（如图 2.37 所示）。

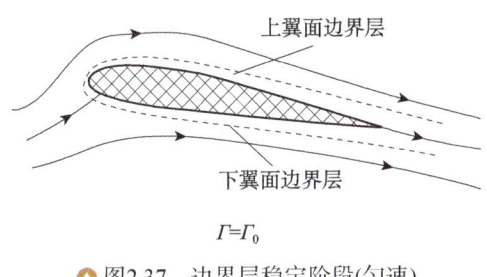

▲ 图2.37　边界层稳定阶段(匀速)

应指出的是：如果翼型再次发生加速或减速，从一种稳定的边界层变化为另一种稳定的边界层，后缘点旋涡的脱落将继续出现直至形成新的稳定边界层为止（如图 2.38 所示），达到新的平衡态后绕后缘点流动又恢复到平顺离开后缘。只是加速翼型和减速翼型脱落涡的方向不同而已。

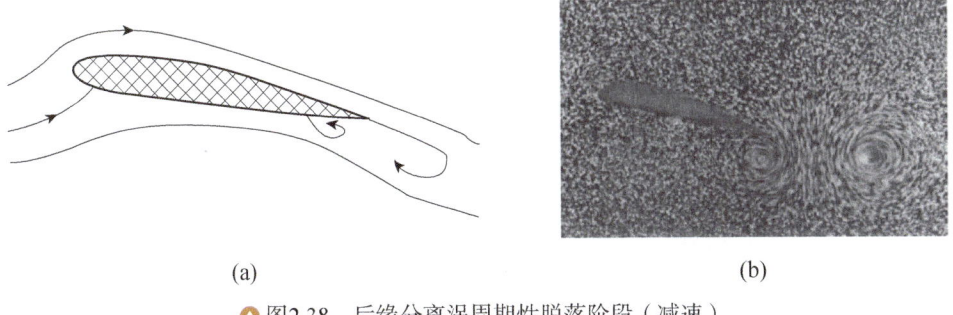

(a)　　　　　　　　　　(b)

▲ 图2.38　后缘分离涡周期性脱落阶段（减速）

2.4 机翼的低速绕流

飞机的主要部件是机身和机翼（如图 2.39 所示），飞机的机翼是产生升力的气动部件，为了获得良好气动效果，一般机翼做成三维薄形细长翘体结构，布置在机身两侧（可位于机身上面、机身下面和机身中部），机翼的外形有各种各样，设计时可根据飞行速度和飞行任务不同来优化布置和机翼外形（如图 2.40 和图 2.41 所示）。最早的机翼形状为平板，如中国风筝的外形（用一个毂把布张起来），平板翼的升阻比最小，一般为 2~3。然后是弯板，它的升阻比可达到 5，后来设计的机翼外形产生的升阻比可达到 20 以上，如大型客机纯机翼的升阻比可到 30 左右。受机翼翼梢的影响，三维机翼的升阻比要小于二维翼型的升阻比。由于机身主要产生阻力，因此加上机身等阻力部件，整架飞机的升阻比会更小。如大型客机波音 747，在巡航时飞机的升阻比在 17~18，相当于举起 1kg 的重物只需要克服 55g 的阻力。

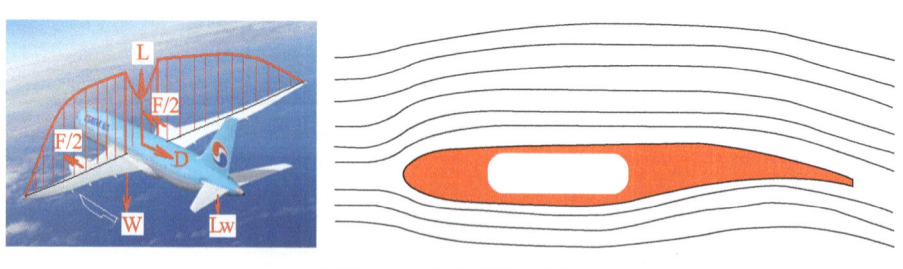

▲ 图2.39 机翼和翼型绕流

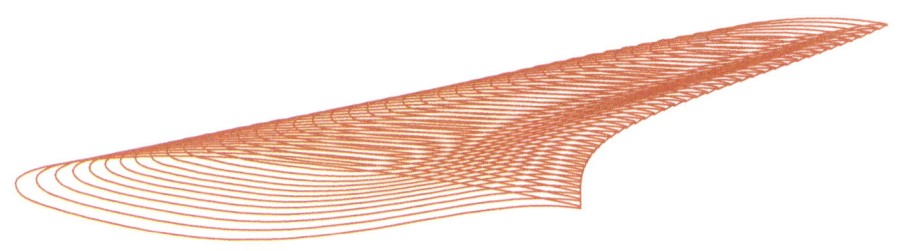

▲ 图2.40 超临界机翼B样条参数化造型

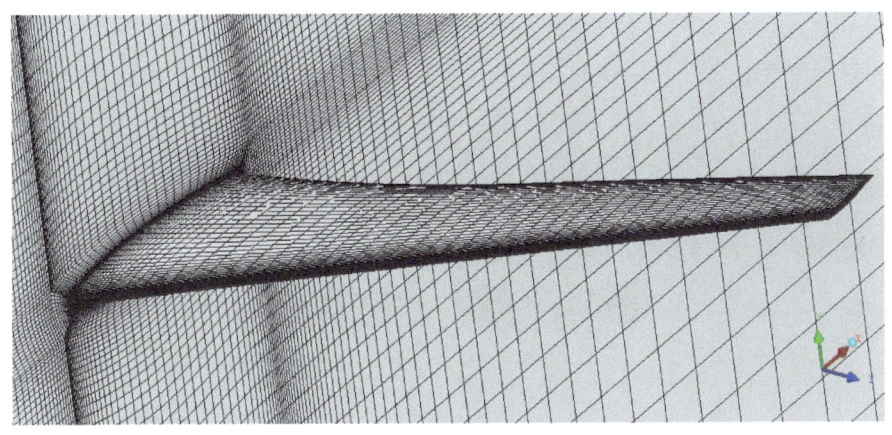

▲ 图2.41 临界机翼附近的网格

1918年德国科学家普朗特研究了带弯度翼型的气动问题，提出了薄翼理论，并在此基础上提出大展弦比直机翼的升力线理论，这项工作使人们认识到对于有限翼展机翼，翼尖效应对机翼整体性能的重要性，指出翼尖涡和诱导阻力的本质关系，这个问题在很长时期内一直没有得到重视。在一大展弦比直机翼的后缘上，沿其展向均匀地贴上一排丝线，在丝线的末端系着小棉花球，然后将机翼置于低速风洞中进行吹风试验。试验结果发现：对于有限翼展机翼，由于翼尖效应，在正迎角下机翼下表面压强较高的气流将从机翼翼尖翻向上翼面，使得上翼面的流线向对称面偏斜，下翼面的流线向翼尖偏斜，而且这种偏斜从机翼的对称面到翼尖逐渐增大。当气流离开机翼后缘时，上下翼面沿翼展反向的气流将使机翼后的空气受到剪切作用,从而产生了自由涡面(如图2.42所示)。德国空气动力学家屈西曼(D.Küchemann,普朗特的学生)曾经说过:"涡旋是流体运动的肌腱。"这句话是流体力学中的至理名言,深刻概括了涡旋在流体运动中的作用。普朗特的另一位学生、北京航空航天大学陆士嘉教授曾更进一步地指明:流体的本质就是涡,因为流体经不住搓,一搓就搓出了涡。"这句话既道出了流体与固体的本质区别,又点明了流体运动中出现涡旋的原因。这里的"搓",是指对流体运动的剪切作用。因此,自由涡面是由上下翼面的展向气流离开后缘后搓出来的(展向剪切流动产生的)。

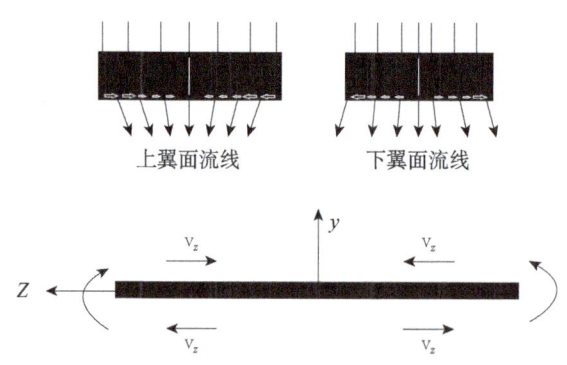

图2.42 有限翼展机翼后缘自由涡面的形成机理

由于旋涡的相互诱导作用,在离开后缘较远的地方(大约1倍展长)自由涡面将卷成两条方向相反的、从翼尖拖出的尾涡,尾涡的轴线大约和来流的方向平行(如图2.43～图2.46所示)。图2.47和图2.48给出蝙蝠飞行时绕流流场特性和自由涡结构。图2.49给出飞机尾涡下洗流,图2.50给出飞机尾涡的消散。图2.51给出大型客机在着陆过程中的尾涡演变。

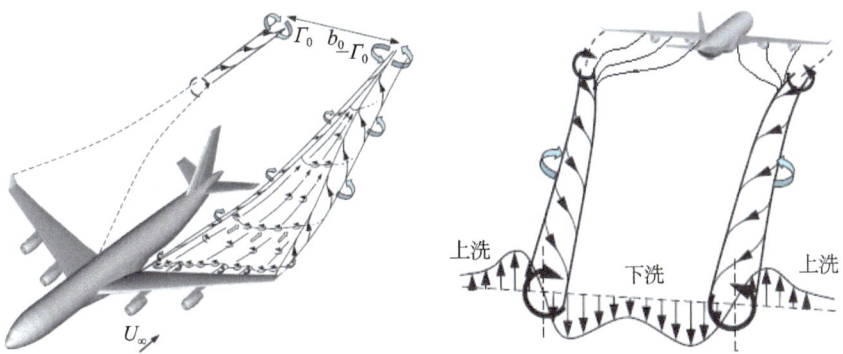

▲ 图2.43 尾涡的形成机理

▲ 图2.44 飞机尾涡（由发动机喷流演变的）（www.hangkong.com）

▲ 图2.45 飞机尾涡（mil.news.sina.com.cn）

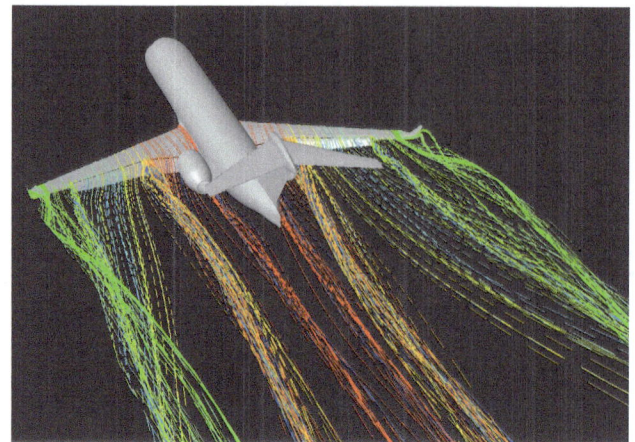
🔺 图2.46 数值模拟机翼定常绕流（绕过机翼的流线）

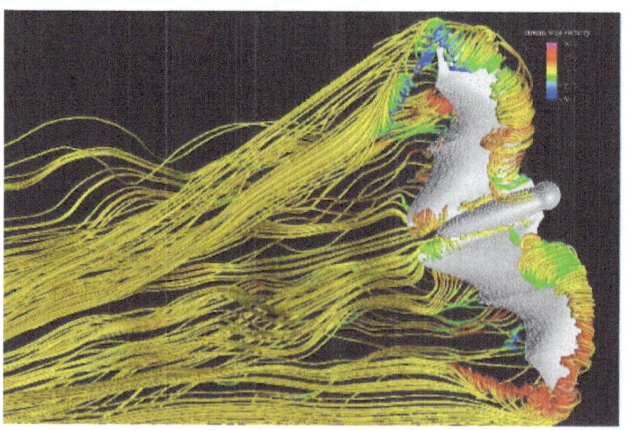
🔺 图2.47 蝙蝠飞行绕流（王士召等）

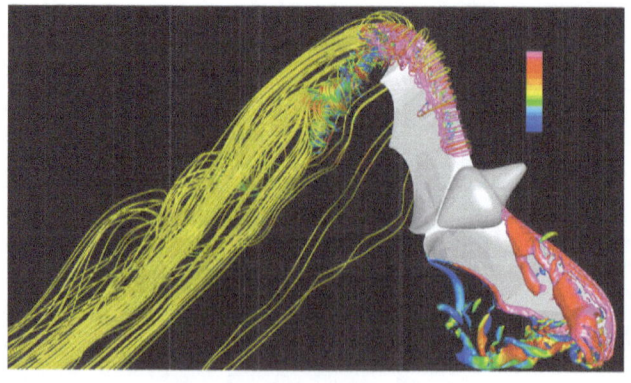
🔺 图2.48 蝙蝠飞行绕流（王士召等）

第 2 章 空气动力学

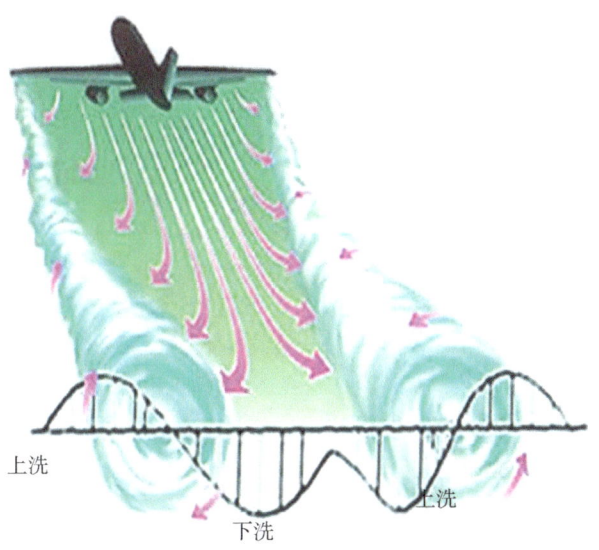

🔺 图2.49 尾涡下洗流（飞机尾涡之间的流场，tieba.baidu.com）

🔺 图2.50 尾涡消散（news.xinhuanet.com）

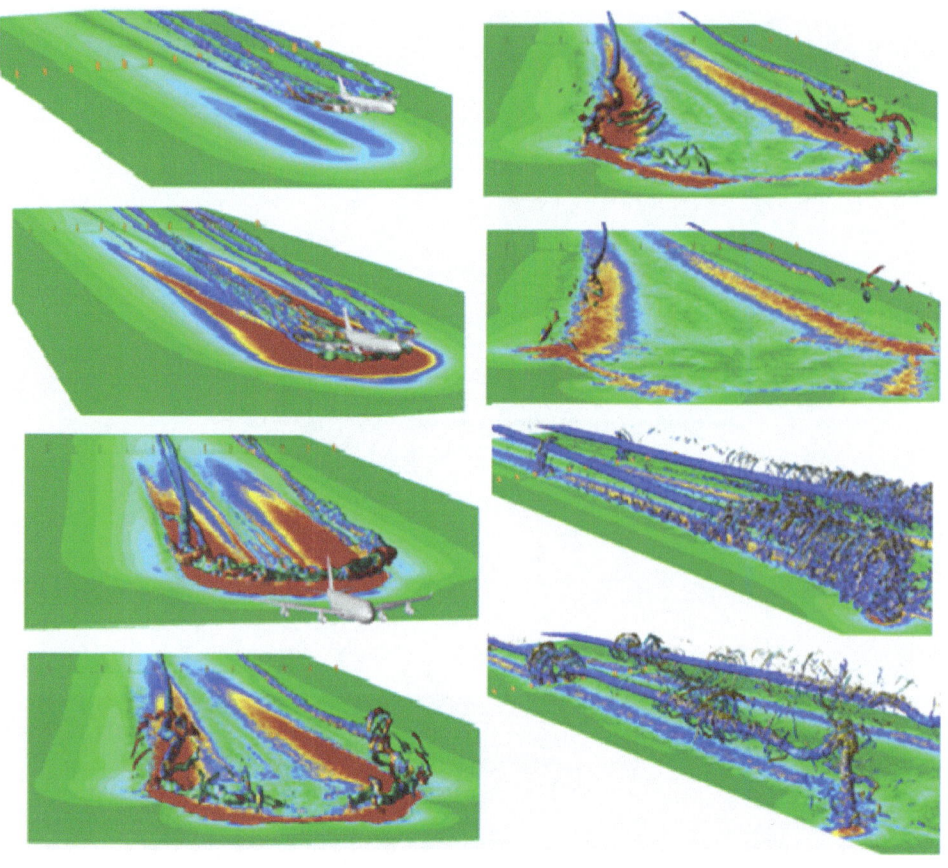

🔺 图2.51 大型客机在着陆过程中的尾涡演变（引自Stephan A, Holzfel F, MisakaT.Hybrid simulation of wakevortex evolution during landing on flat terrain and with plate line. International Journal of Heat and Fluid Flow, 2014, 49: 18–27）

要想使飞机升起来，在飞机重力一定的条件下，就必须使飞机的升力达到重力，又因为升力与速度的平方成正比，所以需要足够的飞行速度才能使机翼产生所需要的升力。如果速度不够，它所产生的升力就不足以克服飞机的重力，所以飞机在起飞之前，需要在跑道上滑跑一段距离，就是要使飞机加速到足够的速度，而产生足够使飞机升起的升力，这时飞行员只要把驾驶杆一拉飞机就可以飞离地面，振翅高飞。如果速度不够，即使拉杆飞机也起不来。飞机的速度在速度表盘上随时显示，达到离地速度时飞行员可拉杆起飞。

　　对于战术导弹和超声速歼击机，为了减小飞行的波阻，通常采用小展弦比机翼（展现比小于3），机翼通常用锐缘无弯扭对称大后掠三角薄翼（如图2.52所示）。对于小展弦比大后掠三角翼绕流，在较小迎角（3°~4°）下，因下翼面高压气流绕过侧缘流向上表面，将会在侧缘产生分离，在上翼面形成脱体涡（也称为前缘涡，如图2.53~图2.55所示）。这些脱体涡的出现将对上翼面产生更大的负压，从而造成更大的升力，这个升力常称为涡升力（如图2.56所示）。造成小展弦比机翼的升力特性曲线为非线性的。1966年美国空气动力学家波尔豪森（Polhamus E.C.，长期在NASA工作）提出前缘吸力比拟法。该方法的基本思路是：将存在脱体涡的翼面总升力分解为位流升力和涡流升力两部分。旋涡在翼面上产生的法向力与绕过圆前缘所产生的吸力大小相等，方向转90°向上。从物理上讲，这种比拟实际上是设想当气流在前缘分离并再附于机翼上表面时，为了保持绕分离涡的流动平衡所需要的力与势流中前缘保持附体绕流所产生的吸力相等。根据前缘吸力比拟，因前缘分离涡造成的法向力增量与前缘吸力相等。而涡升力等于该法向力增量在垂直于来流方向的投影。

 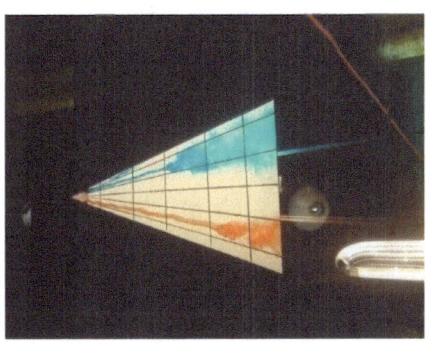

▲图2.52　前缘涡（blog.sina.com.cn）

▲ 图2.53　大迎角机翼前缘涡

▲ 图2.54　机翼前缘涡发展

▲ 图2.55　鸭翼涡发展（www.guajiyixia.cn）

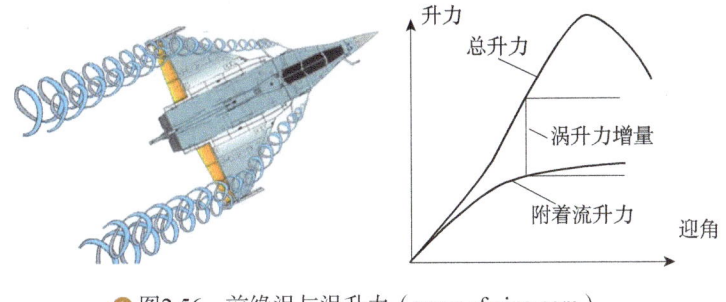

◐ 图2.56 前缘涡与涡升力（www.afwing.com）

2.5 可压缩空气动力学基础

涡轮喷气发动机的出现和迅速发展，促使飞机的飞行速度迅猛提升。试验发现，当在空气中飞行速度超过100m/s时，空气的密度就不能看成常数，而是随速度发生变化，此时密度的变化对流动的影响不能忽略。根据理想气体的状态方程，解决这一问题的关键是将流体运动方程与热力学方程耦合起来，建立运动参数与热力学参数之间的关系，正确获得高速空气力学问题的解。1887~1896年，奥地利科学家马赫（Ernst Mach，1837~1916年，如图2.57所示）在研究弹丸运动扰动的传播时指出：在小于或大于声速的不同流动中，弹丸引起的扰动传播特征是不同的。在高速流动中，流动速度与当地声速之比是一个重要的无量纲参数。1929年，德国空气动力学家阿克莱特首先把这个无量纲参数与马赫的名字联系起来，用马赫数来表征流体运动对压缩性的影响。

▲ 图2.57　奥地利物理学家马赫（Ernst Mach，1836～1916年）

1. 一维定常可压缩流及其方程

可压缩流与不可压缩流动相比，问题要复杂些。在不可压缩流动中，因速度差引起的密度和温度变化较小，可近似将密度和温度视为常数，故表征气流参数只有速度和压强。然而在可压缩流动中，较大的速度差引起密度和温度变化较大，对流动产生不可忽视的影响，此时表征气流参数为速度、压强、密度和温度。在一维定常可压流中，因流动参数由不可压流的两个增加到四个，需要四个基本方程才能求解。所需要的基本控制方程是：状态方程、连续方程、理想流的动量方程、能量方程。具体如下：

完全气体的状态方程为

$$p = \rho RT$$

其中，p 为压强；ρ 为密度；T 为温度；R 为气体特性常数（287.053N·m/(kg·K)）。

连续性方程为

$$\rho A V = \text{const.}, \quad \frac{\mathrm{d}\rho}{\rho} + \frac{\mathrm{d}V}{V} + \frac{\mathrm{d}A}{A} = 0$$

式中，A 为管道面积。

动量方程为

$$\frac{\mathrm{d}p}{\rho} = -V\mathrm{d}V$$

对于单位质量气体的运动系统，由热力学第一定律可得到能量方程

$$\mathrm{d}q = \mathrm{d}e + p\mathrm{d}\left(\frac{1}{\rho}\right) + \frac{1}{\rho}\mathrm{d}p + V\mathrm{d}V$$

其中，$\mathrm{d}q$ 为外界转给系统的热量；$\mathrm{d}e$ 为系统的内能增量；$p\mathrm{d}\left(\frac{1}{\rho}\right)$ 为系统对外界做的膨胀功；$\left(\frac{1}{\rho}\right)\mathrm{d}p$ 为运动系统所做的压强差功；$V\mathrm{d}V$ 为系统的动能增量。也可写为

$$\mathrm{d}q = \mathrm{d}\left(e + \frac{p}{\rho} + \frac{V^2}{2}\right)$$

在绝热流动情况下，沿着流线积分，能量方程变为

$$e + \frac{p}{\rho} + \frac{V^2}{2} = C$$

上式表明，在一维定常流动中，单位质量气体的内能、压能和动能之和沿同一条流线不变。在可压缩气体中，热焓量定义为

$$h = e + \frac{p}{\rho}, \quad h = C_p T$$

式中，h 表示单位质量气体的内能和压能之和；C_p 为定压比热系数（1004.7N·m/(kg·K)）。由此得到一维定常绝热流动的能量方程

$$C_p T + \frac{V^2}{2} = C$$

单位质量气体的内能可表示为

$$e = C_v T, \quad C_v = 717.6 \text{N} \cdot \text{m}/(\text{kg} \cdot \text{K})$$

其中，C_v 为单位质量气体的定容比热系数。引入比热比 $\gamma = C_p/C_v$，能量方程可写为

$$\frac{\gamma RT}{\gamma - 1} + \frac{V^2}{2} = C, \frac{a^2}{\gamma - 1} + \frac{V^2}{2} = C, \frac{\gamma}{\gamma - 1} \frac{p}{\rho} + \frac{V^2}{2} = C$$

对于理想流体的绝热定常流动，也是等熵流动，上述能量方程也可由欧拉方程沿流线积分得到。利用等熵关系，由欧拉方程沿流线积分得到

$$\frac{V^2}{2} + \int \frac{dp}{\rho} = C$$

利用等熵关系 $p = C\rho^\gamma$，得到

$$\frac{V^2}{2} + \frac{\gamma}{\gamma - 1} \frac{p}{\rho} = C$$

在热力学中，绝热过程和等熵过程是两回事。理想流体的绝热流动必然是等熵的。如是黏性流体，当流层之间存在摩擦时，尽管是绝热的，但摩擦使机械能转换为热能，从而使气流的熵增加，绝热必不等熵。在绝热流动中，黏性摩擦的作用并不能改变气体的动能和焓之和，但其中部分动能转换为焓（上述能量方程适用于绝热流动，绝热等熵流动）。对于一维定常绝热流动，可以确定流动参数沿流线积分

的关系式，常需要参考点来确定常数，所用的参考点是驻点（也可以是流线上的虚拟驻点）或临界点。

驻点是指在同一流线上流动速度或动能为零的点，可以在流场中存在，也可以是一个虚拟的参考值。由一维绝热流动的能量方程可知，在驻点处流体的焓达到最大，称为总焓 h_0，相应的温度称为总温 T_0，压强为总压强 p_0，密度为总密度 ρ_0。相对而言，把速度不等于零值为静值，如静压、静温、静密度等。

$$\begin{cases} \dfrac{T_0}{T} = 1 + \dfrac{\gamma-1}{2}Ma^2 \\ \dfrac{p_0}{p} = \left(\dfrac{T_0}{T}\right)^{\frac{\gamma}{\gamma-1}} = \left(1 + \dfrac{\gamma-1}{2}Ma^2\right)^{\frac{\gamma}{\gamma-1}} \\ \dfrac{\rho_0}{\rho} = \left(\dfrac{p_0}{p}\right)^{\frac{1}{\gamma}} = \left(1 + \dfrac{\gamma-1}{2}Ma^2\right)^{\frac{1}{\gamma-1}} \end{cases}$$

其中，Ma 为气体当地马赫数（V/a，$a = \sqrt{\gamma RT}$）。

基于一维定常可压缩流方程，可建立各点运动参数与静参数之间的定量关系。

1889 年瑞典工程师拉伐尔（Karl Gustaf Patrik de Laval，1845~1913 年，单级冲击式汽轮机的发明者，如图 2.58 所示）成功地通过先收缩后扩展的管道获得了超声速气流，制造了冲击式蒸汽涡轮机，提出著名的拉伐尔喷管。根据一维定常流动的连续方程

$$\frac{d\rho}{\rho} + \frac{dV}{V} + \frac{dA}{A} = 0$$

将声速关系 $a^2 = \dfrac{\mathrm{d}p}{\mathrm{d}\rho}$ 代入动量方程中，有

$$\frac{\mathrm{d}\rho}{\rho} = -Ma^2 \frac{\mathrm{d}V}{V}$$

代入连续方程得到

$$(Ma^2 - 1)\frac{\mathrm{d}V}{V} = \frac{\mathrm{d}A}{A}$$

由上式可知：

（1）对于亚声速（包括低速）流动，如果管道截面收缩，则流速增加，面积扩大流速下降；

（2）对于超声速（包括低速）流动，如果管道截面收缩，则流速减小，面积扩大流速增加；

（3）造成超声速截面流速和截面积变化规律与亚音速相反的原因是，超声速和亚声速时密度变化对连续方程的贡献不同，亚声速时密度变化较速度变化慢，而超声速时密度变化比流速变化快。

由此可见，对一维等熵管流，如想让气流沿管轴线连续地从亚声速加速到超声速，即始终保持 $\mathrm{d}V > 0$，则管道应先收缩后扩张，中间为最小截面，即喉道。这种形状的管道被称为拉伐尔管或喷管，图 2.59 给出收缩型和拉伐尔喷管。图 2.60 给出发动机尾喷管超声速喷流。

◁ 图2.58 瑞典工程师拉伐尔（Karl Gustaf Patrik de Laval，1845～1913年）

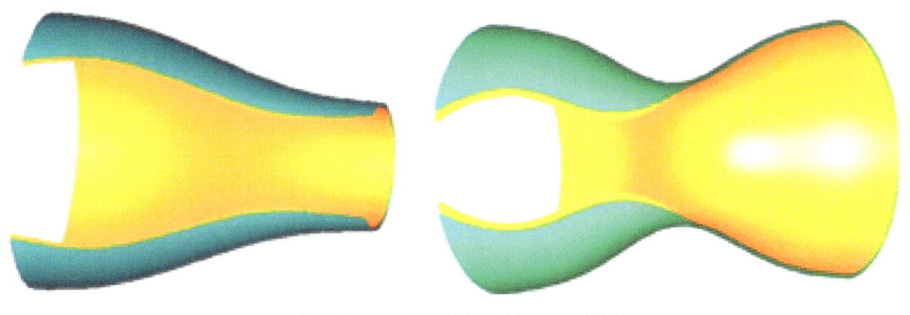

▲图2.59 收缩型和拉瓦尔喷管

▲图2.60 发动机尾喷管的超声速喷流

2. 扰动波的转播界面与马赫波

物体在静止空气中运动时,不同的运动速度其对空气的影响范围、影响方式是不同的。所谓扰动是指引起气流发生速度、密度、压强等参数的变化。对于亚声速流场和超声速流场而言,扰动的传播范围是不同的。在一个均匀流场中,假设气体是静止的,扰动源是运动的。扰源发出的小扰动均以声速向四周传播，其影响区有下面四种情况（如图 2.61 所示）。

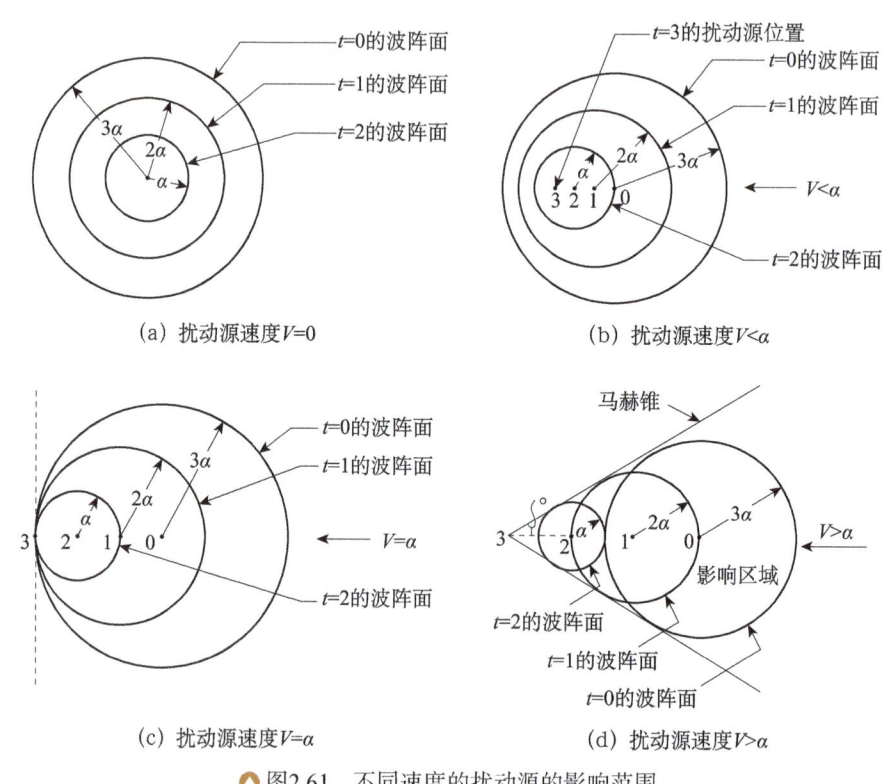

▲ 图2.61 不同速度的扰动源的影响范围

1）静止扰动源（$Ma=0$）

从某瞬间看，前 n 秒发出的扰动波面是以扰源 O 为中心、na 为半径的同心球面。只要时间足够长，空间任一点均会受到扰源的影响，即扰源的影响区是全流场。

2）亚声速扰动源（$Ma<1$，$V<a$）

前 n 秒扰源发出的半径为 na 的球面波要顺来流方向从 O 下移到 O_n 点，$OO_n=nV$。由于 $nV<na$，故扰动仍可遍及全流场。亚声速流场中小扰动可遍及全流场，气流在扰源到达之前已感受到它的扰动，因

此会逐渐改变流向和气流参数，以适应扰源的要求。

3）声速扰动源 (Ma=1，V=a)

在扰动源以声速运动的流场中，小扰动不会传到扰源上游，气流在扰源到达之前没有感受到任何扰动，因此不知道扰源的存在。

4）超声速扰动源 (Ma>1，V>a)

如果扰动源以超声速运动，小扰动影响的范围就更小了。超声速气流受到微小扰动后，将以声速向四周传播出去，把扰动球面波包络面，称为扰动界面，也称为马赫波阵面，简称马赫波。对于点扰动源，由于这个阵面呈锥形，故也称为马赫锥（不同形状的马赫波阵面的形状是不同的，比如薄楔形物体的影响区是楔形的，对细长尖锥形物体而言，马赫锥是圆锥形的）。在马赫波上游，气流未受影响，在马赫波的下游气流受到扰动影响。马赫锥的半顶角称为马赫角 μ，根据几何关系，气流垂直于马赫线的法向速度为声速 a，有

$$\sin(\mu) = \frac{V_n}{V} = \frac{a}{V}, \quad \mu = \arcsin(\frac{a}{V}) = \arcsin(\frac{1}{Ma})$$

如图 2.62 所示，围绕马赫波上 CL 线取图 2.63 所示的控制体，由连续方程可知

$$m = \rho V_n = (\rho + \mathrm{d}\rho)(V_n + \mathrm{d}V_n)$$

由切向动量方程得到

$$V_t m - V_t' m = 0$$

由法向动量方程得到

$$\rho V_n \mathrm{d} V_n = -\mathrm{d}p$$

联立求解，得到

$$V_n = a, \quad V_t = V_t'$$

由此表明，马赫波波前的法向速度分量为声速，通过马赫波的切向速度是不变的。

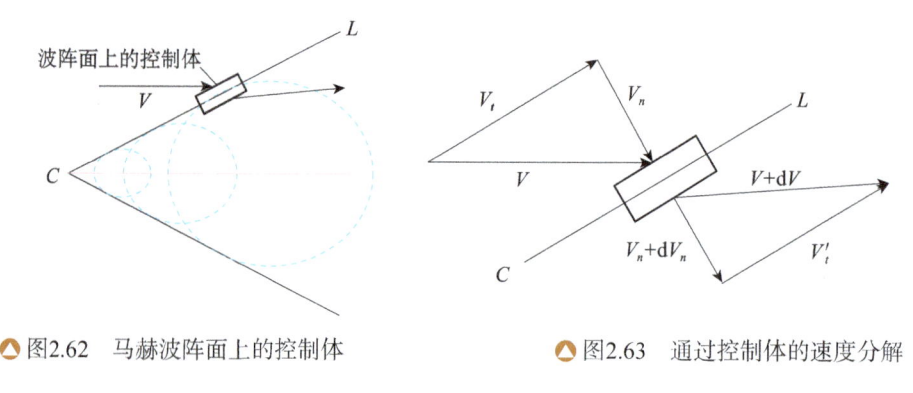

图2.62 马赫波阵面上的控制体   图2.63 通过控制体的速度分解

3. 膨胀波

在可压缩流动中，密度的变化是不能忽视的。压强和密度存在升高的变化过程称为压缩过程；压强与密度存在下降的过程称为膨胀过程。在高亚声速流动中，虽然存在压缩和膨胀过程，但是不存在扰动边界，扰动可以扩散到全流场。在超声速流动中，压缩和膨胀过程都是有扰动边界的，和马赫波类似，这个扰动边界称为波阵面。如图2.64所示，对于超声速绕过壁面外折 $d\delta$ 的膨胀角流动，在 O 点处壁面向外折转一个微小的角度 $d\delta$，使流动区域扩大，则 O 点是一个微小扰动源，扰动的传播范围是在 O 点发出的马赫波 OL 的下游，扰动影响的结果是，使气流也外折一个与 $d\delta$ 同样大小的角度。壁面外折对超声速气流来说，加大通道截面积必使气流速度增加，压力和密度下降，气流发生膨胀。此时，马赫波线 OL 的作用是使超声速气流加速减压，气流发生绝热加速膨胀过程，于是把马赫波 OL 称为膨胀波。如果对于有限的膨胀角，超声速气流绕过时将使各道膨胀波连成一片，形成连续膨胀带（如图 2.65 所示）。1908 年，普朗特与他的学生迈耶（Theodor Meyer）提出膨胀波理论，成为超声速风洞设计的理论基础。

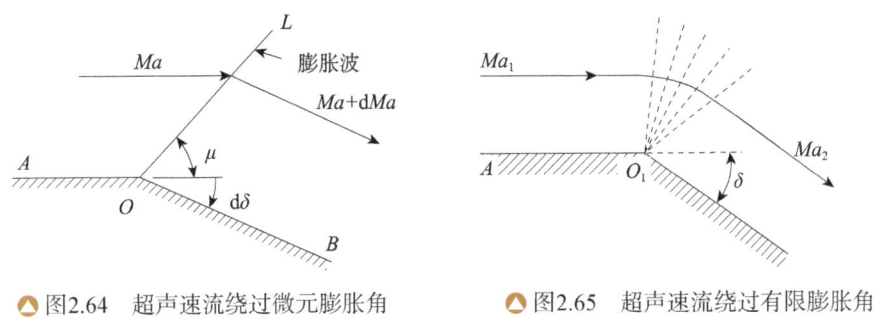

图2.64　超声速流绕过微元膨胀角　　图2.65　超声速流绕过有限膨胀角

4. 激波

当飞行器以超声速飞行时，扰动来不及传到飞行器的前面去，结果前面的气体受到飞行器突跃式的压缩，形成集中的强扰动（由无数微小压缩波叠加而成的），这时出现一个压缩过程的界面，称为激波。激波是弱压缩波叠加而形成的强间断波，带有很强的非线性效应。经过激波，气体的压强、密度、温度都会突然升高，流速突然下降。压强的跃升产生可闻的爆响。如飞行器在较低的空域中作超声速飞行时，地面上的人可以听见这种响声，即所谓音爆。利用经过激波气体密度突变的特性，可以用光学仪器把激波拍摄下来。理想气体的激波没有厚度，是数学上的间断面。实际气体有黏性和传热性，这种物理性质使激波成为连续式的，不过其过程仍十分急骤。因此，实际激波是有厚度的，但数值十分微小，只有气体分子自由程的某个倍数，波前的相对超声速马赫数越大，厚度值越小。图 2.66 给出超声速战斗机的激波云，图 2.67 给出战斗机尾喷管出口的激波盘。

◆图2.66　战斗机突破声障时产生的激波云

◆图2.67　战斗机尾喷管形成的激波盘

1）正激波

激波（波阵面）与来流方向的夹角称为激波角。当激波角为90°时，称为正激波，其波阵面与气流方向垂直。如果用相对坐标系来建立激波前后流动参数的关系时，问题较为简单。采用相对坐标的优点是，气流相对于波阵面而言是定常的，可以直接应用定常流的基本方程。如图2.68所示，在激波前后取虚线所示控制面。激波不动，静止的气流以 V_1 流向激波，激波后气流速度以 V_2（小于 a_2）离开。

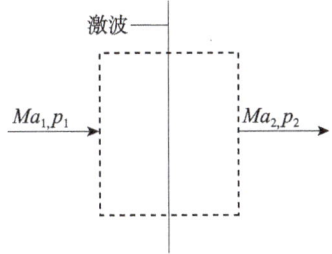

图2.68　相对坐标下的控制体

由连续方程可得

$$\rho_1 V_1 = \rho_2 V_2$$

对虚线控制面应用动量方程可得

$$-\rho_1 V_1^2 + \rho_2 V_2^2 = p_1 - p_2$$

由绝热流动的能量方程可得

$$V_1^2 + \frac{2}{\gamma-1}a_1^2 = V_2^2 + \frac{2}{\gamma-1}a_2^2 = \frac{\gamma+1}{\gamma-1}(a^*)^2$$

1908年普朗特导出超声速激波关系式

$$\lambda_1 \lambda_2 = 1, \ \lambda_1 = \frac{V_1}{a^*}, \ \lambda_2 = \frac{V_2}{a^*}, \ a^* = \sqrt{\frac{2}{\gamma+1}}a_0$$

其中，a^* 为临界截面声速。上式即为著名的 Prandtl 激波公式，表示波前和波后流速系数的关系，说明正激波后气流速度系数 λ_2 恰好是波前气流速度系数 λ_1 的倒数。因波前必为超声流，$\lambda_1 > 1$，所以波后的速度系数 $\lambda_2 < 1$，也就是说，超声速气流经过正激波后必为亚声速流。

正激波前后的其他物理量关系同样可以导出。如密度比关系为

$$\frac{\rho_2}{\rho_1} = \frac{V_1}{V_2} = \frac{\lambda_1}{\lambda_2} = \lambda_1^2 = \frac{\frac{\gamma+1}{2}Ma_1^2}{1+\frac{\gamma-1}{2}Ma_1^2}$$

静温关系式为

$$\frac{T_2}{T_1} = \frac{1}{\lambda_1^2} \frac{1 - \frac{\gamma+1}{\gamma-1}\lambda_1^2}{\lambda_1^2 - \frac{\gamma+1}{\gamma-1}}$$

静压强比的关系为

$$\frac{p_2}{p_1} = \frac{2\gamma}{\gamma+1} Ma_1^2 - \frac{\gamma-1}{\gamma+1} = \frac{1 - \frac{\gamma+1}{\gamma-1}\lambda_1^2}{\lambda_1^2 - \frac{\gamma+1}{\gamma-1}}$$

经过激波，总温不变，总压下降，熵增大。

2）斜激波

对于不同头部形状的绕流物体，在作超声速飞行时，实验发现所产生的激波形状是不同的。如对于一个具有菱形机翼形状的飞行器，在作超声速飞行时，在一定的 $Ma_1 > 1$ 之下，如果机翼前缘尖劈的顶角不大，将形成上下两道简单的斜激波，其波面和运动方向成一定的斜角，激波依附在物体的尖端上。这种激波在形式上与正激波不同，其波阵面与来流方向斜交，称为斜激波。在斜激波中，激波波阵面与来流方向之间的夹角 β，称为激波角。同样，斜激波后的气流方向也不与激波面垂直，与波前气流方向也不平行，而是与尖劈面平行，夹角 δ，称为气流折角，意指气流经过斜激波后所折转的角度（如图 2.69 所示）。

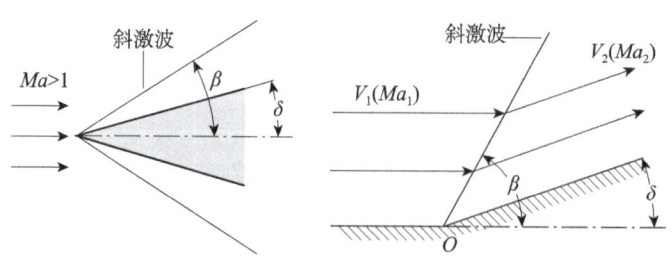

▲图2.69 超声速气流绕过尖前缘的斜激波

与正激波相比，斜激波属于弱激波，其中尖劈角越小，激波越弱。如果尖劈半顶角 δ 是无限小，显然这个很薄的尖劈对超声速气流造成的扰动一定是微弱扰动，扰动波必是马赫波，扰动角必是马赫角。随着尖劈角 δ 的增大，激波 β 亦逐渐增大，δ 越大，激波 β 也越大。由此看来，就正激波而言，只要 Ma_1 确定，诸参数的增量就定了；而对斜激波而言，则需要由 Ma_1 及 δ 两个参数来确定激波斜角 β，然后再根据 β 确定激波强度，其他物理量便迎刃而解了。图 2.70 给出不同的马赫数下斜激波角和尖劈角的关系。

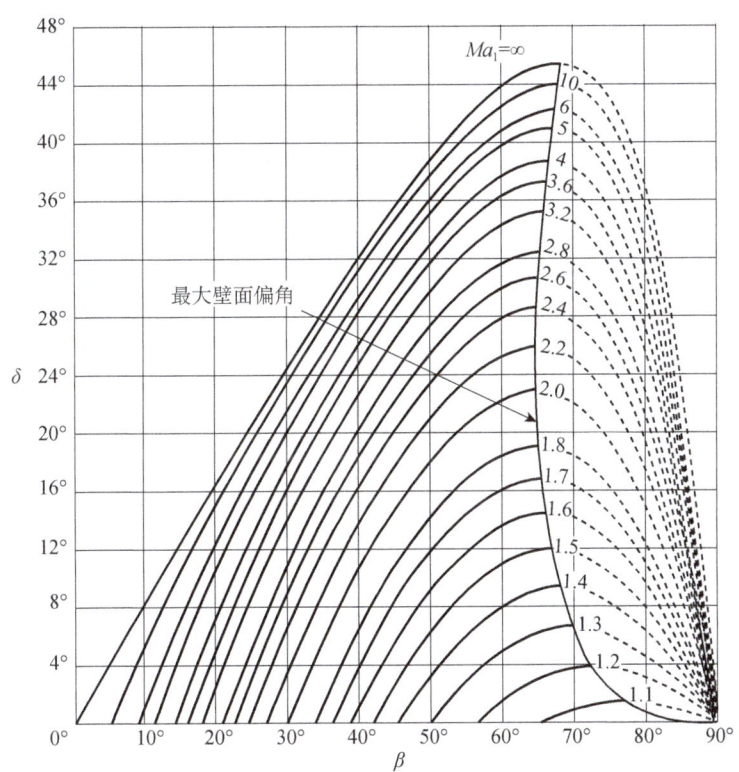

▲图2.70　不同的马赫数下斜激波角和尖劈角的关系

3）激波内部结构

把激波当作没有厚度的突跃面（间断面）看待，在处理一般流动问题是可以的，不会造成较大误差的。不过，当考虑黏性影响时，激波就不能看成无厚度的。事实上，因气流速度经过激波会有一定变化，当激波厚度为零时，速度梯度就是无限大的，这时黏性的影响很大，在黏性的作用下速度不可能在无厚度下由 V_1 突然减速到 V_2，也就是说必须有一个过渡区，这个过渡区的厚度就是激波的厚度。实验发现，激波厚度是一个很小的量，与分子平均自由程同量级。在海面大气中，分子自由程为 70×10^{-6}mm。在 $Ma=3$ 的情况下，用连续介质理论计算出的激波厚度为 66×10^{-6}mm。有人用考虑黏性和传热的连续介质的方程去分析气流参数在激波内部的变化过程，发现速度等参数在激波内是连续变化的，如图 2.71 所示。速度从波前的 V_1 变化到波后的 V_2 是一个渐变的过程，所以激波厚度不能明确地定义。通常在 v-x 曲线的拐点上作曲线的切线，它与 V_1 和 V_2 为常值的水平线的交点之间的距离就是激波厚度。

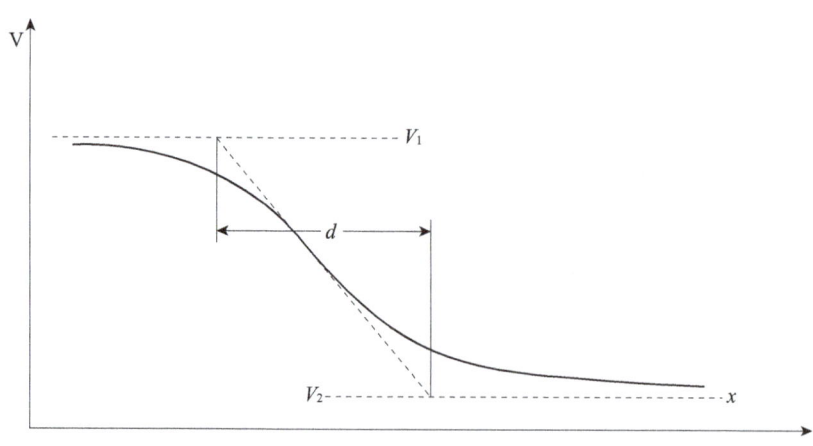

● 图2.71　用连续介质假设得到的激波内速度变化曲线

2.6 可压缩流动的求解方法

在绕飞行器的流动分析中，是否一定考虑空气的压缩性，要看流动过程中产生的压强变化是否能引起显著的密度变化。Ma 数小于 0.3 时密度变化不到 5%，一般可以把这种流动近似地看成是不可压缩的；只有当 Ma 数大于 0.3 时才考虑压缩性影响。压缩性不同流动特性就不同，对空气动力的影响也不同。对于绕飞行器的流动问题，通常按远前方未经扰动的来流马赫数 Ma 进行划分。当 Ma 小于 0.3 时，与不可压缩流动近似，称为低速流动；当 Ma 在 0.3~0.8 时，为亚声速流动，这时压缩性对空气动力特性的影响可通过对低速流动中的结果进行压缩性修正；当 Ma 在 0.8~1.2 时，为跨声速流动，这时流场中会有局部超声速或局部亚音速区，一般会出现激波。在这个范围内，随着 Ma 的增大空气动力系数会有很大变化，当 Ma 在 1.2~5 时，为超声速流动；当 Ma 超过 5 时，为高超声速流动。

由扰动波在流场中的传播特征分析可知，即对于 Ma 数小于 1 的亚声速气流，扰动传遍全流场。对于 Ma 数大于 1 的超声速流动，扰动仅向下游马赫锥传播。这些特性会影响控制方程的性质和求解的方法。

1. 亚声速流动

亚声速流动为无黏势流时，控制方程为非线性二阶椭圆型偏微分方程，研究这类流动的主要近似方法是小扰动线化理论，国际流体力学大师普朗特（1922年提出）与英国空气动力学家葛劳渥（H.Glauert，1928年建立理论）建立了亚声速流压缩性修正法则，即普朗特-葛劳渥法则，依据这一法则可将压缩性对空气动力特性的影响通过对低速流动的结果进行压缩性修正获得，不必另外求解可压缩流方程。1939年，卡门和钱学森进一步修正了普朗特-葛劳渥法则，提出著名的卡门-钱法则（卡门提出思想，钱学森推导结果），这一法则更好地建立了亚声速气流中空气压缩性对物面压强的修正关系式，适应范围比普朗特-葛劳渥法则明显扩大，特别是对翼型背风面压强系数的修正更加合理。

2. 超声速流动

超声速流动为无黏势流时，控制方程为非线性二阶双曲型偏微分方程。同样，基于超声速小扰动线化理论，建立线性二阶双曲型偏微分方程，并利用特征线法求解。在超声速流动中，主要研究压缩波、膨胀波、激波等对流动的影响规律。理想气体的激波没有厚度，是数学意义的不连续面。英国科学家兰金（Rankine，1870年）和法国科学家雨贡尼（Hugoniot，1887年）分别独立从斜激波前后的连续方程、动量方程和能量方程推导出朗金-雨贡尼关系式，后来普朗特建立了正激波的关系式。对于薄翼小扰动问题，阿克莱特（Ackeret）在1925年提出了二维线化机翼理论，以后又相应地出现了三维机翼的线化理论。对于二维和三维定常超声速气流动，扰动和未扰动区的分界面就是马赫波，如果超声速气流经过一系列马赫波膨胀加速，称为膨胀波。普朗特和他的学生迈耶（1907~1908年）建立了膨胀波的关系式。图2.72给出绕流物体头部斜激波和正激波。图2.73给出超声速飞机激波系和马赫盘。

普朗特－葛劳渥凝结云（如图2.74所示），是由于气流通过激波时会压缩周围的空气，从而使空气中的水汽凝结成云，水汽凝结变成微小的水珠后，肉眼看来就像是云雾般的状态。但它并不总是伴随着声爆现象的产生，同时也未必是声障被突破时所产生的冲击波。

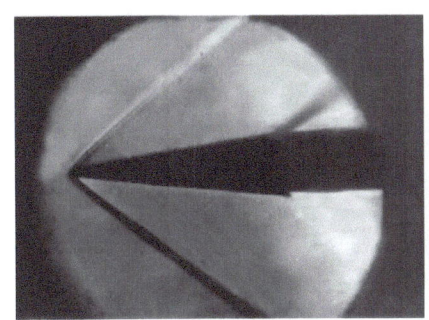 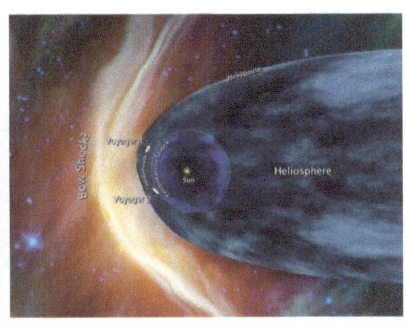

▲图2.72　斜激波与正激波（弓形激波）（tech.qq.com）

▲图2.73　超声速飞机激波系（www.afwing.com）和马赫盘（tiba.baidu.com）

▲图2.74　普朗特–葛劳渥凝结云

3. 跨声速流动

对于跨声速无粘势流,在绕流场中将会部分超声速流动区(伴随着激波的出现,如图 2.75 所示),流动变化复杂,流动的控制方程为二阶非线性混合型偏微分方程,从理论上求解困难较大。特别是当飞行速度或流动速度接近声速时,飞行器的气动性能发生急剧变化,阻力突增,升力骤降。飞行器的操纵性和稳定性极度恶化,这就是航空史上著名的声障。大推力发动机的出现冲过了声障,但并没有很好地解决复杂的跨声速流动问题。20 世纪 60 年代以后,由于跨声速巡航飞行、机动飞行以及发展高效率喷气发动机的要求,跨声速流动的研究更加受到重视,并有很大的发展。

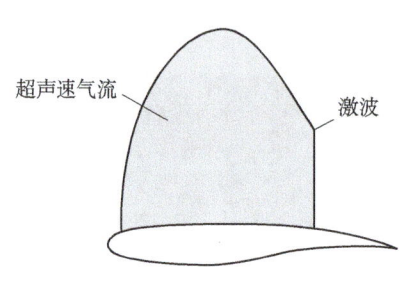

▲ 图2.75 跨声速翼型绕流

2.7 高超声速空气动力学

高超声速(hypersonic speed)这一术语是我国科学家钱学森于 1946 年提出的。高超声速空气动力学是新兴发展起来的一门学科,其主要研究高超声速空气流动规律和空气与高超声速飞行器相互作用的科学。近代在航天事业的推动下,高超声速空气动力学的理论、计算和实验技术得到迅速发展。高超声速流动,一般定义为气流速度在 5

倍以上声速的流动，即 $Ma_\infty>5$。其实这个定义并不是绝对的，流动是否是高超声速流动也与飞行器的具体形状有关。对于钝头体绕流，Ma_∞ 数大于 3 就开始出现高超声速气流特征；对于细长体绕流，Ma_∞ 数大于 10 才开始出现高超声速流动现象。高超声速空气动力学的主要问题是气动力（升力、阻力、力矩、压强分布）、气动热（热流计算、放热措施等）和气动物理（流场的光电特性），研究的主要手段是理论分析、数值计算和风洞试验。高超声速流地面模拟的主要参数包括：自由流马赫数、雷诺数、流动总焓、激波前后密度比、试验气体、壁温与总温比以及流场的热化学性质。常见的地面模拟设备有激波管、电弧加热风洞、高超声速风洞和自由弹道靶。

高超声速流动特征与飞行器的外形有密切关系（如图 2.76 所示），其物理现象极其复杂。对于航天飞行器，必须考虑高空非平衡热化学现象、黏性相互作用和稀薄效应（采用非连续介质模型）。对于远程弹道导弹（如图 2.77 所示）这样的细长体飞行器，它们受到严重的气动加热率和高动压，但时间很短，可采用烧蚀热防护系统抵御严重的湍流加热率，这样就必须研究流场与放热层减蚀的热相互作用问题。又如装有吸气式推进系统的高超声速飞行器（如图 2.78 所示），必须在较低的高度工作以满足发动机性能的要求，这时高动压和高雷诺数将造成巨大的气动载荷，边界层转捩和严重的表面加热等将成为这类飞行器研制的重要问题。

▲ 图2.76　美国正在研制的X-51A高超声速飞行器（巡航飞行速度达5.1马赫）

▲ 图2.77　远程弹道导弹

图2.78 美国预研的SR-72高超声速飞行器(马赫6)

总结起来,高超声速气流的主要特征如下:

1)小密度比和薄激波层

在高超声速飞行器绕流中,将激波与物体之间的流动区域称为激波层,该层薄是高超声速气流的一个特征。这是因为自由流马赫数 Ma 越大,激波越强,激波后气体受到的压缩性越大,激波前后密度比是小量。例如,对于完全气体的高马赫流,正激波前后密度比约为1/6,而阿波罗(Apollo)飞船再入飞行真实气体的密度比约为1/20。由质量守恒定理可知,激波贴近物面。在这种情况下,可以借助边界层理论的方法,对流动物理量进行量级分析,建立薄激波层近似理论。

2)强黏性效应控制的流场

对于高超声速流动,物面层流边界层 δ、来流马赫数 Ma_∞、来流雷诺数 Rex(来流速度和物面长度为特征尺度)之间量级关系是

$$\frac{\delta}{x} \propto \frac{Ma_\infty^2}{\sqrt{Rex}}$$

在高空高超声速条件下，物面层流边界层厚度 δ 变得很大，改变了飞行器物面的绕流外形，严重影响外流场的流动。尤其是因高超声速激波层薄，边界层厚度与激波层相比不能略去，甚至出现整个激波层内均受到黏性的影响，此时黏性效应波及整个流场，普朗特的边界层理论失效。

3）钝头绕流的高熵层效应

高超声速钝头体绕流，头部驻点处的对流传热与头部曲率半径的平方根成反比，所以头部钝化有利于减轻热载荷。因环绕钝头部的激波具有高度的弯曲行为，此时穿过曲线激波不同位置的流线经历了不同的熵增，于是具有强熵梯度的气体层将覆盖在物体表面上构成高熵层，并伸展到头部下游相当大的距离。因进入边界层外缘不同位置流线的熵值不等，边界层外缘特性受到高熵层的影响，出现旋涡相互作用。

4）钝头绕流的高温效应

当高超声速气流通过激波压缩和黏性阻滞而减速时，部分气流运动的动能转化为分子随机运动的内能量，使气体温度增加。这种温升导致传统的完全气体假设不再成立。例如，阿波罗飞船在高度 53km、温度 T=283K 和来流马赫数 32.5，钝头部绕流气体的驻点温度高达 11600K。

5）稀薄气体效应

高超声速飞行器在大气密度很低的情况下飞行时，将会出现稀薄气体绕流效应。在大气密度很低的情况下，气体分子的平均自由程与飞行器的特征尺度之比不是小量，甚至具有相同的量级，此时气体介质运动不再呈现连续性特征(气流与物面之间不满足无滑移条件；物面处的气体温度不同于壁温，出现温度跳跃)，必须采用与连续流不同的方法研究这种流动，通常用表征离散特征的分子运动论处理。

2.8　气动声学原理

1. 经典与气动声学

声波（sound wave 或 acoustic wave）是通过介质传播并能被人或动物听觉器官所感知的微小压力波动现象（如图 2.79 所示）。声波由与流体媒质相接触的固体振动产生，或由直接作用在流体上的振动力、流体本身的剧烈运动（如喷流）、振荡的热效应等产生。声波传播的空间就称为声场，声波可以理解为介质偏离平衡态的扰动波的传播。这个传播过程只是能量的传递过程，而不发生质量的传递。如果扰动量比较小，则声波的传递满足经典的波动方程，是线性波。如果扰动很大，则不满足线性的波动方程，会出现波的色散和激波的产生。

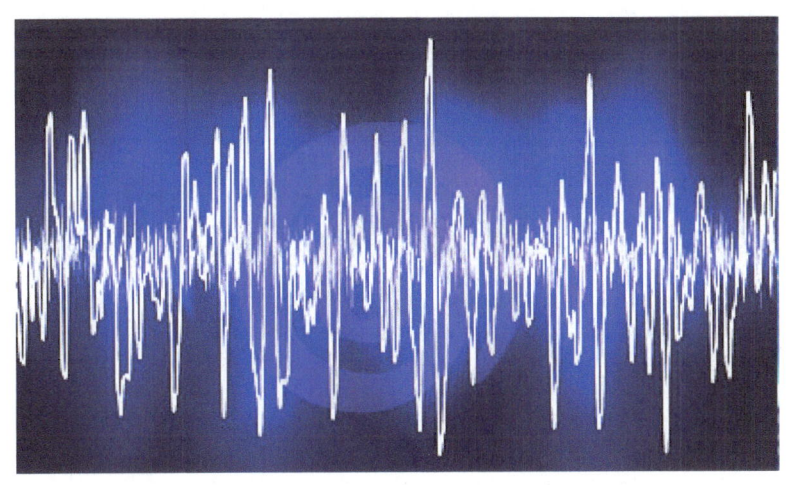

▲图2.79　声波的传播

实验表明，在同一介质和常温常压下，声波的传播速度不变的。例如，声波在空气中的传播速度为 340m/s；在水中的传播速度为 1435m/s；在固体中的传播速度为 4000～8000m/s。如果不考虑耗散，声波在传播过程中保持波形不变。人耳听到的声波称为可听声波，在20Hz～20kHz。小于20Hz 的波称为次声波，大于 20kHz 的波称为超声波。

声压级定义为

$$L_p = 10\lg\frac{p^2}{p_0^2} = 20\lg\frac{p}{p_0} \quad （单位：dB）$$

其中，$p_0=2\times10^{-5}$Pa，为基准声压。人耳能忍受的声压变化范围为：最低声压 $p_0=2\times10^{-5}$Pa，最高声压 $p_m=20$Pa，分别称为听阈和痛阈，相差一百万倍，在 20～120dB 之间。在声波传播中，质点在平衡位置振动速度和位移是非常小的。例如对于声压 $p_m=20$Pa，频率 1000Hz 的声波，空气密度 $\rho_0=1.225$kg/m³，声波速度 $a_0=340$m/s，声波激起的质点振动速度 $u' = \dfrac{p_m}{\rho_o a_o}$ =0.048m/s，相应质点振动位移 $\delta = \dfrac{u'}{2\pi f} = 7.6\times10^{-6} m$。

气动声学，是建立在空气动力学和经典声学基础上的一门交叉而新兴学科，其是研究气体自身以及气体与固体边界相互作用的发声机理及其控制。它成功地运用了经典声学，尤其是运动介质声学相似的物理概念、基本法则和处理问题的技巧。气体流动或者物体和气体之间相互作用引起气体内部的扰动而辐射的噪声，称为气动噪声。气动噪声的主要激发机理是由于固体与气体相对运动以及流动自身的不规则运动所引起的气体内部应力及压力扰动在介质中的传播。气动噪声的声源由运动涡产生，或是自由气体运动，或是固体与气体的相互作用，此外热源也能产生气动噪声。气动噪声的声源根据其发声机理的不同可以分为：单极子声源（脉动体积激励）、偶极子声源（振荡力激励）和四极子声源（湍流激励）。单极子声源是介质中流入的质量或热量不均匀时形成的声源，也可以由运动物体产生。由运动物体产生的单极子声源也称为厚度噪声，是一种面声源，它是由于物体运动或者振动引起通过物体表面的质量变化而产生的。典型的单极子声源有高速气流经喷口周期性排放的脉冲喷流、稳定气流受到周期性调制的旋笛，以及使空气作周期性位移的螺旋桨、旋翼等运动部件。单极子声源也可以被认为是一个脉动质量的点源。如一个气球的中心被安置在这个点源上，我们可以观察到，该气球随着气体的流入或排出而膨胀或收缩。这个运动总是纯径向的，而且周围的气体受到压缩或膨胀以适应其运动，这就是一个球对称声场的形成。设置一个数学的球形边界环绕这个声源，就会观察到通过该边界有气流的累计净流量的流出与流入，这即为单极子（点声源）。其声场振幅和相位在球表面上每一个点都是相同的，单极子声源指向如图2.80所示。对于运动单极子声源的声辐射功率 W 为

$$W \propto \frac{\rho^2 V_0^4 D^2}{\rho_0 a_0}$$

其中，ρ 为运动声源的流体密度，V_0 为运动声源的流体速度，D 为运动声源的区域的特征尺度。ρ_0 是环境介质的密度，a_0 是环境介质的声速。

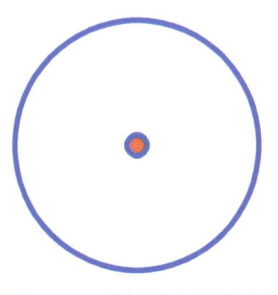

▲图2.80　单极子声源指向图

偶极子声源是当流体中有障碍物存在时，流体与物体产生非定常气动力形成的气动声源。偶极子噪声也叫载荷噪声，属于面声源，是由物体表面作用于相邻流体的应力变化引起的。偶极子可用两个大小相等、相位相反的单极子来描述，常见的偶极子是形状和体积不变的往复振动的小球。任何低频振动的物体都是偶极子，如飞行在湍流大气中的飞机、螺旋桨、直升机以及涡轮等都会产生偶极子噪声。若沿整个球形边界积分，流体的净流量总是显示为零，因为流入的流量等于流出的流量。但是，由于流入流动与流出流动的方向一致，它们的动量是相加的，所以该系统就存在一个净动量。根据牛顿第二定律，一定可以找到一个与偶极子相关的力。偶极子的第二种描述是把它当作一个由振荡作用力驱动的球。这两种描述下，在观测边界上的流体运动是等价的。在沿着动量变化或作用力的轴向存在着径向流动，可以推断该处可压缩运动或声学运动最大。在与作用力轴相差 90° 的方向上，没有径向运动存在。于是，该声场有一个最大值的占据方向，而与轴垂直的方向上则为零值。该声场的每一个声瓣相差 180°，正如在声源处流体的流出与流入流动的相位差那样。偶极子的指向图如图 2.81 所示，呈"8"字型。偶极子的声辐射功率 W 为

$$W \propto \frac{\rho^2 V_0^6 D^2}{\rho_0 a_0^3}$$

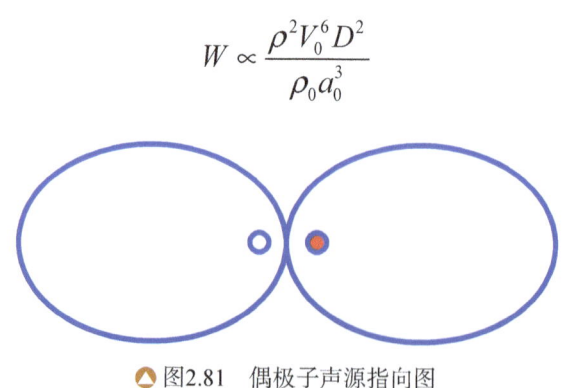

▲ 图2.81　偶极子声源指向图

四极子声源属于体声源,它与控制面内的非线性流动密切相关。介质中倘若没有质量或热量的注入,也没有障碍物的存在,唯有与黏滞性有关的应力能辐射声波(湍流应力),那么这就是四极子声源(应力场声源)。气流中若没有物体,要产生力,只能产生大小相等方向相反的力,这就等价于一对大小相等相位相反的偶极子,高亚声速湍流喷流中的主要声源就是四极子声源。沿着围绕四极子声源的球形边界积分,既没有净质量流量,也没有净作用力存在。四极子的指向图如图2.82所示,呈"四瓣"型。四极子的声辐射功率 W 为

$$W \propto \frac{\rho^2 V_0^8 D^2}{\rho_0 a_0^5}$$

多数情况下,四极子声源的声功率小到可以忽略不计。

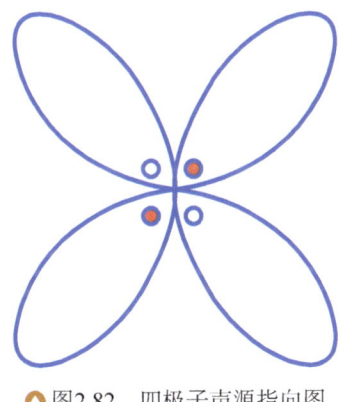

图2.82 四极子声源指向图

2. 气动声学理论发展

自19世纪中叶英国科学家 Rayleigh 发表了《The Theory of Sound》之后,经典声学研究在19世纪末达到了高潮,其基本理论在20世纪初已经相当成熟,然而在进入20世纪后,发展较少。随着二战结束,喷气推进技术开始进入航空工业,强大的喷流产生的气动噪

声 (aerodynamic noise) 成为喷气式发动机推广的严重障碍，这一技术难点使得人们开始认识到解决气动噪声问题的迫切性。从那时起，气动声学（aerodynamic sound）作为一门新兴学科开始发展。1952 年，英国流体力学家莱特希尔（Michael James Lighthill，1924 年～1998 年，如图 2.83 所示）在英国皇家学会会刊上发表了其著名的 Lighthill 方程和声拟理论，今天人们普遍把这项工作当作气动声学诞生的标志，Lighthill 方程成为了研究气动声学最基本的方程。不同于线性波动方程对于介质是静止、均匀的和声学量的幅值是微小量的假设，Lighthill 方程是直接从 Navier-Stokes 方程（简称 N-S 方程）推导出来的，没有任何的简化和假定，它把方程左边表达成为经典的声学波动方程，而把所有偏离波动方程的项都移到了方程的右边，看作为源项。于是人们可以先利用实验或计算的方法（DNS，LES 甚至是利用湍流模式理论），获得这些源项的表达，然后把声场看作是声源产生的声波在静止介质中进行传播，进而可以运用成熟的经典声学方法来计算声场。这种将流场和声场分别处理的方法，就是著名的莱特希尔声拟理论（aeroacoustics analogy）。理论上，可以直接从 N-S 方程出发用数值方法求解声场参数，但是声波的压力扰动是个非常小的量，即使以目前的数值计算水平，要从该方程中获得收敛解并保证结果具有适当的精度，仍然是一项颇具挑战性的工作，50 多年前这种做法更是不可能的。莱特希尔利用方程提出了著名的 8 次方律，即湍流喷流气动噪声的辐射声功率与流动特征速度 8 次方成正比。他的声拟理论在实际问题中得到了广泛的应用，开创了气动声学的新纪元。

第2章 空气动力学

▲ 图2.83　英国流体力学家莱特希尔（Michael James Lighthill，1924～1998年）

莱特希尔声拟理论是针对无界空间中气流的气动噪声而建立的，对于在固体边界不起主要作用的情况下，如喷流气动噪声，其理论是适用的。但对于许多实际情况，如湍流中静止物体的噪声、运动物体的噪声问题，固体边界的影响是不能忽视的。1955年，柯尔（N.Curle）首先用基尔霍夫方法将莱特希尔理论推广到考虑静止固体边界的影响，得到：固体边界的作用相当于在整个固体边界上分布偶极子声源，且每点偶极子声源的强度等于固体表面在该点处作用在流体上力的大小。所以，声场此时是由固体表面的偶极子和固壁以外的四极子（莱特希尔应力张量）源叠加而成。柯尔理论成功解决了湍流中绕流物体的风鸣声（aeolian sound），圆柱涡脱体诱发的气动噪声等问题。1969年，福克斯·威廉姆斯和霍金(Ffowcs Williams 与Hawkings)应用广义函数法将Curle的成果扩展到考虑运动固体壁面对声音的影响，即运动物体在流体中的发声问题，得到了后来以他们名字命名的方程——Ffowcs Williams & Hawkings方程（简称FW-H方程）。这个方程表明，运动物体与流体相互作用产生的声场是由四极子源、偶极子源和单极子源叠加而成。FW-H方程的提出为解决风扇、螺旋桨、压气机转子的气动噪声辐射问题提供了最有效的工具。

莱特希尔理论在获得巨大成功的同时，也导致一些新的问题产生。由于声场和流场本质上是统一的，其控制方程都是N-S方程，理论上可以从方程直接得到流场解和声场解，而莱特希尔声拟理论将流场和声场的求解分成了两步，就不能解释如声场和流场如何相互作用，声波能量在流体中如何产生、传递等基本问题。因此，在莱特希尔之后，气动声学的发展一方面按照莱特希尔的思想继续，另一方面气动声学的内涵和研究范围也不断扩大。1964年，鲍威尔（Powell, Alan）提出涡声理论（theory of vortex sound），表明：声波的产生同流体中的旋涡与势流以及旋涡之间的相互作用密切相关，声波能量的形成、转换也是通过这些非线性相互作用来完成的。

3. 气动噪声计算方法

气动噪声主要涉及到空气动力学和声学两大领域，因此可以把气动噪声的计算分为气动噪声在流场中的产生和在声场中的传播两部分计算。这两部分可以同时计算，也可以分别进行计算。气动声学家法拉赛(Farassat,1975年)将气动噪声的计算方法归纳为如下四种：纯理论方法；半经验方法；纯数值方法；CFD同"声类比"相结合的方法。下面具体说明之。

1）纯理论方法

纯理论方法是直接利用数学理论工具求得流场和声场的解析结果。该方法通常适用于相关简化模型的基础研究，是发展其他方法的重要基础，也是验证其他方法正确与否的一个标准工具。该方法求解的模型是在捕捉到某些物理现象的前提下尽可能简化后才能获得解析解。例如，福克斯.威廉姆斯和霍尔（1970年）通过简单的四极子运动模型求解了机翼后缘气动噪声。这类方法的结果是非常有价值的，因为能够帮助研究者获得一些重要的定性认识，例如速度等参数对气动噪声强度的影响规律、相似准则、气动噪声频谱特性和指向性规律、降噪的指导性原则等。

2）半经验方法

由于湍流问题尚未完全解决，数值模拟和定量分析存在着一定的困难，因此更多的时候采用基于实验数据库和理论分析的半经验方法。该方法具有直观和稳定的优点，是研究气动噪声的重要手段。美国 NASA 兰利实验中心的飞机噪声预测计划 ANOPP（aircraft noise prediction program）在很大程度上依赖于半经验方法。近年来，通过麦克风阵列，已测得大量高质量的模型和全尺寸飞行器的声学数据，提高了半经验方法的计算精度。

3）纯数值方法

声波从本质上讲是流场的一部分，因此从理论上讲直接求解 N-S 方程可以获得声波的产生和传播过程（如图 2.84 所示）。基于这种思想，纯数值方法将流场和声场统一起来，通过完全的数值方法对湍流流动和声波传播进行计算。该方法与混合方法对气动噪声产生的计算是一样的，不同的是气动噪声的传播过程。纯数值方法采用数值方法计算传播，因此其计算模型允许声源与观测点之间有障碍物，混合方法则不允许。但是，声场声压与流场压强之间的量级差别使该方法对计算要求十分苛刻，一方面需要近场和远场都很密的网格，另一方面需要低耗散和低色散的格式，因此该方法的主要困难是计算量巨大及远场气动噪声的计算问题。

4）CFD同"声类比"相结合的方法

CFD和"声类比"相结合的方法又被称为混合方法，是目前数值求解气动噪声最常用的方法。这种方法先用非定常RANS、LES/DES等方法计算声源或者采用RANS加入扰动因子模拟声源，然后再用LEE（linearized Euler equation）方法或者FW-H、Kirchhoff等积分方法计算声波的传播或者辐射。混合求解法通常分为两部分进行，先计算声源信息（流场特性），再根据需要计算声的传播或者远场辐射。由于网格、离散格式精度、计算量和计算时间等综合影响，目前主要的气动噪声计算方法为混合方法。

图2.84　翼身融合体发动机噪声辐射（NASA）

2.9 低速翼型及机翼失速特性

1. 翼型失速特性

随着翼型迎角增大,翼型升力系数将出现最大,然后减小。这是气流绕过翼型时发生分离的结果。翼型的失速特性是指在最大升力系数附近的气动性能。翼型分离现象与翼型背风面上的流动情况和压力分布密切相关。

在一定迎角下,当低速气流绕过翼型时,从上翼面的压力分布和速度变化可知:气流在上翼面的流动是,过前驻点开始快速加速减压到最大速度点(顺压梯度区),然后开始减速增压到翼型后缘点处(逆压梯度区)。而下翼面是慢慢加速到下翼面后缘点。如图 2.85 所示。

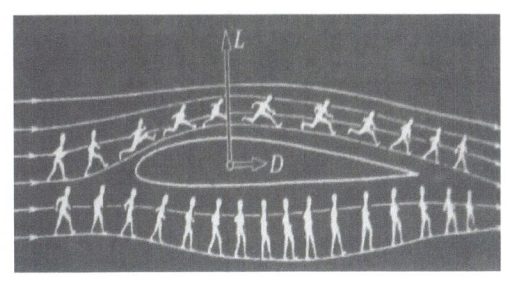

▲图2.85 低速翼型小迎角附着绕流

但随着迎角的增加,前驻点向后移动,气流绕前缘近区的吸力峰在增大,造成峰值点后的气流顶着逆压梯度向后流动困难,气流的减速严重。这不仅促使边界层增厚，变成湍流，而且迎角大到一定程度以后，逆压梯度导致气流无力顶着逆压继续减速，从而发生分离，主流离开翼面。这时气流分成分离区内部的流动和分离区外部的流动两部分。

在分离边界（称为自由边界）上，二者的静压必处处相等。分离后的主流就不再减速和增压了。分离区内的气流，由于主流在自由边界上通过粘性的作用不断地带走质量，中心部分便不断有气流从后面来填补，而形成中心部分的倒流。如图 2.86 所示

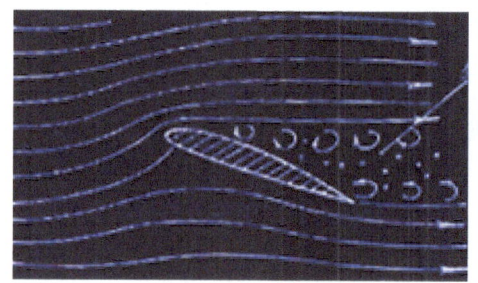 

🔺 图2.86　低速翼型大迎角后缘分离

根据大量实验，较大雷诺数下低速翼型绕流分离可按其厚度不同分为：（1）后缘分离（湍流分离）；（2）前缘分离（前缘短泡分离）；（3）薄翼分离（前缘长气泡分离）。如图 2.87 所示。

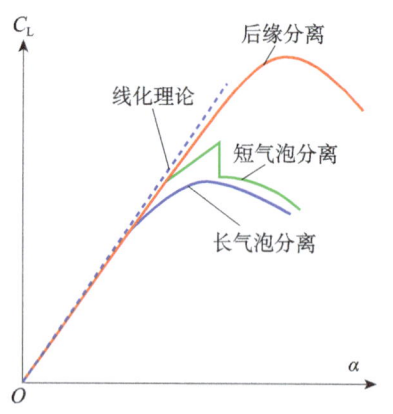

🔺 图2.87　大迎角下不同厚度翼型升力系数曲线

（1）后缘分离（湍流分离）

这种分离对应的翼型相对厚度大于12%，翼型头部的负压不是特别大，分离从翼型上翼面后缘区开始，随着迎角的增加，分离点逐渐向前缘发展，起初升力线斜率偏离直线（但前缘吸力的增升量仍大于后缘分离的减升量），当迎角达到一定数值时，分离点发展到上翼面某一位置时（大约翼面的一半），升力系数达到最大（前缘吸力的增升量与后缘分离的减升量达到平衡），以后升力系数下降（前缘吸力的增升量小于后缘分离的减升量）。后缘分离的发展是比较缓慢的，流谱的变化是连续的无突跃，失速区的升力曲线也变化缓慢，失速特性好。如图 2.88 所示

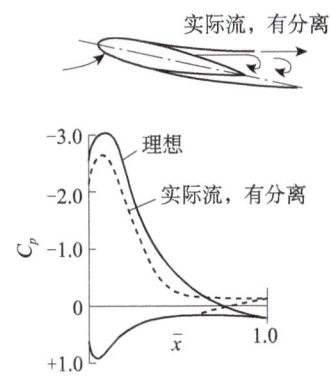

▲图2.88 低速翼型大迎角后缘分离特性

（2）前缘短泡分离

对于中等厚度的翼型（厚度6%～9%），前缘半径较小，气流绕前缘时负压很大，从而产生很大的逆压梯度，即使在不大迎角下，前缘附近发生流动分离，分离后的边界层转捩成湍流，从外流中获取能量，然后再附到翼面上，形成分离气泡。起初这种短气泡很短，只有弦长的 0.5～1%，当迎角达到失速角时，短气泡突然打开，气流不能

再附，导致上翼面突然完全分离，使升力和力矩突然变化。随着迎角减小，升力系数曲线不能原路返回，如图2.89所示。

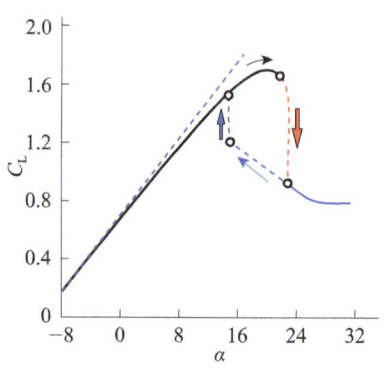

▲ 图2.89　低速翼型前缘短泡分离升力系数曲线

（3）前缘长气泡分离（薄翼型分离）

对于薄的翼型（厚度4%～6%），前缘半径更小，气流绕前缘时负压更大，从而产生很大的逆压梯度，即使在不大迎角下，前缘附近引起流动分离，分离后的边界层转捩成湍流，从外流中获取能量，流动一段较长距离后再附到翼面上，形成长分离气泡。起初这种气泡不长，只有弦长的2%～3%。但随着迎角增加，再附点不断向下游移动，当达到失速迎角时，气泡不再附着，上翼面完全分离，升力达到最大值。迎角继续增加，升力下降。

除上述三种分离外，还可能存在混合分离形式，如气流绕过翼型时，同时在前缘和后缘发生分离现象。

2. 大展弦比直机翼的失速特性

在小迎角时，机翼的升力系数 C_L 和迎角 α 呈线性关系。但当 α 继续增大到一定程度时，$C_L \sim \alpha$ 曲线开始偏离直线关系。这时翼面上后缘附近的附面层开始有局部分离，但还没有遍及整个翼面。所以，再继续增大时，C_L 仍然会有所增大。而后，由于分离区逐渐扩展，最后几乎遍及整个翼面，C_L 上升到某最大值 C_{Lmax} 后，若 α 再增大，C_L 就要下降。这时机翼失速。

影响机翼失速特性的因素很多，例如所用的翼型、雷诺数、马赫数和机翼的平面形状等。下面仅讨论无扭转的椭圆、矩形和梯形机翼低速绕流失速特性。

（1）椭圆机翼失速特性

从升力线理论可知，对于椭圆形的机翼，其下洗速度沿翼展是不变的（下洗角不变），因而沿展向各翼剖面的有效迎角不变。所以，如果采用同一翼型设计椭圆机翼，则随着 α 的增大，整个机翼展向各翼剖面同时出现分离，同时达到 C_{Lmax}（翼型的最大升力系数），同时发生失速，失速特性良好，如图 2.90 所示。

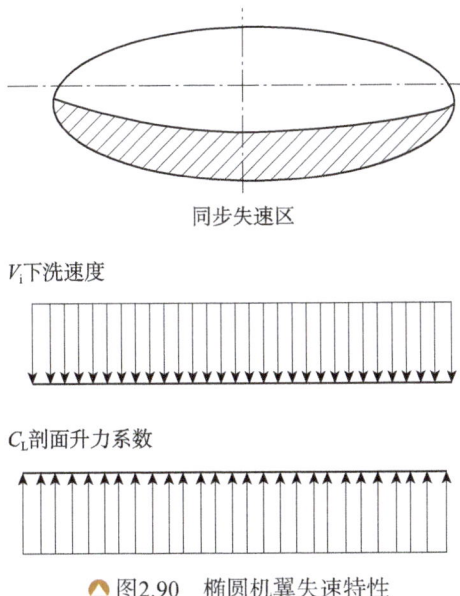

▲图2.90 椭圆机翼失速特性

（2）矩形机翼失速特性

矩形机翼的下洗速度从翼根向翼尖增大（也是下洗角），所以翼根剖面的有效迎角将比翼尖剖面的大，相应的剖面升力系数比翼尖的大。因此，分离首先发生在翼根部分，然后分离区逐渐向翼端扩展，失速是渐进的，如图2.91所示。

（3）梯形机翼失速特性

梯形直机翼，情况正好相反，下洗速度从翼根向翼尖方向减小。因此，翼剖面

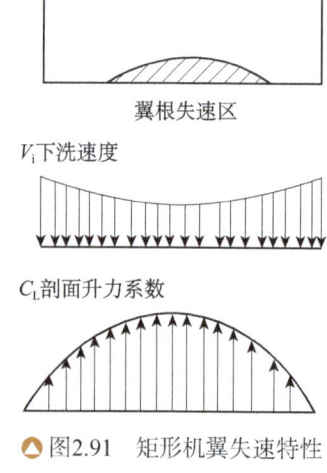

图2.91 矩形机翼失速特性

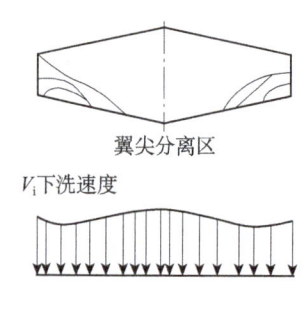

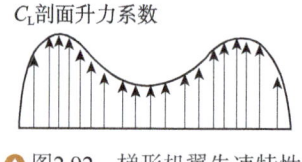

图2.92 梯形机翼失速特性

的有效迎角是向着翼尖方向增大，而且随着根梢比的增大，这种趋势越明显。所以分离首先发生在翼尖附近，不仅使机翼的最大升力系数值下降，而且会使副翼等操纵面效率降低，如图2.92所示。后掠翼的失速特性与梯形翼类似。

由此可见，椭圆形机翼不仅在中小迎角下的升阻特性好，在大迎角下的失速特性也好。矩形翼在中小迎角下的升阻特性不如椭圆翼，大迎角下的C_{Lmax}也小，但翼根区先分离不会引起副翼特性的恶化，可给驾驶员一个快要失速的警告。梯形机翼由于中小迎角下的升阻特性接近椭圆翼，结构重量也较轻，使用甚为广泛。但是，分离首先发生在翼尖附近，使翼尖先失速。所以就失速特性来说，上述三种机翼中，梯形直机翼最差。尤其是翼尖先分离所造成的副翼效率下降可能导致严重的飞行安全问题，从气动上说是一个比较严重、

甚至是不能允许的缺点。但是正如前面已指出梯形机翼的平面形状最接近最佳平面形状，所以一般还是经常采用梯形机翼，不过要采取措施来改善其失速特性。常用的办法有：

1) 采用几何扭转，如外洗扭转减少翼尖区域的迎角，以避免翼尖过早达到失速状态，扭转角取值 $\varphi=-2°\sim-40°$。

2) 采用气动扭转，在翼尖附近采取失速迎角大的翼型。

3) 在机翼外段采用前缘缝翼，使压强较大的气流从下翼面通过前缘缝隙流向上表面，加速上翼面的气流，从而延缓了机翼外段附面层的分离。

2.10 在超声速流动中激波与边界层的干扰特性

1. 概述

当飞行器的飞行速度超过临界速度或者以超声速飞行时，气流绕过飞行器时将出现超声速流动，由此会在绕体边界层外形成激波。激波与物面边界层的干扰行为几乎存在于跨声速或超声速物体绕流中，涉及可压缩流动的稳定性、转捩、分离、激波振荡以及湍流脉动等前沿问题，也涉及涡动、波动、流动三者之间关联问题。特别是近年来随着人们对跨声速和超声速飞行器研究的深入，激波与边界层干扰所引起的可压缩边界层转捩和分离机理越来越受到关注，因为它们直接影响到飞行器的阻力、表面热防护和飞行性能等工程技术问题。

流体力学通论

众所周知，1904年德国著名流体力学家普朗特（Ludwig Prandtl，1875～1953年）教授首先研究了低速近壁区薄层内受黏性影响的流动问题，提出著名的边界层理论，从物理上阐述了绕流物体阻力产生和热交换等机理问题，使该理论得到广泛应用和研究。激波与可压缩边界层流动的干扰研究首先由美国流体力学家李普曼（Liepmann H W.）于1946年和瑞士空气动力学家J. 阿克莱特（Jakob Ackeret，1898～1981年）于1947年进行了研究，此后一段时期发展缓慢。但随着超声速飞行器的问世，人们对这个难题的关注度开始提高。尤其是近十几年来，在超声速飞行器、跨声速运输机以及可重复使用空天高超声速飞行器研制的推动下，随着计算和实验流体力学的快速发展，将超声速可压缩边界层流动与激波干扰的研究推向新的高潮。根据绕流雷诺数不同，边界层内流动也存在层流和湍流之流动状态，它们对壁面摩擦阻力和热传导性能的影响是截然不同的。如果存在激波与可压缩边界层的干扰作用，边界层内的流动更为复杂，可能会出现层流、转捩、湍流、分离、再附等复杂流动问题（如图2.93所示），从而严重影响飞行器升力、阻力和表面热防护等。

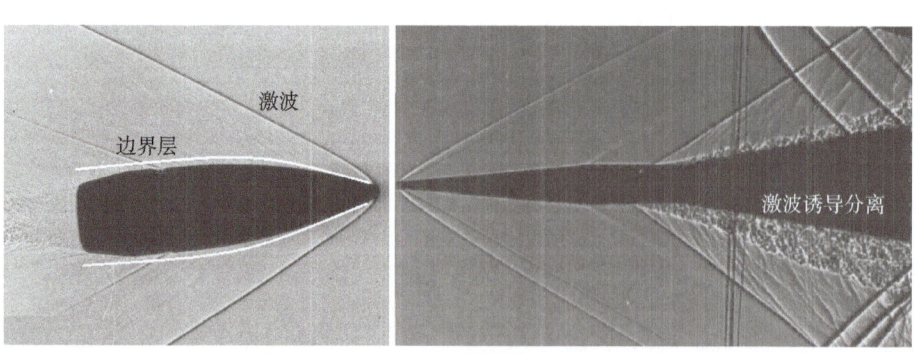

▲图2.93　激波与边界层相互作用

2. 正激波与层流边界层的干扰

业已知道，对于超声速气流中出现正激波的情况，会使主流马赫数减小到亚声速值，这个减速过程伴随着沿流向压力、密度、温度快速增大。如果遇到壁面边界层，激波的作用类似于给边界层施加一个突然的逆压梯度，这将会严重改变边界层的流动特征等。如果激波较强，激波与边界层的干扰会使波后边界层出现分离，同时还会导致流动发生较强的非定常性以及局部区域的强热传导，这些都会严重影响飞行器的性能。所以研究激波与边界层干扰机理，必然对预测边界层转捩位置、分离位置、控制激波振荡、控制分离等复杂问题具有重要意义。

对于超声速物体绕流，在物面边界层外区流动为超声速流动，但边界层内区流体因受黏性影响，流体速度迅速减小到壁面上的零速度，所以在层内存在亚声速和超声速区，边界层外的激波增压将通过层内的亚声速区向上游传播至激波前区。这种从下游向上游作用的逆压梯度明显地改变了激波上游的边界层状态，致使扰动区内的边界层变厚，层内速度、温度、压力、密度分布均发生变化，摩擦阻力减小，同时也改变了近壁区的局部激波结构。

在跨声速翼型绕流中，当来流马赫数大于临界马赫数时，气流绕过上翼面流动时将会出现超声速流动区，显然这个超声区要通过几乎正激波形式与下游亚声速流动相衔接，这个激波增压减速行为在边界层外的超声速区不可能逆流前传，但遇到近壁亚声速边界层区激波增压将会沿边界层逆流向上游传播，致使边界层增厚，严重者会引起边界层分离（出现波后分离泡或完全分离，与激波强度和边界层特性有关）、激波振荡等复杂现象，如图 2.94 所示。

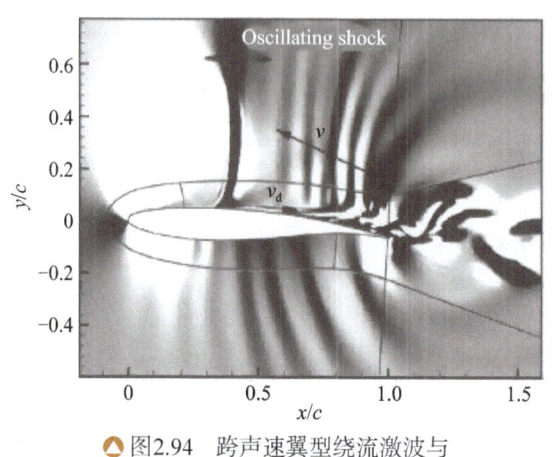

图2.94 跨声速翼型绕流激波与边界层的相会作用

正激波与边界层的干扰特性与激波强度和边界层特性密切相关。如在强干扰区域内，通常边界层的定义和量级也不再适用，因为流向速度梯度和法向速度梯度具有相同量级。层流或湍流区内的干扰流动也明显不同。例如，当边界层外缘流动条件和激波强度相同时，在层流边界层内逆压向上游传播的距离较湍流边界层远，层流边界层抵抗流动分离的能力弱。正激波与层流边界层的干扰特性与边界层外的马赫数、雷诺数和激波强度有关，根据激波强度的不同，可能出现3种不同的干扰情况。

1）弱干扰情况

在跨声速翼型绕流中，翼型上翼面区出现激波相对较弱，发生激波与层流边界层干扰，弱的激波增压将波前边界层缓慢加厚，无转捩和分离发生。这个波前加厚的边界层，使气流向内偏转，在波前边界层面上反射出一系列弱压缩波，并与主激波汇合，形成所谓的 λ 形波，导致主波阵面与边界层之间夹角小于 90°，如图 2.95 所示。在主激波后边界层再附壁面，厚度减薄，外边界偏向壁面，气流向外转折有亚声速区再次变成超声速区，从而出现扇形超声速膨胀波系，压力下降，随后再次出现二次激波，导致激波与层流边界层的再度干扰，干扰特性基本相似，但强度明显下降。如果条件合适，则这种情况可能重复几次，形成一系列 λ 形波系。

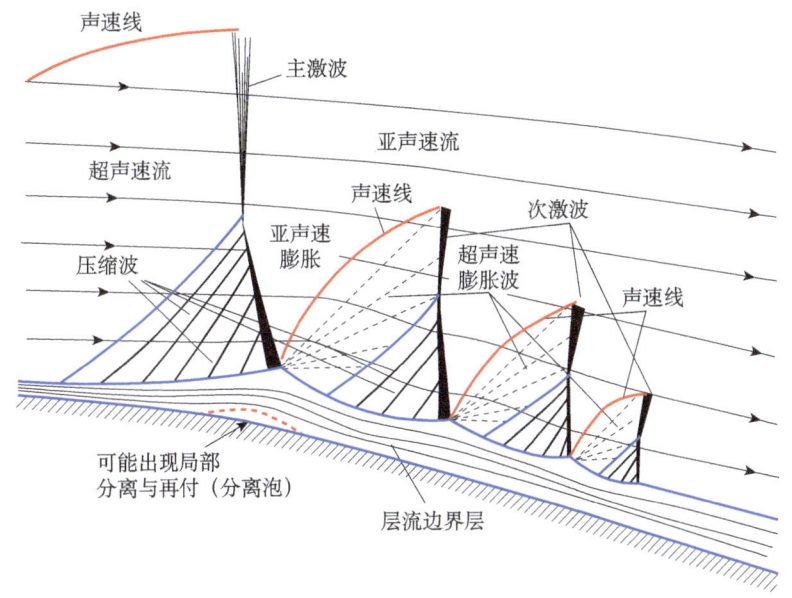

● 图2.95 在曲面上的弱激波与层流边界层的干扰（层流边界层）

2）中等干扰情况

如果来流速度增大，导致波前马赫数和雷诺数增大，虽说波前为层流边界层，但在较强的激波作用下（逆压梯度增大），致使波后边界层分离，且很快转捩为湍流，再附于壁面。干扰结果是：①在壁面出现分离泡；②在主激波前出现一系列反射压缩波，与主激波形成λ形波系；③在主激波后，边界层再附于壁面，外边界偏向壁面，气流向外转折出现扇形超声速膨胀波系，压力下降，出现二次激波；④往下游边界层变平，再次出现一系列压缩波系。由于来流雷诺数较大，激波较强，波后一般转捩为湍流边界层，如图 2.96 所示。

3）强干扰情况

随着来流马赫数的增大，激波强度也增大，其与边界层的干扰足够引起层流边界层分离，从而导致边界层外的主流方向发生明显的转折，在主激波前出现一个稳定的斜激波，这样在边界层上方形成明显的λ激波。因为边界层不能再附，二次激波不复存在，如图 2.97 所示。这种强干扰情况将会造成翼型绕流突然分离,升力下降,阻力突增,出现激波诱导失速。

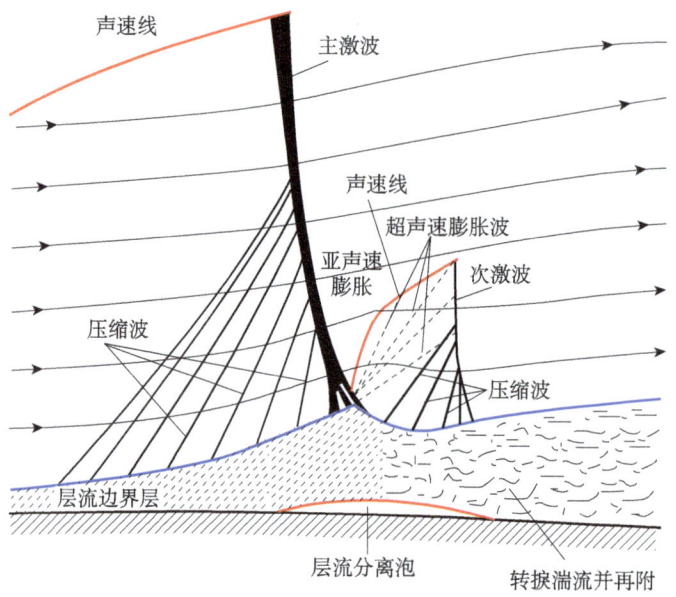

▲ 图2.96 在曲面上的中等激波与层流边界层的干扰(转捩)

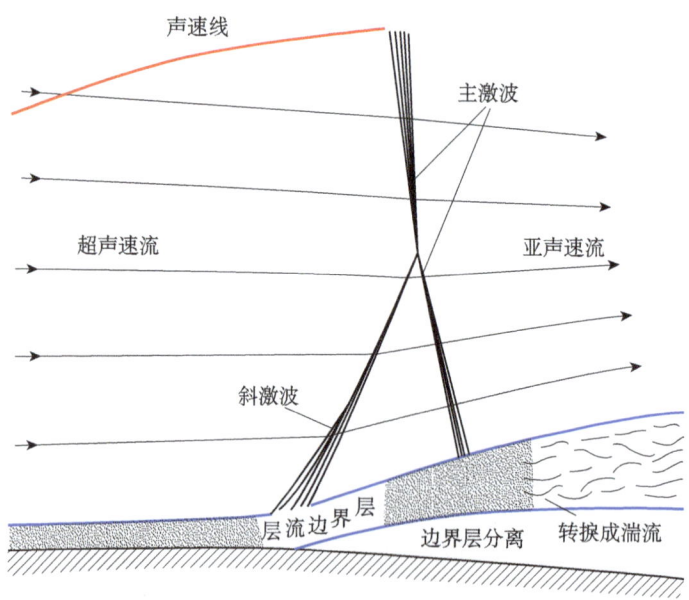

▲ 图2.97 在曲面上的强激波与层流边界层的干扰(分离)

3. 在超声速流中斜激波与边界层的干扰

超声速流与亚声速流之间的主要差别之一是，随流管横截面积沿流向的变化，压力梯度沿流向的变化是反号。如在收缩管道中，超声速气流受到压缩，压强增大，速度减小；而在扩张管道中，超声速气流受到膨胀，气流加速，压强减小。对于亚声速流动，在收缩和扩张管道中的流动特征与超声速流动行为正好相反。因此，对于超声速绕膨胀角绕流，边界层外出现一系列膨胀波，压力梯度是顺压的，绕角的边界层不会出现分离。这样超声速膨胀波与边界层干扰较弱，相互影响不大，如图 2.98 所示。如果是压缩角绕流，在边界层外气流受到压缩，出现斜激波。这个斜激波与边界层的干扰，会在波前引起边界层加厚，并可能导致在波后拐角处出现边界层局部分离，在边界层外形成一系列压缩波，如图 2.99 所示。如果斜激波很强，层流边界层厚度较薄，导致激波穿入深，波后高压逆流前传区域较小，在入射点前形成密集的反射波系，很快汇合成第一道反射波，并受逆压梯度的作用，形成层边界层分离泡，在入射波下游出现膨胀波，然后再出现第二道反射波。在反射波后，层流边界层转捩成湍流边界层，如图 2.100 所示。

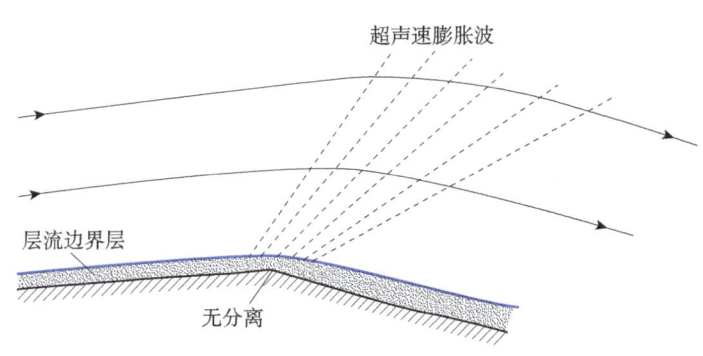

▲图2.98 超声速膨胀角绕流膨胀波系与边界层干扰

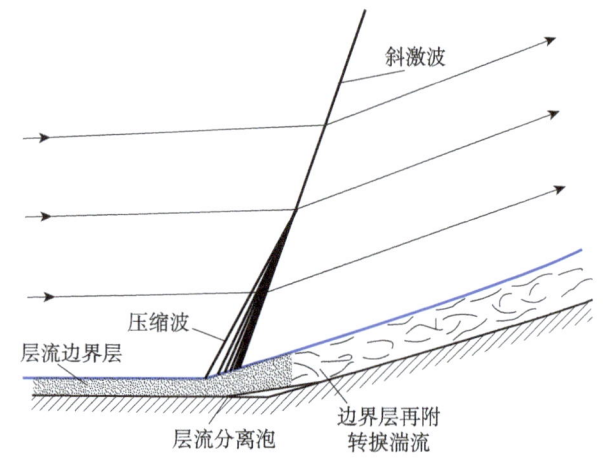

▲ 图2.99 超声速压缩角绕流斜激波与边界层干扰（转捩湍流）

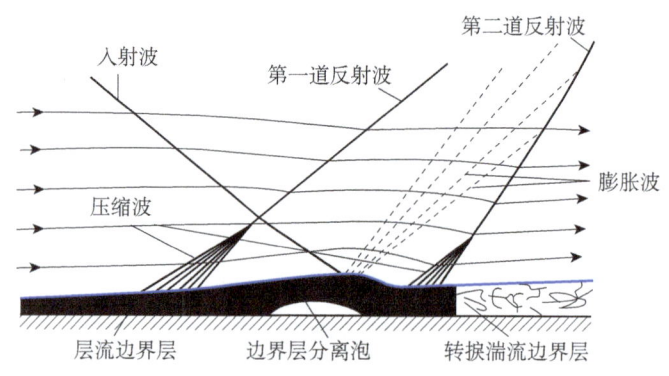

▲ 图2.100 超声速强斜激波与层流边界层干扰（分离泡、转捩湍流）

此外，斜激波与湍流边界层的干扰与层流边界层的情况是不同的。在同样的来流条件下，湍流边界层时均速度分布饱满，边界层中的亚声速区比层流边界层的情况要薄，导致激波穿入深，波后高压逆流前传通道小，因而压力逆流传的距离比层流边界层的小。壁湍流脉动作用引起的动量交换能够抑制激波逆压梯度的作用，使边界层不易分离。如果相互作用后边界层不分离（如图2.101所示），就会出现λ形波系，在入射点前形成密集的反射波系，很快汇合成一道接近理想流动的反射波。如果入射波较强，则产生湍流边界层局部分离和再附，形成分离泡，如图 2.102 所示。这时边界层鼓起较大，在入射点前出现较大范围的压缩波系，汇合形成反射波后穿过入射波，组成 λ 形激波。

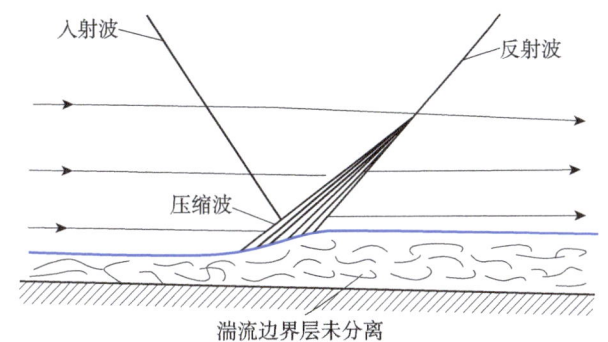

▲图2.101　斜激波与湍流边界层的干扰（湍流边界层未分离）

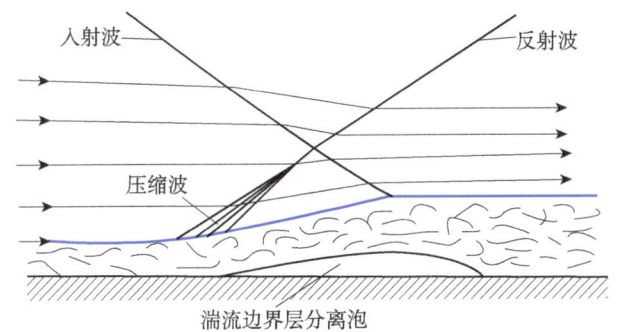

▲图2.102　斜激波与湍流边界层的干扰（湍流边界层分离泡）

4. 头部激波与边界层的干扰

楔形体超声速绕流头部弓形激波与边界层的干扰，如图 2.103 所示。受头部绕流快速变厚的边界层影响，边界层外绕流头部变钝，出现离体激波（弓形激波），并在弓形激波后形成一个小区域的亚声速区。头部边界层发出的膨胀波与激波相交，使激波削弱而弯曲。同样，弓形激波的作用，也会使边界层发生变化。如果边界层较薄，相互影响主要发生在头部。对于绕平板的超声速流动，在头部同样会出现一个弱小的分离激波，但很快减弱为马赫波，如图 2.104 所示。

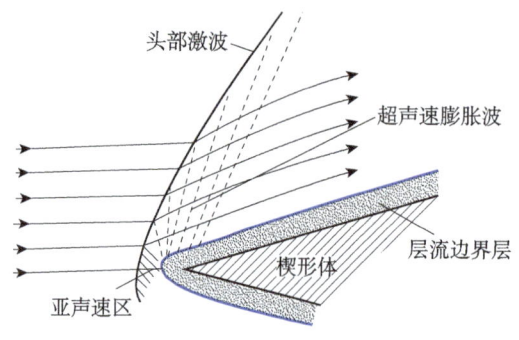

▲ 图2.103 楔形体头部激波与边界层的干扰

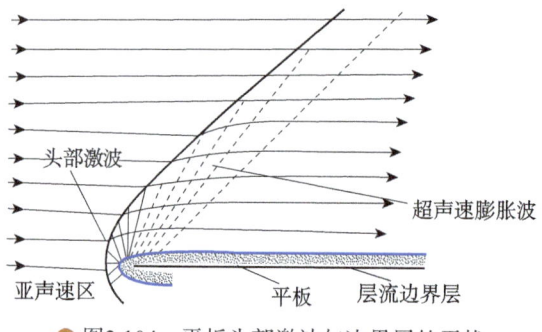

▲ 图2.104 平板头部激波与边界层的干扰

2.11 空气动力学在现代飞行器研制中的先导性作用

作为航空航天技术的基础和前瞻性学科，空气动力学一直在各种飞行器研制中起着先行和关键的作用，因此其发展水平对飞行器可能实现的先进性起到了决定性作用。例如，在战斗机的发展过程中（如图2.105所示），20世纪50年代，喷气发动机的出现，发展了第一代超声速战斗机（米格15，F86等）；20世纪60年代，大后掠翼和面积律气动难题的突破，发展了第二代战斗机，使飞机速度增加到 2 倍声速（米格 21，F4，法国幻影 Ⅲ 等）；在 20 世纪 80 年代，非线性升力技术、边条翼布局等气动新技术的突破，发展了第三代战斗机（苏 27，F15 等），使武器性能、机载设备、机动性能等得到明显改善；20 世纪 90 年代以后，翼身融合一体化设计、新材料、电子等新技术的突破，发展了以美国 F22 为代表的第四代战斗机，它具有隐身、超声速巡航、超视距作战能力，还有高机动性和敏捷性。可见，战斗机的发展，除必须应用推进技术、电子技术、新材料技术和隐身技术等高科技成果，同时对空气动力学提出了更为严峻的挑战。如何尽可能扩大迎角的使用范围，如何提高飞机的机敏性，如何在满足飞行性能的同时达到尽可能小的可探测性，如何发挥推进系统的高效率等，这些均属于空气动力学需要突破的难题。为此，美国 NASA 近年来将空气动力学列为未来研究战略中的关键技术之一。对空气动力学提出的目标是：发展新的概念，提出物理的理解和理论、试验和 CFD 计算的验证等，最终保证飞行器的有效设计和安全运行。在诸如：①前缘涡及其破裂；②细长旋成体大迎角下非对称涡的起因及其控制；③旋涡控制技术等方面，是未来的主要研究方向。

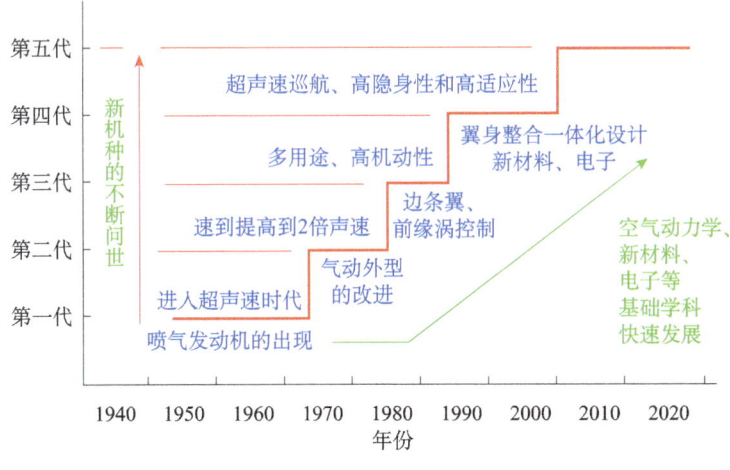

▲图 2.105　空气动力学对现代战斗机发展的重要推动作用

另外，从民用飞机的发展趋势来看，高性能的动力装置和优良的空气动力特性是民航机获得优异的巡航性能、起飞着陆性能和经济性的保证。从 1952 年英国彗星号开始，大型民用飞机的发展几乎与空气动力学的发展密不可分，超临界机翼和增升装置设计、翼梢小翼、流动控制、可变形机翼等技术的引进和突破大大地促进了民机的发展（如图 2.106 所示）。为了解决当今空气动力学所面临的各种挑战性难题，人们普遍认为加强学科基础的研究非常重要，必须不断地探索各种复杂流动现象机理和规律。诸如：①层流的转捩机理与控制；②壁湍流结构与减阻技术；③激波与边界层干扰机理；④气动噪声机理与降噪技术等方面，将是未来的主要研究方向。

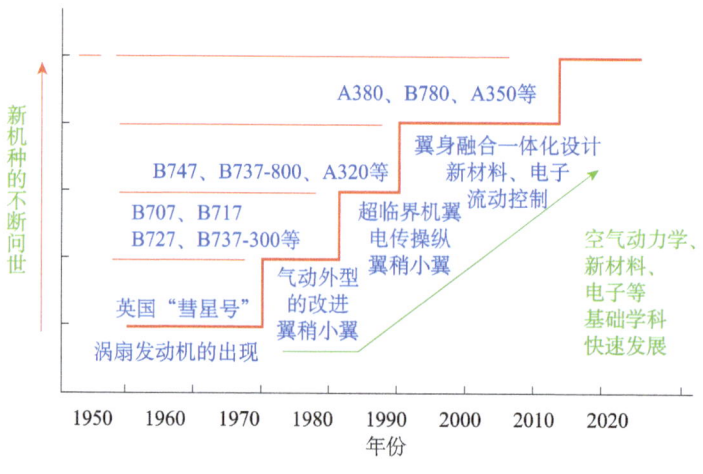

▲图2.106 空气动力学对大型客机发展的重要推动作用

与此同时，近年来引起人们高度重视的航空气动声学问题，由于航空噪声污染环境、损害人体健康、影响客机的舒适性、对军用飞机还影响隐蔽性，因此在现代飞机的研制中对噪声指标的要求越来越高，这使航空声学（气动声学）得到迅速的发展。自从国际民航组织规定了飞机和直升机地面噪声标准之后，在世界范围内被迫停飞了几千架飞机。降低飞机噪声已成为取得适航证、进入世界航空市场的必备条件。

在空气动力学快速发展的推动下，特别是数值模拟技术应用，对空气动力学风洞实验提出了更高的要求。一方面，数值计算可以取代一部分实验项目，可以明显提高飞机气动设计速度，可以比实验更迅速、更经济地提供必要的空气动力数据，使风洞实验更多地面临空气动力学中的前沿课题和复杂的流动机理问题。另一方面，无论是学科的发展、还是飞行器的研制，数值模拟决不能取代风洞实验。这是因为，空气动力学的各种理论都是在大量实验研究的基础上形成和发展起来的，许多重大突破都离不开实验。数值计算只能解决流动机理已经通过实验研究清楚的流动现象，而对于机理复杂的流动问题以及数值计算结果的验证，实验是必然的途径。此外，现代飞机的性能愈来愈先进，所面临的空气动力学问题相当复杂。因而对风洞实验的流场指标、技术水平要求愈来愈高，实验项目和时数也日益增多。如在20世纪50年代研制一架大型飞机所需的风洞实验时数达1万小时，所涉及的空气动力学问题主要是附着流动及其减少阻力问题，研制手段为理论分析和风洞实验；20世纪70年代研制超声速客机所用风洞实验时数达4万小时，所涉及的空气动力学问题主要是激波、超声速流动及其减少激波阻力的问题，研制手段是理论分析、数值计算和风洞实验；20世纪80年代研制航天飞机的风洞实验时数达10万小时，所涉及的空气动力学问题主要是低速–超声速流动，大攻角绕流及其热障问题，研制手段是理论分析、数值计算和风洞实验。这说明风洞实验仍然是现代空气动力学发展和飞行器研制的重要保障。

第 3 章

液体动力学

3.1 液体动力学发展

液体动力学是研究液体处于静止及运动规律的学科，因主要研究介质是水，所以也有称水动力学。人类很早就开始研究液体的静止和运动的规律。

人类早期通过治理洪水和开凿运河，总结了水的流动规律。例如墨翟（约公元前478~公元前392年）及其弟子所作的《墨经》中就有这方面的论述。古希腊的阿基米德关于浮力的计算是力学的重要成就。我国都江堰位于四川省成都市都江堰市城西，坐落在成都平原西部的岷江上，始建于秦昭王末年（公元前256~公元前251年），是蜀郡太守李冰父子在前人鳖灵开凿的基础上组织修建的大型水利工程（如图3.1所示），由分水鱼嘴、飞沙堰、宝瓶口等部分组成，两千多年来一直发挥着防洪灌溉的作用，使成都平原成为水旱从人、沃野千里的"天府之国"，至今灌区已达30余县市、面积近千万亩，是全世界迄今为止，年代最久、唯一留存、仍在一直使用的，以无坝引水为特征的宏大水利工程，是中国古代劳动人民勤劳、勇敢、智慧的结晶。

第 3 章　液体动力学

◁ 图3.1　都江堰

15~17 世纪，达芬奇、伽利略、托里拆利、帕斯卡、牛顿等用实验方法研究了水的静压力、大气压力、水的剪应力和孔口出流等问题。1643 年，托里拆利证明了恒定孔口出流的基本规律，提出孔口出流速度与水头值的平方根成正比。

18 世纪后，液体动力学得到快速发展。在欧拉导出的理想流体运动方程的基础上，对液体流动规律的研究可大致分为两类。一类是用数学方法进行比较严格的推导，获得一些对实际问题有指导意义的结果，是液体动力学的理论基础（微元流理论）。另一类是对积分形式的一元流运动方程进行处理或对实验结果进行总结分析，使其结果用来解决工程技术问题，也就是水力学总流理论（包括一元管流，也称为总流分析法）。对前一类研究做出重要贡献的主要科学家有纳维、圣维南、斯托克斯和雷诺等。此外，拉格朗日建立速度势和流函数并和柯西、格斯特纳等对波浪理论进行了研究；亥姆霍兹对涡旋运动给出研究；英国物理学家开尔文（Lord Kelvin，1824~1907 年，如图 3.2

所示）和英国物理学家瑞利（Rayleigh，1842～1919年）对波浪和流体运动稳定性进行了研究；茹科夫斯基对翼型的上举力和水击问题进行了研究等。1945年，英国数学家、力学家兰姆（如图3.3所示）在《水动力学》一书总结了上述研究成果。

▲图3.2 英国物理学家开尔文（Lord Kelvin，1824～1907年）

▲图3.3 英国数学家和力学家兰姆（Horace Lamb，1849～1934年）

对水力学研究做出主要贡献的科学家有：法国数学家、水利工程师皮托（Henri Pitot，1695～1771年），发明了测量流速的皮托管；意大利物理学家、水力学家文丘里（Giovanni Battista Venturi，1746～1822年，如图3.4所示）设计出测量通过管道流量的文丘里管；斯米顿进行了水车和风车试验；法国著名的物理学家、数学家和天文学家达朗贝尔（1717～1783年）建立了拖曳水池并进行了潜水物体的阻力实验；1852年法国人雷什（F. Reech）通过观测波浪运动和船模试验，提出重力作用下的相似准则；英国流体力学家弗汝德(William Froude，1810～1879年，如图3.5所示)给出计算船舶摩擦阻力的方法；法国生理学家泊肃叶（Poiseuille，1799~1869年）论述了血液的流动并给出毛细管对流动的阻力和流速分布规律的计算公式；法国工程师达西（Henry Darcy，1803~1858年，如图3.6所示）进行渗流实验并得出液体通过多孔介质的运动规律；法国工程师谢才（A. Chezy，1718~1798年）建立了恒定明渠均匀流理论，针对河道和管道水流阻力，根据边界的粗糙度确定系数，再由系数和经验公式求出流速和流量；爱尔兰工程师满宁（Manning，1889年）引入表征壁面影响的粗糙系数，建立了谢才系数与河道过水截面水力半径之间的经验关系，后来在此基础上人们发展了明渠恒定非均匀渐变流理论，提出水面线推算方法等；法国数学家、物理学家包达（Jean-Charles de Borda，1733~1799年，如图3.7所示）在试验研究的基础上，提出管道突扩引起的局部能量损失计算公式；法国工程师家圣维南（Saint-Venant，1797~1886，如图1.31所示）建立了描述明渠非恒定一元渐变流的圣维南方程组（质量和动量守恒微分方程组），以后人们给出基于水深平均的非恒定二元渐变流的方程组。圣维南方程组属于一阶双曲型拟线性偏微分方程组。结合初始条件和边界条件联解该方程组便可求得未知函数。实践中常采用近似的计算方法，如特征线法、直接差分法、瞬态法、有限单元法等。数值求解发展迅速，这使明渠非恒定流理论广泛地用于防洪、灌溉、航运、发电、海涂围垦及环境保护等各项工程。其研究对象包括天然河流、人工渠道、河网、水库、湖泊、潮汐河口、港湾及城市下水道系统等。

🔺 图3.4 意大利物理学家、水力学家文丘里（Giovanni Battista Venturi，1746～1822年）

🔺 图3.5 英国流体力学家弗汝德（William Froude，1810～1879年）

第 3 章 液体动力学

▲ 图3.6 法国工程师达西(Henry Darcy,1803～1858年)

▲ 图3.7 法国物理学家包达（Jean-Charles de Borda,1733～1799年)

3.2 液体运动

1. 理想液体运动

忽略黏性的液体称为理想液体。根据普朗特的边界层理论,在边界层以外的区域中,黏性力可以不予考虑,因此理想液体的运动规律在特定条件下仍可应用。在普朗特以前,在这一领域曾进行过很多研究。液体的压缩性很小,只有在几种情况下,如管道中的水击、水中声波、激波传播等,才要考虑液体的可压缩性。

2. 黏性液体运动

有些液体(如润滑油)的黏性很大,分析这些液体流动状态时必须予以考虑(见斯托克斯流动)。另外,分析船舶的摩擦阻力、边界层和波浪间的干扰、船舶和潜体的尾流等都必须考虑液体的黏性。研究渠道或管道壁面摩擦阻力时必须考虑液体的黏性。

3. 空化与空蚀

液体流经压力足够低的区域时,就会气化并在液体内部或液固交界面上形成空泡(如图 3.8 所示)。水中常含有直径从几十到几百微米的气泡(称为气核),有气核存在才会发生空化。空泡的溃灭产生冲击,引起边壁材料的剥蚀和破坏。

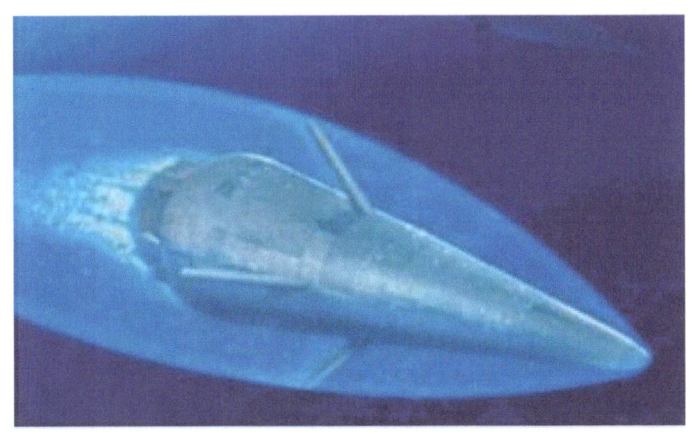

▲ 图3.8　超空泡鱼雷水下运动（www.ftchinese.com）

4. 多相流

挟有固体颗粒、掺有气泡或两者兼有的液体流动称为多相流（如图 3.9 所示）。最常见的有河道中的含沙水流，其次是掺气水流和发生空化后带有空泡的液体流动。气核能影响声波的传播，当水中所含的气核与水的体积比大于 10^{-3} 时，水中声速就会小于空气中的声速（纯水中的声速约为空气声速的 5 倍）。

▲ 图3.9　泥沙运动

5. 非牛顿流体流动

有些液体（如含沙量高的水）的剪应力和剪切变形速率不成线性关系，这些液体属于非牛顿流体。加入高分子聚合物的水也是非牛顿流体，这种流体对在其中运动的物体的阻力低得多（如图3.10所示）。

图3.10　牛奶运动(spyl.zhaoshang01.com)

6. 无压流（明流）

液体流动的部分边界可以是液体和空气的分界面，沿这一部分边界的压力接近常数（通常为大气压强）。河道、渠道、海洋流动皆属于这一类型，称为无压流。自由表面流动的范围很广，包括明渠流（恒定与非恒定流、均匀流、渐变流、急变流等）、河道恒定流等。

7. 有压力流

液体四周都受固体边壁约束的流动称为压力流（如图3.11所示），

又称满管流。水力机械和船舶螺旋桨的旋转叶片间的流动也是压力流。早期为了计算供水系统的流量分配而开始研究管流的特性。压力管道常和水力机械相连,因而出现弹性振动和水击问题。两层或多层密度不相同的液体可以形成分层流。密度差可以是由于液体不同(如水和石油)所引起,也可以是由于含盐、含沙量不同或温度不同所引起。在石油开采、海水浸入、潜艇航行、水库排沙、电站冷却水的研究中,分层流是很重要的课题。

图3.11　长距离输油管道

8. 流激振动(水弹性问题)

液体流过固体边壁,在某些条件下可以引起边壁的振动,边壁振动又反过来改变流动特性。研究液体、水和固体边壁相互作用的理论,称为水弹性理论。

3.3 一元流理论与机械能损失

1. 一元流理论

在水力学中,如果取流程坐标 s 和时间 t 作为自变量,则可将速度、压强等水力要素表示成为 (s, t) 函数,由此提出所谓的一元流理论。如果在流场中取一个垂直于流线的微元面积 dA,通过这个微元面的周线作流线,可形成一个微元流管,如图 3.12 所示。充满以微元流管的一束液流,称为流束。按照流线不能相交的原则,微元流管内的液流不会穿过流管壁面向外流动,同样流管外的液流也不会穿过流管壁面向内流动。当液流为恒定流动时,微元流管的形状和位置不随时间变化。但在非恒定情况下,微元流管的形状和位置一般是随时间变化的,除非流管位置固定。对于恒定不可压缩流动,如果沿着微元流管取 1-1 和 2-2 断面(与流线垂直),则根据质量和能量守恒定律,可得微元流的连续方程和能量方程,即

$$z_1 + \frac{p_1}{\gamma} + \frac{u_1^2}{2g} = z_2 + \frac{p_2}{\gamma} + \frac{u_2^2}{2g} + h_{w1-2}$$

$$u_1 dA_1 = u_2 dA_2$$

其中,z_1、p_1、u_1 分别为微元流束 1-1 断面的位置、压强和速度;z_2、p_2、u_2 分别为微元流 2-2 断面的位置、压强和速度;h_{w1-2} 为断面 1-2

之间微元流束的机械能损失。上述连续方程表明：沿着同一个微元流束，不可压缩液流的流量保持不变。能量方程表明：沿着同一个微元流束，1-1 断面元流的总水头等于 2-2 断面元流的总水头加上 1-2 断面之间元流的机械能损失。

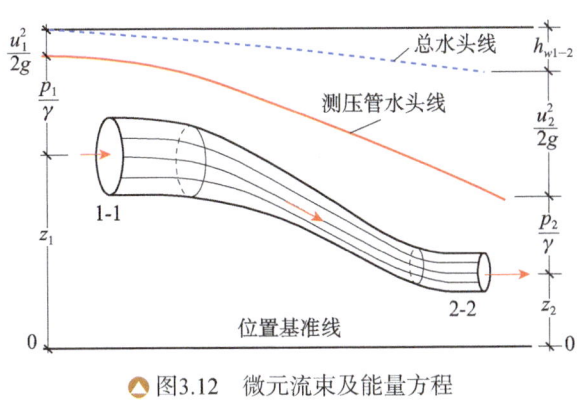

▲图3.12　微元流束及能量方程

任何有边界的实际液流称为总流，显然总流可看作由无数多微元流束组成。与流线垂直的断面称为过水断面，显然对于总流而言，如果流线是平行的直线，则过水断面为平面（如图 3.13 所示），否则为曲面。把单位时间通过总流过水断面的液流体积称为总流的流量（体积流量），其大小为

$$Q = \iint_A u\mathrm{d}A = VA$$

式中，A 为总流过水断面；V 为断面平均流速。

$$V = \frac{Q}{A} = \frac{\iint_A u\mathrm{d}A}{A}$$

如果用过水断面平均值表达各物理量，此时的总流也可近似看作为一元流，由此得到的理论称为总流理论，这种方法也称为总流分析法。其最大的特点是：忽略了物理量在垂直于过水断面上的变化，在每一个过水断面上用断面平均值代替。

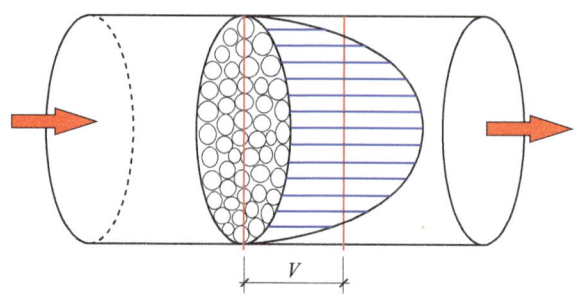

▲ 图3.13　总流过水断面速度分布与断面平均速度

将微元流束的能量方程在总流过水断面上积分后取平均，就可以得到用断面平均物理量表达的能量方程，具体如下：

$$z_1 + \frac{p_1}{\gamma} + \frac{\alpha_1 V_1^2}{2g} = z_2 + \frac{p_2}{\gamma} + \frac{\alpha_2 V_2^2}{2g} + h_{w1-2}$$

这个就是总流能量方程。该方程表明：1-1过水断面平均总水头等于2-2过水断面平均总水头叠加1-2断面之间总流的机械能损失。其中，a_1为1-1断面动能修正系数，a_2为2-2断面动能修正系数。这个动能修正系数与断面上的速度分布有关，流速分布均匀的为1，不均匀的大于1。在渐变流中的过水断面上，$\alpha \approx 1.05 \sim 1.1$。总流能量方程的应用条件如下：

（1）总流必须是不可压缩恒定流动；

（2）作用于液流上的质量力只有重力；

（3）所选择的两个过水断面必须是均匀流或渐变流过水断面。

（4）在所选取的两个过水断面之间，总流流量保持不变，其间无流量分出和汇入。

（5）在所选取的两个过水断面之间，总流无能量输入或输出。

在总流分析中，均匀流的情况（流线保持平行的直线流动，过水断面是平面）少见，多数情况属于非均匀的流动（过水断面是曲面）。

非均匀的流动又可根据流线的不平行和弯曲的程度，分为渐变流和急变流。当总流的流线是几乎接近平行的直线时，称为渐变流，否则称为急变流动，如图 3.14 和图 3.15 所示。

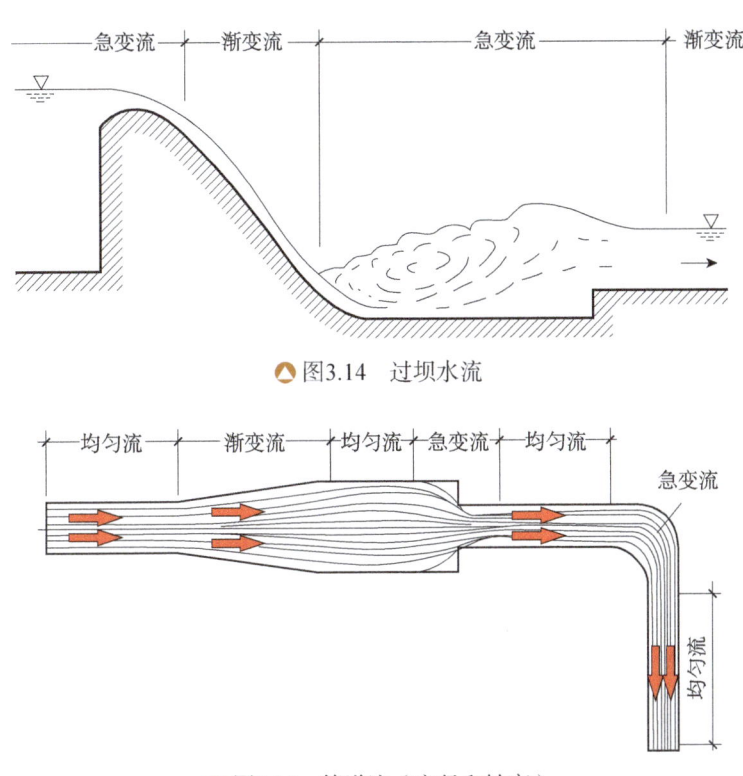

图3.14 过坝水流

图3.15 管道流（变径和转弯）

2. 机械能损失

在实际液体流动中，受液流黏滞性和边界壁面的阻止作用，将会在流动过程中产生液流阻力，液流需克服流动阻力而做功，由此将消耗一部分机械能转化为热能失散（不能再被机械能所利用），水力学把这部分单位重量单位时间消耗的机械能称为水头损失，用 h_w 表示。水头损失与液体的物理性质、流动内部结构和边界特征存在密切的关系。从表观上看，液流的水头损失可分成沿程水头损失和局部水头损失。如果流道或流管平顺，水头损失主要是由液流克服边界摩擦阻力做功而引起的，如图3.16所示，用h_f表示，称为沿程水头损失。如果液流发生局部分离，水头损失将主要出现在液流内部，这部分损失称为局部水头损失，用h_j表示，如图3.17所示。由此可见，液流的总水头损失可表示为

$$h_w = h_f + h_j$$

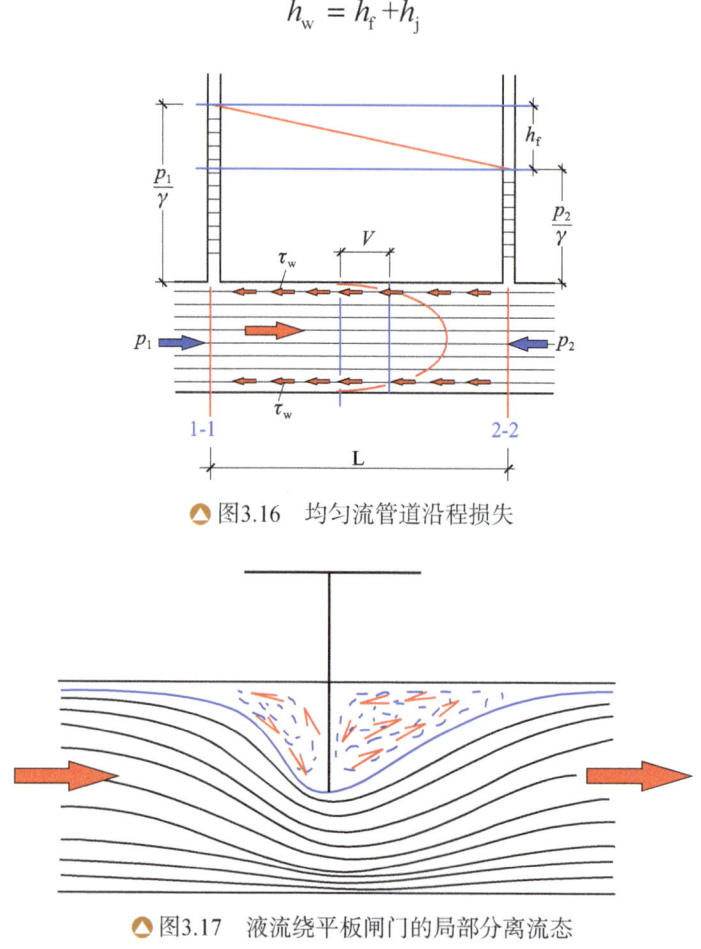

▲ 图3.16 均匀流管道沿程损失

▲ 图3.17 液流绕平板闸门的局部分离流态

对于水平等直径的管道（如图3.16所示），如果管道面积为A、边界周长为P，断面1-1和断面2-2之间的距离为L，则由连续方程可

知，管道内流速沿程不变，$V=Q/A$。由能量方程得到

$$\frac{p_1}{\gamma}+\frac{\alpha V^2}{2g}=\frac{p_2}{\gamma}+\frac{\alpha V^2}{2g}+h_\mathrm{f}$$

$$h_\mathrm{f}=\frac{p_1}{\gamma}-\frac{p_2}{\gamma}$$

对于恒定管流，建立断面 1-2 之间的总流动量方程，得

$$(p_1-p_2)A=\tau_\mathrm{w} LP$$

求解以上两式，有

$$\tau_\mathrm{w}=\gamma\frac{h_\mathrm{f}}{L}\frac{A}{P}=\gamma RJ$$

式中，τ_w 为管道壁面摩擦切应力；$R=A/P$ 为管道断面水力半径（对于圆形管道，$P=\pi d$，$R=d/4$）；$J=h_\mathrm{f}/L$ 为水力坡度。令壁面摩擦切应力正比于速度的平方，取

$$\tau_\mathrm{w}=\frac{1}{2}\rho V^2 C_\mathrm{f}=\frac{1}{2}\rho V^2\frac{\lambda}{4}$$

其中，C_f 为壁面摩擦阻力系数；λ 为管道沿程阻力系数。代入前式可得

$$h_\mathrm{f}=\lambda\frac{L}{4R}\frac{V^2}{2g}=\lambda\frac{L}{d}\frac{V^2}{2g},\quad \lambda=f\left(Re,\frac{\Delta}{d}\right)$$

式中，λ 为无量纲系数，与液流雷诺数 Re 和管道壁面相对粗糙度有关。该式由德国科学家魏斯巴赫（Julius Weisbach，1806～1871 年，如图 3.18 所示）于 1850 年首先提出，法国科学家达西（如图 3.6 所示）在 1858 年用实验的方法进行了验证，故称为达西－魏斯巴赫公式，亦称沿程水头损失通用公式，简称达西公式。达西－魏斯巴赫公式适用于任何截面形状的光滑和粗糙管内充分发展的层流和湍流流动，具

有重要的工程应用价值。一般对于工业管道，可通过相应的雷诺数 Re 和相对粗糙度 Δ/d 查莫迪图获得（如图1.75所示）。在工业界，也可用更为简单的经验公式。早在1769年法国工程师谢才（A. Chezy，1718～1798年）通过总结明渠均匀流的实测资料，提出计算均匀流水头损失的谢才公式，即

$$V = C\sqrt{RJ}$$

式中，C 为谢才系数。将 $J = h_f/L$ 和 $R=A/P$ 代入上式，得

$$h_f = \frac{8g}{C^2}\frac{L}{4R}\frac{V^2}{2g},\quad \lambda=\frac{8g}{C^2},\quad C=\sqrt{\frac{8g}{\lambda}}$$

谢才系数 C 是一个有量纲的经验系数，单位是 $m^{1/2}/s$。后来1889年，爱尔兰工程师满宁（Robert Manning）给出了关于系数 C 更为简单关系式，即

$$C=\frac{1}{n}R^{1/6}$$

式中，n 为管道粗糙系数，简称糙率。实际应用时，n 值有表可查。

▲ 图3.18　德国科学家魏斯巴赫（Julius Weisbach，1806～1871年）

对于局部损失 h_j，涉及液流在管道内的分离区大小和程度，一般根据具体情况由实验确定，通常用的一个经验公式是

$$h_j = \xi \frac{V^2}{2g}$$

其中，ξ 为局部水头损失系数，由实验确定，主要决定于几何形状、过流雷诺数等。法国物理学家包达（J.C.Borda，1733~1799 年，如图 3.7 所示）利用总流动量和能量方程，得到管道突扩引起的局部损失公式，如图 3.19 所示，简称为包达公式。即

$$h_j = \frac{(V_1 - V_2)^2}{2g} = \left(1 - \frac{V_2}{V_1}\right)^2 \frac{V_1^2}{2g} = \left(1 - \frac{A_1}{A_2}\right)^2 \frac{V_1^2}{2g} = \xi \frac{V_1^2}{2g}$$

突扩管道的机械能利用效率定义为

$$\eta = \frac{\frac{V_1^2}{2g} - h_j}{\frac{V_1^2}{2g}} = 1 - \xi$$

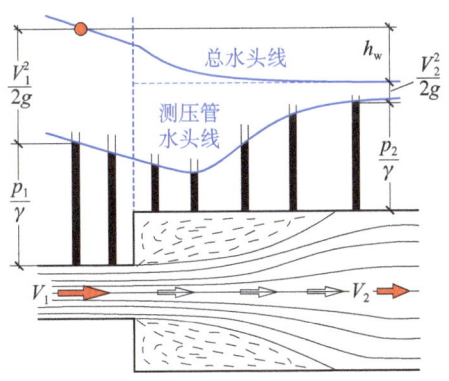

▲ 图3.19 突扩管道局部分离流动

图 3.20 给出突扩管道局部水头损失系数和机械能利用效率随面积比的变化关系曲线。

综合起来，对于存在若干不同过流元件的等截面管道，总水头损失可表示为

$$h_{\mathrm{w}} = \left(\lambda \frac{L}{d} + \sum \xi \right) \frac{V_1^2}{2g}$$

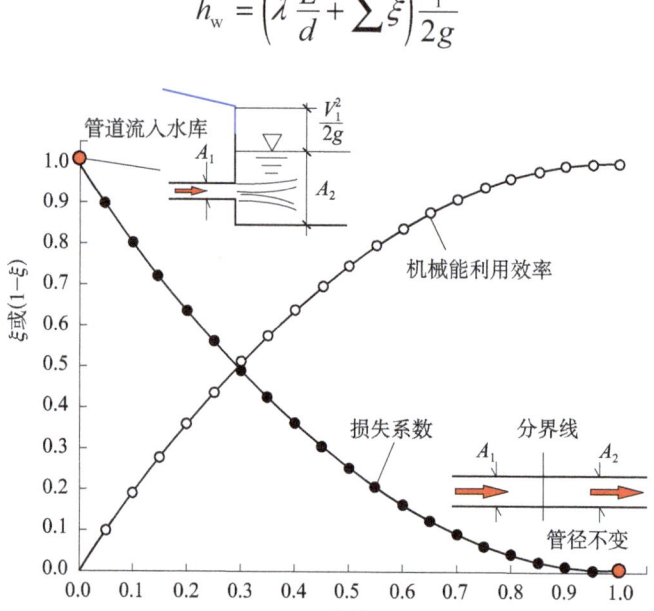

▲ 图3.20 突扩管道局部水头损失系数和机械能利用效率与面积比的关系曲线

3.4 有压管道恒定流

1. 简单管道流动

有压管道流动是指管道横截面无自由面的流动。在工程实践中，常见于输水工程（包括引水、给水、泄水等工程）供农业和城市生活

与工业用水。对于单一管道自由出流的情况，如图 3.21 所示。管道一端连接水池，另一端自由出流大气。如果以通过管道出口中心线的水平面为基准面，在水池中离进口一定距离为 1-1 断面，管道出口为 2-2 断面，建立 1-1 与 2-2 之间的总流能量方程，有

$$H+\frac{\alpha_1 V_0^2}{2g}=H_0=\frac{\alpha_2 V^2}{2g}+h_{w1-2}=\frac{\alpha_2 V^2}{2g}+\left(\lambda\frac{L}{d}+\sum\xi\right)\frac{V^2}{2g}$$

其中，V_0 为水池行进流速；V 为管道断面平均速度；H 为管道出口中心线与水池水面之间的高差，称为管道有效水头；H_0 为包括行进流速水头在内的管道总水头。取 $\alpha_2 \approx 1.0$，由上式得到的管道流速为

$$V=\mu\sqrt{2gH_0}$$

$$\mu=\frac{1}{\sqrt{1+\lambda\dfrac{L}{d}+\sum\xi}}$$

其中，μ 为管道流速系数或流量系数。通过管道的流量为

$$Q=VA=\mu A\sqrt{2gH_0}$$

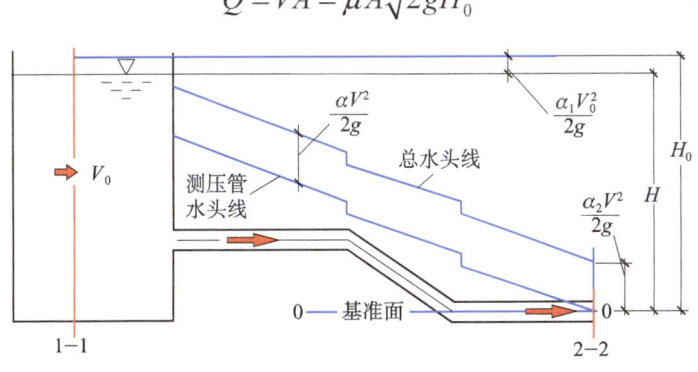

▲图3.21　简单有压管道自由出流

2. 水泵系统

水泵系统是通过电机带动水泵转轮转动给液流做功，从而使液流从低处流向高处，如图 3.22 所示。液流经过水泵时，从水泵中获取一

定的能量，输入给压力管道内的流动，然后再流入水塔。在水力学计算时，可分别计算吸水管流和压力管流。

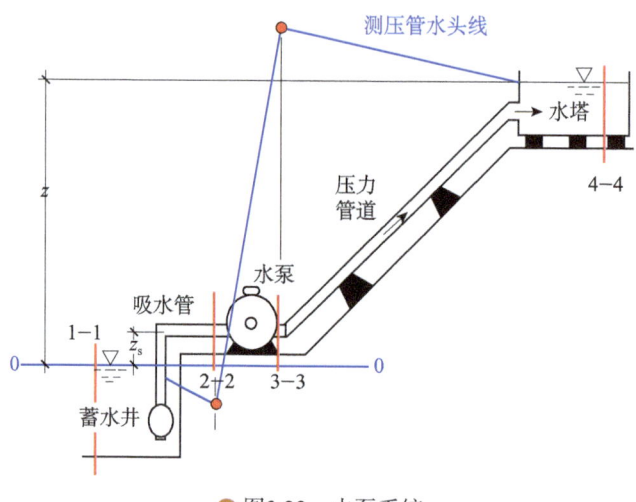

▲ 图3.22 水泵系统

对于吸水管流段，主要确定吸水管直径和水泵的安装高程。吸水管直径可根据流量和允许或经济流速确定。如果已知流量 Q，给定吸水管内的允许流速 V，由此得到吸水管直径 d 为

$$d = \sqrt{\frac{4Q}{\pi V}}$$

对于水泵的安装高程 z_s，主要由最大允许真空度 h_v 和吸水管水头损失确定。如图 3.22 所示，以蓄水井水位为基准面，建立断面 1-1 和断面 2-2 之间的能量方程，得

$$\frac{p_a}{\gamma} = z_s + \frac{p_2}{\gamma} + \frac{\alpha_2 V_2^2}{2g} + h_{w1-2}$$

$$z_s = \frac{p_a - p_2}{\gamma} - \left(\alpha_2 + \lambda \frac{L}{d} + \sum \xi\right)\frac{V_2^2}{2g}$$

因泵前 2-2 断面处的真空度不能大于水泵允许的真空值 h_v，由此得到

水泵的最大安装高度 z_s 为

$$z_s \leqslant h_v - \left(\alpha_2 + \lambda \frac{L}{d} + \sum \xi\right)\frac{V_2^2}{2g}$$

压力管道水力计算，主要确定水泵扬程和装机容量。压力管道的直径由经济速度确定。现建立 1-1 与 4-4 断面之间的能量方程，可得

$$H_P = z + h_{w1-4} = z + h_{w1-2} + h_{w3-4}$$

式中，z 表示水塔水位与蓄水井水位之间的高差；h_{w1-4} 为液流从蓄水井到水塔 4-4 断面之间的水头损失；H_P 为水泵的扬程，表示单位时间、单位重量的液体所吸收的水泵机械能，也称为水泵的总水头。对于总流量 Q 而言，从水泵处获取的总机械功率为

$$N_P = \frac{\gamma Q H_P}{\eta}$$

式中，η 为水泵的总效率。

3. 水轮机系统

水轮机系统与水泵工作原理不同，其是通过压力管道将水库的水体引入水轮机，驱动水轮机旋转，从而带动发电机组发电。也就是说，水轮机是将液流的机械能转换成旋转动能而输给发电机组，是从液流中提取能量，如图 3.23 所示。以下游尾水渠水位作为基准面，建立上游水库断面 1-1 和尾水渠断面 3-3 之间的能量方程，得

$$z + \frac{\alpha_1 V_1^2}{2g} = H + \frac{\alpha_3 V_3^2}{2g} + h_{w1-2} + h_{w2-3}$$

如果忽略 1-1 断面和 3-3 断面处的动能，则有

$$H = z - (h_{w1-2} + h_{w2-3})$$

式中，z 为水库水位与尾水位之间的高差，称为水库水头；h_{w1-2} 为液

流从水库到调压井之间引水隧洞的水头损失；h_{w2-3}为液流从调压井到尾水渠压力管道的水头损失；H为水轮机水头，表示水轮机从液流中提取的单位时间、单位重量的液体机械能。对于总流量Q而言，水轮机提取的总机械功率（机组功率）为

$$P_w = \frac{\gamma Q H}{\eta}$$

其中，η为水轮机的总效率。

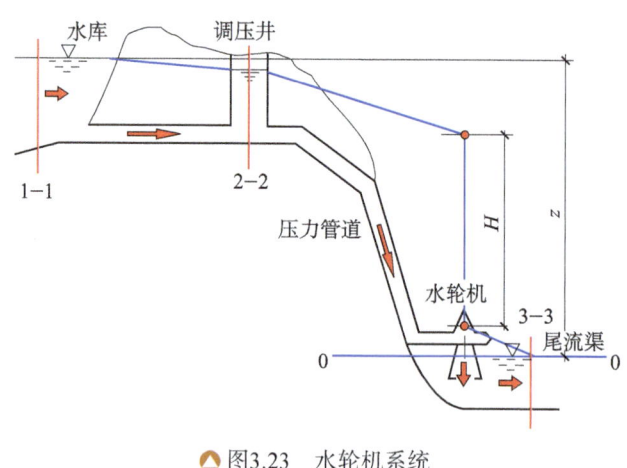

▲ 图3.23 水轮机系统

3.5 明渠恒定流

1. 概述

明渠是一种人工修建或自然形成的渠槽，当液体通过这些渠槽流动时，将形成与大气接触的自由表面，表面上各点压强为大气压强，

这种无压存在自由面的水流称为明渠水流或无压流。水利工程中的输水渠道（如图 3.24 和 3.25 所示）、无压输水隧洞、渡槽（如图 3.26 所示）、涵洞以及天然河道中的水流均属明渠流。当明渠流的水力要素不随时间变化时，称为明渠恒定流（或明渠定常流），否则为明渠非恒定流。在明渠恒定流中，如果流线是一簇平行的直线，则水深、断面平均速度和流速分布沿程不变，称为明渠恒定均匀流，否为非均匀流。在明渠非均匀流中，又根据流线的弯曲程度、夹角大小等不同，分为明渠恒定渐变流和明渠恒定急变流。

图3.24　南水北调总干渠（引水工程）

▲图3.25　河南省林州市红旗渠（引水工程）

▲图3.26　广东长岗坡渡槽

2. 均匀流

按照定义，明渠恒定均匀流是指流线平行的直线流，且自由面上的压强为大气压强，如图 3.27 所示。显然在这种情况下，渠道水深、流速及其分布沿程不变。如果在均匀流中取一段 $ABCD$ 来分析，设该段水体重量为 W，渠道边界上的摩擦力为 F_f，流段两端动水压力分别为 P_1 和 P_2，渠道倾角为 θ（渠道底线与水平方向之间的夹角），沿着流动方向建立力平衡方程，得

$$P_1 + W\sin\theta - P_2 - F_f = 0$$

由于均匀流，$P_1 = P_2$，简化为

$$W\sin\theta = F_f$$

说明在明渠均匀流中，壁面摩擦阻力与水体重力在流动方向的分力平衡。

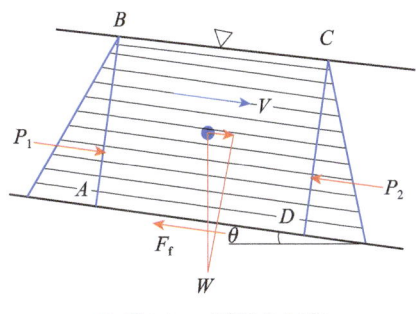

▲ 图3.27　明渠均匀流

明渠的断面形状、尺寸、底坡等对水流流态产生重要影响。常见的人工明渠断面几何形状有矩形、梯形和圆形等，天然河道将呈现不规则的形状。对于如图 3.28 的矩形断面，设水流水深为 h，渠道宽度为 b，则水力半径 R 为

$$R = \frac{A}{P} = \frac{bh}{b+2h}$$

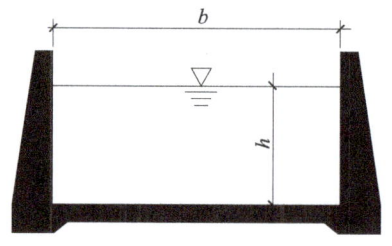

▲ 图3.28 明渠矩形断面

明渠渠底纵向倾斜的程度称为底坡。底坡常用 $i=\sin\theta$ 表示。顺坡渠道 $i>0$，逆坡渠道 $i<0$，平坡渠道 $i=0$。明渠均匀流特性如下：

（1）过水断面形状、尺寸、水深沿程不变；

（2）过水断面平均速度和速度分布沿程不变，相应的动能修正系数和流速水头沿程不变；

（3）总水头线、水面线和底坡线三者相互平行。

明渠均匀流的水力计算，主要任务是确定流速和水深。按照谢才公式，均匀流输水流量公式为

$$Q = VA = AC\sqrt{Ri}, \quad Q = K\sqrt{i}$$

式中，$K = AC\sqrt{R}$ 称为流量模数，单位 m^3/s。其综合反映了明渠断面形状、尺寸和粗糙率对过流能力的影响。如果利用满宁公式，上式还可以进一步写成为

$$Q = AC\sqrt{Ri} = A\frac{1}{n}R^{1/6}\sqrt{Ri} = A\frac{R^{2/3}}{n}\sqrt{i} = \frac{A^{5/3}\sqrt{i}}{nP^{2/3}}$$

3. 非均匀渐变流

1）明渠水流流态

按照定义，在明渠渐变流中，流线是接近平行的直线，也就是流

线间的夹角很小、流线曲率半径很大。由于水面线、底坡线和总水头线不平行，因此明渠渐变流的水深和流速沿程是变化的。为了便于区分，常把均匀流水深称为正常水深，用 h_0 表示。明渠水流自由水面对水深和流度的影响是主要的，而自由表面的重力波传播又是影响水面形状的关键。利用一元流连续和能量方程，可以导出微小重力波在水深为 h 的矩形渠道静止水体中传播速度为 $V_w = \sqrt{gh}$。如果渠道水体发生运动，其流动速度与微波速度大小关系将决定渠中水流形态。由此提出根据弗汝德数（Fr）的大小，分为缓流、急流和临界流三种流态。对于矩形渠道，由断面平均速度 V 和水深 h 定义的 Fr 为

$$Fr = \frac{V}{\sqrt{gh}}$$

当 $Fr<1$ 时，水流为缓流。在缓流情况下，扰动波传遍整个流场，也就是说可以逆流而上传播；当 $Fr>1$ 时，水流为急流。在急流情况下，扰动波只能向下游传播；当 $Fr=1$ 时，水流为临界流。在临界流情况下，扰动波也只能向下游传播。从运动水体的受力行为看，Fr 数表征了水体惯性力与重力的比值，所以当 Fr 小于 1 时，表示水体惯性力作用小于重力，重力对水体起主导作用，水流处于缓流状态；同样当 Fr 大于 1 时，表示水体惯性力作用大于重力，惯性力对水体起主导作用，这时水流处于急流状态。如果 $Fr=1$，表征水体惯性力的作用与重力作用相等，水流处于临界流状态。

2）断面比能与临界水深

俄罗斯水力学家巴克米塔夫（B.A.Bakhmeteff，1880~1951 年，如图 3.29 所示）于 1911 年提出用以任意过水断面最低点作为基点表示的单位时间单位重量液体机械能 E_s 作为研究明渠水流运动的重要物

理量，称为断面比能，如图 3.30 所示。对于坡度较小情况，断面比能的表达式如下：

$$E_s = h\cos\theta + \frac{\alpha V^2}{2g} \approx h + \frac{V^2}{2g}$$

在矩形渠道中，用 q（$=Q/b$）表示单宽流量，则有 $V=q/h$。这样 E_s 也可表示为

$$E_s = h + \frac{q^2}{2gh^2}$$

断面比能的提出实际上扣除了渠底重力势能部分。在给定流量下，其与水深的变化趋势是人们分析水面线的理论基础。在给定流量下，绘制 E_s 与 h 的关系曲线（称为比能曲线），如图 3.31 所示，发现比能 E_s 与水深的关系曲线类似于二次抛物线，曲线的上端与坐标成 45° 夹角通过原点的直线为渐近线，曲线的下端与水平轴为渐近线，中间存在一个最小断面（$E_{s\min}$）比能点，称为临界点 C，相应的水深称为临界水深，用 h_c 表示。断面比能在 C 点以上部分，随水深增加而增大；相反，断面比能在 C 点以下部分，随水深增加而减小。

对断面比能 E_s 沿水深 h 求导，得到

$$\frac{dE_s}{dh} = 1 - \frac{q^2}{gh^3} = 1 - \frac{V^2}{gh} = 1 - Fr^2$$

上式说明，明渠水流断面比能随水深的变化规律是断面弗汝德数的函数，如图 3.32 所示。对于 $Fr<1$，处于缓流区，$\frac{dE_s}{dh} > 0$，位于比能曲线的上支，断面比能随水深的增加而增大；对于 $Fr>1$，处在急流区，$\frac{dE_s}{dh} < 0$，位于比能曲线的下支，断面比能随水深的增加而减小；对于 $Fr=1$，处于临界状态，$\frac{dE_s}{dh} = 0$，位于比能曲线的分界点，断面比

能为最小值，对应的水深为临界水深 h_c。计算公式为

$$\frac{dE_s}{dh} = 0, \quad h_c = \left(\frac{q^2}{g}\right)^{1/3}$$

由上式得到，在临界水深处，断面平均动能是临界水深的一半，最小断面比能是临界水深的 1.5 倍，即

$$\frac{V_c^2}{2g} = \frac{h_c}{2}, \quad E_{smin} = h_c + \frac{V_c^2}{2g} = \frac{3}{2}h_c$$

用临界水深判别流态，有当 $Fr<1$，$h>h_c$，为缓流；当 $Fr>1$，$h<h_c$，为急流；当 $h=h_c$，$Fr=1$，为临界流。

图3.29　俄罗斯水力学家巴克米塔夫（Boris Alexandrovich Bakhmeteff，1880～1951年，曾任俄罗斯驻美国大使、哥伦比亚大学教授）

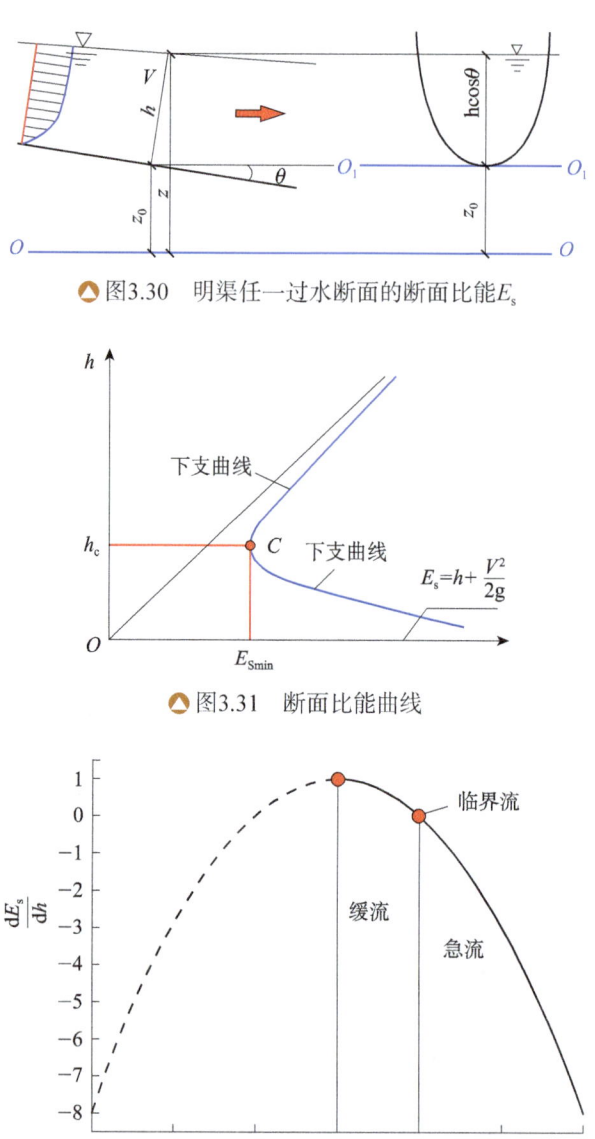

▲ 图3.30 明渠任一过水断面的断面比能E_s

▲ 图3.31 断面比能曲线

▲ 图3.32 断面比能随水深的变化率与Fr数的关系

3）临界底坡、缓坡与陡坡

对于给定流量、断面形状和尺寸的棱柱体明渠（断面形状、尺寸沿程不变的直渠道），当水流作均匀流时，如果改变明渠的底坡，相应的均匀流正常水深 h_0 亦随之改变。但当底坡增大时，均匀流水深单调减小，如图 3.33 所示。如果均匀流水深大于临界水深，对应的底坡为缓坡，均匀流为缓流；如果均匀流水深小于临界水深，对应的底坡为陡坡，均匀流为急流；如果均匀流水深等于临界水深，对应的底坡为临界坡，均匀流为临界流。对于临界底坡 i_c，可由联立求解均匀流方程与临界水深方程获得，即

$$i_c = \frac{gh_c(b+2h_c)}{C_c^2 bh_c}$$

上式表明，临界底坡与断面形状、尺寸、流量和渠道的糙率有关，而与渠道的实际底坡无关。对于底坡为 i 的渠道，当给定不同流量、断面形状、尺寸和糙率时，可能存在三种不同的底坡。即：当 $i<i_c$ 时，均匀流水深 $h_0>h_c$，为缓坡；当 $i>i_c$ 时，均匀流水深 $h_0<h_c$，为陡坡；当 $i=i_c$ 时，均匀流水深 $h_0=h_c$，为临界坡。

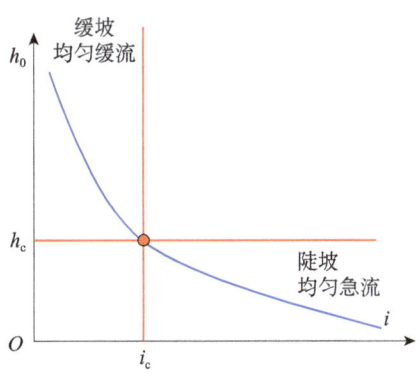

图3.33 均匀流水深与底坡关系曲线

4. 非均匀渐变流水面曲线

法国水力学家贝朗格（Jean-Baptiste Charles Joseph Bélanger，

1790～1874年，如图3.34所示）于1828年研究了明渠恒定非均匀流渐变流水面曲线，建立了水深变化的微分方程，并针对不同底坡上的水面线变化进行了详细分析。对于底坡为 i 的情况，在棱柱体矩形渠道渐变流中任意取一微段（如图3.35所示），由能量方程和连续方程，得到水深变化的微分方程是

$$ids = dh\cos\theta + d\left(\frac{V^2}{2g}\right) + \frac{V^2}{C^2 R}ds$$

对于小底坡的情况，$i<0.1$，$\cos\theta \approx 1.0$，由此得到

$$\frac{dh}{ds} = \frac{i - \dfrac{V^2}{C^2 R}}{1 - \dfrac{V^2}{gh}} = \frac{i - J}{1 - Fr^2}$$

利用上式，在给定流量、断面尺寸和底坡情况下，可以推算水深沿程的变化，现以缓坡渠道水面线变化说明之。对于缓坡渠道，临界水深小于均匀流水深，存在3个区。把大于正常水深线 N-N 和临界水深线的区域定为1区，在正常水深线与临界水深之间的区域为2区，小于正常水深线和临界水深线的区域为3区，以 M（M 指缓坡意思，英文 Mild Slope）表示缓坡渠道，这样就存在 M_1、M_2 和 M_3 三种类型的水面线。根据上述微分方程可得，M_1 区为缓流雍水线，M_2 区为缓流降水线，M_3 区为急流雍水线，如图3.36（a）所示。同理，在陡坡（steep slope）上存在3种类型的水面线，分别是 S_1、S_2 和 S_3；在临界坡（critical slope）上，存在两种类型的水面线，分别是 C_1 和 C_3；在平坡（horizontal slope）上，存在两种类型的水面线，分别是 H_2 和 H_3；在逆坡（adverse slope）上，存在两种类型的水面线，分别是 A_2 和 A_3。5种底坡情况，共有12种水面线，其中缓流雍水线3种，急流雍水线

5 种，缓流降水线 3 种，急流降水线 1 种，如图 3.36（b）-（e）所示。图 3.37 和图 3.38 分别给出不同底坡和闸组成的明渠系统水面线衔接与过渡。

🔺 图3.34　法国水力学家贝朗格＝（Jean-Baptiste Charles Joseph Bélanger，1790～1874年）

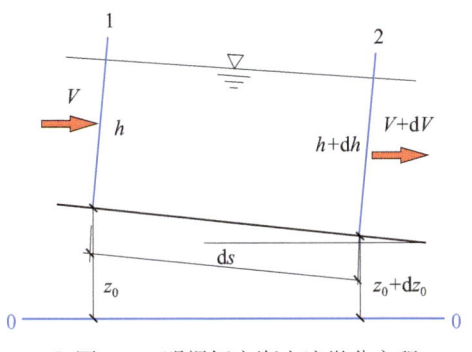

🔺 图3.35　明渠恒定渐变流微分方程

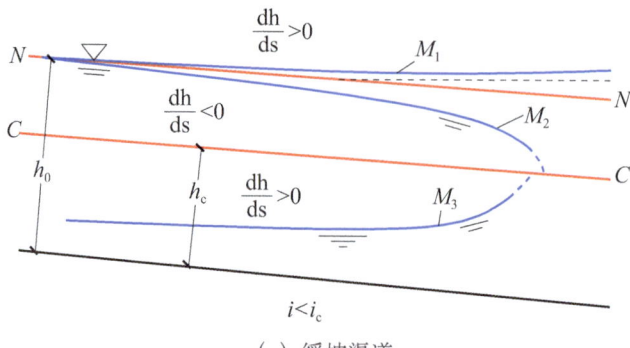

(a) 缓坡渠道

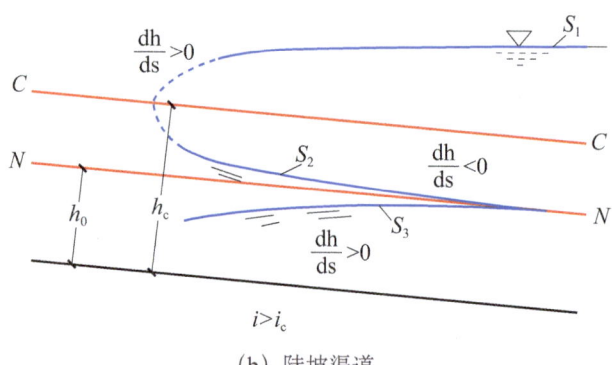

(b) 陡坡渠道

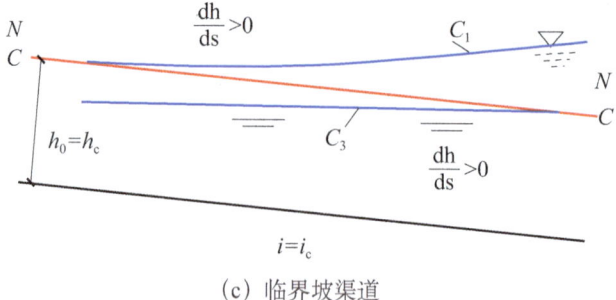

(c) 临界坡渠道

图3.36 不同坡度渠道上的水面线

第3章 液体动力学

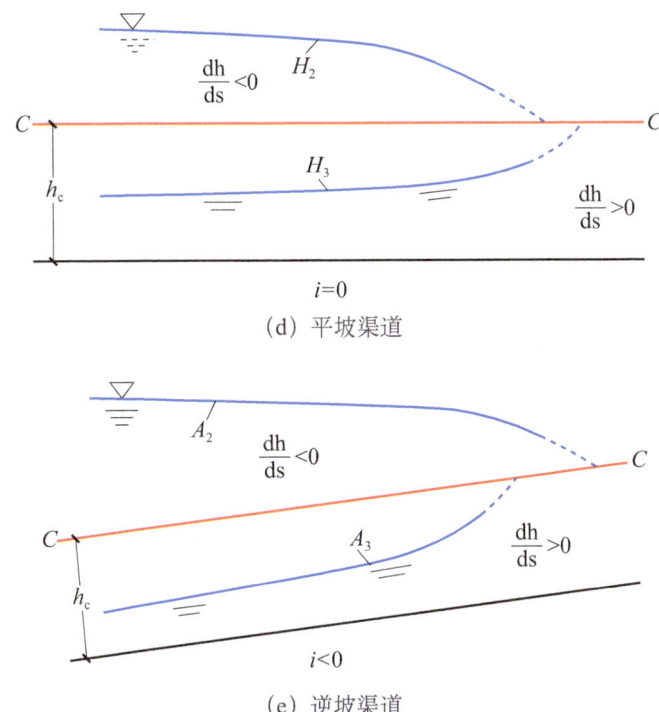

（d）平坡渠道

（e）逆坡渠道

⬢ 图3.36 不同坡度渠道上的水面线（续）

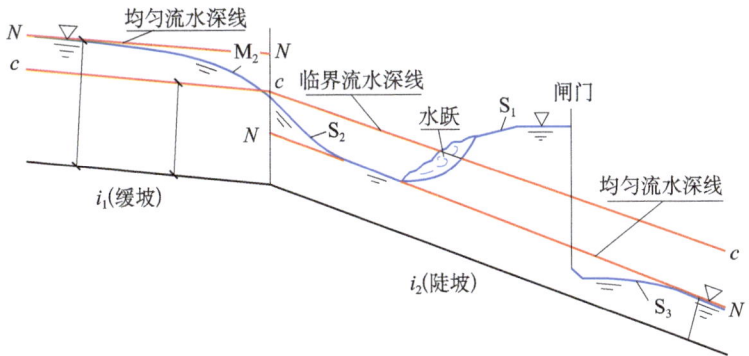

⬢ 图3.37 缓坡、陡坡、闸系统明渠水面线衔接与过渡

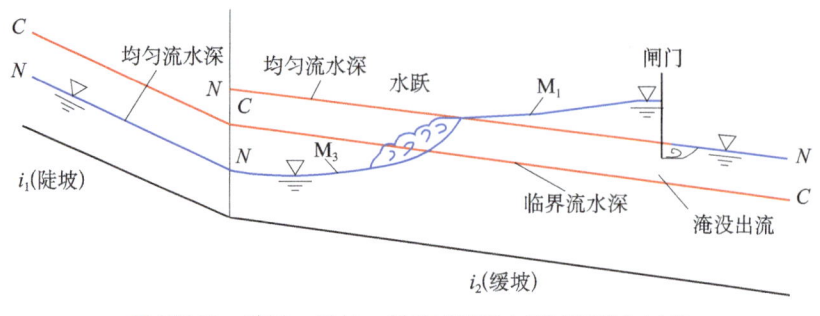

图3.38 陡坡、缓坡、闸系统明渠水面线衔接与过渡

5. 非均匀急变流

在水利工程中，存在各种过流建筑物（如渠道中的闸、堰等），必然破坏了原渠道中的渐变水流，使这些过流建筑物局部区域的流动形态、水力要素等发生剧烈的变化，从而不能满足渐变水流的条件，而成为急变水流。一般而言，急变流基本属于空间的复杂流动，但如果过流建筑物宽度较大，也可近似用一元流理论分析。本部分主要分析堰流、闸流和水跃3种典型的急变流。

1）堰流

堰流是一种在重力作用下水流溢过建筑物的跌流现象（水面线是一条光滑的降水曲线），此时水流接近堰顶，流线收缩，流速增大，自由水面急剧下跌。其流动形态与溢流建筑物厚度 δ 和堰顶水头 H（为上游水位和堰顶之间的高度差）的相对比值有关，如图3.39所示。通常在距离堰前迎水面3～5倍的堰上水头 H 处，设置堰前断面0-0，该断面处的流速为行近流速 V_0，取过堰顶水平线与水舌相交处的过流断面为1-1断面。堰顶至上游河道底之间的高度差 P，称为堰高。根据实验资料，流过堰顶的水流形态与 δ/H 关系如下：

A. 薄壁堰流

如图3.39所示，但 $\delta/H<0.67$ 时，从堰顶溢流的水舌曲线不受不

受堰坎厚度的影响。水舌下缘与堰顶只有线接触，水面呈单调降落曲线。实际应用的薄壁堰，堰顶做成锐缘。

B. 实用堰流

这种堰要求 0.67<（δ/H）<2.5。因堰坎加厚，水舌下缘与堰顶呈现面接触，水舌受到堰顶面的约束和顶托作用。但顶托作用影响不大，越过堰顶水流主要是在重力作用呈现自由跌落外形。工程上常见的有折线堰（如图 3.40 所示）和曲线堰（如图 3.41 所示）。

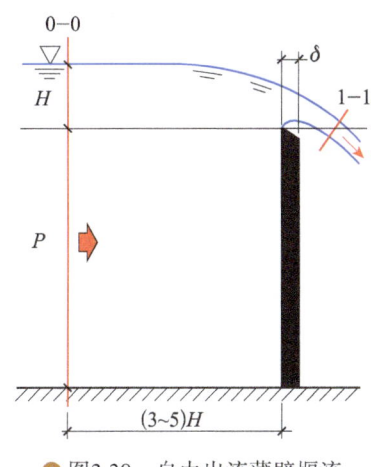

▲图3.39　自由出流薄壁堰流

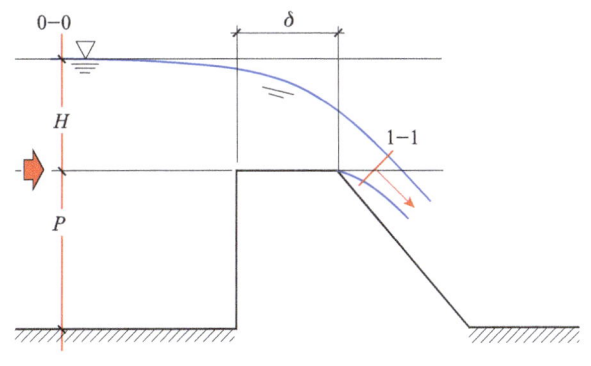

▲图3.40　自由出流实用折线堰流

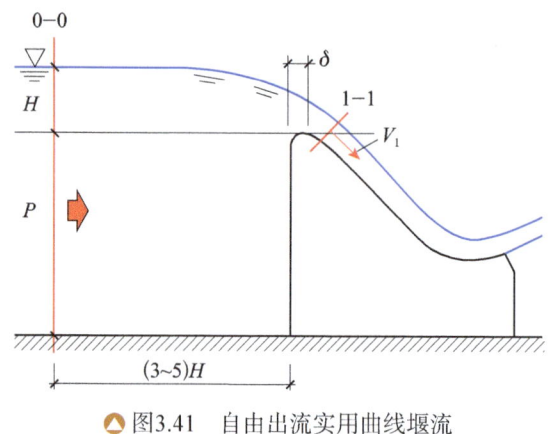

▲ 图3.41 自由出流实用曲线堰流

C. 宽顶堰流

这种堰要求 $2.5<(\delta/H)<10$。因堰坎加厚，水舌下缘与堰顶呈现面接触，水舌受到堰顶面的约束和顶托作用非常明显。进入堰顶水流，受到垂直方向堰顶的约束，过水断面减小，流速不断增大，导致单位重量水体的动能增大、势能减小。再加上水流进入堰顶时产生的局部能量损失，最终使得进口水面快速跌落，然后水面受堰顶顶托作用呈现一段几乎与堰顶平行的形态。以后出堰水流形成二次跌落，如图3.42所示。实验表明，宽顶堰流水头损失仍然主要是局部水头损失，沿程损失忽略不计。

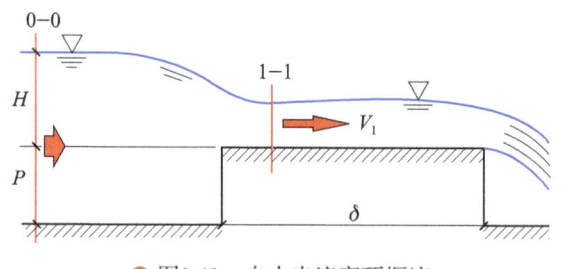

▲ 图3.42 自由出流宽顶堰流

研究堰流最主要的目的是确定过堰流量。现在取通过堰顶的水平线为基准面（如图3.39所示），建立堰前断面0-0与堰顶断面1-1之间的能量方程。假设 0-0 断面为渐变流断面,而 1-1 断面位于流线弯曲的区域(属于急变流),过水断面上的测压管水头不为常数,设用其上的平均测压管水头值表示。由此得到的能量方程为

$$H_0 = H + \frac{\alpha_0 V_0^2}{2g} = \overline{\left(z + \frac{p}{\gamma}\right)} + (\alpha_1 + \xi)\frac{V_1^2}{2g}$$

其中,H_0 为堰顶全水头(包括行近流速水头);α_0 和 α_1 分别表示相应断面处的动能修正系数;ξ 为局部水头损失系数。假定

$$\overline{\left(z + \frac{p}{\gamma}\right)} = \lambda H_0$$

其中,λ 为修正系数。代入能量方程得到

$$V_1 = \frac{\sqrt{1-\lambda}}{\sqrt{\alpha_1 + \xi}}\sqrt{2gH_0}$$

设堰顶宽度为 b,堰顶水舌厚度为 μH_0,μ 为反映堰顶水舌的垂直收缩系数。这样溢过堰顶水流的流量 Q 为

$$Q = b\mu H_0 V_1 = \mu \frac{\sqrt{1-\lambda}}{\sqrt{\alpha_1 + \xi}} b\sqrt{2g}H_0^{3/2} = mb\sqrt{2g}H_0^{3/2}$$

$$m = \mu\frac{\sqrt{(1-\lambda)}}{\sqrt{\alpha_1 + \xi}}$$

式中,m 为流量系数。上式即为标准的堰流公式,该式表明过堰流量与堰顶全水头的 1.5 方成比例。其中,流量系数 m 主要靠实验确定,对于不同的堰流,取值不同。

2)闸流

在渠道或堰顶上安装闸门可用来调节流量和水位,因此闸孔出流计算的主要任务是确定过闸流量,以平板闸门为例来说明。对于

水平底板上平板闸门下的闸孔出流，如图 3.43 所示，设 H 为闸前水头，e 为闸孔开度。当水流行近闸孔时，在闸门的约束下流线发生急剧弯曲，出闸水流在惯性作用下先收缩然后扩张，这样在闸孔后出现一个收缩断面，一般收缩断面距离闸孔位置约 $(0.5\sim1.0)$ 倍闸孔开度 e。在收缩断面 1-1 处，设水深 h_1、流速 V_1，当为自由闸孔出流时，下游发生自由水跃，闸孔下泄流量不受下游水深的影响。现建立图 3.43 所示的闸门上游断面 0-0 与收缩断面 1-1 之间的能量方程，得

$$H_0 = H + \frac{\alpha_0 V_0^2}{2g} = h_1 + (\alpha_1 + \xi)\frac{V_1^2}{2g}$$

其中，H_0 为闸孔全水头。整理后得到

$$V_1 = \frac{1}{\sqrt{\alpha_1 + \xi}}\sqrt{2g(H_0 - h_1)} = \varphi\sqrt{2g(H_0 - h_1)}$$

式中，φ 为流速系数。过闸流量为

$$Q = bh_1V_1 = \varphi bh_1\sqrt{2g(H_0 - h_1)}$$

对于收缩断面水深 h_1，可用闸孔开度和垂直收缩系数的乘积表示。即 $h_1 = \varepsilon e$，并取 $\mu_0 = \varepsilon\varphi$ 称为闸孔出流流量系数。最后得到的闸孔自由出流的流量计算公式为

$$Q = \mu_0 be\sqrt{2g(H_0 - \varepsilon e)}$$

该式表明，闸孔出流的流量与闸前水头的 0.5 次方成正比。

3）水跃

水跃是明渠水流中从急流状态过渡到缓流状态时，发生的水面突然跃起的局部水力现象，在波动力学中也称为驻波。当闸、坝下泄的急流与天然河道的缓流相衔接时，就会出现水跃现象，如图

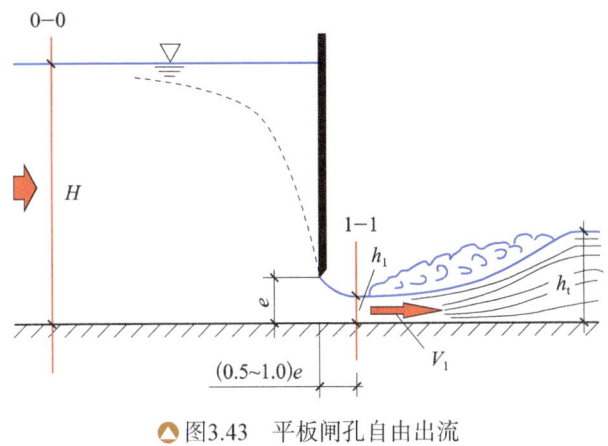

▲ 图3.43 平板闸孔自由出流

3.44 和图 3.45 所示。早在 1818 年，意大利水力学家贝登（Giorgio Bidone）在法国巴黎报道了水跃实验结果；1828 年法国水力学家贝朗格（J.Bélanger，如图 3.34 所示）进一步在陡坡渠道中观测到水跃现象；1860 年法国水力学家布雷斯（J.A.Ch.Bresse）导出水平矩形渠道中的自由水跃共轭水深方程；1865 年法国工程师达西（如图 3.6 所示）给出进一步的研究。

如图 3.46 所示，水跃区的水流可分为两部分：一部分是急流冲入缓流所激起的表面旋滚，饱掺空气，叫做表面水滚区；另一部分是表面水滚下面的主流区，流速由快变慢，水深由小变大。但主流与表面水滚并不是截然分开的，因为两者的交界面上流速梯度很大，紊动混掺非常强烈，两者之间不断地进行着质量、动量、能量的交换。在发生水跃的突变过程中，水流内部产生强烈的湍动剪切和混掺作用，水流将经历剧烈的改变和再调整，从而消耗大量的机械能，有的高达入流能量的 60%~70%，因而流速急剧下降，水流很快转化为缓流状态。由于水跃的消能效果较好，常被采用作为泄水建筑物下游水流衔接的一种有效消能方式。

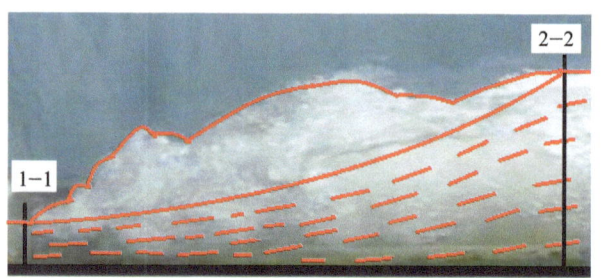

▲ 图3.44　在矩形水槽中的自由水跃现象

▲ 图3.45　闸后水跃现象

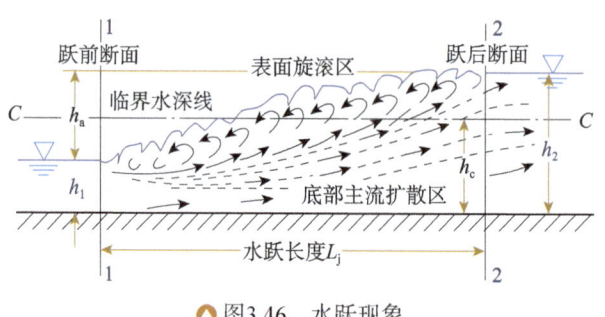

▲ 图3.46　水跃现象

通常将表面水滚开始的断面称为跃前断面，相应的水深称为跃前水深；表面水滚结束的断面称为跃后断面，相应的水深称为跃后水深。但表面水滚的位置是不稳定的，其沿水流方向前后摆动，常取时段内的平均值。跃后水深与跃前水深之差称为跃高，跃前断面与跃后断面之间的距离为水跃长度，简称跃长。

A. 水跃的分类

水跃的形式与跃前断面水流的佛汝德数 Fr_1（跃前断面 Froude 数，$Fr_1 = V_1/\sqrt{gh_1}$，V_1 为跃前断面平均速度，h_1 为跃前断面水深，g 为重力加速度）有关。实验发现，可根据跃前断面佛汝德数 Fr_1 大小对水跃进行如下分类。

当 $1<Fr_1<1.7$ 时，水跃表面将形成一系列起伏不平的波浪，波峰沿流降低，最后消失，这种形式的水跃称为波状水跃。由于波状水跃无旋滚存在，混掺作用差，消能效果不显著，波动能量要经过较长距离才衰减。

当 $Fr_1>1.7$ 时，水跃成为具有表面水滚的典型水跃，称为完全水跃。此外，根据跃前断面弗汝德数 Fr_1 的大小，还可将完全水跃再作细分。但这种分类只是水跃紊动强弱表面现象上有所差别，看不出有什么本质上的区别，如图 3.47(a) 所示。

当 $1.7 \leqslant Fr_1 < 2.5$ 时，称为弱水跃。水面发生许多小旋滚，消能效果不大，消能效率小于 20%，但跃后断面比较平稳。消能效率是指通过水跃消耗掉的能量占跃前断面总机械能的百分数，如图 3.47(b) 所示。

当 $2.5 \leqslant Fr_1 < 4.5$ 时，称为不稳定水跃或摆动水跃。底部射流间歇地往上窜，旋滚较不稳定，消能效率 20%~45%，跃后断面水流波动大，需设辅助消能工，如图 3.47(c) 所示。

当 $4.5 \leqslant Fr_1 \leqslant 9.0$ 时，称为稳定水跃。跃后断面水面平稳，消能效果良好，消能效率达到 45%~70%，如图 3.47(d) 所示。

当 $Fr_1>9.0$ 时，称为强水跃。消能效率可达到 70%，但高速主流挟带的间歇水团不断滚向下游，产生较大的水面波动，需设辅助消能工，如图 3.7(e) 所示。

另外，按照是否对水跃有无约束，可分自由水跃和强迫水水跃。

B. 自由水跃共轭水深方程

设平底矩形渠通过流量 Q 时发生了水跃，其跃前断面水深为 h_1、流速为 V_1，跃后断面水深为 h_2、流速为 V_2，作用在跃前、跃后两过水断面的动水压力分别为 P_1 及 P_2，两断面间距离为跃长 L_j，水跃高度为 $h_a = h_2 - h_1$，如图 3.48 所示。

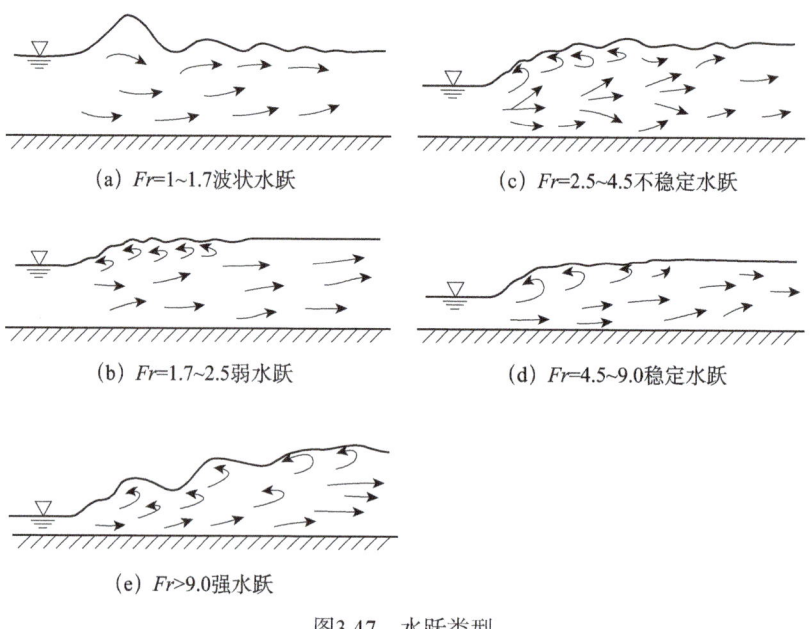

(a) $Fr = 1 \sim 1.7$ 波状水跃

(b) $Fr = 1.7 \sim 2.5$ 弱水跃

(c) $Fr = 2.5 \sim 4.5$ 不稳定水跃

(d) $Fr = 4.5 \sim 9.0$ 稳定水跃

(e) $Fr > 9.0$ 强水跃

图3.47　水跃类型

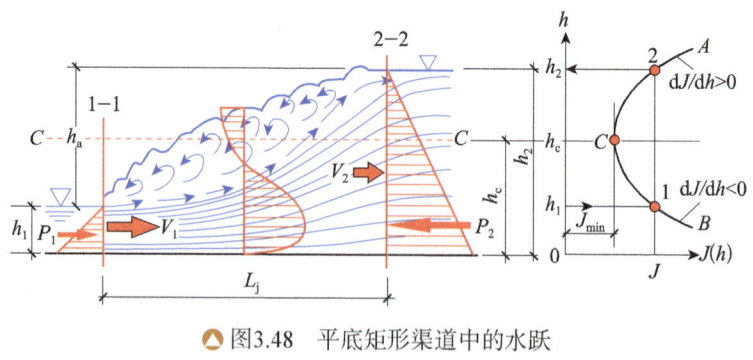

图3.48　平底矩形渠道中的水跃

若忽略水流与槽身接触面上的摩阻力 P_f，同时假定跃前、跃后断面为渐变流断面，动水压强服从静水压强规律，则沿水流方向动量方程为

$$\frac{\gamma}{g}Q(\beta_2 V_2 - \beta_1 V_1) = P_1 - P_2$$

式中，γ 为水的容重，Q 为流量（$=bh$），β 为动量修正系数。对于矩形断面明渠，断面上的静压力 P 可写为

$$P_1 = \frac{1}{2}\gamma h_1^2 b, \quad P_2 = \frac{1}{2}\gamma h_2^2 b$$

代入上式得到

$$\frac{1}{2}\gamma h_1^2 b + \frac{\beta_1}{g}\gamma b h_1 V_1^2 = \frac{1}{2}\gamma h_2^2 b + \frac{\beta_2}{g}\gamma b h_2 V_2^2$$

该式即为著名的平底矩形明渠中的共轭水深方程。该式表明在水跃区内，单位时间内流入跃前断面的动量与跃前断面静压力之和等于单位时间内流出跃后断面的动量与跃后断面静压力之和。因为单位时间内流入一个断面或从断面流出的动量相当于一种力，故在此情况下，可以认为在跃前断面上水流的总推力与跃后断面上水流的总抵抗力相等。将连续方程 $q = Vh = V_1 h_1 = V_2 h_2$，代入得到

$$\frac{h_1^2}{2} + \frac{\beta_1}{g}\frac{q^2}{h_1} = \frac{h_2^2}{2} + \frac{\beta_2}{g}\frac{q^2}{h_2}$$

其中，q 为单宽流量。水跃函数 $J(h)$ 可表示为

$$J(h) = \frac{h^2}{2} + \frac{\beta}{g}\frac{q^2}{h}$$

其随水深的变化曲线如图 3.48 所示。在急流区，$dJ/dh<0$；在缓流区，

dJ/dh>0；在临界流，dJ/dh=0，此时 $h=h_c$，$J=J_{\min}$。

若近似取 $\beta_1 \approx \beta_2 \approx 1$，由上式得到

$$\frac{h_2}{h_1} = \frac{1}{2}\left(\sqrt{1+8\frac{q^2}{gh_1^3}} - 1\right)$$

因 $\dfrac{q^2}{gh_1^3} = \dfrac{V_1^2}{gh_1} = Fr_1^2$，$Fr_1$ 为跃前断面的水流弗汝德数，代入上式可得

$$\frac{h_2}{h_1} = \frac{1}{2}\left(\sqrt{1+8Fr_1^2} - 1\right), \quad \eta = \frac{1}{2}\left(\sqrt{1+8Fr_1^2} - 1\right)$$

这就是 1860 年法国水力学家布雷斯导出的水平矩形渠道中自由水跃共轭水深方程。其中，$\eta = h_2/h_1$ 称为水跃的共轭水深比，该式与实验结果的验证如图 3.49 所示。该式表明：矩形明渠内共轭水深比是跃前断面弗汝德数（Fr_1）的函数。跃后水深 h_2 是设计水力消力池深度的重要依据。

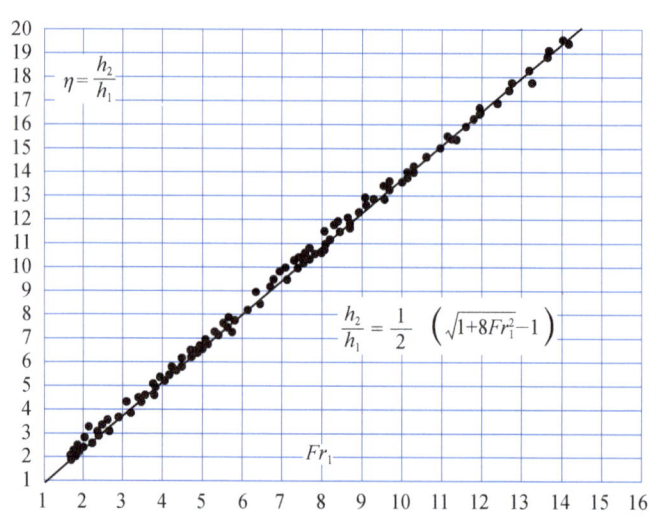

▲图3.49 水平矩形渠道共轭水深比关系曲线

C. 平底矩形渠道中自由水跃长度

由于水跃的复杂性，人们对水跃的研究主要依赖于实验手段。例如在大量实验的基础上，采用动量定理，成功地解决了水跃共轭水深的计算。这是因为在水跃段内，绝大部分机械能损失，是通过水跃表面的旋滚和主流的交界区域，水流发生急剧的湍动扩散、强烈的旋涡破裂与混掺过程引起的。这种高度的内部机械能损失与主要由边界阻力引起的机械能损失的渐变湍流相比差别较大，为了避免水跃段内高机械能损失的计算，人们在分析水跃时不得不放弃能量方程，而采用动量定理获得成功。对水跃的长度，迄今仍无理论公式可循，工程界仍采用经验公式。各国学者通过大量的实验，提出许多经验公式，且彼此在数值上也存在一定的差别，其原因是：各家对水跃长度的定义有所不同，一般认为，以表面旋滚的起始断面和终止断面间的水平距离为水跃长度；跃后断面的不稳定性，也会引起误差，尤其是在不稳定水跃和强水跃区，跃后断面伴随着大量的余波，稳定性较差，难以准确地测量水跃的长度；由模型和原型间比尺效应也会引起误差，因为模型水流特征，并不能完全重现原型流场。本书作者（1993）首次基于抛射体原理建立了半理论半经验的公式。如图3.50所示，对于水跃段内高度扩散的水流，也可看作为一种扩散的射流，水质点在沿程减速的流动过程中，在上、下游水压差的作用下，迅速向上跃起。以主流与回流区之间交界线，如图3.50所示的虚线上的任一水质点运动过程加以分析。取图3.50所示的坐标系，以跃前断面的表面点为坐标原点，垂直向上为y轴，沿程水平方向为x轴。设由压力差引起的作用于质点上单位质量的上举力为f，f在质点运动过程中是沿程变化的，为使推导简化，假定f在质点运动过程近似为常数，则质点向上的运动方程为

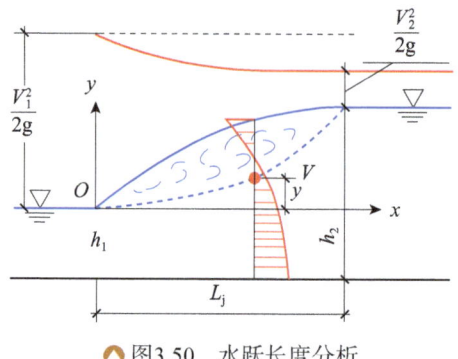

● 图3.50 水跃长度分析

$$\frac{\mathrm{d}^2 y}{\mathrm{d}t^2} = f - g$$

对 t 积分上式两次,并利用边界条件,可得

$$y = \frac{1}{2}(f-g)t^2$$

又在 t 时刻,该质点运动至 y 处,其水平向的速度假定正比于该处主流过水断面上的平均流速 V。即

$$\frac{\mathrm{d}x}{\mathrm{d}t} = CV$$

其中,C 为比例系数。对于平均流速 V,可由总流连续方程得到

$$V = \frac{V_1 h_1}{h_1 + y}$$

得质点在 x 方向的运动方程为

$$\frac{\mathrm{d}x}{\mathrm{d}t} = \frac{CV_1 h_1}{h_1 + \frac{1}{2}(f-g)t^2}$$

对上式沿 t 积分,即

$$L_j = CV_1 \frac{\sqrt{2h_1}}{f-g} \arctan\left(\sqrt{\frac{f-g}{2h_1}} t_j\right)$$

如图 3.50 所示，在 $t=t_j$ 时，$y=h_2-h_1$，得到

$$t_j = \sqrt{\frac{2(h_2-h_1)}{f-g}}$$

令 $A = \dfrac{C\sqrt{2}}{\sqrt{f/g-1}}$，整理后，得

$$\frac{L_j}{h_2} = AFr_1 \frac{\arctan\sqrt{\eta-1}}{\eta}$$

式中，η 为共轭水深比，常数 A 由实验确定。通过分析比较 USBR(美国内务部垦务局)给出的实验曲线，建议 A 取 6.55，即

$$\frac{L_j}{h_2} = 6.55Fr_1 \frac{\arctan\sqrt{\eta-1}}{\eta}$$

该式与美国内务部垦务局的实验结果比较如图 3.51 所示，结果表明：基于抛射体原理得到的半理论公式，在 $Fr_1=2\sim13$ 的范围内与实验结果相对对误差在 2%~3%。

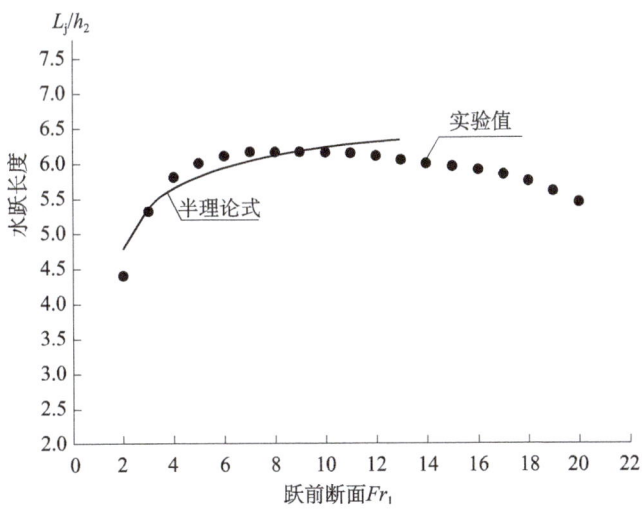

▲ 图3.51 平底矩形渠道自由水跃长度

C. 水跃机械能损失

实验发现,水跃区的水流可分为两部分:一部分为水跃的表面水滚区,表层水体旋滚剧烈,饱掺空气;另一部分是表面水滚下面的主流,流速由快变慢,水深由小变大。主流与表面水滚之间剪切作用很大,湍动混掺剧烈。在水跃发展过程中,水流内部产生强烈的湍动剪切作用,消耗大量的机械能。从流态结构上看,在水跃的沿程变化过程中,其运动要素变化剧烈。跃前断面流速最大,分布比较均匀;水跃段的流速分布呈 S 形,近底流速大,但其值要比跃前断面的流速值小;跃后断面的流速会进一步降低,但近底流速仍然大于表面部分的流速;在跃后段内,流速分布将不断调整,近底流速逐渐减小,上部流速逐渐增大,直到跃后段结束时,断面流速分布才呈现出壁湍流的流速分布,跃后段的长度约为水跃长度的 2~3 倍,即 $L_{jj} = (2 \sim 3)L_j$。在水跃段主流与表面水滚的交界区,时均流速梯度很大,湍动混掺剧烈,这个区域是产生湍涡的主要区域。流速梯度愈大,湍动切应力愈大,湍动能量的产生项就愈大,湍动混掺效果愈充分。在水流沿程的扩散中,一方面使其运动特征沿水深、沿流向不断调整,这必然伴随着动量和能量沿横向和纵向扩散;另一方面,强烈的湍动混掺产生了巨大的湍动切应力,使水流的部分机械能很快转化为湍流的脉动能量和部分热能而消耗,这部分机械能损失即称为水跃的能量损失。主流与表面水滚的交界面区既是湍涡的产生区,又是机械能耗散主区域。如图 3.52 所示,水跃的总水头损失 ΔE 应该是水跃段的水头损失 E_j 与跃后段水头损失 E_{jj} 之和。

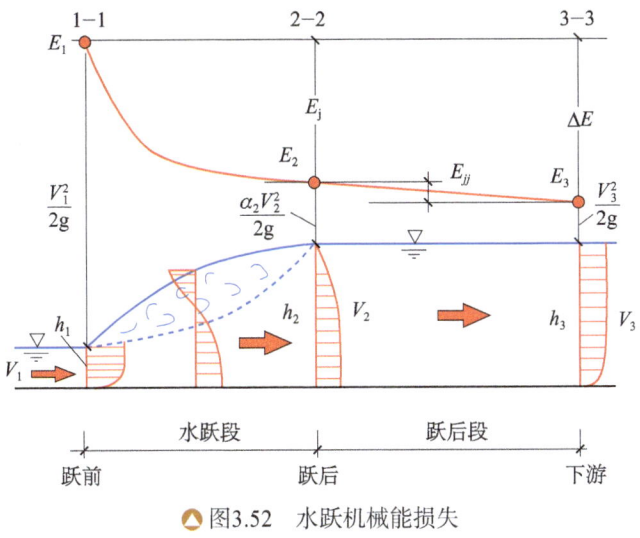

▲ 图3.52 水跃机械能损失

$$\Delta E = E_j + E_{jj}$$

以水跃底为基准面,跃前和跃后断面的总水头(单位重量水体的机械能)为

$$E_1 = h_1 + \frac{\alpha_1 V_1^2}{2g}, E_2 = h_2 + \frac{\alpha_2 V_2^2}{2g}$$

跃前断面为渐变流断面,动能修正系数 $\alpha_1 \approx 1.0$。跃后断面不是渐变流断面,动能修正系数 α_2 比1大。下游断面总水头为

$$E_3 = h_3 + \frac{\alpha_3 V_3^2}{2g} \approx h_2 + \frac{\alpha_3 V_2^2}{2g}$$

其中,该断面为渐变流断面,水流调整结束,速度分布趋于正常分布,可取 $\alpha_3 \approx 1.0$。水跃段水头损失为

$$E_j = \left(h_1 + \frac{V_1^2}{2g}\right) - \left(h_2 + \frac{\alpha_2 V_2^2}{2g}\right)$$

跃后段水头损失定义为

$$E_{jj} = \left(h_2 + \frac{\alpha_2 V_2^2}{2g}\right) - \left(h_3 + \frac{V_3^2}{2g}\right)$$

对矩形断面，跃后断面的动能修正系数用经验公式计算。即

$$\alpha_2 = 0.85 Fr_1^{2/3} + 0.25$$

在矩形渠道中，水跃段水头损失为

$$E_j = \frac{h_1}{4\eta}[(\eta-1)^3 - (\alpha_2-1)(\eta+1)]$$

跃后段水头损失为

$$E_{jj} = (\alpha_2 - 1)\frac{V_2^2}{2g} = \frac{h_1}{4\eta}(\alpha_2-1)(\eta+1)$$

总水头损失为

$$\Delta E = E_j + E_{jj} = \frac{h_1}{4\eta}(\eta-1)^3$$

水跃段水头损失占总水头损失的比例

$$\frac{E_j}{\Delta E} = 1 - (\alpha_2-1)\frac{\eta+1}{(\eta-1)^3}$$

水跃总水头损失 ΔE 与跃前断面总水头 E_1 的比值称为水跃的消能效率。即

$$K = \frac{\Delta E}{E_1} = \frac{E_1 - E_3}{E_1} = \frac{E_j + E_{jj}}{E_1}$$

水跃段的消能率定义为

$$K_j = \frac{E_1 - E_2}{E_1} = \frac{E_j}{E_1}$$

其中，K_j 愈大，水跃的消能效率愈大，消能效果愈好。

对于水平矩形断面明渠中的水跃，其消能效率为

$$K = \frac{\Delta E}{E_1} = \frac{\dfrac{h_1}{4\eta}(\eta-1)^3}{h_1+\dfrac{V_1^2}{2g}} = \frac{(\sqrt{1+8Fr_1^2}-3)^3}{8(\sqrt{1+8Fr_1^2}-1)(2+Fr_1^2)}$$

水跃段消能效率为

$$K_j = \frac{E_j}{E_1} = \frac{\left(\sqrt{1+8Fr_1^2}-3\right)^3 - 4(\alpha_2-1)\left(\sqrt{1+8Fr_1^2}+1\right)}{8\left(\sqrt{1+8Fr_1^2}-1\right)(2+Fr_1^2)}$$

可见，消能效率 K 或 K_j 是跃前断面弗汝德数的函数，由图 3.53 给出二者与 $Fr1$ 的关系曲线。由该曲线明显可见：在波状水跃区，$1 < Fr_1 < 1.7$，消能效率 K 很低，$K < 5\%$；在弱水跃区，$1.7 < Fr_1 ≤ 2.5$，消能效率 $K \approx 5\% \sim 18\%$；在不稳定水跃区（摆动水跃），$2.5 < Fr_1 ≤ 4.5$，消能效率 $K \approx 18\% \sim 45\%$；在稳定水跃区，$4.5 < Fr_1 ≤ 9.0$，消能效率 $K \approx 45\% \sim 70\%$；在强水跃区，$Fr_1 > 9.0$，消能效率 $K > 70\%$。

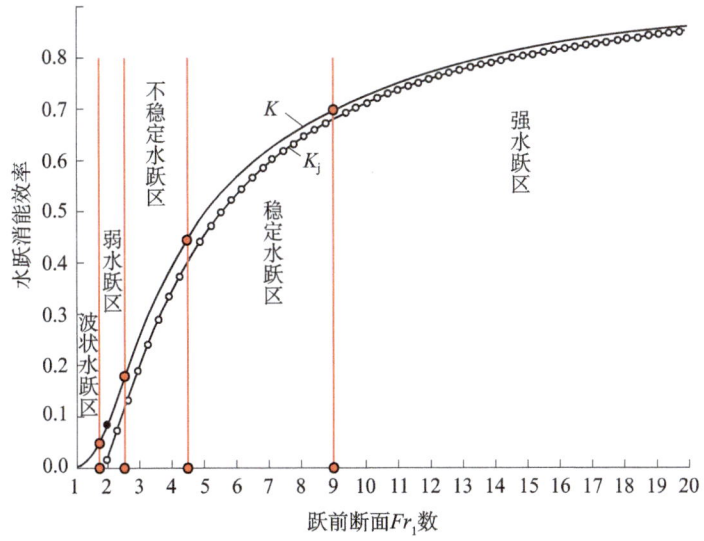

▲ 图3.53 水跃消能效率与跃前断面弗汝德数的关系

3.6 有压管道非恒定流

1. 概述

有压管道非恒定流广泛出现于水利水电、灌溉供水、能源化工、液压传动等工程中，例如水电站和泵站的有压输水系统、供水管网、火和核电站的冷却水系统、天然气和石油输运管路、液压装置管路系统等。根据管道内的水力要素随时间变化的快慢，有压管道非恒定流动可被分为水体振荡流动和水击现象。如果管道内水体为不可压缩的，水力要素随时间变化缓慢，称为水体振荡流动，常见于U形管道内的水位和水电站调压系统的水位波动，如图3.54和图3.55所示。否则水体为可压缩的，水力要素随时间变化剧烈，导致管道中的水流以压力波的形式演变，称为水击。这种情况常发生于有压管道系统中，管道过流元件工作状态突然改变，使系统中的液体流速发生急剧变化，从而引起液流压强迅速改变，并以压力波的形式在管道内传播。例如引水系统中阀门的突然关闭和开启、泵站的突然启动和停机以及水电站运行过程中发电机负载的突然变化，而使水轮机导叶的关闭和开启等均会在管道系统内引起水击现象，如图3.56～图3.58所示。

从物理本质上看，有压管道非恒定流是一种扰动波在管道中的传播的物理现象，波所到之处，将会引起原先恒定流态的水力要素随时间发

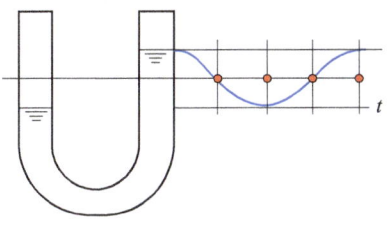

图3.54　U管道中水体的振荡流

生明显变化。由于有压管道没有自由表面，对于水击现象除速度和压强变化外，还将引起密度的变化和管壁弹性变形。从力学角度看，对于管道中水体振荡流动主要以重力波的形式传播，在水流运动过程中起主要作用的是惯性力和重力。而在水击现象中，管道中的非恒定流是以压力波（弹性波）的形式传播，起主要作用的是惯性力和弹性力。

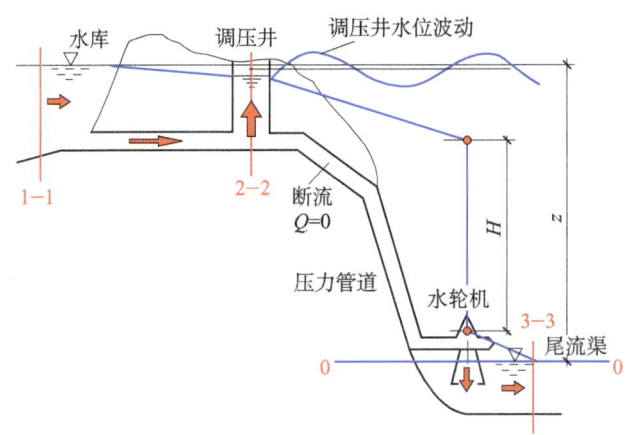

图3.55　水电站调压系统水位波动

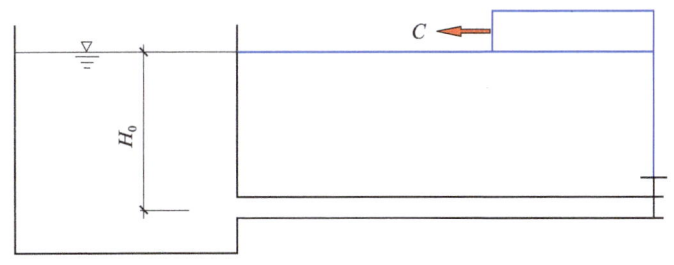

图3.56　引水管道阀门突然关闭的水击波动过程

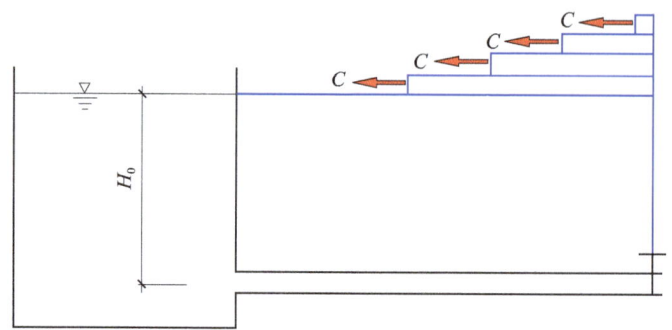

▲ 图3.57　引水管道阀门渐进关闭的水击波动过程

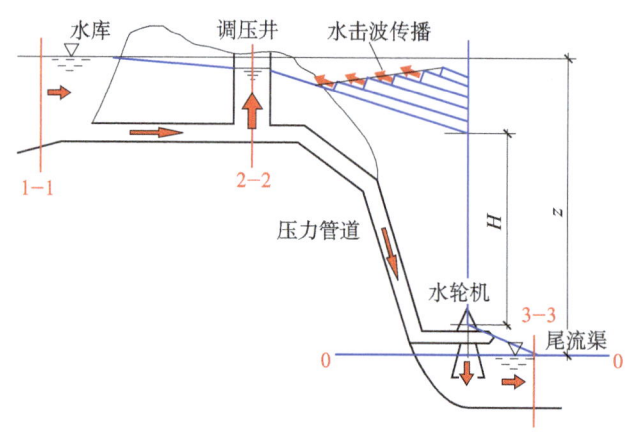

▲ 图3.58　水电站水轮机导叶渐进关闭的水击波动过程

2. 一维非恒定流基本方程

有压管道非恒定流的水力要素如用断面平均流速 V、平均压强 p 等可表示为时间 t 和流程 s 的函数，即 $V=V(s, t)$，$p=p(s, t)$。基本方程的推导可根据连续方程、动量方程和能量方程获得。考虑到一般要求，假定管道断面 A 和液体密度 ρ 均也是流程 s 和时间 t 的函数。在任意管道系统中，取如图 3.59 所示的微元控制体，根据质量守恒定律（连续性方程），在 dt 时段内，流出和流入微元控制体的质量差，应等于同一时段内该控制体内质量的减小量，即

$$\frac{\partial}{\partial s}(\rho A V \mathrm{d}t)\mathrm{d}s = -\frac{\partial}{\partial t}(\rho A \mathrm{d}s)\mathrm{d}t$$

整理后得到

$$\frac{\partial(\rho A)}{\partial t}+\frac{\partial(\rho A V)}{\partial s}=0$$

这个方程即为一维非恒定流连续方程的普遍形式。

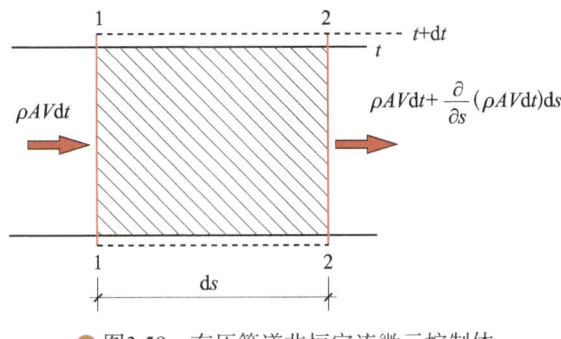

▲图3.59 有压管道非恒定流微元控制体

沿着管道取任一微元体，如图3.60所示，设微元体的断面积为A、周长P、长度$\mathrm{d}s$、D为管理直径，管轴线与水平方向之间的夹角为θ（沿着流动方向管轴向下倾斜为正，$\sin\theta=-\frac{\partial z}{\partial s}$），作用于管壁上切应力为$\tau_\mathrm{w}$，根据牛顿第二定律，沿着流动方向建立的运动方程为

$$pA-\left(p+\frac{\partial p}{\partial s}\mathrm{d}s\right)A+\gamma A\mathrm{d}s\sin\theta-\tau_\mathrm{w}\mathrm{d}sP=\rho A\mathrm{d}s\frac{\mathrm{d}V}{\mathrm{d}t}$$

化简后，得到

$$\frac{1}{g}\frac{\partial V}{\partial t}+\frac{\partial z}{\partial s}+\frac{1}{\gamma}\frac{\partial p}{\partial s}+\frac{1}{g}V\frac{\partial V}{\partial s}+\frac{4\tau_\mathrm{w}}{\gamma D}=0$$

这个方程即为一维非恒定渐变总流的运动微分方程。将均匀流阻力方程$\frac{4\tau_\mathrm{w}}{\gamma D}=\frac{\mathrm{d}h_\mathrm{w}}{\mathrm{d}s}$代入上式，并从1-1断面积分到2-2断面，得到总流能量方程为

$$\int_1^2 \frac{\partial}{\partial s}\left(z + \frac{p}{\gamma} + \frac{V^2}{2g}\right)ds + \int_1^2 \frac{1}{g}\frac{\partial V}{\partial t}ds + \int_1^2 dh_w = 0$$

$$z_1 + \frac{p_1}{\gamma} + \frac{V_1^2}{2g} = z_2 + \frac{p_2}{\gamma} + \frac{V_2^2}{2g} + \int_1^2 \frac{1}{g}\frac{\partial V}{\partial t}ds + h_{w1-2}$$

与恒定总流的能量方程相比，在该方程的右边项中多了一项因流体加速产生的水头，称为惯性水头，用 h_i 表示，即

$$h_i = \int_1^2 \frac{1}{g}\frac{\partial V}{\partial t}ds$$

综合起来，可以获得表征有压管道非恒定流的微分方程组，即

$$\frac{\partial(\rho A)}{\partial t} + \frac{\partial(\rho A V)}{\partial s} = 0$$

$$\frac{1}{g}\frac{\partial V}{\partial t} + \frac{\partial z}{\partial s} + \frac{1}{\gamma}\frac{\partial p}{\partial s} + \frac{1}{g}V\frac{\partial V}{\partial s} + \frac{4\tau_w}{\gamma D} = 0$$

这个方程组适应渐变管道的非恒定流动，包括水击和水体振荡流。

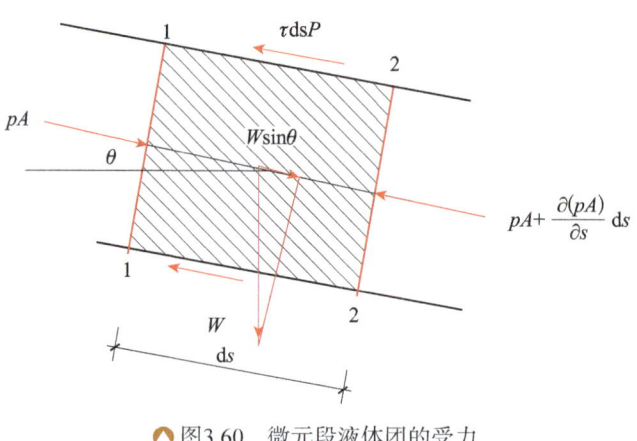

▲ 图3.60 微元段液体团的受力

3. 水击现象及其控制方程组

早在1898年俄罗斯科学家儒可夫斯基（如图2.6所示）就基于连续方程和动量定理，建立了弹性波在管道传播中压力增量与速度变化

之间的关系。如对一简单管道，进口端与水箱连接，出口端设一阀门调节流量，管道长度为 L。为使问题简化，假定管道水平，并忽略摩擦阻力的影响，此时管道恒定流情况下的测压管水头线就是一条水平线。设阀门全开时，管中水流为恒定流，流速为 V_0，相应的断面总水头为 H_0。现阀门突然完全关闭，从而产生水击波（压力波）并以波速 C 从阀门处快速向上游传播，波所到之处将引起那里的流速减小压力增大。如果将参考系建在波峰上，可根据连续方程和动量定理建立液流通过波峰前后水力要素的变化关系。茹可夫斯基导出的水力要素关系式是

$$\Delta p = -\rho C \Delta V, \quad \Delta h = -\frac{C}{g}\Delta V$$

例如，取水击波传播速度 $C=1435\text{m/s}$，管道在恒定流时速度 $V_0=5\text{m/s}$，代入上式得到阀门突然关闭产生的水击压强值为 $\Delta p=7.175\times 10^6 \text{Pa}$。

实际管道中的阀门不是一次瞬间关闭的，而是在一定的时段内逐渐关闭的，由此产生的水击压力远比一次突然关闭阀门产生的要小许多，阀门前的最大水击压力是由逐渐关闭阀门产生的压力波叠加而成，这种水击称为间接水击。相对而言，把一次性关闭产生的水击称为直接水击。除关闭阀门产生水击外，阀门突然开启也会在管道中激起水击波，只是此时的水击波为负波，引起压力减小。

如果不考虑管壁的弹性，由水体压缩性引起的压力波传播速度就是声音在水中的传播速度 $C=1435\text{m/s}$，但如果考虑管道的弹性后，传播速度要发生变化，利用连续方程和动量定理可导出

$$C = \frac{\sqrt{\frac{K_w}{\rho}}}{\sqrt{1+\frac{DK_w}{\delta E}}} = \frac{1435}{\sqrt{1+\frac{DK_w}{\delta E}}}$$

其中，K_w 为水体的体积弹性模量（$=2.1\times10^9$Pa），D 为管道直径，δ 为管壁厚度，E 为管壁弹性模量。一般在水电站压力钢管中的水击波速位于 1000～1200m/s。

考虑到水体的压缩性和管壁弹性，可假设管道面积 $A=A(s,t)$，$\rho=\rho(s,t)$，并利用随体导数关系式

$$\frac{dA}{dt} = \frac{\partial A}{\partial t} + V\frac{\partial A}{\partial s}, \quad \frac{d\rho}{dt} = \frac{\partial \rho}{\partial t} + V\frac{\partial \rho}{\partial s}$$

代入连续微分方程，可变为

$$\frac{1}{\rho}\frac{d\rho}{dt} + \frac{1}{A}\frac{dA}{dt} + \frac{\partial V}{\partial s} = 0$$

将关系式

$$\frac{1}{\rho}\frac{d\rho}{dt} = \frac{1}{K_w}\frac{dp}{dt}, \quad \frac{1}{A}\frac{dA}{dt} = \frac{D}{E\delta}\frac{dp}{dt}$$

代入上式，得到

$$\frac{1}{\rho}\left(\frac{\partial p}{\partial t} + V\frac{\partial p}{\partial s}\right) + C^2\frac{\partial V}{\partial s} = 0$$

与运动方程联合就构成表征水击的连锁微分方程（水击波动方程组，为一阶非线性偏微分方程组）。即

$$\frac{1}{\rho}\left(\frac{\partial p}{\partial t} + V\frac{\partial p}{\partial s}\right) + C^2\frac{\partial V}{\partial s} = 0$$

$$\frac{1}{g}\frac{\partial V}{\partial t} + \frac{\partial z}{\partial s} + \frac{1}{\gamma}\frac{\partial p}{\partial s} + \frac{1}{g}V\frac{\partial V}{\partial s} + \frac{4\tau_w}{\gamma D} = 0$$

在水击计算中，常用测压管水头 h（$=z+p/\gamma$）和管道速度 V 作为自变量，上述方程组变为

$$\frac{\partial h}{\partial t}+V\frac{\partial h}{\partial s}+V\sin\theta+\frac{C^2}{g}\frac{\partial V}{\partial s}=0$$

$$\frac{\partial V}{\partial t}+V\frac{\partial V}{\partial s}+g\frac{\partial h}{\partial s}+\lambda\frac{V|V|}{2D}=0$$

令管道壁面切应力用下式取代，式中 λ 为沿程阻力系数。

$$\tau_w=\lambda\rho\frac{V^2}{8}$$

如果忽略阻力，并考虑到 (h, V) 对流程 s 的偏导数远小于对时间的偏导数，经过简化可得到如下波动方程：

$$\frac{\partial h}{\partial t}+\frac{C^2}{g}\frac{\partial V}{\partial s}=0$$

$$\frac{\partial V}{\partial t}+g\frac{\partial h}{\partial s}=0$$

联解上述方程组，得到关于 h 或 p 的波动方程，即

$$\frac{\partial^2 h}{\partial t^2}=C^2\frac{\partial^2 h}{\partial s^2},\quad \frac{\partial^2 p}{\partial t^2}=C^2\frac{\partial^2 p}{\partial s^2}$$

这组波动方程的一般解为

$$h-h_0=F(s-Ct)+f(s+Ct)$$

$$V-V_0=\frac{g}{C}\left[F(s-Ct)-f(s+Ct)\right]$$

其中，$F(s-Ct)$ 为正行水击波的波函数，$f(s+Ct)$ 为逆行水击波的波函数。关于水击问题的求解方法，有解析法、图解法和特征线法。

4. 水体振荡流动

对于 U 形管水位和水电站调压井水位波动问题，关键点是给出水

位波动规律，特别是水轮机关机造成调压井中水位的涌高是确定调压井几何尺寸的重要参数。与水击问题不同的是，此处不考虑水体的压缩性和管壁的弹性，水体为不可压缩，管道按照刚性处理。所得到的连续是 $VA=f(t)$，运动微分方程是

$$\frac{1}{g}\frac{\partial V}{\partial t} + \frac{V}{g}\frac{\partial V}{\partial s} + \frac{\partial h}{\partial s} + \lambda \frac{V|V|}{2gD} = 0$$

$$\frac{1}{g}\frac{\mathrm{d} V}{\mathrm{d} t} + \frac{\partial h}{\partial s} + \lambda \frac{V|V|}{2gD} = 0$$

如图 3.61 所示，从 1-1 到 2-2 断面积分，可得

$$\int_1^2 \frac{1}{g}\frac{\mathrm{d} V}{\mathrm{d} t}\mathrm{d}s + h_2 - h_1 + \int_1^2 \lambda \frac{V|V|}{2gD}\mathrm{d}s = 0$$

设引水管道长度 L，等截面积为 A，并令 $z=h_2-h_1$（表示调压井水位与水库水位的差），则有

$$z + \frac{L}{g}\frac{\mathrm{d} V}{\mathrm{d} t} + \lambda \frac{V|V|}{2gD}L = 0$$

设调压井断面积为 A_t，由连续方程有

$$V = \frac{A_t}{A}\frac{\mathrm{d} z}{\mathrm{d} t}$$

将 V 的表达式代入运动方程中，得到

$$\frac{LA_t}{gA}\frac{\mathrm{d}^2 z}{\mathrm{d} t^2} + \frac{\lambda L}{2gD}\left(\frac{A_t}{A}\right)^2 \frac{\mathrm{d} z}{\mathrm{d} t}\left|\frac{\mathrm{d} z}{\mathrm{d} t}\right| + z = 0$$

这是一个带阻尼的波动方程，属于二阶非线性常微分方程。数值求解方法常用牛顿迭代法或四阶龙格 - 库塔法等。

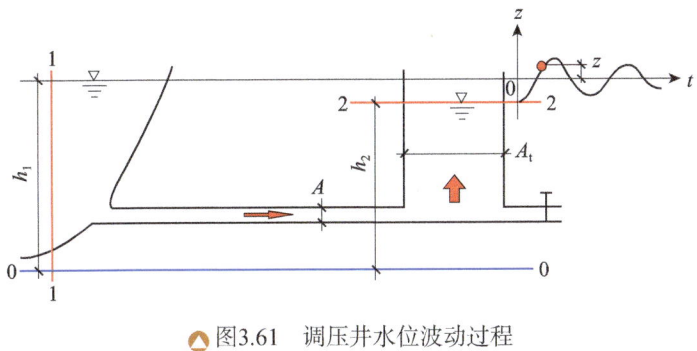

图3.61 调压井水位波动过程

3.7 明渠非恒定渐变流

1. 概述

明渠非恒定流是指明渠或天然河道中断面平均速度 V 和水深 h 随时间变化的流动。在水利工程中常见于诸如天然河道中洪水的演进、闸门启闭引起的渠道水深的变化以及入海口潮汐流动等,均属于明渠非恒定流现象。按照一元流理论,明渠非恒定流的水力要素如断面平均速度(或流量)和水深可表示为流程坐标 s 和时间 t 的函数,即 $V=V(s,t), h=h(s,t)$ $Q=Q(s,t), h=h(s,t)$。与有压管道非恒定流动不同的是,明渠流存在自由水面,波动的传播不是压力波而是重力波,在流动过程中,液流所受的主要作用力是惯性力、重力和阻力。这类波动虽然与海洋、湖泊中水面风生波均属重力波,但存在本质的差别。在风生波浪运动中,水质点基本沿着一定的轨迹做循环往复运动，几乎没有流量的传递，各质点之间存在一定的相位差，结果形成水面波的推进，称其为推进波。但是对于明渠非恒定流而言，不仅水面波向前推进，同时水质点也向前移动，这种波是由于水质点移动而引起的，故称为位移波或传质波。在波动区域内，各断面的水深和流速不是单值关系，而是形成如图 3.62 所示的绳套曲线。如在涨水过程中，渠道内上游水位先涨，水面坡度变陡，与恒定流相比流量变大；在降水过程中，上游水位先落，水面坡度变缓，与恒定流相比流量变小。明渠非恒定流的波动一般为浅水波或长波，其水深 h 与波长之比小于 1/20，分析时需要计入流动阻力。另外，在明渠非恒定流中，根据水力要素随时间的变化快慢时，又可分为连续波和间断波。当波动过程演变缓慢，瞬时水面坡度不大（如图 3.63 所示），瞬时流线近于平行的直线，这种非恒定流具有渐变流特征，压强沿垂线近似按照静水压强分布，水力要素是位置和时间的连续可微函数，这类波动称为连续波，也称为明渠非恒定渐变流，如明渠中的洪水演变过程。反之，如果渠道中的水力要素随时间发生迅速的变化，瞬时水面坡度很陡，形成间断波，如溃坝波就是一种典型的间断波，如图 3.63 所示。

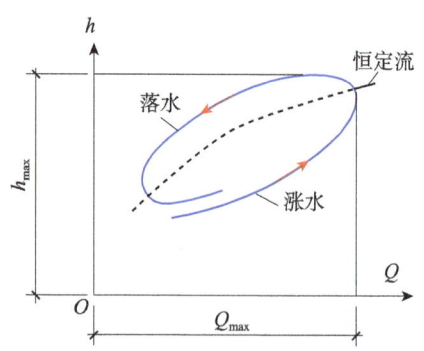

▲ 图3.62 明渠非恒定流流量水深关系曲线（绳套曲线）

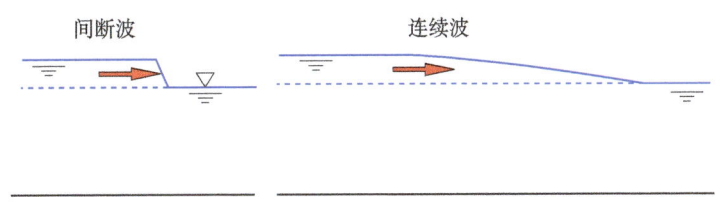

图3.63 明渠中的水波运动

2. 非恒定渐变流动微分方程

早在1848年和1871年法国水力学家圣维南（如图1.31所示），针对明渠非恒定渐变流动，利用质量守恒和动量定理，建立了连续方程和运动方程，并分析了这些方程的求解方法。

1）连续方程

如图3.64所示，对于无侧流的棱柱体渠道，取1-2断面之间的微元控制体，由质量守恒定理，可得到明渠非恒定渐变流的连续微分方程，即

$$\left[\rho Q+\frac{\partial(\rho Q)}{\partial s}\mathrm{d}s-\rho Q\right]\mathrm{d}t=-\frac{\partial(\rho A)}{\partial t}\mathrm{d}s\mathrm{d}t$$

化简后为

$$\frac{\partial A}{\partial t}+\frac{\partial Q}{\partial s}=0$$

对于矩形渠道，把 $A=bh$ 和 $Q=bhV$，代入上式，得到

$$\frac{\partial h}{\partial t}+V\frac{\partial h}{\partial s}+h\frac{\partial V}{\partial s}=0$$

这就是明渠非恒定渐变流的连续方程。该式表明，在 $\mathrm{d}t$ 微段，当流入微元控制体的质量大于流出质量时，明渠涨水，即当 $\frac{\partial Q}{\partial s}<0,\frac{\partial A}{\partial t}>0$；反之，当流入微元控制体的质量小于流出质量时，明

渠落水，即当

$$\frac{\partial Q}{\partial s} > 0, \frac{\partial A}{\partial t} < 0。$$

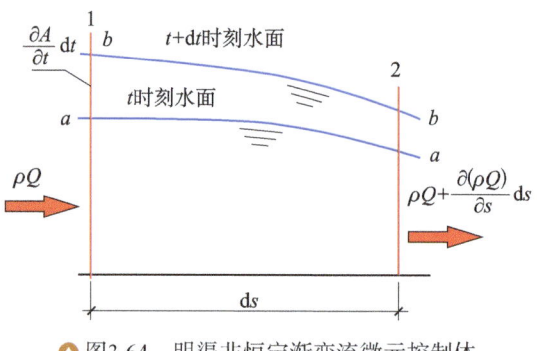

图3.64 明渠非恒定渐变流微元控制体

2）运动方程

设在渐变流渠道中，任取一段长度为 ds 的微元体，如图 3.65 所示，设该微元体的断面积为 A、渠道底壁与水平方向之间的夹角为 θ（沿着流动方向向下倾斜为正），根据牛顿第二定律，沿着流动方向建立的运动方程为

$$\frac{\partial V}{\partial t} + V\frac{\partial V}{\partial s} + g\frac{\partial (z_b + h)}{\partial s} + g\frac{\tau_w}{\gamma R} = 0$$

其中，z_b 为渠底高程，$i = -\dfrac{\partial z_b}{\partial s}$；渠壁面切应力按照均匀流处理，即 $\tau_w = \gamma R J_f = \gamma \dfrac{V^2}{C^2}$，$R$ 为水力半径，C 为谢才系数。代入上式整理后得到

$$\frac{\partial V}{\partial t} + V\frac{\partial V}{\partial s} + g\frac{\partial h}{\partial s} = g\left(i - \frac{V^2}{C^2 R}\right)$$

这个方程即为明渠非恒定渐变流能量方程。与连续方程一起构成表征明渠非恒定渐变流的圣维南方程组。对于矩形明渠，可用水深 h

和流速表征水力要素，相应的圣维南方程组为

$$\begin{cases} \dfrac{\partial h}{\partial t} + V\dfrac{\partial h}{\partial s} + h\dfrac{\partial V}{\partial s} = 0 \\ \dfrac{\partial V}{\partial t} + V\dfrac{\partial V}{\partial s} + g\dfrac{\partial h}{\partial s} = g\left(i - \dfrac{V^2}{C^2 R}\right) \end{cases}$$

这是一组一阶双曲型非线性偏微分方程组。结合初始条件和边界条件联解该方程组，便可求得未知量 v 与 h，目前尚无普遍积分解。实践中常采用近似的计算方法有特征线法、直接差分法、瞬态法、有限单元法等。

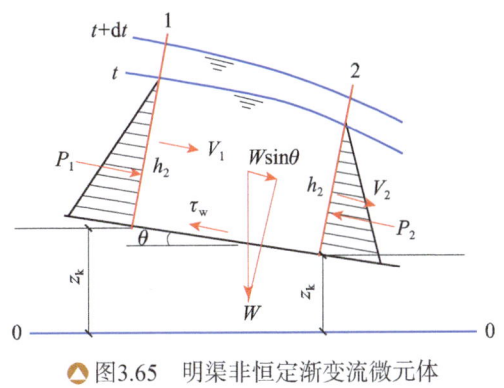

▲图3.65 明渠非恒定渐变流微元体

3.8 水波动力学基础

1. 概述

波浪现象是常见于海洋、湖泊、水库等宽广水面上的一种水体运动状态。波浪运动的主要特征是液体表面做有规律的起伏运动（如图 3.66

和图 3.67 所示），水体质点则做周期性往复振荡。由于在运动过程中，水位和质点速度均是时间的函数，故波浪运动是一种非定常运动。

▲ 图3.66　波浪运动（重力波）

▲ 图3.67　波浪运动（重力波推进波）

实验发现,任何波动必须具备下列三个条件:

(1)必须有一个不受扰动的平衡态存在(介质);

(2)必须有一个破坏平衡的扰动力;

(3)必须有一个重新建立平衡态的回复力。

在波浪运动中,扰动力常有:风力、潮汐力、船行力、地震力等;回复力有:重力、表面张力、惯性力等。

如图3.68所示,表征波浪运动的主要物理要素是:波峰指波浪在静水面以上的部分;波顶指波峰的最高点;波谷指静水面以下的部分;波底指波谷的最底点;波高指波顶和波底之间的垂直距离h;波长指两相邻波顶之间的水平距离λ;波陡指波高与波长的比值;波浪中线定义为平分波高的水平线。实际上,由于波峰比较尖突,波谷比较平坦,静水面至波峰的距离大于静水面至波谷的距离,因此波浪中线常位于静水面之上,其超出的高度称为超高。重复一个完整的波动过程所经历的时间称为波周期T。在波动过程中,波形向前移动的波称为推进波。在推进波中,波峰沿水平方向移动的速度称为波速,$a=\lambda/T$。把波高、波长、波陡、波速和波周期等称为波浪要素。

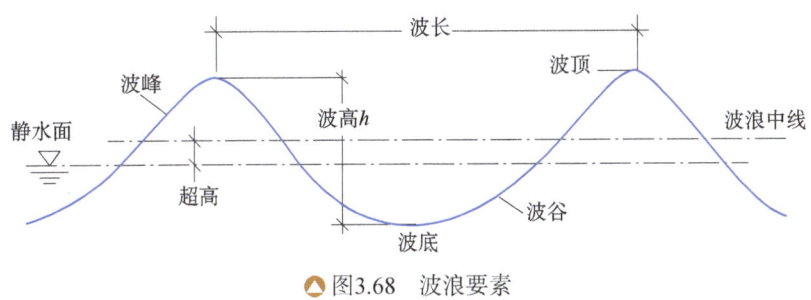

▲图3.68 波浪要素

如果水质点作以波高h为直径的圆周运动,平均速度为$V_m=\pi h/T$,其与波速的比值可表示为

$$\frac{V_\mathrm{m}}{a} = \frac{\pi h/T}{\lambda/T} = \pi \frac{h}{\lambda}$$

一般，波高比波长要小得多，通常位于 0.15~0.02。统计记载，海洋波浪的波高与出现的频率关系如表 3.1 所示。

表3.1 波高出现的频率

波高 h/m	0~1	1~1.3	1.3~2.3	2.3~4.0	4~6.7	>6.7
出现的频率 /1%	20	25	20	15	10	10

海浪波高在 1.3m 以下的占 45%，在 4m 以下的占 80%，在 6.7m 以上的占 10%。根据航海记载，在 1836~1839 年期间，在南美洲测得 7.6m 的波高；1894 年，在大西洋遇到至少 12m 高的狂浪，在太平洋遇到 20m 的狂浪；1933 年，在太平洋遇到 35m 高的波浪。表 3.2 给出海洋波浪的周期范围。一般而言，黏性对表面张力波的衰减作用较大，而对重力波的衰减作用较小，故重力波可以维持较长的时间。波浪在传播过程中，方向是不变的，但遇到障碍和进入浅水区情况就不同了。如果遇到实物波浪会反射，遇到浅水区波浪会折射。波浪在深度上的影响是按指数规律衰减的。在深水区一个高 5m、长 150m 的波浪，在水面下 50m 处只能引起直径 60cm 的运动，水质点速度由 1.6m/s 减小到 0.2m/s。2~3m 的波浪，在 15m 以下，几乎没有影响。

表3.2 海洋波浪周期

风速 /（m/s）	5	10	20
平均周期 /s	2.86	5.0	11.4
周期上限 /s	1.0	3.0	6.5
周期下限 /s	6.0	11.1	21.7

2. 波浪运动的基本特征

设有二维波浪运动，在水深不变的水面上传播。取 x 轴为波浪前进的方向，z 轴垂直向上。平衡水面的高度为 z=0，波浪行进的水面高度为 η，如图 3.69 所示。

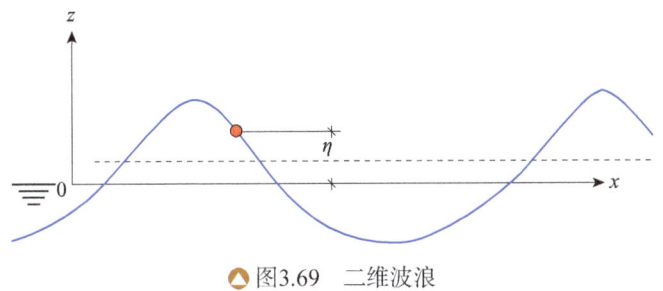

图3.69 二维波浪

忽略波浪运动过程的粘性力，同时将 z 向的加速度忽略不计，压强服从静水压力分布，即

$$p = p_a + \gamma(\eta - z)$$

其中，p_a 为大气压强，γ 为水体容重。由此可得

$$\frac{\partial p}{\partial x} = \rho g \frac{\partial \eta}{\partial x}$$

由水平向的运动方程（Euler 方程），得到

$$\frac{\partial u}{\partial t} + u \frac{\partial u}{\partial x} = -\frac{1}{\rho} \frac{\partial p}{\partial x}$$

其中忽略了 z 向速度和加速度。如果不计非线性项，有

$$\frac{\partial u}{\partial t} = -g \frac{\partial \eta}{\partial x}$$

设在某一时间段，水质点运动的水平位移为

$$\xi = \int u \mathrm{d}t$$

由质量守恒原理，可得

$$\frac{\partial}{\partial x}\left[\xi H + \int \eta \mathrm{d}x \right] = 0, \quad \eta = -H \frac{\partial \xi}{\partial x}$$

$$\frac{\partial^2 \xi}{\partial t^2} = gH \frac{\partial^2 \xi}{\partial x^2}$$

消 ξ，得到

$$\frac{\partial^2 \eta}{\partial t^2} = gH \frac{\partial^2 \eta}{\partial x^2}, \quad \frac{\partial^2 \eta}{\partial t^2} = a^2 \frac{\partial^2 \eta}{\partial x^2}$$

这是著名的波浪方程，由法国科学家 D'Alembert（如图 1.14 所示）于 1747 年推导出的。其中，水面波 $a = \sqrt{gH}$，H 为水深。

如果 $x_1 = x - at$，$x_2 = x + at$，代入关于波高的波动方程中，得

$$\frac{\partial^2 \eta}{\partial x_1 \partial x_2} = 0$$

其解为

$$\eta = F(x - at) + G(x + at)$$

其中，F 和 G 为波形函数。在水面上，把

$$u = \frac{\partial \xi}{\partial t} = \frac{\partial \xi}{\partial x}\frac{\partial x}{\partial t} = a\frac{\partial \xi}{\partial x}, \quad \frac{u}{a} = \frac{\partial \xi}{\partial x}$$

代入

$$\eta = -H \frac{\partial \xi}{\partial x}$$

可得

$$\frac{u}{a} = -\frac{\eta}{H}$$

上式说明，在波动传播过程中波形保持不变。

波浪的能量包括：波浪势能和波浪动能。对于势能可表示为

$$E_\mathrm{p} = \rho g \int \left(\int_0^\eta z \mathrm{d}z \right) \mathrm{d}x = \frac{1}{2}\rho g \int \eta^2 \mathrm{d}x$$

波浪动能为

$$E_\mathrm{k} = \frac{1}{2}\rho H \int u^2 \mathrm{d}x = \frac{1}{2}\rho H \int a^2 \frac{\eta^2}{H^2} \mathrm{d}x = \frac{1}{2}\rho g \int \eta^2 \mathrm{d}x$$

由此可见，$E_T=E_p+E_k=2E_k=2E_p$，这个结论最早是由 Rayleigh(如图 1.47 所示) 于 1876 年提出的。如果假定为正弦推进波，波形函数为

$$\eta = A\cos(x - at)$$

其中，A 为振幅。代入 E_p 和 E_k 中，得到

$$E_p = E_k = \frac{1}{2}\rho g \int_0^\lambda \eta^2 \mathrm{d}x = \frac{1}{2}\rho g \int_0^\lambda A^2 \cos^2(x-at)\mathrm{d}x = \frac{1}{4}\rho g A^2 \lambda$$

单位波长的总能量为

$$e_T = \frac{E_P + E_K}{\lambda} = \frac{1}{2}\rho g A^2$$

如果考虑理想流体的势流，于是有

$$u = \frac{\partial \varphi}{\partial x}, \quad v = \frac{\partial \varphi}{\partial y}$$

则动能为

$$E_k = \frac{1}{2}\rho \int_0^\lambda \int_{-H}^\eta \left[\left(\frac{\partial \phi}{\partial x}\right)^2 + \left(\frac{\partial \phi}{\partial y}\right)^2\right] \mathrm{d}x\mathrm{d}z$$

3. 波浪的类型

海洋中的波浪，类型繁多，形态各异，名称杂乱。产生波的扰动力有：太阳、月球、风暴、地震、风等；回复力有：Coriolis 力、重力、表面张力等。在海洋波中，由风生的重力波是主要的，也称为风浪。

（1）按成因和频率分类，有：表面张力波，频率小于 10Hz；短周期重力波，频率位于 $1\sim 10$Hz；重力波，频率位于 $\frac{1}{30}\sim 1$Hz；长周期重力波，频率位于 $\frac{1}{300}\sim \frac{1}{30}$ Hz；长波 $\frac{1}{8.64}\times 10^{-4}\sim \frac{1}{300}$ Hz；惯性波和行星波，频率大于 $\frac{1}{8.64}\times 10^{-4}$Hz。

（2）按干扰力分类，有风波、潮汐波、船行波等。

（3）按激发力分类，有自由波和强迫波。如静水中由石块激起的

波为自由波。指干扰力撤消后的波，波的传播和演变只受水性质的制约。强迫波是指干扰力连续作用的波，强迫波的运行受干扰力和水性质的制约。潮汐波就是一种强迫波。

（4）按质量输移分类，有输移波（潮汐波、洪水波等）和振动波。如果波浪在前进时平均意义上存在质量的输移（产生流量），称为输移波（如图 3.70～图 3.72 所示）。否则，如果波浪前进时不产生流量（平均流量为零），称为振动波（如图 3.73 所示）。风浪是一种振动波，质点做循环运动，不产生流量。在振动波里，又根据波外形是否相对于介质有水平方向的运动而分为推进波（progressive wave）和立波（驻波，定波，standing wave）。显然，波浪存在水平方向的运动是推进波；没有水平方向的运动是立波（水质点做垂直方向的振动）。波浪外形的运动和水质点的运动是不同的，如果波浪外形的运动和水质点的运动方向一致，则称为纵向波（longitudinal wave）。如果运动方向垂直，则称为横向波（transverse wave）。一般而言，海面波即不是纵波，也不是横波。水质点在一个垂直平面上做圆周运动或椭圆运动。

▲图3.70　输移波（潮汐波）

第3章 液体动力学

▲图3.71 退潮波（波速不同）

▲图3.72 涨潮波

▲ 图3.73　振动波

（5）按水深的大小分类，有深水波、浅水波和中水波（如图3.74 和3.75 所示）。设水深为 H，波长 λ，则 H/λ 就是相对于波浪而言的相对水深。河床底部对波浪运动有无影响与相对水深的大小有关。研究表明：当 $H/\lambda > 1/2$ 时，底部对波浪的影响可忽略不计，称为深水。如用更全的波速 a 公式分析

$$a^2 = \frac{g}{k}\tanh(kH)$$

当 $H/\lambda > 1/2$ 时，则 $kH = \frac{2\pi H}{\lambda} > \pi$，由此可得 $\tanh(KH) = 0.9963$，这时波速为

$$a^2 = \frac{g}{k} = \frac{\lambda g}{2\pi}$$

与水深无关。如果用同样的方法确定浅水的界限，只有在 $kH=0.05$ 时，才能达到

$$\tanh(kH) = kH$$

由此可得

$$\frac{H}{\lambda} = \frac{0.05}{2\pi} = 0.008 = \frac{1}{125}$$

则 $H/\lambda < 1/125$ 时，波速为

$$a^2 = \frac{g}{k}\tanh(kH) = gH$$

通常规定（如图3.76所示）：

$H/\lambda > 1/2$，深水波；$\dfrac{H}{\lambda} \leqslant \dfrac{1}{200}$，浅水波；$\dfrac{1}{200} < \dfrac{H}{\lambda} \leqslant \dfrac{1}{2}$，中水波。

🔺 图3.74　深水波

🔺 图3.75　浅水波

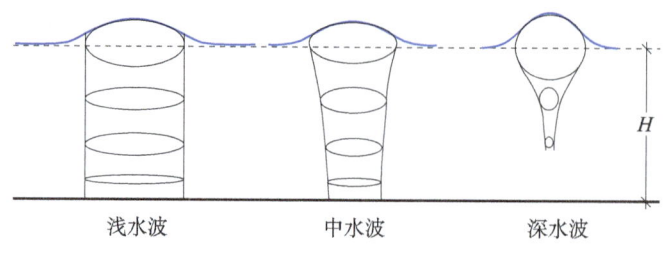

图3.76 在不同水深比下的质点运动轨迹形状

4. 线性波理论（微幅波理论）

波浪理论的研究经历了从规则波到随机波的过程，规则波理论的特点是将波浪运动看作确定的函数形式，通过流体力学分析研究各种情况下波浪的动力学性质和运动规律。规则波理论的研究从19世纪至今，经历了由线性理论向非线性理论及湍流理论发展的过程，主要包括：微幅波理论（如图3.77所示）、斯托克斯（Stokes，如图1.32所示）高阶波理论、椭圆余弦波理论、孤立波理论等。其中，微幅波理论是由英国数学家与天文学家艾利（G.B.Airy，1801～1892年，如图3.78所示）于1845年提出的，该理论是一种应用速度势函数研究波浪运动的线性理论，作为波浪理论中最基本和最重要的内容，在近海工程中得到最广泛的应用。1887年英国流体力学家斯托克斯提出了高阶波理论，在近海工程计算中，常用该理论计算最大波高。因斯托克斯高阶波理论没有考虑水深变化的影响，故只适用于深水的情况。在浅水情况下，斯托克斯波理论误差较大，但如果采用能反映波动主要规律的椭圆余弦波理论，则可获得较高的精度。椭圆余弦波理论最早是由荷兰数学家科特韦格（D.J.Korteweg，1848～1941年，图3.79所示）于1895年提出的，科特韦格另一个在波浪理论中著名的成果是在1895年与他的学生荷兰数学家德弗里斯（G.de Vries，1866～1934年，如图3.80所示）共同研究浅水中小振幅长波运动时,提出一种表征单向运动浅水波的偏微分方程(即著名的 *KdV* 方程),其解为簇集的孤立子(孤立波)。各种波浪理论的比较,因采用的判据不同,得出的结果的差别较大。在定性分析方面,目前只能确定椭圆余弦波一般用于浅水区,孤立波一般适用于近岸浅水区且周期波的波峰能量占全波能量的 90% 以上的情况,微幅波一般适用于深水区,而对于有限水深区,情况则较为复杂,多种波浪理论的适用范围在此交叉,需要依照实际工况进行分析才能选取合适的波浪理论。

图3.77　微幅波

🔺 图3.78 英国数学家与天文学家艾利（George Biddell Airy，1801～1892年)

🔺 图3.79 荷兰数学家科特韦格（D.J. Korteweg，1848～1941年)

▲ 图3.80 荷兰数学家德弗里斯（G.de Vries，1866～1934年）

1）势波方程

微幅波理论是从势函数出发研究波浪运动的线性波浪理论。其基本假设是：水体为理想不可压缩的（多数波浪运动，这个假定是合理的）；作用在质点上的质量力只有重力（仅限于讨论重力波）。取自由表面处于平衡位置时，设为 xoy 平面，z 垂直向上，则表征水质点运动的 Euler 方程组为

$$\frac{\partial u}{\partial t} + u\frac{\partial u}{\partial x} + v\frac{\partial u}{\partial y} + w\frac{\partial u}{\partial z} = -\frac{1}{\rho}\frac{\partial p}{\partial x}$$

$$\frac{\partial v}{\partial t} + u\frac{\partial v}{\partial x} + v\frac{\partial v}{\partial y} + w\frac{\partial v}{\partial z} = -\frac{1}{\rho}\frac{\partial p}{\partial y}$$

$$\frac{\partial w}{\partial t} + u\frac{\partial w}{\partial x} + v\frac{\partial w}{\partial y} + w\frac{\partial w}{\partial z} = -\frac{1}{\rho}\frac{\partial p}{\partial z} - g$$

$$\frac{\partial u}{\partial x} + \frac{\partial v}{\partial y} + \frac{\partial w}{\partial z} = 0$$

其中，u、v、w 分别表示三个坐标方向的速度分量，g 为重力加速度。这里只考虑重力波，波动的回复力为重力。也就是说原处于平衡状态的水体，受扰动后偏离平衡状态，在重力作用下使其回到平衡位置，这就迫使水体做振荡运动。水体受扰动分两种：其一是自由面受到扰动（风波）；其二是水体质点速度受到扰动（地震波）。由于水体为无黏性的，在受扰前处于静止状态，运动无旋；在受扰动后，运动仍然是无旋的。因此，可假定波动是无旋的，于是水质点的速度存在速度势函 $\varphi(x,y,z,t)$，满足

$$u=\frac{\partial \varphi}{\partial x}, \quad v=\frac{\partial \varphi}{\partial y}, \quad w=\frac{\partial \varphi}{\partial z}$$

从而由连续方程得到

$$\frac{\partial^2 \varphi}{\partial x^2}+\frac{\partial^2 \varphi}{\partial y^2}+\frac{\partial^2 \varphi}{\partial z^2}=0$$

因此，求解波动方程问题，实质上是求解势流问题（也称势波）。然后利用能量方程，求压力场。即

$$\frac{\partial \varphi}{\partial t}+\frac{p}{\rho}+\frac{1}{2}V^2+gz=f(t)$$

如果固壁方程 $z=-H(x,y)$，理想流体的固壁边界条件为

$$\frac{\partial \varphi}{\partial n}=n\cdot\nabla\varphi=0, \quad u\frac{\partial H}{\partial x}+v\frac{\partial H}{\partial y}+w=0$$

在自由表面处，需要满足动力学和运动学条件。设自由表面方程为

$$z=\eta(x,y,t)$$

在自由表面上，$p=p_a$，利用能量方程得到自由表面的动力学条件为

$$\frac{\partial \varphi(x,y,\eta,t)}{\partial t}+\frac{1}{2}V^2+g\eta=0$$

因自由面是流面，其运动学条件为

$$w - \frac{\partial \eta}{\partial t} - u\frac{\partial \eta}{\partial x} - v\frac{\partial \eta}{\partial y} = 0$$

自由表面边界条件包含了非线性项，在微幅波理论中，假定：水质点运动速度很小，忽$\frac{1}{2}V^2$项；自由面相对于水平面的偏离很小，因此可用水平面上 z=0 的物理量代替；自由面上的切平面与水平面相差无几，即假$\frac{\partial \eta}{\partial x}, \frac{\partial \eta}{\partial y}$也是小量。由此可得，自由面的动力学条件为

$$\eta = -\frac{1}{g}\frac{\partial \varphi(x,y,0,t)}{\partial t}$$

运动学条件变为

$$\frac{\partial \eta}{\partial t} = \frac{\partial \varphi(x,y,0,t)}{\partial z}$$

由以上两式可将动力学和运动学合起来，即

$$\frac{\partial^2 \varphi}{\partial t^2} + g\frac{\partial \varphi}{\partial z} = 0$$
$$z = 0$$

动力计算为

$$\frac{p - p_a}{\rho} = -\frac{\partial \varphi}{\partial t} - gz$$

2）基本解

在波动问题中，主要研究：自由面形状、波的传播速度、水体质点运动速度及其轨迹、波能量等。对于二维问题，用分离变量法求解拉普拉斯方程。其速度势函数一般解为

$$\varphi(x,z) = \cosh k(z+H)(A^* \sin kx + B^* \cos kx)$$

式中，k 为波数，H 为水深；常数 A^* 和 B^* 由自由面条件确定，在波浪问题中，它们是时间的函数。

如果不考虑表面张力的问题，将自由面条件代入，得到一个基本解为
$$\varphi(x,z) = A\cosh k(z+H)\sin(kx-\omega t)$$
其中 $\omega^2 = gk\tanh kH$。这是一种典型的推进波流速势函数。设波速 $a = \omega/k = \lambda f = \sqrt{\dfrac{g\lambda}{2\pi}}$，则在相位角 $=kx-\omega t=$ 常数上，波形保持不变，如图 3.81 所示。

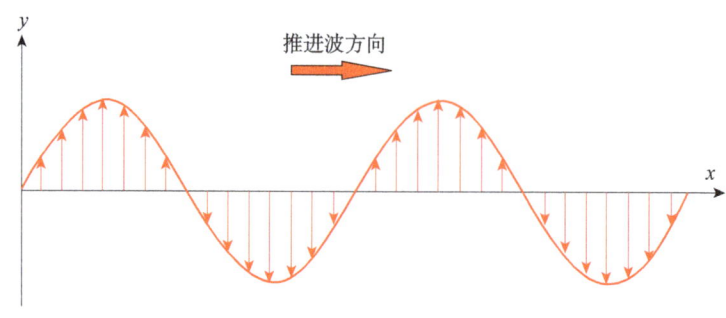

▲图3.81　推进波

波动力学里定义，波数 k 为 2π 内波的数量，圆频率 ω 为 2π 内波动的次数，把 ω 与 k 的函数关系称为波群传播过程中的色散关系。如果波群在传播过程中，满足等相位条件，即 $kx-\omega t=$ 常数，则各波传播速度 $a = \dfrac{\mathrm{d}x}{\mathrm{d}t} = \dfrac{\omega}{k} =$ 常数，称为单色波；反之如果各个波的 ω/k 不是常数，称为色散波，直观上这种波群在传播过程中各波具有不同频率和传播速度，将会引起弥散（或离散）。对于重力波而言，色散关系 $\omega^2 = gk\tanh kH$，波速随波长而变化。在非均匀介质中，波速还与波的传播方向有关。由该式可以进一步表明，对于深水波，色散关系 $\omega = \sqrt{gk} = \sqrt{g\dfrac{2\pi}{\lambda}}$，波频率与波长的开方成反比；对于浅水波，色散关系 $\omega = \sqrt{ghk} = \sqrt{gh}\dfrac{2\pi}{\lambda}$，波频率与波长成反比，与水深成正比，如图 3.82 所示。

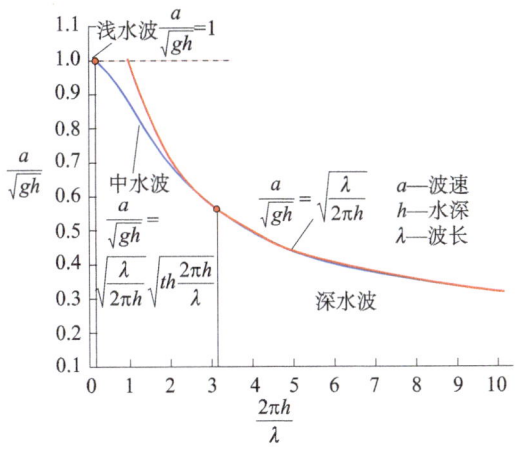

▲ 图3.82 重力波色散关系

另一个基本解为

$$\varphi = B\cosh k(z+H)\cos kx \cos \omega t$$

这是一个典型的驻波流速势函数。在这种波动中，波函数并不沿 x 轴传播，而是原地做周期运动。如图 3.83 所示，驻波形状固定，存在波腹点和波节点，且相邻腹（节）点之间的距离为 $\lambda/2$，相邻腹与节点之间的距离为 $\lambda/4$。

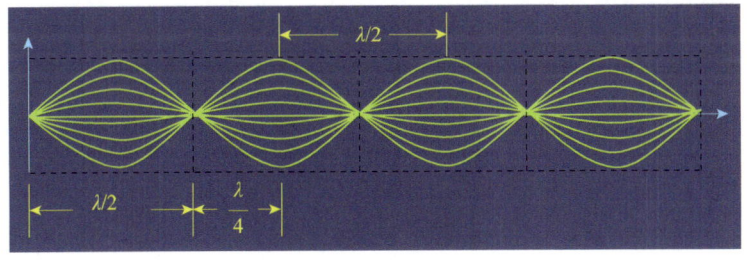

▲ 图3.83 驻波

3）平面推进波

平面推进波是一种简单的波动现象。其波形轮廓是正弦曲线，波形在水面上按一定速度推进，并且在推进的过程中波形保持不变，但不发生质量的迁移。

对于深水波（$\omega^2 = gk$），为了保证$z \to -\infty$时$u = \dfrac{\partial \varphi}{\partial x}$有限值，得到

$$\varphi(x,z,t) = A\mathrm{e}^{kz} \sin(kx - \omega t)$$

自由面方程为

$$\eta = \frac{h}{2}\cos(kx - \omega t)$$

其中，h为自由面波高，$h=2A\omega/g$。在一定时刻，自由面轮廓为余弦波曲线。水质点运动速度很小，其分速为

$$u = \frac{\partial \varphi}{\partial x} = \frac{h}{2}\omega \mathrm{e}^{kz} \cos(kx - \omega t)$$

$$w = \frac{\partial \varphi}{\partial z} = \frac{h}{2}\omega \mathrm{e}^{kz} \sin(kx - \omega t)$$

将上式右边项中的x和z近似用质点初始位置的x_0和z_0代替，积分后得到，水质点的运动轨迹方程为

$$(x - x_0)^2 + (z - z_0)^2 = \left(\frac{h}{2}\right)^2 \mathrm{e}^{2kz_0}$$

该式表示，水质点运动轨迹为以平衡位置为圆心，$\left(\dfrac{h}{2}\right)\mathrm{e}^{kz_0}$为半径的圆。在自由面上半径为$h/2$。当推进波以正向传播时，每个质点均以顺时针方向作圆周运动。由于半径为$h/2\mathrm{e}^{kz_0}$，所以质点波动振幅和速度在水深方向按e指数衰减，离自由面越深，质点速度和振幅越小。

对于浅水波的情况，假定水域的水深$z=H=$常数，水质点速度势函数为

$$\varphi(x,z,t) = A\cosh k(z+H) \sin(kx - \omega t)$$

波速与波长的关系为

$$\omega^2 = gk \tanh kH$$

与无限深水情况相比（$\omega^2 = gk$），水深影响波的频率。自由面形状为

$$\eta = \frac{A\omega}{g}\cosh kH \cos(kx - \omega t) = \frac{h}{2}\cos(kx - \omega t)$$

令 $\dfrac{h}{2} = \dfrac{A\omega}{g}\cosh kH$，则有速度势为

$$\varphi = \frac{h}{2}\frac{g}{\omega}\frac{\cosh k(z + H)}{\cosh kH}\sin(kx - \omega t)$$

其中，推进波速为

$$a = \frac{\omega}{k} = \sqrt{\frac{g\tanh kH}{k}} = \sqrt{\frac{g\lambda}{2\pi}\tanh\frac{2\pi H}{\lambda}}$$

$kH \gg 1$ 时，$\tanh kH \approx 1$，上式变为深水波情况。当水深较浅时 $\tanh kH \approx kH$，则

$$a = \sqrt{gH}$$

质点运动的速度为

$$u = \frac{\partial \varphi}{\partial x} = \frac{h}{2}\frac{gk}{\omega}\frac{\cosh k(z+H)}{\cosh kH}\cos(kx - \omega t)$$

$$w = \frac{\partial \varphi}{\partial z} = \frac{h}{2}\frac{gk}{\omega}\frac{\sinh k(z+H)}{\cosh kH}\sin(kx - \omega t)$$

质点的近似轨迹方程为

$$\frac{(x - x_0)^2}{\left[\dfrac{h}{2}\dfrac{\cosh k(z_0 + H)}{\sinh kH}\right]^2} + \frac{(z - z_0)^2}{\left[\dfrac{h}{2}\dfrac{\sinh k(z_0 + H)}{\sinh kH}\right]^2} = 1$$

这是一个椭圆方程。上式表明，在浅水区质点的轨迹为椭圆，椭圆的水平轴和垂直轴随水深的增加而减小。在水底处，椭圆的垂直轴为零，质点做水平往复运动。

4）平面驻波

平面驻波也是一种简单的波动形式。在同一时刻，波面上各点与平衡位置的距离是 x 的谐和函数。在同一 x 处，质点的位移又是时间

的周期函数。波中存在自由面高度恒为零的点,这种点为节点。在驻波中,波面不向前推进,而是就地做升降的周期运动。

对于深水波正弦曲线的平面驻波,为了保证 $z \to -\infty$ 时 $u = \dfrac{\partial \varphi}{\partial x}$ 有限值,得到的质点运动速度势函数为

$$\varphi(x,z,t) = \frac{gh}{2\omega} e^{kz} \sin kx \cos \omega t$$

由自由面边界条件可 $\omega^2 = gk$,说明给定常数 k 后,波的频率就确定了。自由面形状函数为

$$\eta = \frac{h}{2} \sin(\omega t) \sin(kx)$$

在某一时刻,自由面在 xoz 平面上是正弦曲线,自由面在各点的高度决定于点 x 的坐标。自由面与 ox 的交点为

$$x_0 = \frac{n\pi}{k}, \quad k = 0, \pm 1, \cdots$$

这些交点的位置不随时间变化,称为节点。相邻两波峰之间的水平距离称为波长。波周期为

$$T = \frac{2\pi}{\omega} = \frac{\kappa\lambda}{\omega} = \sqrt{\frac{2\pi\lambda}{g}} \quad (\omega^2 = kg)$$

水质点的振动速度为

$$u = \frac{\partial \varphi}{\partial x} = \frac{h}{2} \frac{gk}{\omega} e^{kz} \cos kx \cos \omega t$$

$$w = \frac{\partial \varphi}{\partial z} = \frac{h}{2} \frac{gk}{\omega} e^{kz} \sin kx \cos \omega t$$

水质点的近似轨迹为

$$(z - z_0) = (x - x_0)\tan kx_0$$

对于浅水波平面驻波,水深为 H 是常数。$z = -H = $ 常数,则有

$$\omega^2 = kg \tanh kH$$

速度势函数为
$$\varphi = \frac{h}{2}\frac{g}{\omega}\frac{\cosh k(z+H)}{\cosh kH}\sin kx \cos \omega t$$

自由面的形状为
$$\eta = \frac{h}{2}\sin kx \sin \omega t$$

水质点运动速度为
$$u = \frac{\partial \varphi}{\partial x} = \frac{h}{2}\frac{gk}{\omega}\frac{\cosh k(z+H)}{\cosh kH}\cos kx \cos \omega t$$
$$w = \frac{\partial \varphi}{\partial z} = \frac{h}{2}\frac{gk}{\omega}\frac{\sinh k(z+H)}{\cosh kH}\sin kx \cos \omega t$$

水质点运动轨迹为
$$x = x_0 + \frac{h}{2}\frac{\cosh k(z_0+H)}{\sinh kH}\cos kx \sin \omega t$$
$$z = z_0 + \frac{h}{2}\frac{\sinh k(z_0+H)}{\sinh kH}\sin kx \sin \omega t$$

5. 有限振幅的波

对于有限振幅的波，由于运动方程中的非线性对流项不能忽略，直接获得控制方程的解较为困难，且一些理论结果也有一定的局限性。实验发现，这类波的外形不再是正弦（或余弦）曲线，而是波峰较陡，波谷较坦的波面，这种波的形面类似于余摆线形状。因此工程实际中，为了简单起见，近似用余摆线理论。这种理论与势流理论相比，不同在于先给定水质点的运动特征，然后根据水流运动基本方程验证假设的正确性，从而建立波动规律。

1）二维拉格朗日连续方程和运动方程

利用余摆线理论求解时，要求跟踪个别水质点研究其运动规律，因此需要用到拉格朗日方法表示的连续和运动方程。在不可压缩流体二维流动空间中，取固定直角坐标系，在 t 时刻按照拉格朗日表达的

任意水质点位置为

$$x = x(a,b,t), \quad z = z(a,b,t)$$

其中，a、b 为水质点在初始时刻所处的位置，其值不随时间变化，用于区分不同水质点的。设在 t 时刻，从二维运动的液体中任取一个微面（如图 3.84 所示的矩形），该微元面积为

$$\Delta A = \Delta a \Delta b$$

跟踪这个微元面，经过一定时间后，其移动到新的位置，各点坐标为

A 点为

$$x = x(a,b,t), \quad z = z(a,b,t)$$

B 点为

$$x_B = x(a,b,t) + \frac{\partial x}{\partial a}\Delta a, \quad z_B = z(a,b,t) + \frac{\partial z}{\partial a}\Delta a$$

C 点为

$$x_C = x(a,b,t) + \frac{\partial x}{\partial b}\Delta b, \quad z_C = z(a,b,t) + \frac{\partial z}{\partial b}\Delta b$$

新位置的微元面积为

$$\Delta A^* = \begin{vmatrix} \frac{\partial x}{\partial a} & \frac{\partial z}{\partial a} \\ \frac{\partial x}{\partial b} & \frac{\partial z}{\partial b} \end{vmatrix} \Delta a \Delta b$$

因液体为不可压缩的，在任意时刻微元体体积不变，得到

$$\begin{vmatrix} \frac{\partial x}{\partial a} & \frac{\partial z}{\partial a} \\ \frac{\partial x}{\partial b} & \frac{\partial z}{\partial b} \end{vmatrix} = 1$$

这就是不压缩拉格朗日连续方程。通常用

$$\frac{\partial}{\partial t}\begin{vmatrix}\dfrac{\partial x}{\partial a} & \dfrac{\partial z}{\partial a}\\ \dfrac{\partial x}{\partial b} & \dfrac{\partial z}{\partial b}\end{vmatrix}=0$$

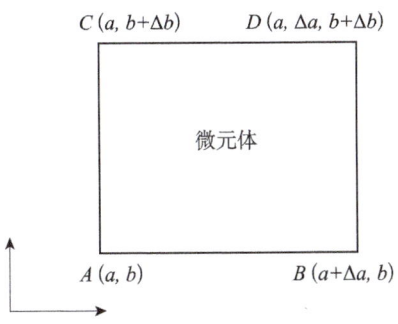

▲ 图3.84　微元体

利用牛顿第二定律，在重力作用下，建立的运动方程为

$$\frac{\partial^2 x}{\partial t^2}=-\frac{1}{\rho}\frac{\partial p}{\partial x}$$

$$\frac{\partial^2 z}{\partial t^2}=g-\frac{1}{\rho}\frac{\partial p}{\partial y}$$

利用复合函数求导关系

$$\frac{\partial p}{\partial a}=\frac{\partial p}{\partial x}\frac{\partial x}{\partial a}+\frac{\partial p}{\partial z}\frac{\partial z}{\partial a}$$

运动方程可表示为

$$\left(-\frac{\partial^2 x}{\partial t^2}\right)\frac{\partial x}{\partial a}+\left(g-\frac{\partial^2 z}{\partial t^2}\right)\frac{\partial z}{\partial a}-\frac{1}{\rho}\frac{\partial p}{\partial a}=0$$

$$\left(-\frac{\partial^2 x}{\partial t^2}\right)\frac{\partial x}{\partial b}+\left(g-\frac{\partial^2 z}{\partial t^2}\right)\frac{\partial z}{\partial b}-\frac{1}{\rho}\frac{\partial p}{\partial b}=0$$

如果用 x_0、z_0 代替 a、b，由此可得到表征质点运动的拉格朗日型的连续和运动方程为

$$\frac{\partial}{\partial t}\begin{vmatrix} \dfrac{\partial x}{\partial x_0} & \dfrac{\partial z}{\partial x_0} \\ \dfrac{\partial x}{\partial z_0} & \dfrac{\partial z}{\partial z_0} \end{vmatrix}=0$$

$$\left(-\frac{\partial^2 x}{\partial t^2}\right)\frac{\partial x}{\partial x_0}+\left(g-\frac{\partial^2 z}{\partial t^2}\right)\frac{\partial z}{\partial x_0}-\frac{1}{\rho}\frac{\partial p}{\partial x_0}=0$$

$$\left(-\frac{\partial^2 x}{\partial t^2}\right)\frac{\partial x}{\partial z_0}+\left(g-\frac{\partial^2 z}{\partial t^2}\right)\frac{\partial z}{\partial z_0}-\frac{1}{\rho}\frac{\partial p}{\partial z_0}=0$$

1）深水推进波（圆余摆线理论）

对于有限振幅的深水推进波，常用的近似理论是1802年由德国物理学家盖司特耐（F. Gerstner，1756～1832年，如图3.85所示）提出的圆余摆线理论。以二维深水波为例说明之。在分析中假定：水体是理想不可压缩液体，不考虑黏性的影响；水深无限大，波浪运动不受海底的影响；水质点在垂直平面上，做等速圆周运动，圆心位于质点静止时的位置之上一定距离；静止时位于同一水平面上的水质点，波动时形成的曲面为波动面，同一波动面上的水质点，具有相等的圆周运动半径r，在水面处$r=h/2$；而在垂直方向，自水面向下r值急剧减小；水质点做圆周运动时，径向线与向上垂线的夹角为相位角θ，在同一瞬时，任一波动面上，相位角顺波浪行进方向随距离的增加而减小；在同一瞬时，圆心位于同一垂线上的各水质点的相位角相等，如图3.86所示。

第3章 液体动力学

▲图3.85 德国物理学家盖司特耐（F. Gerstner，1756~1832年）

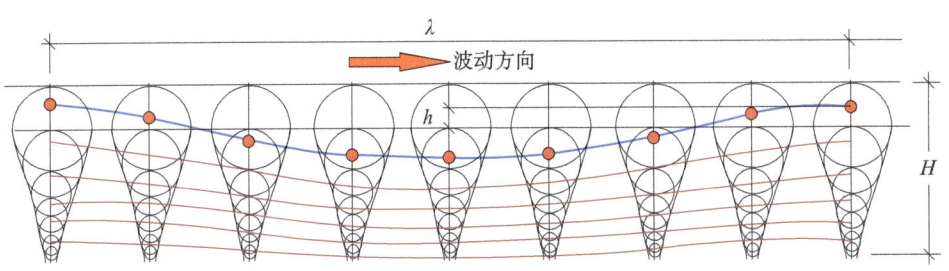

▲图3.86 不同水深圆余摆线波面形状

如图3.87所示，取波浪中线为 x 轴，沿波浪推进方向为正，垂直轴 z 向下为正，水质点 A 的轨迹圆圆心坐标为（x_0, z_0），A 以半径 r 绕圆心点以等速度运动，其运动轨迹为

$$x = x_0 + r\sin\theta$$
$$z = z_0 - r\cos\theta$$

式中，取 $r=f(z_0)$；相位角 θ 写成为

$$\theta = \sigma t - kx_0$$

其中，σ 为质点的角速度，k 为转圆曲率。根据波浪的周期性，对于周期为 T，质点转一周相位角增加 2π，可得

$$\theta = \sigma(t+T) - kx_0 = \sigma t + 2\pi - kx_0$$

故取 $\sigma = 2\pi/T$。同样在 x_0 方向，没增加一个波长 λ，相位角相应减少一个 2π，有

$$\theta = \sigma t - k(x_0 + \lambda) = \sigma t - kx_0 - 2\pi$$

故取 $k = 2\pi/\lambda$。这样可得到深水推进波水质点运动方程。如果取 $z_0=0$，即可求得的水面波形曲线。

$$x = x_0 + r\sin\left(\frac{2\pi}{T}t - \frac{2\pi}{\lambda}x_0\right)$$

$$z = z_0 - r\cos\left(\frac{2\pi}{T}t - \frac{2\pi}{\lambda}x_0\right)$$

将上述水质点的运动轨迹方程代入拉格朗日型连续方程中，得到

$$\frac{\partial}{\partial t}\left[1 + kr\frac{\partial r}{\partial z_0} - \left(kr + \frac{\partial r}{\partial z_0}\right)\cos(\sigma t - kx_0)\right] = 0$$

要使上式成立，$\cos(\sigma t - kx_0)$ 函数前的系数必须为零，并利用水面条件，得到

$$r = \frac{h}{2}e^{-kz_0} = \frac{h}{2}e^{-\frac{2\pi}{\lambda}z_0}$$

该式表明，对于深水推进波，水质点轨迹圆半径 r 在垂直方向上按照 e 指数规律减小，而且波长小的衰减更快，这是符合物理现象的。同样将质点轨迹方程代入拉格朗日型运动方程中，积分后得到在自由面处的压强为

$$\frac{p_a}{\rho} = \left(\frac{\sigma^2}{k} - g\right)r_0\cos(\sigma t - kx_0) + \frac{1}{2}\sigma^2 r_0^2 + C$$

式中，p_a 为大气压强，C 为自由常数。显然，要使上式成立，必须满足

$$\frac{\sigma^2}{k} - g = 0$$

这说明，在深水推进波情况下，质点运动的角速度平方值等于转圆曲率与重力加速度的乘积（深水波的色散关系）。将 $\sigma=2\pi/T$ 和 $k=2\pi/\lambda$ 代入色散关系中，得到波速和波周期为

$$a = \frac{\lambda}{T} = \sqrt{\frac{g\lambda}{2\pi}}, \quad T = \sqrt{\frac{2\pi\lambda}{g}}$$

深水推进波的波速和波周期与波长成正比关系，即波长越长，波速和波周期越大。

对于水面波形，由 $t=0$，$z_0=0$，$r=h/2$，并利用 $\theta=\sigma t-kx_0=-kx_0$，代入质点运动方程中，得到水面波形方程，其中 θ 为参变数。

$$x = -\frac{\lambda}{2\pi}\theta + \frac{h}{2}\sin\theta$$

$$z = -\frac{h}{2}\cos\theta$$

由此方程得到的曲线就是圆余摆线。所谓圆余摆线是指每个圆沿其切线滚动时，圆内某点所绘出的曲线。如果是圆周上点绘出的曲线，称为圆摆线，如图 3.88 所示。用类似的方法，可得到任意水深处波动面曲线方程为

$$x = -\frac{\lambda}{2\pi}\theta + \frac{h}{2}e^{-kz_0}\sin\theta$$

$$z = z_0 - \frac{h}{2}e^{-kz_0}\cos\theta$$

利用上式，可以绘出不同水深处的波浪形面，如图 3.89 所示。在不同层的水质点圆周运动速度为

$$u = \frac{2\pi r}{T} = r\sqrt{\frac{2\pi g}{\lambda}} = \frac{h}{2}e^{-kz_0}\sqrt{\frac{2\pi g}{\lambda}}$$

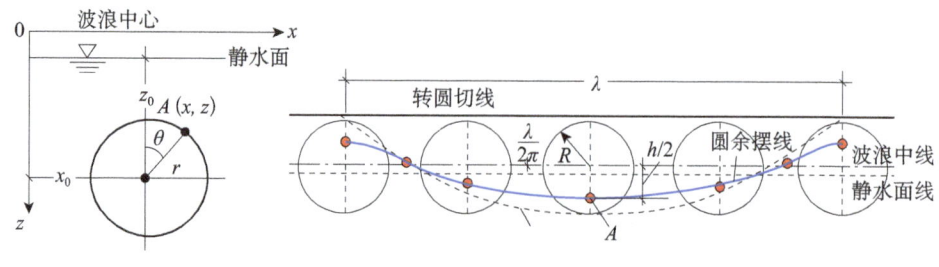

▲ 图3.87 余摆线方程建立

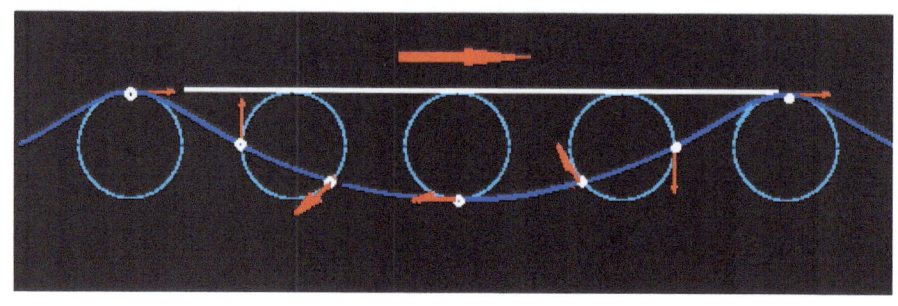

▲ 图3.88 圆摆线

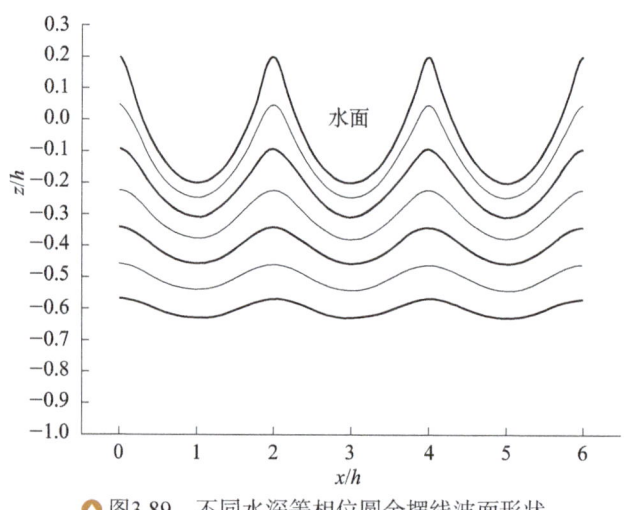

▲ 图3.89 不同水深等相位圆余摆线波面形状

2）浅水推进波（椭圆余摆线理论）

考虑到深水推进波特征受到水深的影响较大，1871年法国科学家布辛尼斯克（J.V. Boussinesq，图1.71）提出了椭圆余摆线理论。椭圆余摆线理论的假设、推导过程与圆余摆线理论完全类似，其主要不同之处在于：水质点做椭圆运动，椭圆的长轴为水平轴（波传播方向），椭圆的短轴为垂直轴，椭圆的长轴和短轴沿垂直方向减小。水质点在椭圆轨迹上不再做等速运动，但其相速度仍为等速，如图3.90所示。

如图3.91所示，设波浪中线为x轴，z轴垂直向下为正，水深H，在水域中任意取一点(x_0, z_0)作为椭圆中心，其长半轴为a，短半轴为b，相位角为θ，则在此椭圆线上的水质点M的运动轨迹为

$$x = x_0 + a\sin\theta = x_0 + a\sin(\sigma t - kx_0)$$
$$z = z_0 - b\cos\theta = z_0 - b\cos(\sigma t - kx_0)$$

相应的水质点速度为

$$u = \frac{\partial x}{\partial t} = \sigma a\cos\theta, \quad w = \frac{\partial z}{\partial t} = \sigma b\sin\theta$$

但按照定义，相位角θ并不是M点与轨迹中心连线和垂线之间的夹角，而是内外辅助圆的径线和垂线的夹角。从径线与内外辅助圆的交点A、B分别引水平和垂线，其交点为水质点M的位置。$\theta = \sigma t - kx_0$，其中σ和k分别表示相位角速度和转圆曲率。推导过程完全一样，利用拉格朗日连续方程，可得质点轨迹圆的长短半轴分别为

$$a = \frac{h}{2}\frac{\cosh k(H-z_0)}{\sinh kH}, \quad b = \frac{h}{2}\frac{\sinh k(H-z_0)}{\sinh kH}$$

而且还应满足下列条件为

$$k^2(a^2 - b^2) = \left(\frac{h}{\lambda}\right)^2 \frac{\pi^2}{\sinh^2 kH} = 0$$

对于波高h与波长λ比值很小时，上式才能成立。一般发生浅水波时，

水深较小，此时当 kH 很小时，$\sinh kH \approx kH$，则有

$$k^2(a^2-b^2)=\frac{1}{4}\left(\frac{h}{H}\right)^2$$

说明波高与水深之比越大，越不满足连续性方程。其误差大小正比于波高与水深之比的平方，当 h/H 很小时，$a \approx b$，水质点将做圆周运动，称为深水推进波。a 和 b 是 z_0 的函数，在水面上，$z_0=0$，则有

$$a_0=\frac{h}{2}\coth kH, \quad b_0=\frac{h}{2}$$

在水底，$z_0=H$，得到

$$a_H=\frac{h}{2}\frac{1}{\sinh kH}, \quad b_H=0$$

椭圆的焦距

$$a_H=\frac{h}{2}\frac{1}{\sinh kH}, \quad b_H=0$$

显然，水质点的轨迹椭圆从水面向下逐渐扁平缩小，但焦距保持不变，在水底水质点在两焦点之间做水平振动。

将水质点的运动轨迹方程代入拉格朗日运动方程中，化简后得到满足运动的条件为

$$gb_0-\frac{\sigma^2 a_0}{k}=0$$

将 $\sigma=2\pi/T$ 和 $k=2\pi/\lambda$ 代入上式，得到波速和波周期为

$$a=\frac{\lambda}{T}=\sqrt{\frac{g\lambda}{2\pi}}\sqrt{\text{th}\,kH}, \quad T=\sqrt{\frac{2\pi\lambda}{g}\frac{a_0}{b_0}}=\sqrt{\frac{2\pi\lambda}{g}}\sqrt{\text{cth}\,kH}$$

由此可见，与深水推进波相比，浅水推进波的波速和周期不仅与波长有关，而且随水深而变化。在同样的波长下，浅水波的周期大于深水波的，浅水波的波速小于深水波的。因 $H/\lambda>1/2$ 时，$\text{th}\,kH \approx 1$，于

是代入上式得到与深水波的波速和周期相同的结果，因此实际计算中，常把 $H/\lambda=1/2$ 作为深浅水波的分界线。

对于浅水波的水面波形，由 $t=0$，$z_0=0$，$a=a_0$，$b=b_0=h/2$，并利用 $\theta=\sigma t-kx_0=-kx_0$，代入质点运动方程中，得到水面波形方程，其中 θ 为参变数。

$$x = -\frac{\lambda}{2\pi}\theta + a_0\sin\theta = -\frac{\lambda}{2\pi}\theta + \frac{h}{2}\text{cth}kH\sin\theta$$

$$z = -b_0\cos\theta = -\frac{h}{2}\cos\theta$$

同样可求得，水下任意波面的波形方程为

$$x = -\frac{\lambda}{2\pi}\theta + a\sin\theta = -\frac{\lambda}{2\pi}\theta + \frac{h}{2}\frac{\cosh k(H-z_0)}{\sinh kH}\sin\theta$$

$$z = -b\cos\theta = -\frac{h}{2}\frac{\sinh k(H-z_0)}{\sinh kH}\cos\theta$$

与圆余摆线相比，椭圆余摆线的水面波峰更尖，波谷更坦。由此得到的不同水深下，水面形状曲线如图 3.92 所示。

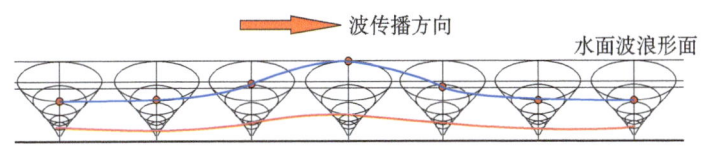

▲ 图3.90　椭圆余摆线水面形状

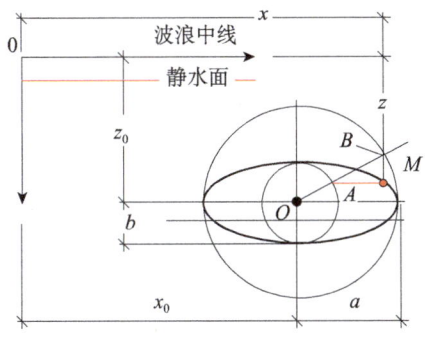

▲ 图3.91　椭圆余摆线定义

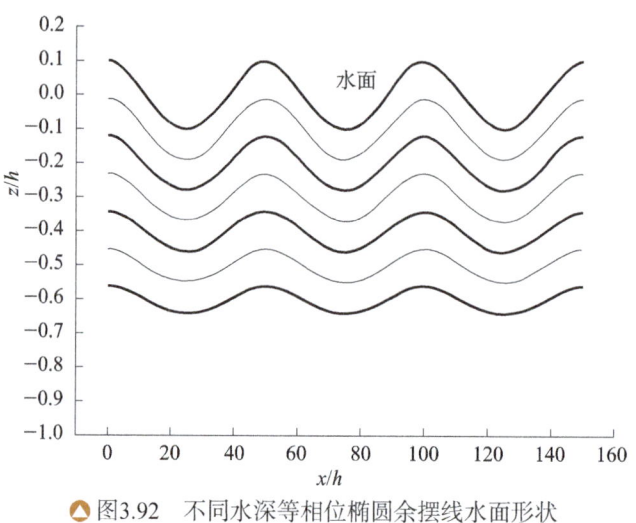

图3.92 不同水深等相位椭圆余摆线水面形状

6. 孤立波

孤立波是一种以单波峰或波谷传播的有限振幅的波,可出现在浅水域中,如图3.93所示。这种波动最早是由英国科学家和造船工程师罗素(John Scott Russell, 1808~1882年,如图3.94所示)于1844年在实验室中发现,并从理论上开展了研究,提出孤立波理论(如图3.95所示)。由于海浪传入底坡平坦的浅水区域之后,其图像与孤立波相似,所以孤立波研究结果常用来分析近岸的海浪。据记载,罗素在1834年秋,在一条运河道上注意到由两匹骏马拉着的一只迅速前进的船突然停止时,被船所推动的一大团水体不停下来,而是形成一个光滑又轮廓分明的大水包,其高度约0.3~0.5m、长约1.0m,并以每小时约13km的速度沿着河面向前传播。罗素骑马沿运河跟踪这个水包时发现,它的大小、形状和速度变化很慢,直到3~4km后,才在河道上渐渐地消失。后来罗素进行了大量的水槽试验,并把这种奇特的波包称为孤立波(如图3.96和图3.97所示)。罗素在水槽中再现了这种孤立波,并试图寻求其解,但未成功。

第3章　液体动力学

▲ 图3.93　孤立波

▲ 图3.94　英国科学家和造船工程师罗素（John Scott Russell，1808～1882年）

▲ 图3.95　在河中的孤立波

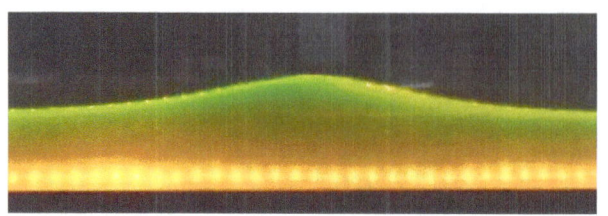

▲ 图3.96　孤立波包

▲ 图3.97　海岸边的孤立波

后来在 1895 年，由荷兰数学家科特韦格和德弗里斯提出一种表征单一波传播的偏微分方程，即著名的 *KdV* 方程。他们研究表明：罗素观察到的孤立波是波动过程中非线性效应与色散现象互相平衡的结果，*KdV* 方程表征弱非线性和弱色散相互作用的现象。基本特点是，孤立波是分布在一个小区域中单方向传播的行波，其波形不随时间变化。两个孤波碰撞时，互相穿透且维持原来波形和速度。

为了便于求解，在经典微幅波线性理论中，水质点的垂向加速度、运动方程中的非线性对流项、能量方程中的非线性动能（自由面等压条件）项均被忽略，由此导出了正弦或余弦波理论。其中，忽略水质点垂向速度和加速度，得到水质点静压强满足在静水压强分布规律；忽略运动方程中的非线性对流项，得到线性波动方程；忽略自由面等压条件能量方程中的动能项，得到线化边界条件。利用这些假定建立的微幅波理论解，对于深水波是适应的，误差较小。但对于浅水区的长波运动问题，这些假定就不适应了，为了提高理论预测精度，需要进行修正。1871年法国科学家布辛尼斯克在研究浅水波运动，首先考虑了对流非线性项和垂向加速度对波动的影响，提出对静水压强分布规律的修正关系。如取垂直轴 z 向上，水平轴 x 取在平衡水面，由垂向运动方程（垂向速度 w），简化后（忽略垂向方程中的非线性对流项）得到

$$\frac{\partial w}{\partial t} = -\frac{1}{\rho}\frac{\partial p}{\partial z} - g$$

对于水平底的情况，水深 H 是常数，在底部法向速度为零，即 $w_b=0$。而在水面上，水质点的垂向速度为 $w_s \approx \frac{\partial \eta}{\partial t}$，假定垂向速度沿水深线性变化，则有

$$w(x,z,t) = \frac{z}{H+\eta}\frac{\partial \eta}{\partial t}$$

其中，η 为波高。对该式时间 t 求偏导，忽略小量并代入前式中，得到

$$\frac{z}{H+\eta}\frac{\partial^2 \eta}{\partial t^2} = -\frac{\partial}{\partial z}\left(\frac{p}{\rho}+gz\right)$$

对上式从 z 积分到自由面（$H+\eta$），得到

$$\frac{p}{\rho} = g(H+\eta-z) + \frac{(H+\eta)^2-z^2}{2(H+\eta)}\frac{\partial^2 \eta}{\partial t^2}$$

这个式子即为布辛尼斯克导出的考虑垂向加速度对水质点静水压强分

布规律的修正。将该式代入水平方向的运动方程并略去小量，得到

$$\frac{du}{dt} = -g\frac{\partial \eta}{\partial x} - \frac{(H+\eta)^2 - z^2}{2(H+\eta)}\frac{\partial^3 \eta}{\partial t^2 \partial x}$$

考虑到浅水波特征，对上式沿水深积分，将 $u(x, z, t)$ 变为水深平均速度 $v(x, t)$，即

$$v(x,t) = \frac{1}{H+\eta}\int_0^{H+\eta} u(x,z,t)\mathrm{d}z$$

得到著名的关于非线性水波运动的布辛尼斯克方程为

$$\frac{\partial v}{\partial x} + v\frac{\partial v}{\partial x} + g\frac{\partial \eta}{\partial x} + \frac{H+\eta}{3}\frac{\partial^3 \eta}{\partial t^2 \partial x} = 0$$

该式中的最后一项即为考虑垂向加速度影响的附加项。

依据渐进逼近思想，1895年荷兰数学家科特韦格和与他的学生德弗里斯在研究浅水波运动时，提出著名的 KdV 方程。对于二维波动问题，将垂直坐标 z 原点取在底壁处，则速度势函数的定解问题为

$$\frac{\partial^2 \varphi}{\partial x^2} + \frac{\partial^2 \varphi}{\partial z^2} = 0$$

$$\left.\frac{\partial \varphi}{\partial z}\right|_{z=0} = 0$$

$$\frac{\partial \eta}{\partial t} + \frac{\partial \varphi}{\partial x}\frac{\partial \eta}{\partial x} - \frac{\partial \varphi}{\partial z} = 0, \quad z = H+\eta$$

$$g\eta + \frac{\partial \varphi}{\partial t} + \frac{1}{2}\left[\left(\frac{\partial \varphi}{\partial x}\right)^2 + \left(\frac{\partial \varphi}{\partial z}\right)^2\right] = 0, \quad z = H+\eta$$

在这组方程中，控制方程是线性的，自由面条件（流面和等压条件）是非线性的，直接求解较为困难，但对浅水长波问题可作近似处理。设波长为 λ，水面波振幅为 A，在 x 与 z 方向尺度比定义的参数

$$\alpha = \frac{A}{H}, \quad \beta = \frac{H^2}{\lambda^2}$$

其中 α、β 为小量，是近似解参数。对上述定解问题无量纲化，定义

$$x = \lambda x', \quad z = Hz', \quad t = t'\frac{\lambda}{\sqrt{gH}}, \quad \eta = A\eta', \quad \varphi = \frac{g\lambda A}{\sqrt{gH}}\varphi'$$

由此得到无量纲速度势函数的定解问题为

$$\beta^2 \frac{\partial^2 \varphi'}{\partial x'^2} + \frac{\partial^2 \varphi'}{\partial z'^2} = 0$$

$$\left.\frac{\partial \varphi'}{\partial z'}\right|_{z'=0} = 0$$

$$\frac{\partial \eta'}{\partial t'} + \alpha \frac{\partial \varphi'}{\partial x'}\frac{\partial \eta'}{\partial x'} - \frac{1}{\beta^2}\frac{\partial \varphi'}{\partial z'} = 0, \quad z' = 1 + \alpha\eta$$

$$\eta' + \frac{\partial \varphi'}{\partial t'} + \frac{1}{2}\alpha\left[\left(\frac{\partial \varphi'}{\partial x'}\right)^2 + \frac{1}{\beta}\left(\frac{\partial \varphi'}{\partial z'}\right)^2\right] = 0, \quad z' = 1 + \alpha\eta$$

对该组方程做近似处理，保留关于 α、β 的一阶小量，其近似解为

$$\varphi' \approx -\frac{z'^2}{2}\frac{\partial V'}{\partial x'}\beta, \quad V' = \frac{\partial \varphi'}{\partial x'} = \eta' - \frac{1}{4}\alpha\eta'^2 + \frac{1}{3}\beta\frac{\partial^2 \eta'}{\partial x'^2}$$

由自由面条件得到的非线性微分方程为

$$\frac{\partial \eta'}{\partial t'} + \frac{\partial \eta'}{\partial x'} + \frac{3}{2}\alpha\eta'\frac{\partial \eta'}{\partial x'} + \frac{1}{6}\beta\frac{\partial^3 \eta'}{\partial x'^3} = 0$$

该方程即为无量纲化的 KdV 方程，方程中第三项为非线性效应，第四项为色散效应。将其转化成有量纲形式为

$$\frac{\partial \eta}{\partial t} + \sqrt{gH}\left(1 + \frac{3\eta}{2H}\right)\frac{\partial \eta}{\partial x} + \sqrt{gH}\frac{H^2\partial^3 \eta}{6\partial x^3} = 0$$

这个方程的解具有典型的孤波性质，传播方向单一，传播速度为

$$a = \sqrt{gH}\left(1 + \frac{1}{2}\frac{A}{H}\right)$$

其中，A 为孤立波峰高。其解为

$$\frac{\eta}{H} = \frac{A}{H}\operatorname{sec}h^2\left(\sqrt{\frac{3A}{4H}}\frac{x-at}{H}\right)$$

由该式计算的孤立波波面分布曲线，如图3.98所示。

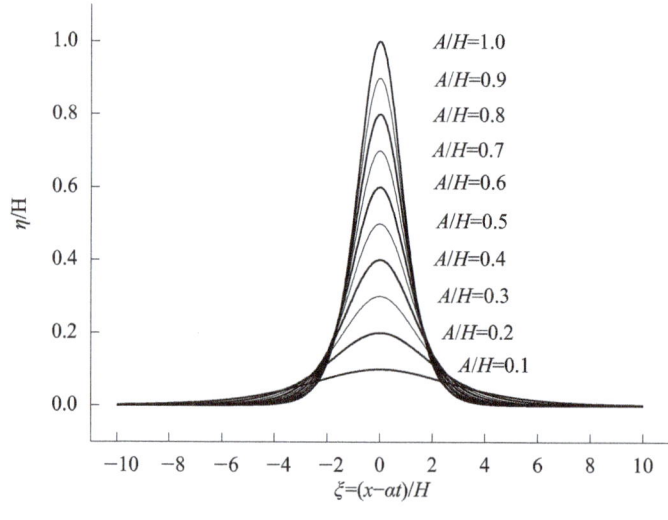

图3.98 *KdV*孤立波解

3.9 液体动力学应用

液体动力学是一门应用科学，所研究的课题皆来自生产实践，与工程技术密切相关，主要应用领域如下：

1. 水利水电工程

水利水电工程是历史最久的工程科学之一。防洪工程中需要决定防洪库容、泄洪容量、堤顶高程等数据；洪水预报需要知道洪水运行规律；工业发展必须防止对河流的污染，这些问题都能从明槽水流的研究中得到解决（如图3.99和图3.100所示）。通过高坝下泄的掺气水流具有很大的动能，会引起冲刷，必须建立各种不同形式的消能工（如图3.101～图3.105所示）；多沙河流的河道、河口以及水库的淤积，可能影响航道或使已建的工程丧失作用，这些问题可通过对水力学和泥沙运动的研究获得解决办法。建造水力发电站和抽水工程时（如图3.106所示），需要研究水力机械的出力、发生振动的条件、启闭过程中的特性变化，主要防止或减少空蚀破坏。这些方面都是水力学的应用。

🔺 图3.99　南水北调中线输水工程（明渠流）

🔺 图3.100　长江（清水）和黄河（泥沙流，河道水流）

▲ 图3.101　自由水跃与典型底流消能

▲ 图3.102　风滩水电站挑流消能与白山水电站溢流坝挑流消能

▲ 图3.103　隔河岩水电站宽尾墩挑跌流消能和大朝山宽尾墩坝面台阶庨流消能

第3章 液体动力学

▲图3.104 二滩水电站挑跌流水垫塘消能

▲图3.105 三峡水电站坝身孔口泄洪（原型）

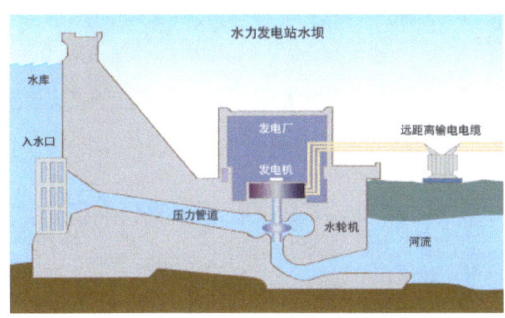

▲图3.106 水力发电站（水轮机）

2. 造船工程

由于造船技术的需要，古代已对船舶力学有了一定的认识。船舶匀速前进和加速前进所遇到的阻力以及航行时的安全性，始终是造船工程中最重要的问题。长期以来研究的螺旋桨出力（如图3.107所示）、兴波阻力、附连质量、适航性等都是为了解决这些问题的。造船技术的革新，水翼船、气垫船的出现（见水翼，气垫），对水动力学提出更高的要求。在水中高速运行的水翼、鱼雷等产生的空泡流，快艇、赛艇、水上飞机的浮舟在水面上的滑行（如图3.108和图3.109所示），船舶、闸门、管道等弹性体的振动，水面舰船、潜艇、鱼雷等所产生的水动力噪声等都是水动力学的重要研究课题。近代武器（如潜艇、鱼雷、反潜导弹，如图3.110和图3.111所示）等是和水动力学研究密切相关的武器。水下发射引起出水的研究；鱼雷、反潜导弹、航天飞船的仪器舱和座舱的入水引起撞水和入水的研究。

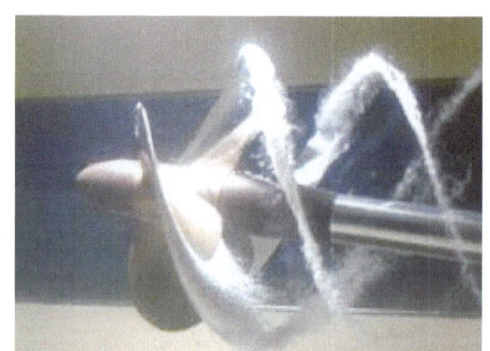

🔺 图3.107　水桨空化流（baike.baidu.com）

🔺 图3.108　舰船行波阻力

第 3 章　液体动力学

🔺 图3.109　水上飞机与地效飞机

🔺 图3.110　快艇与鱼雷

🔺 图3.111　巨浪2洲际导弹

3. 润滑与液压传动

机械工程中的润滑和液压传动，是液体动力学的研究课题之一（如图3.112所示）。润滑是摩擦学研究的重要内容。改善摩擦状态以降低摩擦阻力减缓磨损的技术措施。一般通过润滑剂来达到润滑的目的。另外，润滑剂还有防锈、减振、密封、传递动力等作用。充分利用现代的润滑技术能显著提高机器的使用性能和寿命并减少能源消耗。

液压传动是用液体作为工作介质来传递能量和进行控制的传动方式。液压传动和气压传动称为流体传动，是根据17世纪帕斯卡提出的液体静压力传动原理而发展起来的一门新兴技术，是工农业生产中广为应用的一门技术。如今流体传动技术水平的高低已成为一个国家工业发展水平的重要标志。

▲图3.112　润滑与液压传动(baike.baidu.com)

4. 海洋与海岸工程

由于船舶工业、水利工程的需要，自由表面流动的研究工作早已开始。海洋工程的发展，对这方面的研究又提出新的要求，因此研究波浪运动一直该领域的重点。波浪运动复杂，特别是对于海浪（风生波浪）的运动，规则波较少，通常表现为不规则的随机波浪，尤其是遇到大风、波浪受到岸边或船舶的冲击，将会引起复杂的破碎波浪运动，形式上在浪尖处形成"白帽"，这些波对航运、港口、海洋等工程将产生重要的影响，如图3.113～图3.117所示。

🔺图3.113　海岸波浪冲击（baike.baidu.com）

🔺图3.114　波浪破碎（www.nipic.com）

▲图3.115 波浪破碎（急变水流，动力黏性系数$\mu=1.005\times 10^{-3}$Pa.s）(www.nipic.com)

▲图3.116 零下7°的波浪（动力黏性系数$\mu=3.5\times 10^{-3}$Pa·s)

图3.117 零下7°的波浪（动力黏性系数$\mu=3.5\times10^{-3}$Pa·s）

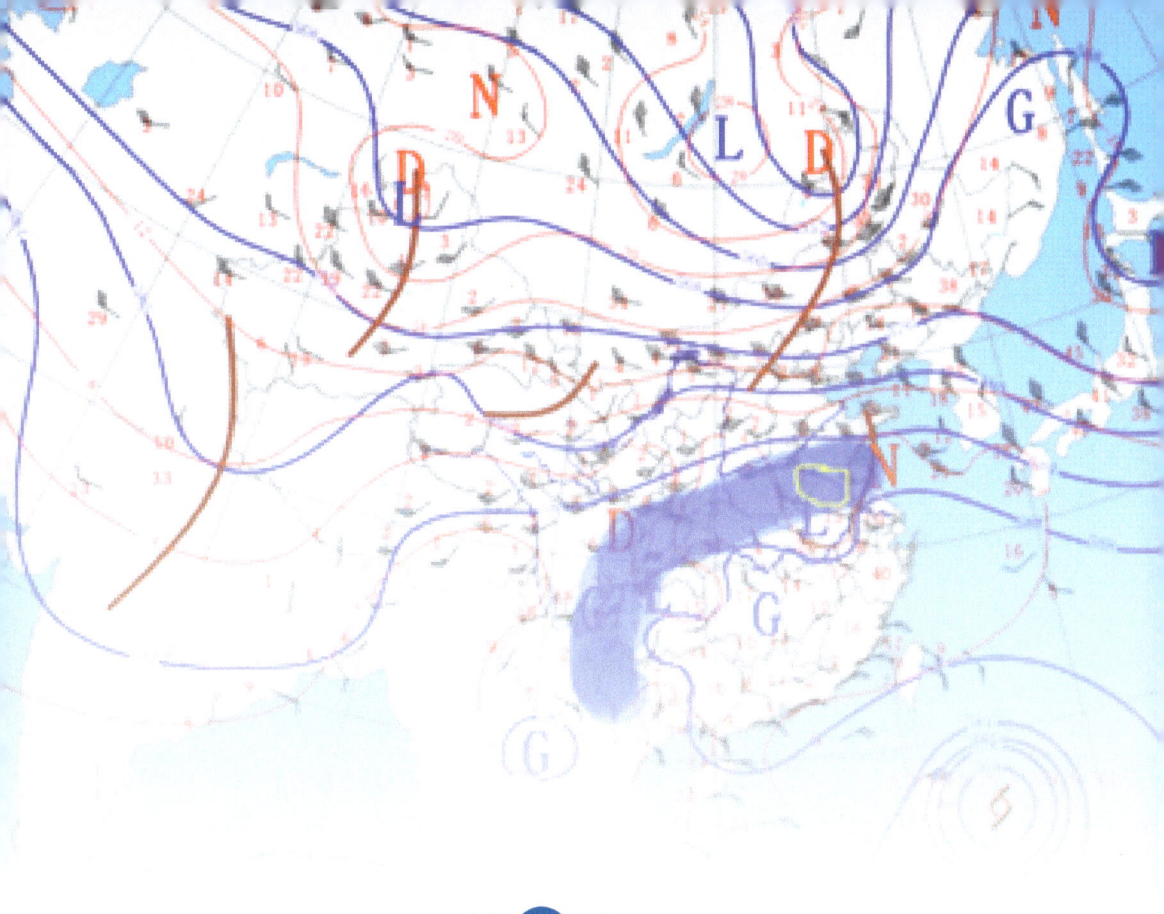

第 4 章

计算流体力学

4.1 计算流体力学起源

计算流体力学是 20 世纪 60 年代发展起来的一门科学，其与理论流体力学、实验流体力学构成现代流体力学的三大分支。而且计算流体力学在工业界起的作用更显突出，特别对飞机设计而言，计算流体动力学是重要的流动模拟和分析工具。

将计算机技术和离散化的数值方法有机结合，构成了计算流体力学的基础。早在 20 世纪初期，英国气象学家理查森（L. F. Richardson，1881~1953 年）首先进行了数值天气预报的尝试。1922 年，他在《天气预报的数值方法》一书中论述了数值预报的原理和可能性，并且应用完全的原始方程组，对欧洲地区的地面气压场进行了 6 小时的预报。但其结果很不理想。他预报该地区的气压在 6 小时中的变化为 154mba（毫巴，也就是百帕），而实际气压几乎没有变化。当时理查森将这次失败归之于所取的初值不准确，他的失败曾使人们一度怀疑数值天气预报的可能性。直到第二次世界大战结束之后，由于计算机的出现，气象观测网、特别是高空观测的发展，气象资料有了很大的改善，数值天气预报又引起了人们的注意。特别是人们认识到理查森的失败，主要在于他所用的方程组的解，不仅包含了长波等慢过程，也包含了高速传播的声波和重力波。这些高速波的实际振幅都很小,但在计算过程中常被扩大,以致掩盖了气象上有意义的扰动。1948年,美国气象学家查尼(Jule Gregory Charney,1917~1981年,如图4.1所示,20世纪最伟大的气象学家之一)在美国气象学家罗斯比(Carl-Gustaf Arvid Rossby,1898~1957年,如图4.2所示)等工作的基础上,提出了滤波理论,证明了采用静力平衡和地转平衡近似可以消除重力波和声波。这样建立的简化方程组避免了声波和重力波的影响。1950年,美国数学家冯·诺伊曼(John von Neumann,1903~1957年,如图4.3所示)等用准地转正压模式,在计算机上首次成功地对北美地区500百帕高度的气压场,作了24小时的预报。

图4.1　美国气象学家查尼(Jule Gregory Charney,1917~1981年)是20世纪最伟大的气象学家之一

🔺 图4.2 美国气象学家罗斯比（Carl-Gustaf Arvid Rossby，1898~1957年）

🔺 图4.3 美国数学家诺伊曼（John von Neumann，1903~1957年，计算机发明人）

第 4 章　计算流体力学

自从 1946 年计算机问世以来，数值模拟开始得到快速发展。1963 年美国科学家哈洛（F. H. Harlow）和弗罗姆（J. E. Fromm）用当时的 IBM7090 计算机，成功地解决了二维长方形柱体的绕流问题并给出尾流涡街的形成和演变过程，受到普遍重视。1965 年，哈洛和弗罗姆发表《流体动力学的计算机实验》一文，对计算机在流体力学中的巨大作用作了引人注目的介绍。从此，人们把 20 世纪 60 年代中期看成是计算流体力学兴起的标志。

计算流体力学的历史虽然不长，但已广泛深入到流体力学的各个领域，相应地也形成了各种不同的数值解法。就目前情况看，主要是有限差分方法和有限元法。有限差分方法在流体力学中已得到广泛应用，而有限元法是从求解固体力学问题发展起来的。近年来在处理低速流体问题中，已有相当多的应用，而且还在迅速发展中（包括大量的天气预报，如图 4.4 所示）。

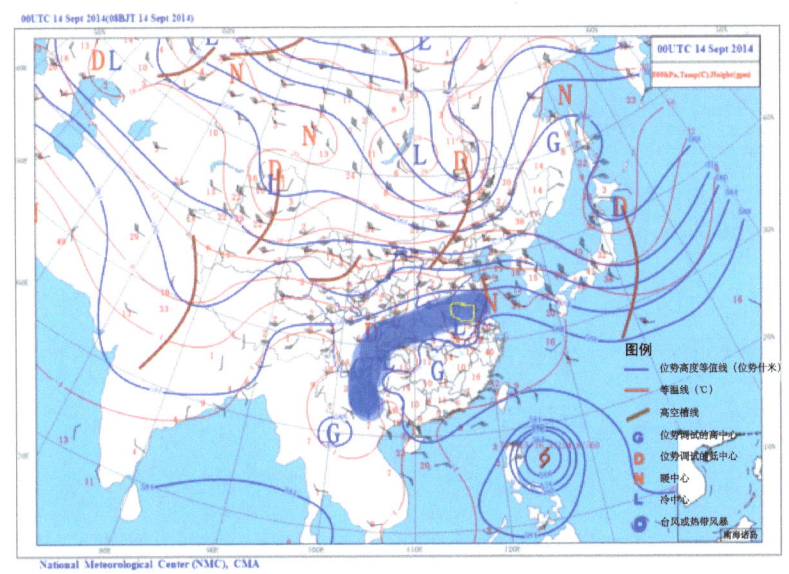

图4.4　气象预报（等压线分布）(www.chinabaike.com)

4.2 离散格式与迭代方法

计算流体力学是近代流体力学、数值方法和计算机科学相结合的产物，它以计算机为工具，应用各种离散化的数值方法，对近代流体力学的各类问题进行数值试验、计算模拟和分析研究。虽然只有50多年的历史，但却发展迅速，并活跃在许多领域。

早在20世纪初，Runge（1909）、Richardson（1910）和Liebmann就提出了求解调和方程的五点差分离散格式和迭代解法。1928年，Courant、Friedrichs和Lewy在他们的著名论文《论数学物理方程的偏差分方程》中，第一次提出了差分方法的收敛性问题，并证明了对双曲型方程收敛的CFL条件，使得对差分方法的认识提到了新的高度。尽管Poincare早就指出，离散的简单算法的逼近可以达到任意的精确，但因计算手段的落后，加之流体动力学面临的问题又异常复杂，所以当时即使是极其简单的流体动力学模型，也难以算出满意的近似解来。1946年，第一台电子计算机ENIAC问世，同时Neumann在一份报告中预言：数值方法将可以取代解析方法去解决流体的非线性问题。其后十多年中，迅速出现了大量的算例，有关的数值方法和理论研究也开始在多方面展开，如Crank-Nicolson（1947）提出的算术平均隐格式，Neumann和Richtmyer（1950）计算激波管问题的人为黏性法，Lax（1954）的守恒型格式，Peaceman、Rachford（1955）、Douglas（1956）的交替方向法，特征线装配法，Harlow等（1957）的格子中的质点法等。理论研究在差分格式的相容性、收敛性和稳定性方面取得了卓有成效的进展。Lax等价性定理、Neumann稳定性分析法以及对黏性项的分析在形式上有了相当完美的结果。此外，先后计算了黏性不可压缩绕流、激波管等各种问题。尽管如此，由于受计算机功能的限制和人机对话的困难，所能实现的流体动力学模型多为理想流体模型，这期间的工作主要以奠定计算流体动力学基础为目的。

到了20世纪60年代，高速度、大容量、多功能计算机的广泛应用，促使各种流体动力学的数值方法快速发展，如格子类方法（MAC、FLIC、CEL等），激波捕捉法和装配法，分数步法与算子分裂法，线法，谱法，随机选择法，以及有限元和边界元法。这些方法更为精细，适用于多种实际问题。与此同时，在数学模型研究和离散化方法的理论分析方面也有了深入的发展，建立了多种解析的、离散的和统计的流体动力学模型；差分方法的定性分析理论，从已有的相容性、收敛性和稳定性分析，发展到耗散性、色散性、传输性、单调性和守恒型等多方面的理论分析；分析的方法也由Fourier分析发展为能量分析和余项效应分析。这些理论研究的深入，为数值方法的设计、选择和应用提供了科学的依据。

1965年，美国科学家Harlow和Welch提出了交错网格的思想，把速度分量与压力存放在相差半个步长的网格上。这样有效地解决了速度与压力存放在同一套网格上时会出现的棋盘式不合理压力场的问题，建立了求解N-S方程（不可压缩黏性流体的运动微分方程）的原始变量法（即以速度、压力为求解变量的方法）的发展。

1966 年，Gentry、Martin 及 Daly 三人，以及 Barakat 和 Clark 等，各自介绍了迎风格式在求解可压缩流及非稳态层流流动中的应用。交错网络的提出及对流项迎风差分的采用，为数值求解流动与对流换热问题奠定了基础。1967 年 Patankar 和 Spalding 发表了求解抛物型流动的 P-S 方法。

1972 年 Patankar 和 Spalding 提出 SIMPLE 算法，该方法采用分离式的求解技术，解决了速度与压力的耦合问题。其基本思想是：先求解有关一个速度分量，而把其他变量作为常数，随后再逐一求解其他变量；在流场迭代求解的任何一个层次上，速度场都必须满足质量守恒方程，这是保证流场迭代计算收敛的一个十分重要的原则。

1974 年美国学者 Thompson、Thames 和 Mastin 提出了采用微分方程来生成贴体坐标的方法（TTM），为有限差分法与有限容积法处理不规则边界问题提供了一条崭新的道路——通过变换把物理平面上的不规则区域（二维问题）变换到计算平面上的规则区域，从而在计算平面上完成计算，再将结果传递到物理平面上。TTM 方法提出以后，逐渐地在 CFD 领域中形成了"网格生成技术"分支。

特别是通过数值模拟和计算机实验，还发现了一些尚未被人们认识的新的物理现象。例如，1965 年 Zabusky 和 Kruskel 通过数值模拟揭示了 KdV 方程孤立波所呈现的守恒性和类粒子性。此后，还在许多不同领域通过数值实验相继发现孤立子的存在。又如，1968 年 Cambell 和 Mueller 在计算机实验中发现了亚声速的倾斜诱导分离现象，以后才被风洞实验所证实。这些发现使人们再也不能把数值计算仅仅看成是理论和实验研究的辅助手段，而是独立于理论和实验的一个学科方向，可以通过数值模拟寻求复杂流动问题的客观规律。

1979 年 Leonard 发表了著名的 QUICK 格式。这是一个具有三阶精度的对流项离散格式，其稳定性优于中心差分。目前 QUICK 格式已在 CFD 研究与应用中得到广泛的应用。

随着计算机工业的进一步发展，CFD 逐步由二维向三维，由规则区域向不规则区域，由正交坐标系向非正交坐标系发展。于是，为克服棋盘形压力场而引入的交错网格的一些弱点，1982 年 Rhie 与 Chou 提出了同位网格方法。这种方法吸取了交错网格成功的经验而又把所有的求解变量布置在同一套网格上，目前在非正交曲线坐标系的计算中得到广泛的应用。关于处理不可压缩流场计算中流速与压力的耦合关联算法，先后提出了 SIMPLER\SIMPLEC 算法。

计算流体力学的快速发展，除了计算机硬件工业的发展给其带来坚实的物质条件外，还主要因为流体力学的理论分析方法和实验方法都有较大的限制。例如，由于问题的复杂性，既无法作解析解，也因费用昂贵而无力进行实验确定。因而流体动力学计算（CFD）方法正好弥补了理论和实验研究复杂问题的缺陷，以其具有成本低和可模拟复杂物理等优点得到人们的高度重视（如图 4.5～图 4.9 所示）。近年来，经过大量考核的 CFD 软件极大地拓宽了实际应用的范围。在给定的参数下用计算机对现象进行一次数值模拟相当于进行一次数值实验，历史上也曾有过首先由 CFD 数值模拟发现新现象而后由实验予以证实的例子。

流体力学通论

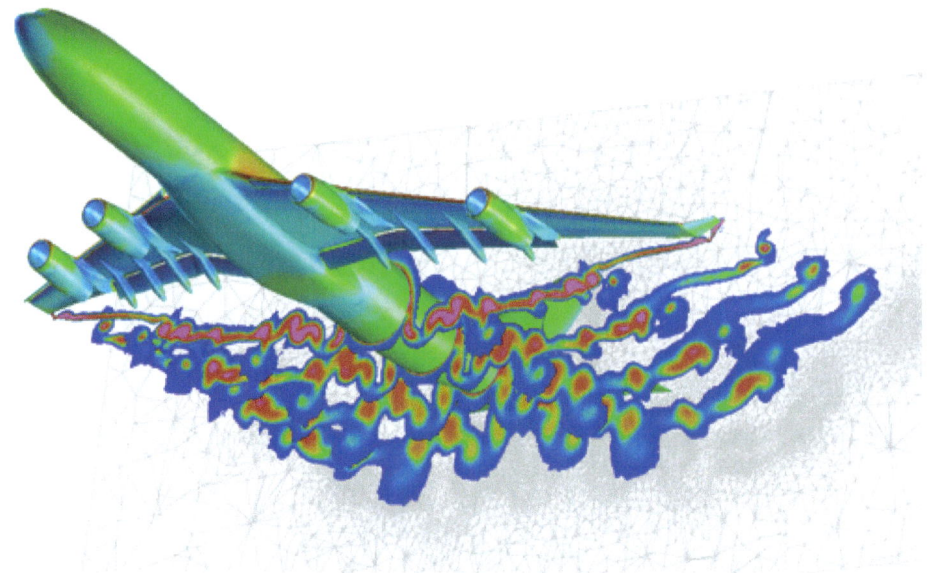

▲ 图4.5　数值模拟大型客机绕流涡场（引自德国宇航中心DLR）

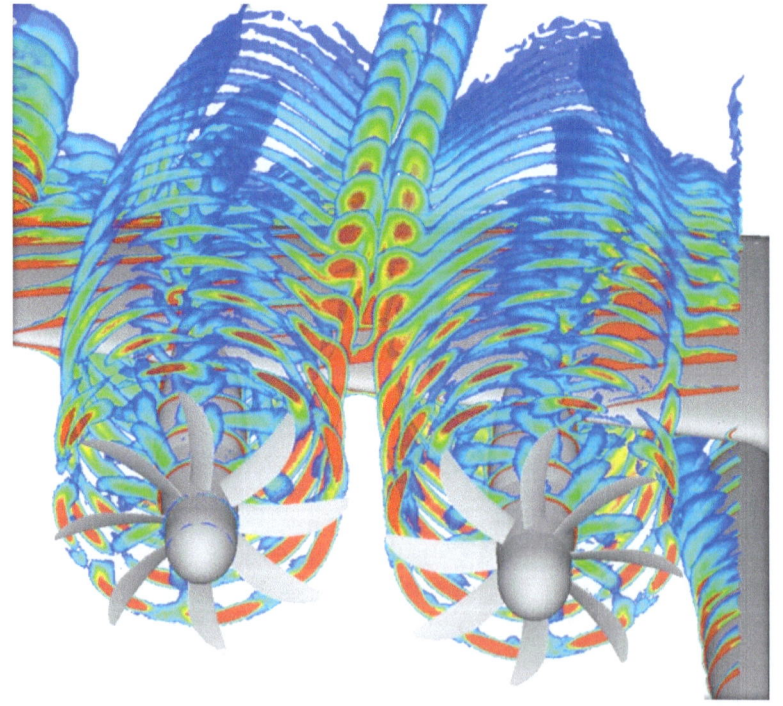

▲ 图4.6　数值模拟螺旋桨后的滑流涡系（引自德国宇航中心DLR）

第 4 章　计算流体力学

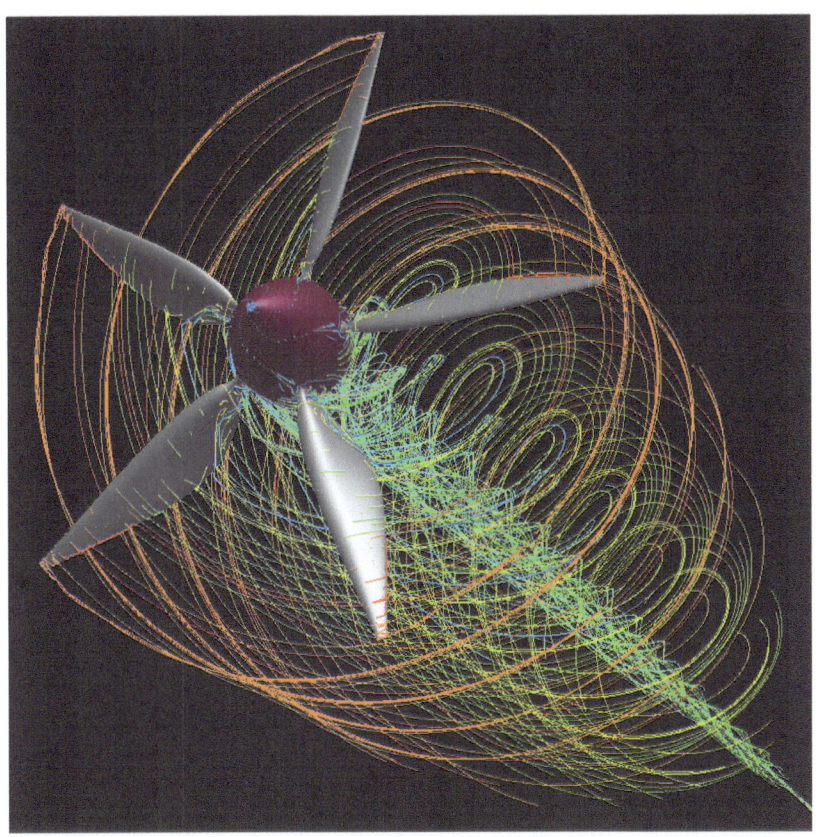

▲ 图4.7　数值模拟螺旋桨后的滑流（北京航空航天大学）

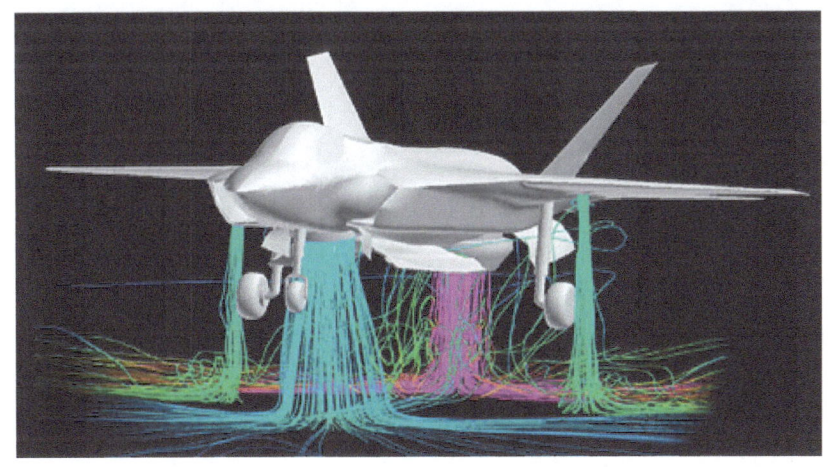

▲ 图4.8　数值模拟F35B垂直起降喷流场（NASA）

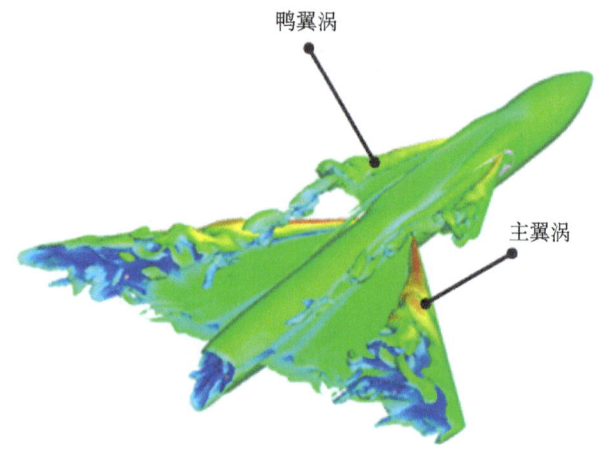

▲ 图4.9 数值模拟鸭式布局俯仰机动涡系干扰

4.3 计算流体力学应用

1. 低速流动数值解

对于低速流动（指密度不变的流动），流体学力学中主要分两类流动：一类是无黏流动；另一类是黏性流动。对于不考虑黏性的流动，经典流体力学关注有势力作用下的不可压缩无旋流动（有势流动），求解这类问题主要是以速度势函数或流函数为未知函数，满足拉普拉斯方程或泊松方程。经典流体力学对许多平面问题利用复变函数或保角映射求解析解，但对几何形状复杂的物体绕流，利用各种数值方法直接求解原始欧拉方程组或 N-S 方程组的近似解是一条有效途径，并得到广泛应用，如图 4.10～图 4.13 所示。

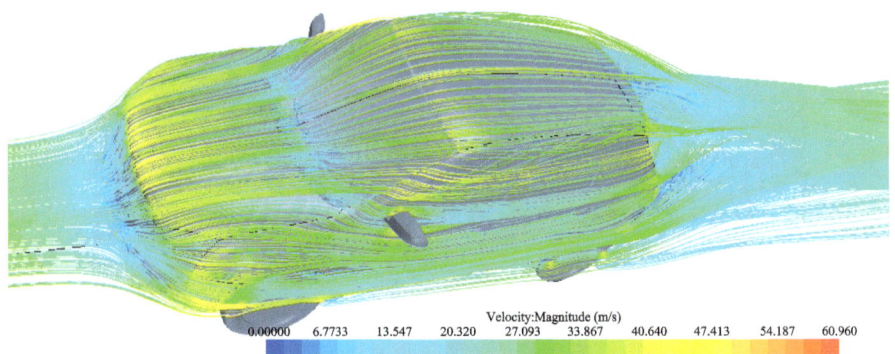

▲ 图4.10 小轿车绕流(www.caesimu.com)

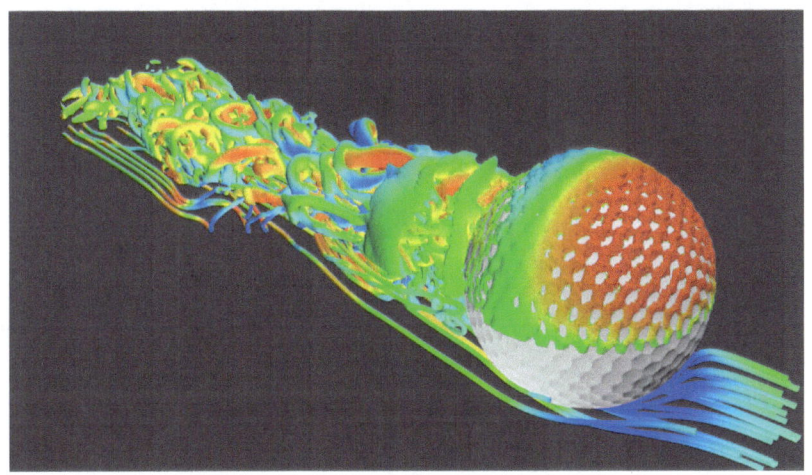

▲ 图4.11 高尔夫球绕流(www.dyfluid.com)

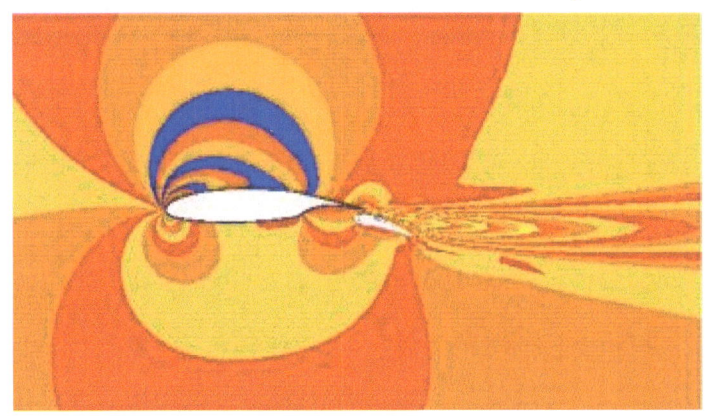

▲ 图4.12 多段翼型绕流（baike.baidu.com）

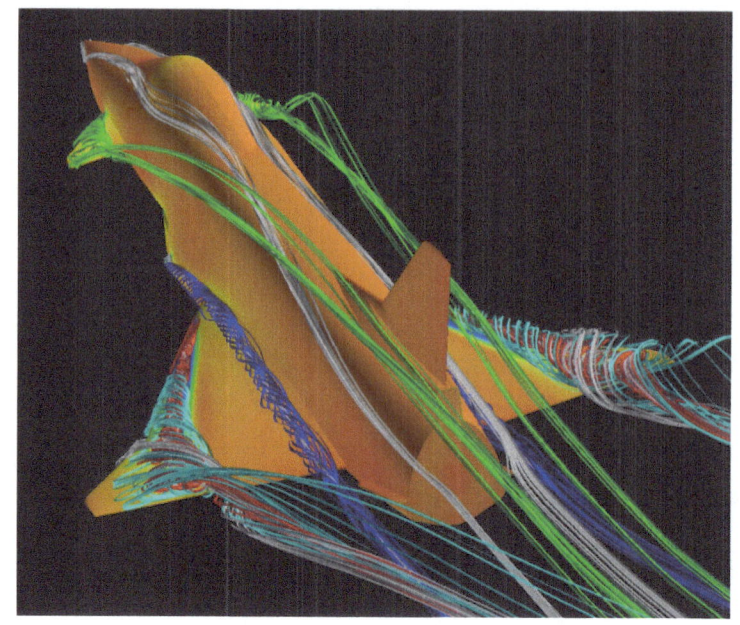

图4.13 数值模拟鸭式布局低速大迎角绕流（引自DLR）

1）迭代解法

这是用逐步近似求解联立方程的方法，也是椭圆型微分方程的主要数值解法。此法程序简单，存储量与运算量均比较小，一般先假定一组初值，然后求每个网点上的新值。以五点格式为例，网点上的新值是邻近四点初值的平均。新值求出后，旧值还要保留，以便计算其他各点的新值。这种简单迭代收敛很慢，现已很少使用。但若稍加改进，用算出的新值冲掉旧值，并引进一个松弛因子，以加速收敛，将计算出的新值与原来的旧值加权平均，就成为20世纪50年代发展起来的逐次超松弛法。逐次超松弛法 (successive over relaxation method) 简称SOR方法，是解线性方程组的常用迭代法之一，它由高斯-赛德尔迭代法经线性加速处理而得到。通过调整松弛因子，可以大大加快迭代的收敛。

2）时间相关法

这是用非定常方程求解定常问题的方法，常用于求解 N-S 方程组和欧拉方程组等。虽然用的是非定常偏微分方程组，但所解的并不是非定常问题。根据给定的初始条件以及随时间改变的约束条件，非定常问题是研究流动随时间的演变过程。这种非定常行为与给出的初值很有关。然而，时间相关法的初值原则上是随意选取的，只是须满足定常问题所规定的。在求解过程中，流动随时间的变化并不代表真实的物理过程。当时间足够长时，未知函数值逐步与时间无关，便渐近趋于定常解。所以时间相关法实际上也是一种迭代法，时间变量只不过是用来记录迭代的次数而已。

3）交替方向隐式法

交替方向隐式法（alternating direction implicit method）简称 ADI 法，是有限差分法的一种，主要用于求解抛物线型偏微分方程或椭圆型偏微分方程，特别适用于求解二维及更高维数的热传导方程与扩散方程。求解热传导方程在传统上使用 Crank-Nicolson 方法，该方法较为耗时。ADI 的优点在于，每一迭代步中，所求解的方程具有更为简单的结构，因此更易于求解。流体力学的应用问题往往是二维平面和三维空间问题。由于稳定性的要求，时间步长受维数的限制，维数愈高，要求时间步长愈小，计算工作量也愈大。20 世纪 50 年代中期，美国科学家道格拉斯（J. Douglas Faires）等提出交替方向隐式法，以加快计算速度。如在二维非定常方程中，第一步先对 x 的导数用隐式差分，而 y 方向的导数则用前一个的数值；第二步对 y 的导数用隐式差分，x 方向的导数则用第一步算出来的数值。这一方法的优点是稳定性好，有足够的二阶精度，所产生的差分方程是三对角矩阵方程，便于求解。SIMPLE 算法（semi-implicit method for pressure-linked equations）是一种压力修正的半隐格式迭代法，1972 年由美国学者帕坦卡（S. V. Patankar）和英国流体力学家斯伯丁（D. B. Spalding）提出，现在世界各国计算流体力学及计算传热学界得到了广泛的应用。在这种算法提出不久，很快就成为计算不可压流场的主要方法，随后这一算法以及其后的各种改进方案被成功地推广到可压缩流场计算中，已成为一种可以计算任何流速的流动的数值方法。

4）有限基本解法

解位势流动的一种数值方法。航空工业中的低速飞机设计采用位势理论计算各种气动力参数，就是求解二维或三维拉普拉斯方程。在经典流体力学中，用基本解的叠加来解拉普拉斯方程的做法是很成功的。这种方法的要点是，用源、汇、偶极子的分布代替机翼和机身对流场的影响。它们的强度由边界条件确定，结果需要求解积分方程。对一些简单情况可以求解，对一般情况则比较困难。高速电子计算机的出现使这种积分方程的数值解法也有了突破。其主要思想是把积分方程离散化，积分方程代表源、汇等奇点在空间连续分布的总和。例如，若把机翼和机身表面分割成若干个小单元，每个单元上的奇点强度取平均值。把这些奇点的总和叠加起来，就得出流场总的效应。因此，它用有限项的求和来代替积分，而最后要解的是一组代数方程。由于基本解都是具有奇点的函数，所以这种方法又称为有限奇点法或鳞片法（奇点叠加法）。在航空气动力计算中，面元方法应用最普遍（如图 4.14 所示）。该方法将物体表面或机翼中弧面等特征面进行离散，生成网格后对每个网格用一个平面或曲面代替原来的物面，称为面元，在该面元上布置流动的奇点，如源、涡、偶极子及其组合，进行求解气动问题。

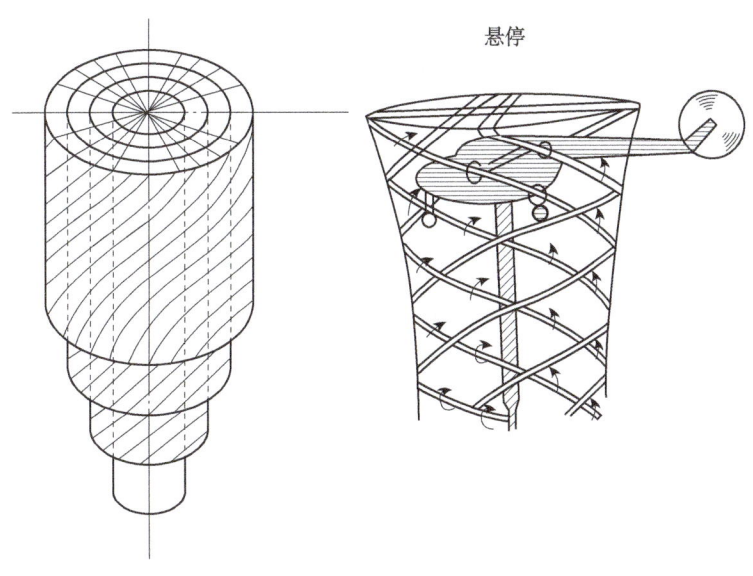

▲图4.14 面涡法计算的流场(helicopter.org.cn)

2. 跨声速流动数值解

对于定常无旋势流,亚声速时的控制方程是椭圆型偏微分方程,而超声速时的控制方程则是双曲型偏微分方程。跨声速流动的流场是既含有亚声速区域又含有超声速区域的混合型流场。亚声速区域和超声速区域的分界线是声速线。在求解以前,声速线的位置是未知的,需要求解混合型偏微分方程,这就给跨声速流动的理论分析和数值计算带来困难。气流中任何一个小扰动通常都以当地声速向周围传播。在跨声速流动中大部分气流速度接近声速,与上述扰动传播的速度相近,因而扰动主要集中在与来流方向差不多互相垂直的方向上。因此,在风洞实验中,自模型表面产生的扰动会从风洞壁面直接反射到模型,甚至来回反射多次。这种严重的洞壁干扰给跨声速流的实验研究带来很大困难。在跨声速流数值计算中,声速线的形状和位置是一个重要问题。来流马赫数愈接近于1，流场中流动接近声速的区域就愈大。流场中速度在数值上的微小差别都会引起声速线的位置和形状发生很大变化。声速线的变化直接影响到流场计算所采用的计算格式。声速线的计算略有偏差，会直接影响到计算结果。这就给跨声速流的数值计算带来许多困难。

美国科学家穆曼和科尔在1971年首先采用混合差分格式，并运用松弛法成功地解出定常小扰动速度势方程。混合差分格式就是在亚声速区用中心差分格式，所有邻近网点上的条件都会影响计算点，而在超声速区，则用迎风格式，因为上游迎风网点正好是双曲型波动方程的依赖区。图4.15为跨声速翼型绕流数值模拟。

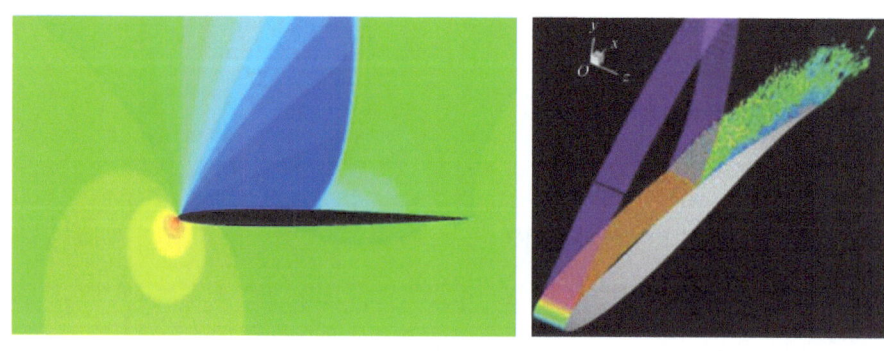

▲图4.15 跨声速翼型绕流数值模拟结果（baike.baidu.com）

3. 超声速流动数值解

在超声速流动中，主要问题是如何处理激波。在存在激波的流场中，不同区域流动结构的特征尺度差异极大，无黏激波厚度的特征尺度为零，而流场特征尺度为有限值，流动参数穿越激波有间断产生，这给模拟激波计算带来极大困难。用数值方法处理超声速流场中的激波现有两种方法：一种是激波捕捉法（shock capturing）；另一种是激波装配法（shock fitting）。

激波装配法把激波当成未知的运动边界，按照激波间断条件——兰金-雨贡纽激波关系式把激波分离出来，准确算出激波位置，在光滑区用近似方法求解微分方程，而在间断处用兰金-雨贡纽关系式求解。激波装配法具有精度高、激波位置精确、物理图像清楚等优点，但计算十分繁复，因此它只适用于激波运动情况较简单、流场图案清楚的流动。

激波捕捉法对激波本身并不需作任何特殊处理，只是在计算公式中直接或间接地引进"黏性"项，自动算出激波的位置和强度，以"捕捉"激波。其中又有所谓人工黏性和格式黏性两种方法。人工黏性方法是美国科学家冯·诺伊曼和里希特迈尔于1950年首先提出的，它是以真实黏性流体的物理理论为基础的一种自动处理的激波近似方法。该法是在激波层内人为地加入黏性项，使激波间断变成光滑的过渡区。近年来，在超声速流动中得到广泛的应用。格式黏性是通过某种差分格式间接地引入黏性项拉克斯格式。激波装配法是把激波仍当成间断面来处理，激波前后要满足激波跳跃条件。但是在普通坐标中，它的实现很困难。一般采用坐标变换，使激波位置（此时是未知的）和一个坐标轴重合，然后把激波看成内边界。这种处理是比较精确的，但也是很麻烦和不方便的。最好的办法是把激波捕捉法和激波装配法结合起来。例如，在流场外围的离体激波用激波装配法，在流场内的激波用激波捕捉法。激波捕捉相继发展的格式有：TVD（total variation diminishing）格式（Harten，1983）；NND（non-oscillatory containing no free parameter and dissipative scheme）格式（张涵信，1984年）；ENO（essentially non-oscillatory scheme）格式（Harten等，1987年）；WENO（weighted essentially non-oscillatory scheme）格式（Liu等，1994年）等，如图4.16和图4.17所示。

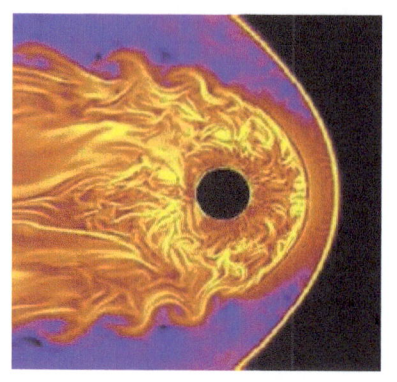

▲ 图4.16　超声速圆柱绕流（gd.sina.com.cn）

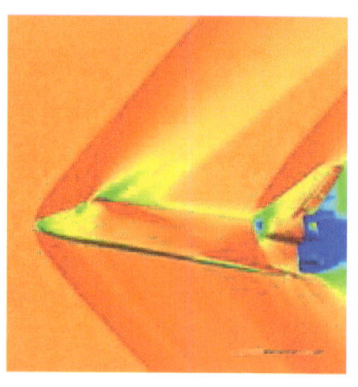

▲ 图4.17　航天飞机超声速飞行
（www.o2ofea.com）

4.4　计算流体力学商用软件

CFD 软件一般都能包括多种物理模型，如定常和非定常流动、层流和湍流、不可压缩和可压缩流动、传热与化学反应等。对每一种物理问题，都有适合数值解法提供用户使用，用户可对显式或隐式差分格式进行选择，以期在计算速度、稳定性和精度等方面达到最佳。CFD 软件之间可以方便地进行数值交换，并采用统一的前、后处理工具，这就节省了研究者在计算机方法、编程、前后处理等方面投入的重复和低效的劳动，而将主要精力用于研究物理问题。

1979 年英国学者 Spalding 首次发布了 PHOENICS 1.0 计算软件，其中 PHOENICS 是 Parabolic, Hyperbolic or Elliptic Numerical Integration Code Series 的缩写（意为对抛物型、双曲型、椭圆型方程进行数值

积分的系列程序）。1981 年英国的 CHAM 公司把 PHOENICS 软件正式投入市场，开创了 CFD 商用软件市场的先河。随着计算机群的快速发展，极大促使了并行算法及湍流直接数值模拟（DNS）与大涡模拟（LES）的发展，多个计算传热与流动问题的大型商业通用软件陆续投放市场。例如，PHOENICS（1981 年）、FLUENT（1983 年）、FIDAP（1983 年）、STAR-CD（1987 年）、FLOW-3D（1991 年，现改为 CFX）等，其中除 FIDAP 采用有限元法外，其余产品均采用有限体积法。FIDAP 以后又与 FLUENT 合并，成为该软件家族中的一个部分。1989 年著名学者 Patankar 教授推出了计算流动传热－燃烧等过程的 Compact 系列软件。目前，全世界至少已有 50 余种这样的流动与传热问题的商业软件，在 CFD 技术应用中起到了重要作用。下面介绍当今世界上应用较广的 CFD 商用软件。

1. CFX

该软件采用有限容积法、拼片式块结构化网络，在非正交曲线坐标（适体坐标）系上进行离散，变量的布置采用同位网格方式。对流项的离散格式包括一阶迎风、混合格式、QUICK、CONDIF、MUSCI 及高阶迎风格式。压力与速度的耦合关系采用 SIMPLE 系列算法（SIMPLEC），代数方程求解的方法中包括线迭代、代数多重网络、ICCG、STONE 强隐方法及块隐式（BIM）。软件可计算不可压缩及可压缩流动、耦合传热问题、多相流、化学反应、气体燃烧等问题。

2. FIDAP

FIDAP 是 fluid dynamics analysis package 的缩写，系于 1983 年由美国 Fluid Dynamics International Inc. 推出，是世界上第一个使用有限元法 (FEM) 的 CFD 软件，可以接受如 I-DEAS、PATRAN、ANSYS 和

ICEMCFD 等著名网格生成软件所产生的网格。该软件可以计算可压缩及不可压缩流、层流与湍流、单相与两相流、牛顿流体及非牛顿流体的流动问题。

3. FLUENT

这一软件由美国 FLUENT Inc. 于 1983 年推出，是继 PHOENICS 软件之后的第二个投放市场的基于有限容积法的软件。它包含结构化及非结构化网格两个版本。在结构化网格版本中有适体坐标的前处理软件，同时也可以纳入 I-DEAS、PATRAN、ANSYS 和 ICEMCFD 等著名网格生成软件所产生的网格。速度与压力耦合采用同位网格上的 SIMPLEC 算法。对流项差分格式纳入了一阶迎风、中心差分及 QUICK 等格式。软件能计算可压缩及不可压缩流动、含有粒子的蒸发、燃烧过程、多组分介质的化学反应过程等问题。

4. PHOENICS

这是世界上第一个投放市场的 CFD 商业软件，可以算是 CFD 商用软件的鼻祖。这一软件中所采用的一些基本算法，如 SIMPLE 方法、混合格式等，正是由该软件创始人 Spalding 及其合作者 Patankar 等所提出的，对以后开发的商业软件有较大的影响。近年来，PHOENICS 软件在功能上与方法方面做了较大的改进，包括纳入拼片式多网格及细密网格嵌入技术，同位网格及非结构化网格技术；在湍流模型方面开发了通用的零方程、低 Reynolds k-E 模型、RNG k-E 模型等。应用这一软件可计算大量的实际工作问题，其中包括城市污染预测、叶轮中的流动、管道流动。

5. STAR-CD

STAR 是 simulation of turbulent flow in arbitrary begion 的缩写，

连字符后的 CD 是开发商 Computational Dynamics Ltd. 的简称。这是基于有限容积法的一个通用软件。在网格生成方面，采用非结构化网格，单元的形态可以有六面体、四面体、三角形截面的棱柱体、金字塔形的锥体及六种形状的其他多面体。应用这一软件可以计算稳态与非稳态流动、牛顿流及非牛顿流体的流动、多孔介质中的流动、亚音速及超音速流动。此外，这一软件在世界汽车工业中应用得十分广泛。

4.5 大型轴流风机流场数值模拟

1. 概述

本算例介绍了一台直径 12.35m 大型轴流风机数值计算过程与结果。计算采用不可压缩 N-S 方程组取时均值得到全湍流 RANS 方程组，湍流封闭方程采用 k-ε 双方程模型。数值计算软件采用 FLUENT，选择基于压强的隐式求解器，对流项采用二阶 MUSCL 格式，扩散项采用二阶的中心差分格式，速度与压力耦合采用 SIMPLEC 算法求解。迭代计算中，将依次求解离散的非线性动量方程组、压强修正方程组、能量方程、湍动能 k 方程和湍动能耗散率 ε 方程。在应用有限体积法时，可以将计算区域划分成任意多面体，这使得有限体积法从网格生成的角度十分方便。有限体的划分既可以是结构网格，也可以是非结构网格。结构网格易于构造高精度的离散方程，非结构网格生成简单，具有很强的适用性，也可以将这两类网格混合使用。

2. 物理模型

本例计算的风扇、整流罩和洞壁结构如图 4.18 所示，风扇系统由前整流罩、转子和后整流罩组成，其中风扇直径 12.35m，桨毂比取 0.50，桨毂直径 D_b=6.175m（如图 4.19 所示），系由桨叶加反扭导流片组成的低噪声轴流风扇，设计采用任意环量理论（$α$=0.85），桨扇技术修正技术。风扇桨叶数目 12（叶根区 GOE797 翼型，叶梢区 GOE796 翼型，桨叶展长 3.0875m），反扭导流片数目 7（C4 翼型），风扇头罩的支撑片 5（选用 NACA0012 翼型），风扇的头罩长度 7.9m，尾罩长度 11.8m，尾罩当量扩散角 8°，柱身段长度 4.846m，风扇系统总长度 24.564m。风扇设计流量 4800m³/s，压力增升 P=2051Pa，设计转速 200rpm。计算区域取上游离进口截面 50m，下游离出口截面 50m。

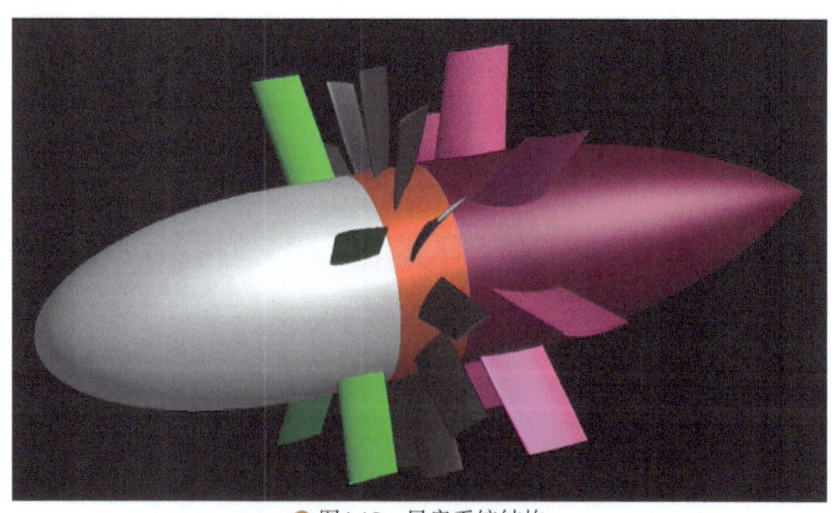

图4.18　风扇系统结构

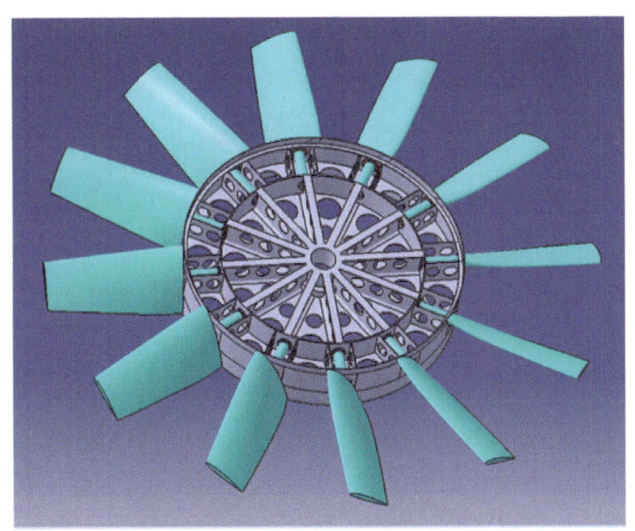

▲图4.19　风扇桨毂与桨叶

3. 网格划分与边界条件

使用滑移网格技术模拟风扇桨叶相对于导流片、整流罩和洞壁的转动。为了方便模拟风扇和导流片的曲面形状，采用非结构网格划分流场，整个流场共用了1018万个网格。风扇、导流片、整流罩表面网格分布如图4.20所示，洞壁表面的网格分布如图4.21所示。如图4.22所示，计算区域为风扇系统上下游各50m的长度，计算域入口边界为速度入口边界条件，出口为压力出口边界条件，转子转动采用流体域边界条件，给定旋转轴和旋转速度。

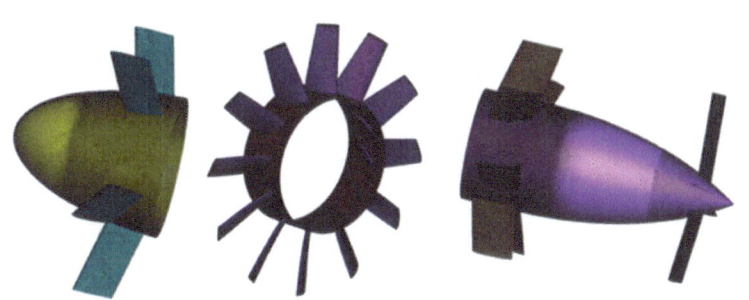

▲图4.20　风扇上游导流片、桨叶、下游反扭导流片表面网格

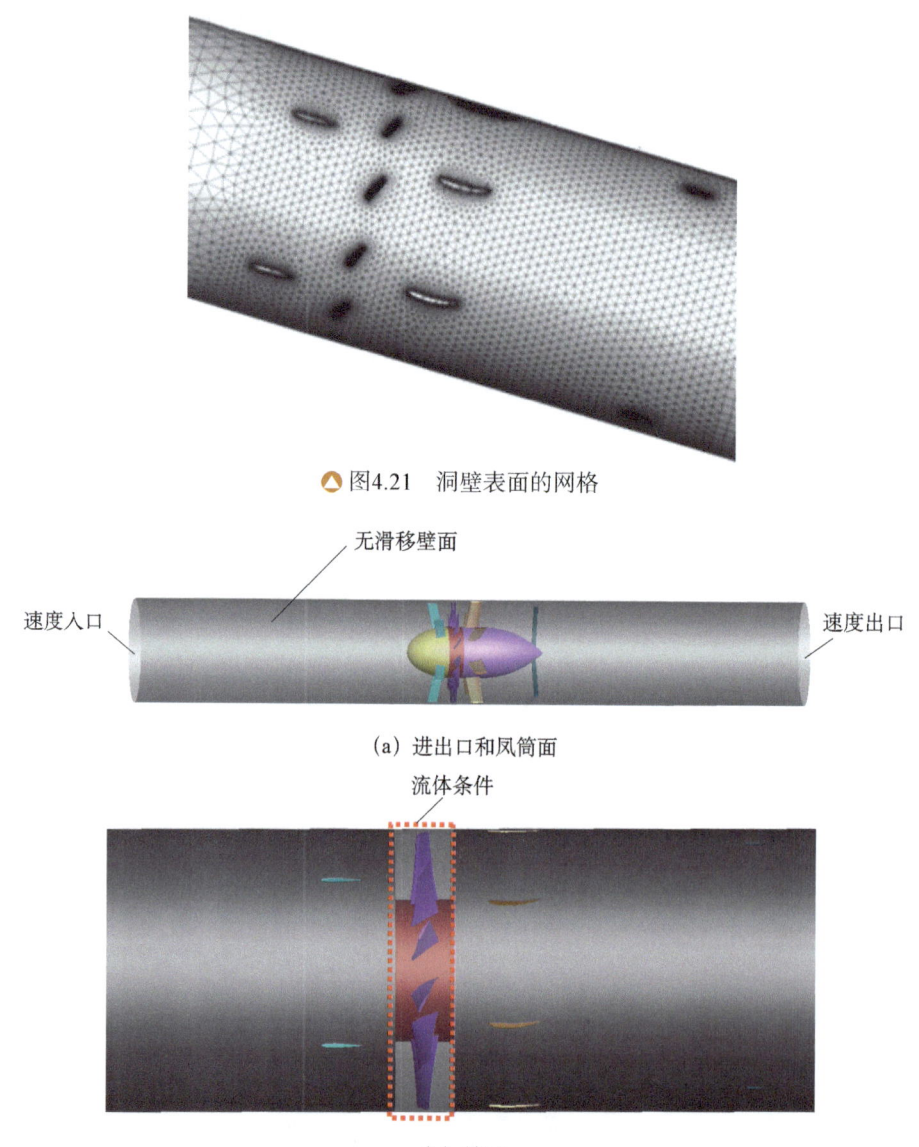

△ 图4.21 洞壁表面的网格

(a) 进出口和风筒面

(b) 转子

△ 图4.22 计算域边界条件设置

4. 计算结果

本次计算分别针对转速 80rpm、120rpm、160rpm、200rpm 进行了数值模拟，风扇的流量和压增，关于风机轴功率与转速的关系曲线如图 4.23 所示,其中计算结果和实测结果相比在 1%~2%。图 4.24 给出设计转速下沿轴向不同位置截面总压分布曲线,图 4.25 给出设计转速下沿轴向总压分布云图,图 4.26 给出设计转速下风扇整流罩表面压力分布,图 4.27 给出设计转速下桨叶上的表面压力分布,图 4.28 给出风扇系统上下游沿轴向六个截面的轴向速度分布云图,图 4.29 给出风扇系统绕流流线。

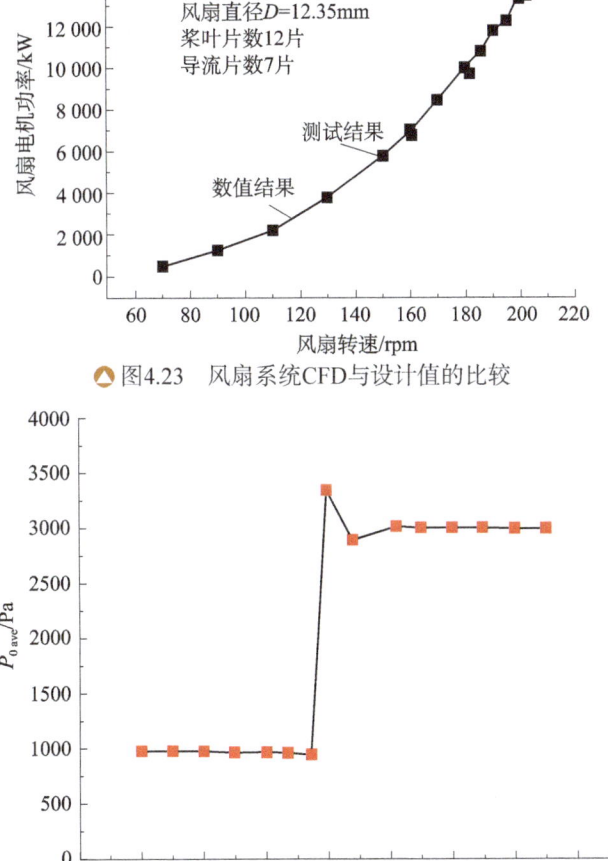

▲ 图 4.23　风扇系统 CFD 与设计值的比较

▲ 图 4.24　在设计转速 n=200rpm 下沿轴向总压分布

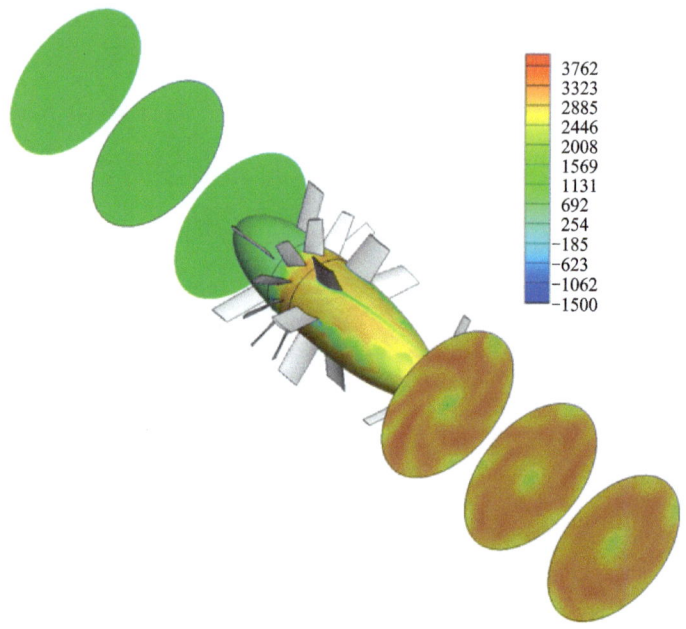

🔺 图4.25 在设计转速下沿轴向不同位置截面的总压分布

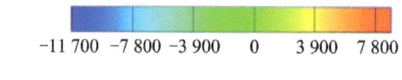

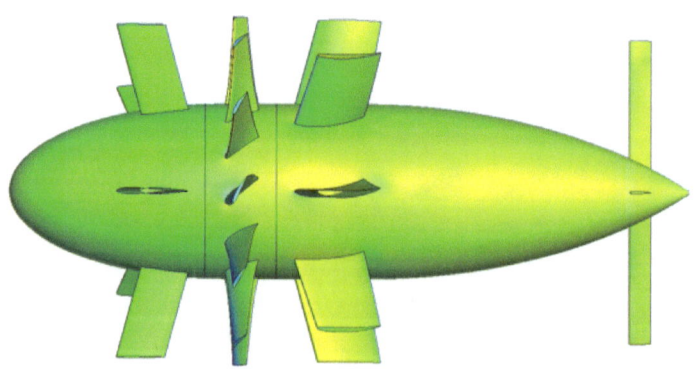

🔺 图4.26 在设计转速下风扇整流罩表面压力分布

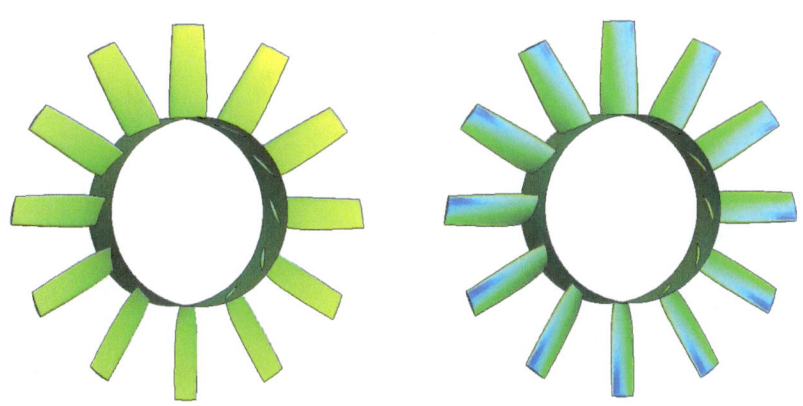

(a) 迎风面　　　　　　　　　　(b) 背风面

🔺 图4.27　在设计转速下转子桨叶上的表面压强分布

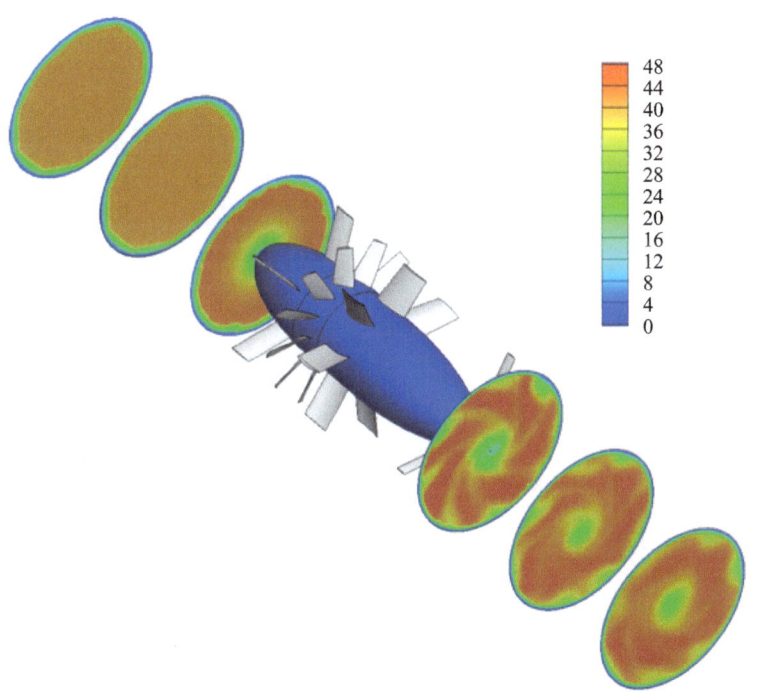

🔺 图4.28　风扇系统上下游沿轴向六个截面的轴向速度分布云图

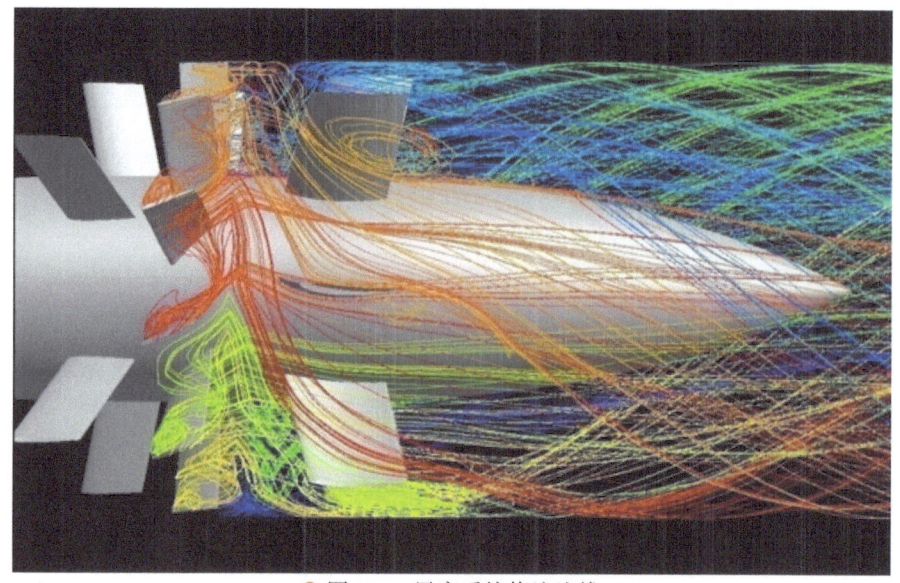

▲ 图4.29 风扇系统绕流流线

4.6 大型气动声学低速回流风洞流场数值模拟

1. 概述

本算例给出某座大型气动声学低速单回流风洞数值模拟结果与分析。计算采用不可压缩 N-S 方程组取时均值得到全湍流 RANS 方程组，湍流封闭方程采用 k-ε 双方程模型。数值计算软件采用 FLUENT，选择基于压强的隐式求解器，对流项采用二阶 MUSCL 格式，扩撒项采用二阶的中心差分格式，速度与压力耦合采用 SIMPLEC 算法求解。迭代计算中，将依次求解离散的非线性动量方程组、压强修正方程组、能量方程、湍动能 k 方程和湍动能耗散率 ε 方程。在应用有限体积法时，可以将计算区域划分成任意多面体，这使得有限体积法从网格生成的角度变得十分方便。有限体的划分既可以是结构网格，也可以是非结构网格。结构网格易于构造高精度的离散方程，非结构网格生成简单，具有很强的适用性，也可以将这两类网格混合使用。因为模拟工况为低速流动，所以数值模拟采用不可压流进行计算。湍流模型采用 $k\text{-}\varepsilon$ 模型，压力速度耦合为 SIMPLE 算法。对流项采用二阶迎风格式，扩散项为二阶中心差分。整个风洞流域封闭，初始条件全场流体静止，边界条件为风扇桨叶段以设计转速进行旋转。

蜂窝器与阻尼网采用多孔介质进行模拟。所谓多孔介质，是指多孔固体骨架 (solid matrix) 构成的孔隙空间中充满单相或多相介质，固体骨架遍及多孔介质所占据的体积空间，孔隙空间相互连通。多孔介质的动量方程是在流动的动量方程中加入一个附加的动量源项。源项由两部分组成，一部分是黏性损失项 (*darcy*，下式右侧第一项)，另一个是内部损失项（下式右侧第二项）。

$$S_i = -\left(\sum_{j=1}^{3} D_{ij} \mu V_j + \sum_{j=1}^{3} C_{ij} \frac{1}{2} \rho |V| V_j \right)$$

其中，S_i 为 i 方向 (x, y, or z) 的动量源项，D_{ij} 和 C_{ij} 为给定的系数矩阵。V_i 为速度分量，ρ 为流体密度，μ 为流体动力粘性系数。在多孔介质单元中，动量损失对于压力梯度有贡献，压降与流体速度（或速度方阵）成比例。

2. 物理模型

本算例是一座大型低速气动声学单回流风洞，风洞为闭口试验段（截面尺寸宽 4m、高 3m、长 10.5m），风洞试验段最大风洞 100m/s，湍流度 0.05%，收缩比 9。风洞由稳定段（包括 1 层蜂窝器和 8 层阻尼网)、收缩段、试验段、第一扩散段、第一拐角段、第二拐角段、风扇前过渡段、动力段、风扇后过渡段、第二扩散段、第三拐角段、第四拐角段组成。四个拐角导流片共 81 片且均进行降噪处理，动力系统采用风扇—反扭导流片系统，电机功率 3500kW，风扇设计转速 350rpm，由 16 片桨叶、7 片反扭导流片、5 片前罩支撑片、3 片后罩支撑片、整流罩和电机组成，风扇系统进行了高效率低噪声气动优化设计。风洞总长 96m，总宽 38m，总高度 9m，如图 4.30 所示为风洞布置三维造型。

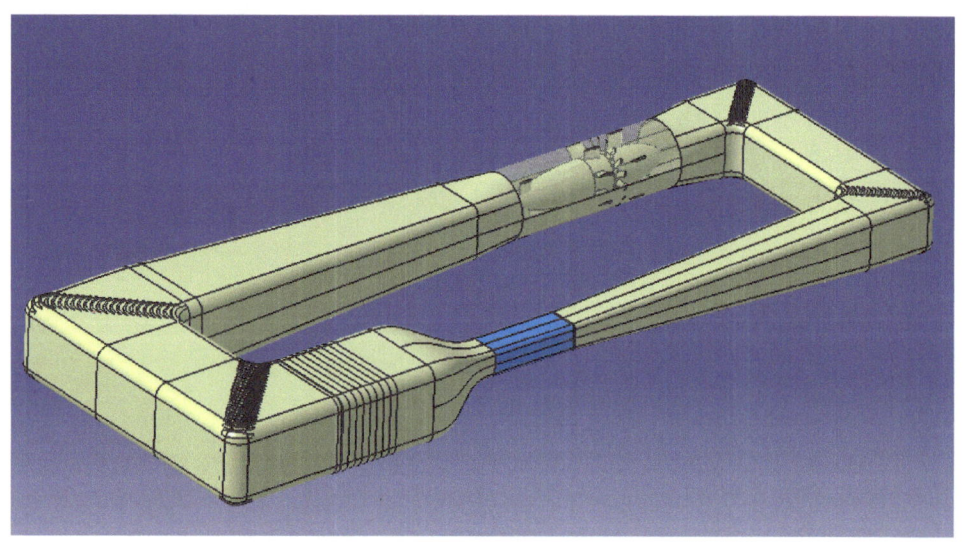

(a) 俯视图

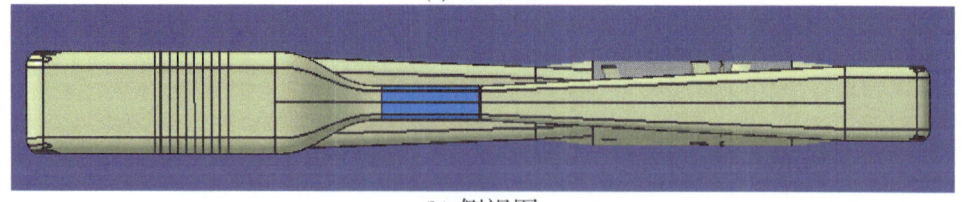

(b) 侧视图

▲ 图4.30 闭口风洞三维模型

本风洞的风扇系统直径 $D=7.5$m，桨毂比取 0.6（桨毂比过大将会造成整流罩尾锥过长或尾部扩散损失过大,桨毂比过小将引起风扇通道的轴向速度偏低,效率下降,增大噪声),风扇桨叶数目16(叶根区GOE797翼型,叶梢区GOE796翼型),反扭导流片数目7(C4翼型),风扇头罩的支撑片5(选用NACA0012翼型),尾罩支撑片3(选用NACA0012翼型)。风扇系统总长度21m,风扇叶片弦长0.586~0.838m(16片),反扭导流片弦长1.838~1.915m(7片),前头锥支撑片弦长2.0m(5片),尾罩支撑片弦长1.5m(3片)。风扇设计工况,实验段风速100m/s,流量1200m³/s,压力增升P=2450Pa,风扇设计转速310rpm,对应桨尖线速度119.7m/s,未超出桨尖速度150 m/s的限制。风扇系统效率86.2%,风扇系统推力64.3kN,扭矩105.1kN·m,功率3412kW,这也决定了驱动电机的功率和类型选择。为了减小电机与轮毂联轴器和轴承噪声,参照DNW风洞采用直连(风扇轮毂直接安装在电机轴上)。图4.31给出风扇系统三维实体造型。

● 图4.31 风扇系统实体造型

3. 网格划分与边界条件

由于风扇段为旋转机械,对网格质量要求较高,而风洞其余工作段尤其是拐角段存在众多拐角导流片，网格划分存在一定困难。因此，实际模拟中风扇段与其余工作段网格分别进行划分，风扇段采用专用的旋转机械网格划分软件 NUMECA 进行结构网格划分。风洞其余工作段采用网格划分软件 ICEM 进行非结构网格划分。在两段网格划分完毕后进行结合，并完成全流域网格的生成，从而进行下一步数值模拟计算，如图 4.32～图 4.35 所示。其中，图 4.32 风扇段网格，采用结构网格，网格数量 300 万；图 4.34 不包含风扇段的风洞网格，采用非结构网格，网格数量 2000 万。

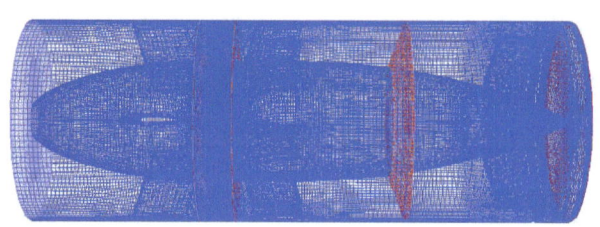

▲图4.32　风扇段网格整体图

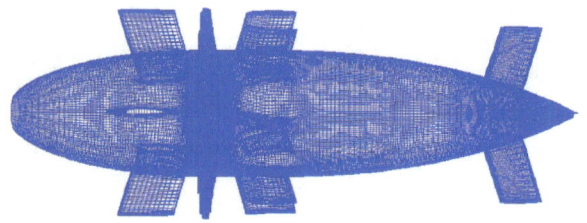

▲图4.33　风扇表面网格

▲图4.34　不包含风扇段的风洞网格

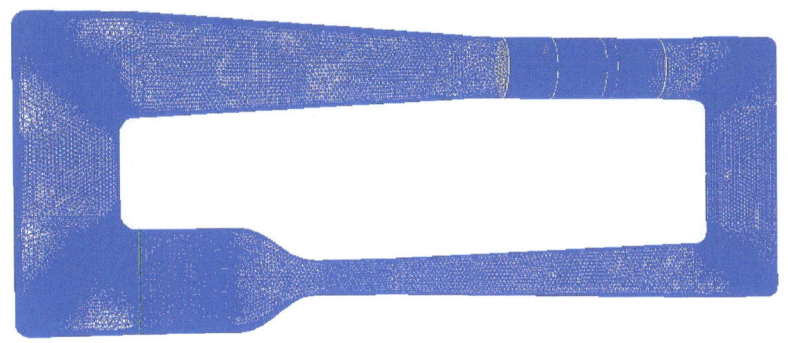

▲ 图4.35 风洞整体网格

4. 计算结果

本次数值计算了试验段风速分别为 20m/s、40m/s、60m/s、80m/s、100m/s 共 5 个工况；温度（静温）288.15K，密度 1.225kg/m^3，对应风扇系统转速分别为 62rpm、124rpm、186rpm、248rpm、310rpm。首先对设计工况模拟结果进行分析，试验段风速 100m/s，温度（静温）288.15K，密度 1.225kg/m^3，应设计转速 310rpm。图 4.36 给出风洞全场三维流线，图 4.37 给出风洞流场流线俯视图，图 4.38 给出风洞沿程各断面速度分布曲线。

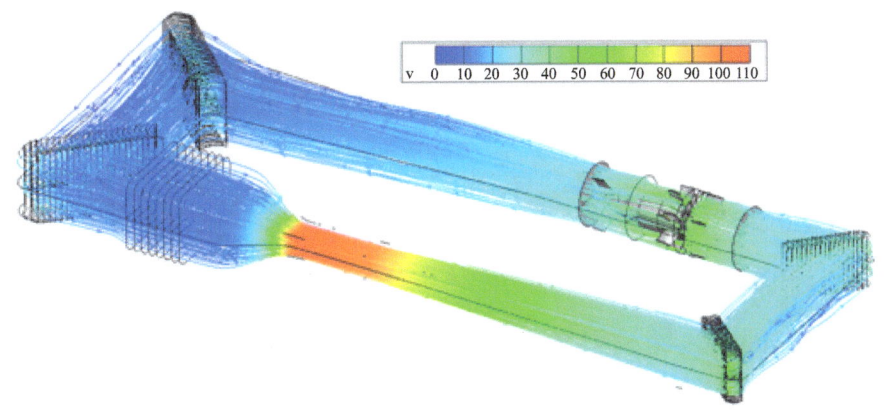

▲ 图4.36 风洞流场三维流线图

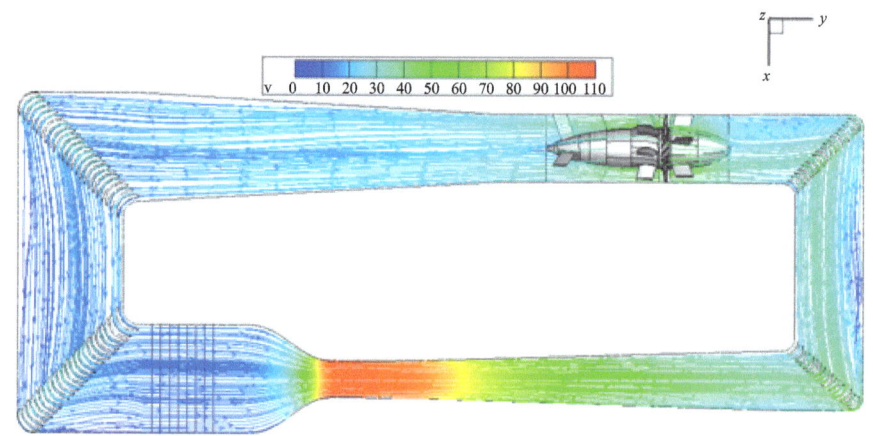

◭ 图4.37 风洞流场流线俯视图

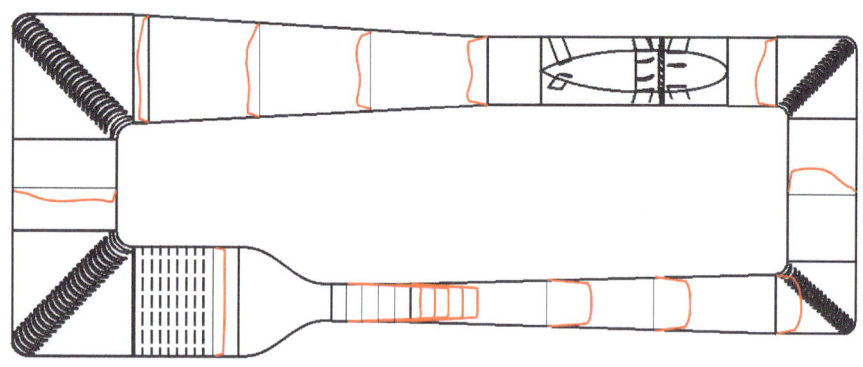

◭ 图4.38 风洞沿程各断面速度分布（设计风速100m/s）

图 4.39 给出风洞对称面上的静压分布云，图 4.40 给出风洞对称面速度分布云图。由图 4.40 可见，当风扇以设计转速运转时，风洞试验段风速在 102m/s 左右。在拐角导流片处流体导向风洞内壁，而在经过蜂窝器和阻尼网之后，速度沿截面分布均匀，满足设计要求。从图 4.39 可以看出风扇增压 1540Pa，流体介质经过蜂窝器阻尼网之后总压损失 360Pa，收缩段因气流加速静压下降，以及扩散段因气流减速静压升高。图 4.41 给出风洞对称面总压分布云图，由此图可以看出风洞沿程的总压损失（尤其是经过蜂窝器、阻尼网以及拐角导流片的损

失），以及经过风扇的总压增加值。图 4.42 给出总压沿程分布曲线。

图 4.43 给出风扇桨毂整流锥体表面极限流线的分布，图 4.44 给出风扇流场的三维流线分布。这两个图表明，流线经过桨叶加速发生了扭曲，但流经导流片后，流线基本沿轴线运动，所以风扇的流场品质达到设计要求。

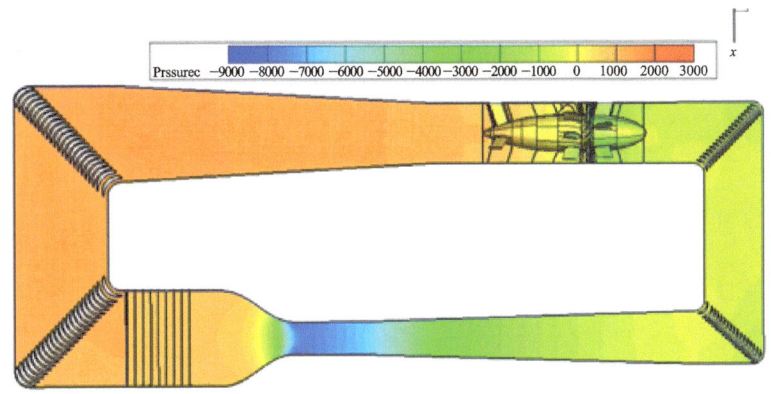

图4.39 风洞对称面静压分布云图

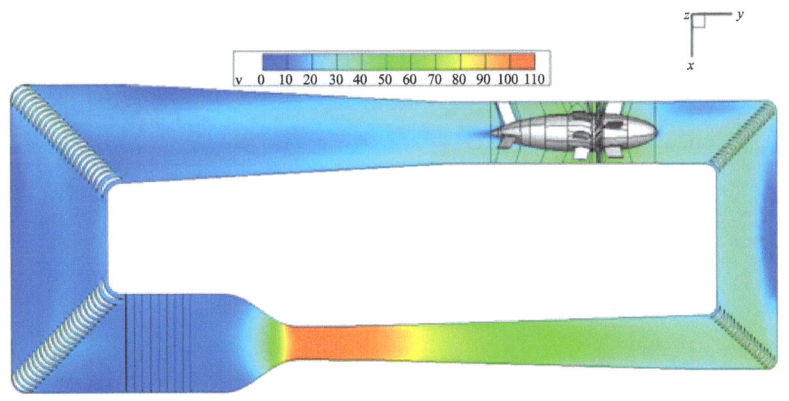

图4.40 风洞整体对称面速度分布云图

流体力学通论

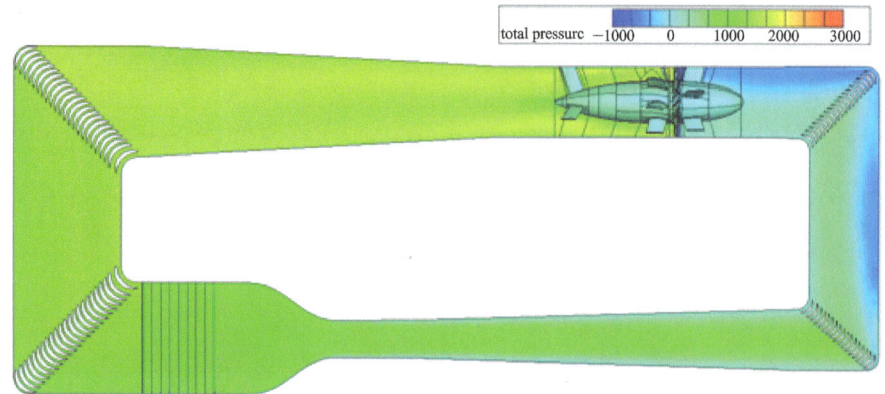

图4.41 风洞整体对称面总压分布云图

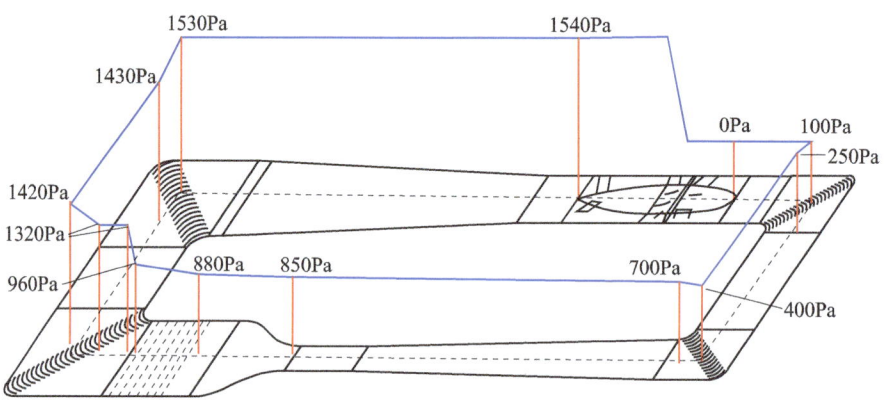

图4.42 风洞沿程总压变化

图4.43 风扇桨毂表面流线分布

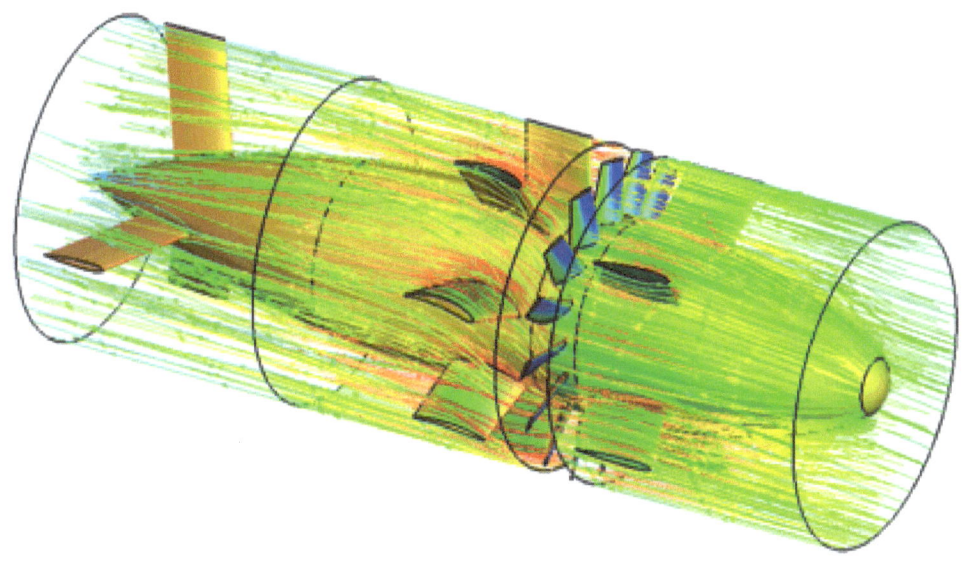

🔺 图4.44　风扇段空间流线分布

图 4.45 和图 4.46 分别给出风扇流量和风扇总压增量随转速的变化曲线，可见风扇的总压增量满足风洞在不同风速下的特性曲线要求。

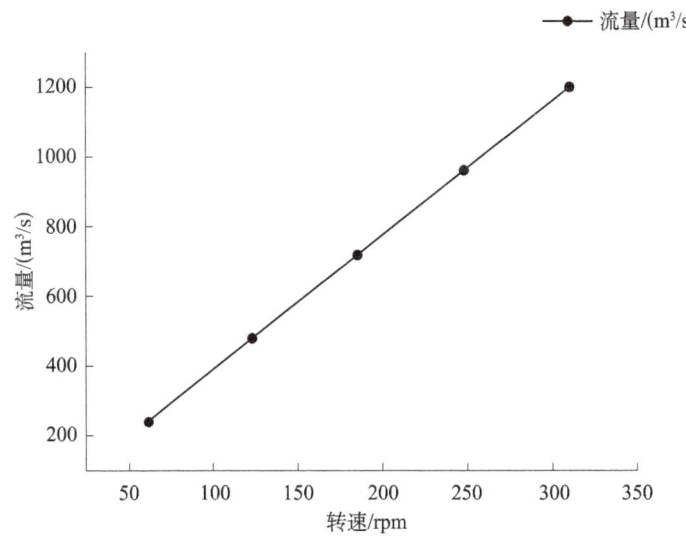

🔺 图4.45　风扇流量随转速变化曲线

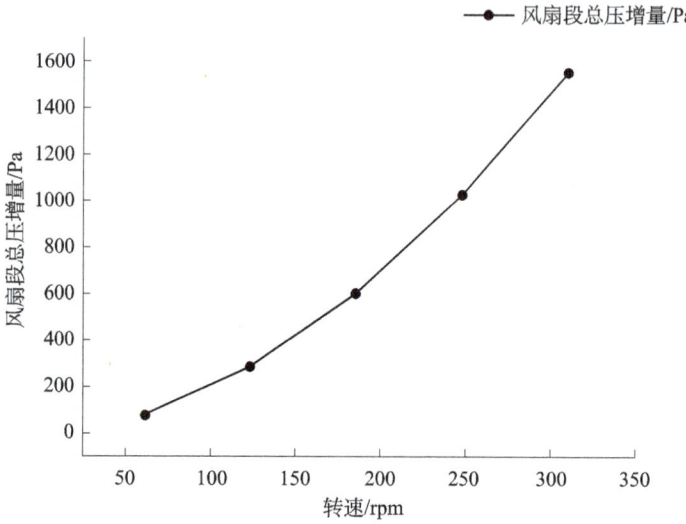

图4.46 风扇段总压增量随转速变化曲线

第 5 章

实验流体力学

流体力学通论

5.1 经典流体力学实验

实验流体力学与理论流体力学、计算流体力学构成流体力学的三大分支，实验流体力学包括实验空气动力学和实验液体动力学，涉及面几乎贯穿流体力学的各个领域。在流体力学理论的发展中，实验流体力学起着关键性的作用。一方面人们通过实验可以仔细、反复观测物理现象，以便揭示流动机理和发现流动规律；另一方面通过实验对物理量的直接测量，可为建立物理模型和理论提供重要依据。

公元前250年，阿基米德通过大量的实验研究，提出著名的流体力学浮力定理。意大利物理学家伽俐略（1564～1642年）第一个将实验方法引入力学研究中，1632年演示了在空气中物体运动所受到的阻力。1643年意大利科学家托里拆利（E.Torricelli，1608～1647年）完成了大气压力测量实验，同时证明了恒定孔口出流的基本规律，提出孔口出流速度与水头值的平方根成正比。1653年法国科学家帕斯卡（B. Pascal，1623～1662年，如图5.1所示）在实验的基础上提出流体静压力传递定理并制成水压机（如图5.2所示）。1686年英国科学家牛顿完成了流体内摩擦定律，

▲ 图5.1 法国科学家帕斯卡（B. Pascal，1623～1662年）

1687年用摆和垂直落球在水和空气中进行了绕流阻力实验。1732年法国工程师皮托（H. Pitot）发明了一种测量流体中总压的装置，即皮托管。1905年世界流体力学大师普朗特将其发展成为可同时测量流体总压和静压的装置，建立了普朗特风速管，也叫皮托管测速仪（如图5.3所示）。1915年，英国力学家泰勒（G. I. Taylor）设计了用于测量流体压强分布的多管压力计（如图5.4所示）。1799年意大利物理学家文丘里（G. B. Venturi, 1746～1822年）通过对变截面管道实验，发现最小截面处的压强下降急剧，提出用于测量管道流体流量的收缩扩张型管道，即文丘里管（如图5.5所示）。1872年英国学者弗汝德(William Froude)在英国托尔圭给出计算船舶摩擦阻力的方法，首次主持建造了尺寸为85m×14m×4m的供船舶实验用的拖曳水池，精确测量了船模和平板的阻力，并将船舶阻力分为表面阻力、行波阻力和旋涡阻力三部分。1839年德国学者汉根（Hagen）完成了圆管水流特性实验。1880年英国学者雷诺（Reynolds）进行了圆管流态转捩实验，1883年提出层流和湍流的概念。1904年普朗特（Prandtl）在大量实验观察的基础上提出著名的边界层理论。

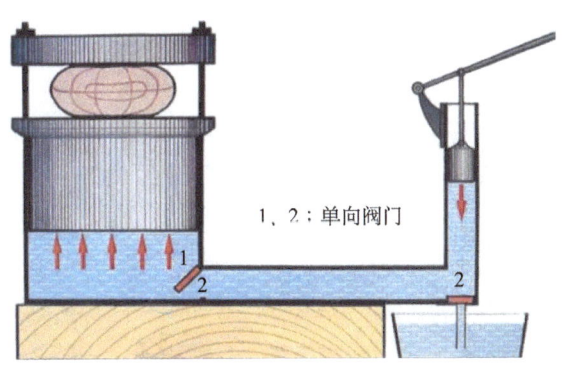

▲图5.2　水压机原理（baike.baidu.com）

流体力学通论

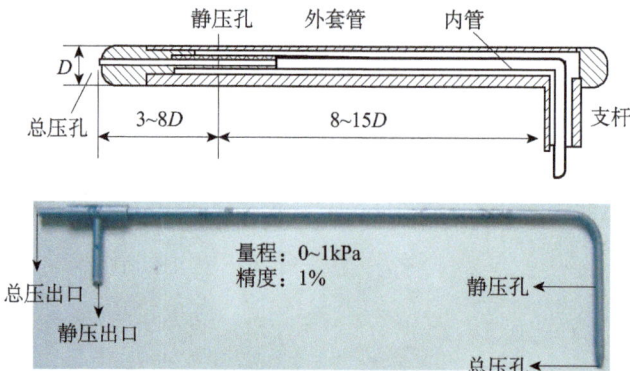

▲ 图5.3　皮托测速管

▲ 图5.4　测压排

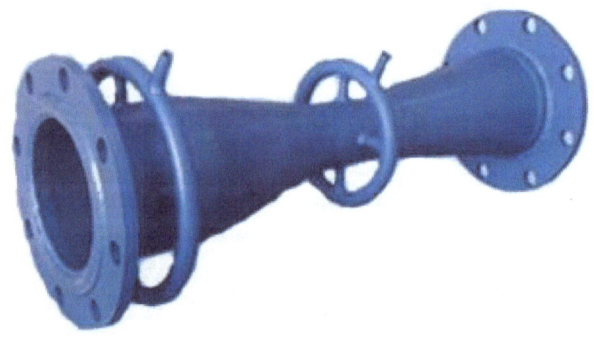

▲ 图5.5　文丘里管

著名的卡门涡街是指圆柱绕流后面存在的周期性脱落的旋涡结构（如图 5.6 所示）。1911 年冯·卡门在哥廷根大学普朗特实验室做助教，当时普朗特的博士生哈依门兹（Karl Hiemenz）研制了一个水槽，并进行圆柱绕流实验，用以核对边界层的分裂点。为此，必须先知道在稳定水流中圆柱体周围的压力强度如何分布。哈依门兹进行实验时出乎意料地发现，水槽中的水流在不断地发生激烈的摆动。这时冯·卡门想，如果水流始终在摆动，这个现象一定会有内在的客观原因。冯·卡门用粗略的运算方法，试计算了一下涡系的稳定性。他假定只有一个涡旋可以自由活动，其他所有的涡旋都固定不动。然后让这一涡旋稍微移动一下位置，看看计算出来会有什么样的结果。冯·卡门得到的结论是：如果是对称的排列，那么这个涡旋就一定离开它原来的位置越来越远；而对于反对称的排列，虽然也得到同样的结果，但当行列的间距和相邻涡旋的间距有一定比值时，该涡旋却停留在原来位置的附近，并且围绕原来的位置作微小的环形路线运动。冯·卡门针对哈依门兹的水槽实验，通过理论分析证实了涡街的存在。后人因冯·卡门对其机理详细而又成功的研究，将它冠上了冯·卡门的姓氏，称为卡门涡街。冯·卡门自己后来在书中写道："我并不宣称，这些涡旋是我发现的。早在我生下来之前，大家已知道有这样的涡旋。我最早看到的是意大利 Bologna 教堂中的一张图画，图上画着 St.Christopher 抱着幼年的耶稣涉水过河，画家在 Christopher 的赤脚后面画上了交错的涡旋。"

 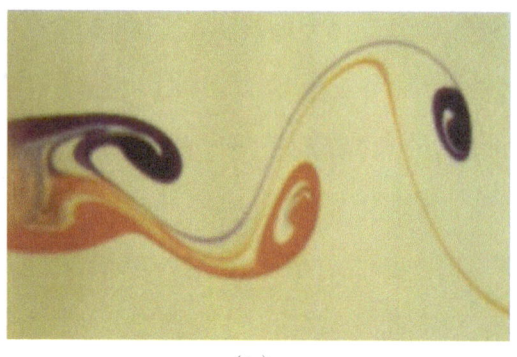

（a） （b）

图5.6 圆柱绕流卡门涡街试验

又如历史上著名的 Rayleigh-Bénard 现象（如图 5.7 所示）是一个得到广泛研究的热对流现象，也被认为是研究湍流问题的几个简单的系统模型之一。在 1900 年，Bénard 第一次做了上表面为自由面的薄水平液层的相关实验，研究对液体薄层的底部进行加热所产生的对流现象。在这个实验里，他观察了对流结构，而且给出的结构是比较规则的六边形。Bénard 的实验结果引起了研究者们的广泛注意，为了解释这一现象，Rayleigh 在 1916 年第一次分析了这个问题，并且提出了一个无量纲参数，用以研究并判别底部受热流体流动的稳定性，从而给出了一个理论方法，而且这种方法也被视为现代研究热对流的基础。一个多世纪以来，Rayleigh-Bénard 对流结构引起了很多研究者的兴趣，尤其是在基本的结构特征及其不稳定性方面。在 Rayleigh-Bénard 对流实验中，使用的是一个透明容器，上下底板相距为 H，而且底板具有很好的导热性能，里面充满了液体，但是大多实验用的是水。在这个实验里，上下底板的温度是保持稳定的，并且上底板的温度是低于下底板的，温度差恒定为 T。当 T 比较小时，即上下底板的温度差比较小，这时系统内液体是处于不流通的状态。但是，由于液体存在热胀冷缩效应，接近下底板的液体由于温度升高致使密度降低，小于上面液体的。由于液体自身存在重力，导致容器内上面密度大的液体存在向下流动的一种趋势。随着上下底板温度差的继续增大，上下层液体密度差也随着变大。当温度差到达临界值时，液体的重力克服了液体的黏性扩散作用，刚开始处于稳定性的液体便会发生改变，使得液体在容器内产生了对流流动。

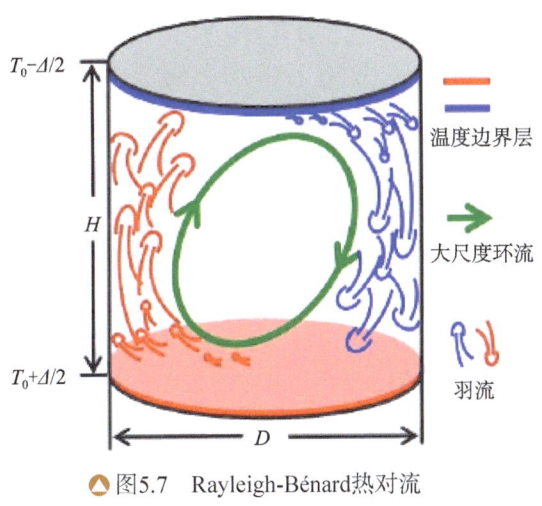

▲图5.7　Rayleigh-Bénard热对流

5.2　相似性原理

　　流体力学试验（空气动力学和液体动力学试验）一般分为实物试验和模型试验两大类。实物试验（如飞机试飞和导弹实弹发射，各种原型观测试验）不会发生模型和环境模拟失真问题，一直是最后鉴定实物流动动力特性和观测流场的手段，但试验费用昂贵，试验条件难以控制。而模型试验采用与真实物体几何相似的模型，在人工控制的条件下进行。为使模型试验结果能够应用于实际情况，须使绕模型和绕实物两种流动相似。这样，它们的无量纲流体动力特性才能相同。这就要求在所有相似对应点上作用于体积元上的同类力具有相同的比值。在流体动力试验中，这些无量纲数的比值称为相似参数。相似参数很多，如马赫数、雷诺数、弗汝德数等。在一项模型试验中，要使所有参数都与真实物体完全相等是难以做到的。但就一项具体的模型试验而言，各相似参数所起的作用有主次之分，要根据试验的目的、要求等具体情况确定需要模拟的相似参数。

为了建立缩比模型试验和实物试验的相似性关系，早在1851年英国力学家与数学家斯托克斯，在几何相似和运动相似的条件下，首先从微分方程组出发提出了动力相似性理论，后来1873年德国科学家亥姆霍兹进一步论证了这一理论。1892年和1904年，英国物理学家瑞利利用量纲分析方法提出了两个流动相似的动力相似性参数。1914年美国物理学家白金汉（E. Buckingham，1867~1940年，如图5.8所示），基于量纲分析法提出著名的π定理，为相似性试验奠定了坚实的理论基础。1870年弗汝德按水流重力相似准则进行了船舶模型试验。1885年，英国物理学家雷诺利用重力相似准则进行了河口潮汐模型试验，1898年恩格斯（H. Engels）在德国建立了世界上第一座水工试验室，并进行了河道模型试验。

🔺 图5.8　美国物理学家白金汉（E. Buckingham，1867～1940年）

世界上公认的第一座风洞由英国工程师韦纳姆(F. H. Wenhan, 1824～1908年)于1871年建成，并测量了物体与空气相对运动受到的阻力。该风洞是一座两端开口的木箱，截面为45.7cm×45.7cm，长3.05m。该风洞用蒸汽机带动风扇高速旋转，产生了速度达65km/h的气流，用来设计合理的飞机。风洞实验的结果使人们惊讶发现：高速气流掠过机翼时，可以产生数倍于机翼自身重量的升力，这一发现坚定了人们制造飞机的信念。利用风洞试验研究飞机的造型，标志着人类向往飞行的创造活动由冒险走向科学。1901年9月，美国发明家威尔伯·莱特（Wilbur Wright）和奥维尔·莱特（Orville Wright）兄弟俩（如图5.9所示）动手设计了一个小型风洞，以精确测量气流在机翼上产生的升力以及控制板偏转时使飞机转向的力，获得了设计飞机最重要的数据。该风洞试验段截面尺寸为 40.6cm×40.6cm，长 1.8m，气流速度为 12m/s。1902 年俄罗斯空气动力学家茹科夫斯基在莫斯科大学建造了一座直径 2 英尺的风洞。

（a）　　　　　　　　　　　　　　　（b）

图5.9　美国发明家威尔伯·莱特（Wilbur Wright，1867～1912年，（a））和奥维尔·莱特（Orville Wright，1871～1948年，（b））兄弟

相似理论是说明原型和模型物理现象保持相似的定律和条件，是研究自然现象中个性与共性，或特殊与一般关系，以及内部矛盾与外部条件之间的关系理论。在模型试验中，只有模型和原型保持相似，才能由模型试验结果推算出原型相应结果。相似理论主要应用于指导模型试验，确定"模型"与"原型"的相似程度、等级等。相似理论不仅成为物理模型试验依据，而且也成为计算机"仿真"等领域的指导性理论之一。

相似理论从现象发生和发展的内部规律性(数理方程)和外部条件(定解条件)出发，以这些数理方程所固有的在量纲上的齐次性以及数理方程的正确性不受测量单位制选择的影响等为大前提，通过线性变换等数学演绎手段而得到结论。相似理论的特点是高度的抽象性与应用性相结合。相似理论为模拟试验提供指导，确定模型尺度的缩小或放大，参数的提高或降低，介质性能的改变等，目的在于以最低的成本和在最短的运转周期内摸清所研究模型的内部规律性。尽管相似理论本身是一个比较严密的数理逻辑体系，但一旦进入实际应用，在很多情况下，不可能是很精确的。因为相似理论所处理的问题通常是极其复杂的。相似理论中的三个定理赖以存在的基础：

（1）现象相似的定义；

（2）任意物理现象所涉及的各物理量变化关系受制于各个客观规律，它们不能任意变化；

（3）物理现象中所涉及的各物理量的大小是客观存在的，与所采用的测量单位无关。

如果原型和模型相应各点及时间上对应的各物理量成比例，则两个系统相似。相似数(称为相似比尺、相似系数等)是模型物理量同原型物理量之比，主要有几何相似、运动相似、动力相似等比尺。习惯上取长度、时间、质量作为基本物理量。模型和原型中的相似参数之间的关系式称为相似指标。若两者相似，则相似指标为1。由相似指标导出的无量纲量群称为相似判据。

如果两个流动相似，则作为单值性条件相似，作用在这两个系统上的惯性力与其他各力的比例对应相等。在流体力学问题中，若作用于质点上各力满足动力相似，则必须使下列各力间的比例对应相等。惯性力与压力（或压差）之比，惯性力与重力之比，惯性力与黏性力之比，惯性力与弹性力之比，惯性力与表面张力之比，对流惯性力与非定常惯性力之比，由此引入六个无量纲数。

（1）欧拉数（Eu）表示物体表面压力分布的压强系数，以及升力系数和阻力系数等。物理上，欧拉数表征了压差力与惯性力之比。

（2）弗汝德数（Fr）表示流动惯性力与重力之比，表征水流速度与重力波微波速度之比。

（3）雷诺数（Re）表示流动惯性力与黏性力之比。

（4）马赫数（Ma）表示惯性力与弹性力之比，是气体可压缩性的度量，通常用来表示飞行器的飞行速度与声波速度之比。

（5）韦伯数（We）表示惯性力与表面张力之比。

（6）斯特劳哈尔数（St）表示非定常惯性力与对流惯性力之比。

在几何相似的前提下，流动现象相似的决定性准则仅为雷诺数准则，则模型试验的动力相似必须遵守雷诺数相似准则。

相似第一定理：两个相似的系统，单值条件相同，其相似判据的数值也相同。

相似第二定理：当任一物理现象由 n 个物理量的函数关系来表示，且这些物理量中含有 m 种基本量纲时，则能得到 $(n-m)$ 个相似判据。

相似第三定理：凡具有同一特性的现象，当单值条件(系统的几何性质、介质的物理性质、起始条件和边界条件等)彼此相似，且由单值条件的物理量所组成的相似判据在数值上相等时，则这些现象必定相似。

这3条定理构成了相似理论的核心内容。相似第三定理明确了模型满足什么条件时，物理现象才能相似，它是模型试验所必须遵循的法则。

5.3 相似理论的应用

1. 相似准则推导

由物理方程导出相似准则的方法，称为相似变换法。相似变换法导出相似准则的具体步骤是：列出物理方程；列出各物理量的相似变换式，并代入物理方程；得出由相似数组成的相似指标，令其等于 1；相似变换式代入相似指标，整理可得相似准则。

取长度量纲 L、时间量纲 T、质量量纲 M 为基本量纲，其他物理量量纲为导出量纲，相应的量纲表达式为

$$[q] = L^x M^y T^z$$

其中，x、y、z 为量纲指数，可由物理定理或定义确定（量纲表达式中只能用基本量的幂积而不能用指数、对数、三角函数和加减运算）。如果在一个物理量的量纲表达式中，所有量的量纲指数为零，则该物理量为无量纲量，否则为有量纲的量。无量纲的量与纯数不同，具有特定的物理意义和量的特性。有量纲量的数值随单位的不同而变，无量纲量的数值不随单位不同而变。

基于两个相似的流动，必须为同一物理方程所描述的原理，对于表征不可压缩流动的 N-S 方程组，可以表示成无量纲方程组。

对于有量纲的不可压缩流体 N-S 组（质量力只有重力）为

$$\frac{\partial u}{\partial t}+u\frac{\partial u}{\partial x}+v\frac{\partial u}{\partial y}+w\frac{\partial u}{\partial z}=g_x-\frac{1}{\rho}\frac{\partial p}{\partial x}+\nu\left(\frac{\partial^2 u}{\partial x^2}+\frac{\partial^2 u}{\partial y^2}+\frac{\partial^2 u}{\partial z^2}\right)$$

$$\frac{\partial v}{\partial t}+u\frac{\partial v}{\partial x}+v\frac{\partial v}{\partial y}+w\frac{\partial v}{\partial z}=g_y-\frac{1}{\rho}\frac{\partial p}{\partial y}+\nu\left(\frac{\partial^2 v}{\partial x^2}+\frac{\partial^2 v}{\partial y^2}+\frac{\partial^2 v}{\partial z^2}\right)$$

$$\frac{\partial w}{\partial t}+u\frac{\partial w}{\partial x}+v\frac{\partial w}{\partial y}+w\frac{\partial w}{\partial z}=g_z-\frac{1}{\rho}\frac{\partial p}{\partial z}+\nu\left(\frac{\partial^2 w}{\partial x^2}+\frac{\partial^2 w}{\partial y^2}+\frac{\partial^2 w}{\partial z^2}\right)$$

$$\frac{\partial u}{\partial x}+\frac{\partial v}{\partial y}+\frac{\partial w}{\partial z}=0$$

如果要变成无量纲形式，则对方程组中的各量进行无量纲变换。以 x 方向方程（其他两个方向分量方程类似）和连续方程说明之。将无量纲变量引入方程中，有

$$t^*=\frac{t}{T},\ x^*=\frac{x}{L},\ u^*=\frac{u}{V_0},\ p^*=\frac{p}{p_0},\ldots$$

其中，L、T、V_0、p_0 为特征长度、时间、速度和压强。

无量纲的连续方程变为

$$\left(\frac{\partial u^*}{\partial x^*}+\frac{\partial v^*}{\partial y^*}+\frac{\partial w^*}{\partial z^*}\right)=0$$

在 x 方向的方程为

$$\frac{V_0}{T}\frac{\partial u^*}{\partial t^*}+\frac{V_0^2}{L}\left(u^*\frac{\partial u^*}{\partial x^*}+v^*\frac{\partial u^*}{\partial y^*}+w^*\frac{\partial u^*}{\partial z^*}\right)$$

$$=g-\frac{p_0}{\rho L}\frac{\partial p^*}{\partial x^*}+\nu\frac{V_0}{L^2}\left(\frac{\partial^2 u^*}{\partial x^{*2}}+\frac{\partial^2 u^*}{\partial y^{*2}}+\frac{\partial^2 u^*}{\partial z^{*2}}\right)$$

整理成无量纲形式有

$$Sh\frac{\partial u^*}{\partial t^*} + u^*\frac{\partial u^*}{\partial x^*} + v^*\frac{\partial u^*}{\partial y^*} + w^*\frac{\partial u^*}{\partial z^*}$$
$$= \frac{1}{Fr^2} - Eu\frac{\partial p^*}{\partial x^*} + \frac{1}{Re}\left(\frac{\partial^2 u^*}{\partial x^{*2}} + \frac{\partial^2 u^*}{\partial y^{*2}} + \frac{\partial^2 u^*}{\partial z^{*2}}\right)$$

其中，Sh 为斯特劳哈尔无量纲数，即

$$Sh = \frac{L}{V_0 T}$$

Fr 为弗汝德无量纲数，即

$$Fr = \frac{V_0}{\sqrt{gL}}$$

Eu 为欧拉数，即

$$Eu = \frac{p_0}{\rho V_0^2}$$

Re 为雷诺数，即

$$Re = \frac{V_0 L}{\nu}$$

显然，如果两个流动相似，则必须为同一无量纲的物理方程所描述。对于原型与模型相似的现象，则基本物理量的相似比尺分别为

$$\lambda_L = \frac{L_p}{L_m},\ \lambda_T = \frac{T_p}{T_m},\ \lambda_M = \frac{M_p}{M_m}$$

式中的下标 p 表示原型，下标 m 表示模型。其中，λ_L 为长度比尺，λ_T 为时间比尺，λ_M 为质量比尺。根据无量纲的方程得到，原型与模型的相似准则有：

Sh 斯特劳哈尔数相似准则为

$$Sh_p = Sh_m, \quad \frac{L_p}{V_p T_p} = \frac{L_m}{V_m T_m}, \quad \frac{\lambda_L}{\lambda_V \lambda_T} = 1$$

Fr 弗汝德数相似准则为

$$Fr_p = Fr_m, \quad \frac{V_p}{\sqrt{g_p L_p}} = \frac{V_m}{\sqrt{g_m L_m}}, \quad \frac{\lambda_V}{\sqrt{\lambda_g \lambda_L}} = 1$$

Eu 欧拉数相似准则为

$$Eu_p = Eu_m, \quad \frac{p_p}{\rho_p V_p^2} = \frac{p_m}{\rho_m V_m^2}, \quad \frac{\lambda_p}{\lambda_\rho \lambda_V^2} = 1$$

Re 雷诺数相似准则为

$$Re_p = Re_m, \quad \frac{V_p L_p}{\nu_p} = \frac{V_m L_m}{\nu_m}, \quad \frac{\lambda_V \lambda_L}{\lambda_\nu} = 1$$

对于可压缩流动，除上述相似准则外，将引出表征压缩性的马赫 *Ma* 相似准则，即

$$Ma_p = Ma_m, \quad \frac{V_p}{a_p} = \frac{V_m}{a_m}, \quad \frac{\lambda_V}{\lambda_a} = 1$$

其中，*a* 为声波速度。

2. 相似准则的应用

理论上，在流体力学模型试验要求做到原型流场和模型流场之间单值条件相似，同名相似准则数相等。保证包括几何相似在内的单值条件相似是模型实验的重要前提，与模型设计、模型姿态、流场中参数分布、模型支架形式等因素有关。在流体力学实验中，用到的相似准则有十几个，经常用到的也有五个。根据相似理论，应在实验中同时模拟相应的相似准则，做到"完全相似"。然而，这种完全相似实际上很难做到，一般只能做到"部分相似"。幸好各种相似准则的物

理意义各不相同，在某一具体情况下，并非所有的相似准则都同等重要。换句话说，对于某一具体试验，有些相似准则必须模拟，有些相似准则可以忽略。要正确地做到这一点，就应该搞清楚各个相似准则的物理意义及其对相似流动影响。例如，要模拟一个不可压缩流体周期性的非定场流动，除了几何和运动相似，动力相似必须满足斯特劳哈尔数 Sh 相似准则。要想模拟管道流的阻力问题，雷诺数相似准则必须满足。对于重力作用的流动问题，弗汝德数相似准则必须满足。对于可压缩流动，马赫数相似准则是需要的，等等。

设某一螺旋桨直径 D_p=4m，螺旋桨转速 n=1075rpm，标准起飞速度 V_p=258km/h，静止起飞拉力 T=4300kg，试按不同相似准则设计螺旋桨风洞缩比模型。

长度比尺 λ_L 的确定。设模型螺旋桨直径 D_m，按照 $\dfrac{\pi D_m^2}{4}/A = 0.2 \sim 0.3$ 来确定，其中 A 为风洞实验段截面积。对于风洞截面积 A=1.5^2=2.25m^2，取缩比模型的螺旋桨直径为 D_m=0.8m，原型直径 D_p=4.0m，长度比尺为 λ_L=5。

1）按照 Ma 数和 Sh 数准则设计模型

设计取 λ_L=5.0，D_m=D_p/λ_L=4.0/5.0=0.8m，由马赫数相似准则得到

$$\frac{V_p}{a_p} = \frac{V_m}{a_m},\ a_p \approx a_m,\ \lambda_V = 1$$

由斯特劳哈尔数相似准则得到

$$\frac{D_p f_p}{V_p} = \frac{D_m f_m}{V_m},\ \frac{V_m}{D_m n_m} = \frac{V_p}{D_p n_p},\ \frac{\lambda_V}{\lambda_L \lambda_n} = 1,\ \lambda_n = \frac{1}{\lambda_L} = 1/5$$

由此得到的模型和原型的相似参数由表 5.1 给出。

表5.1 有关变量原型与模型值（*Ma*准则）

名称	原型值	模型值	比尺
螺旋桨直径 D/m	4.0	0.800	5
螺旋桨转速 n/rpm	1075	5375	1/5
标准起飞速度 V_0/（km/h）	258.0	258.0	1.0

2）按照 *Re* 数和 *Sh* 数准则设计模型

设计取 $\lambda_L=5.0$，由 *Re* 数相似准则得到

$$\frac{\lambda_V \lambda_L}{\lambda_\nu}=1,\ \lambda_\nu\approx 1,\ \lambda_V=1/\lambda_L=1/5$$

由斯特劳哈尔数相似准则得到

$$\frac{\lambda_V}{\lambda_L \lambda_n}=1,\ \lambda_n=\frac{\lambda_V}{\lambda_L}=\frac{1}{\lambda_L^2}=1/25$$

由此得到的模型和原型的相似参数由表 5.2 给出。

表5.2 有关变量原型与模型值（*Re*准则）

名称	原型值	模型值	比尺
螺旋桨直径 D/m	4.0	0.800	5
螺旋桨转速 n/rpm	1075	60100	1/25
标准起飞速度 V_0/（km/h）	258.0	1290	1/5

3）按照 *Sh* 数准则设计模型

设计取 $\lambda_L=5.0$，风洞模型螺旋桨转速受到限制，设

$$\lambda_n=1/2,\quad n_m=2n_p$$

由斯特劳哈尔数相似准则得到

$$\frac{\lambda_V}{\lambda_L \lambda_n}=1,\ \lambda_V=\lambda_L \lambda_n=5/2=2.5$$

由此得到的模型和原型的相似参数由表 5.3 给出。

表5.3 有关变量原型与模型值（St准则）

名称	原型值	模型值	比尺
螺旋桨直径 D/m	4.0	0.800	5
螺旋桨转速 n/rpm	1075	2150	0.5
标准起飞速度 V_0/（km/h）	258.0	103.2	2.5

5.4 流动显示技术

流体力学实验总体上包括流动显示和流动测量。流动显示实验主要任务是使流体流动过程可视化，而流动测量实验的主要任务是获取流体流动过程定量化信息，它们相辅相成，是实验流体力学的组成部分。通过各种流动显示与测量实验，可以使人们了解复杂流动现象，探索物理机制和运动规律，为建立新概念和数学模型提供科学依据。正如世界著名流体力学大师德国科学家普朗特所说的那样，"我只是在相信自己对物理本质已经有深入了解以后，才想到数学方程。方程的用处是说出量的大小，这是直观得不到的，同时它也证明结论是否正确。"流动显示与测量技术本身也是解决实际工程问题的主要手段。可以说，在流体力学发展过程中每一次理论上的突破及其工程中应用，几乎都是从对流动现象的观察开始。如1880年的雷诺转捩实验，1888年的马赫激波现象试验，1904年普朗特提出边界层的概念，1912年冯·卡门对圆柱体绕流涡街分析等，无一不是以流动显示和测量的结果为基础。而对流动现象的深入分析又是建立和验证新概念、发现新规律的关键。

应指出的是，近几十年来，由于工程实践的迫切需要以及近代光学、激光技术、计算机技术、电子技术、信息处理技术的快速发展，也给流动显示与测量技术带来了生机和活力，特别是在显示空间流动和流动内部结构的能力以及流动信息定量提取和分析处理方面有了长足的进步，已经可以同时获取三维、非定常复杂流动定量显示与测量信息。至今出现的流动显示与测量方法繁多，通常把它们分成常规的和计算机辅助的两大类。前者称为传统方法，后者称为流动显示和测量与计算机图像处理相结合的方法。在传统方法中，包括壁面显迹法、丝线法、示踪法和光学法。

1. 常规流动显示技术

（1）壁面显迹法

该方法是在物面上涂以薄层物质，当其与流体相互作用时，在物面上产生一定的可见流型，用以定性或定量显示物面流动特性，如层流、湍流和转捩位置，分离点和分离区等。表面油流（如图 5.10 所示）和荧光油流是较常用的方法，借助于拓扑准则进行流谱识别；升华技术常用于确定附面层转捩、分离流动、近壁面流动结构和壁面质量交换。热敏深层用于显示表面热交换。

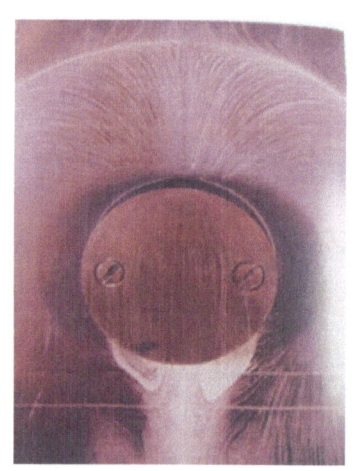

▲图5.10 Ma=5的二维圆柱绕流物面油流谱(引自李素循著《激波与边界层主导的复杂流动》)

（2）丝线法

该方法是将细丝线、羊毛和尼龙丝等一端贴在物面上，另一端顺气流摆动，以显示物面的流态。可以显示层流、湍流和分离区的位置及涡核的位置等。做成丝网阵还可以显示空间流场。20世纪80年代初期，发展了一种荧光微丝法。荧光微丝是染有荧光物质和经过抗静电处理的尼龙单丝，直径只有0.01～0.04mm，将它贴在模型表面，在紫外线的照射下，可以清晰地显示模型表面流态（如图5.11所示）。

▲图5.11　用丝线法进行的汽车风洞试验（引自微信公众号：AutoWindTunnel）

（3）示踪法

把示踪物质直接注入流场作为对比介质，或利用化学反应在流体中产生示踪物质，或利用电控产生示踪物质，这些介质跟随流体一起运动，使流动变成可视。烟迹(含烟丝)法（如图5.12所示）、染色线法、氢气泡法、氦气泡法、激光-荧光法、蒸汽屏法等都属于示踪法。由于在流体中注入了粒子，存在粒子跟随性问题，用于定常流动显示效果较好，用于非定常流动显示误差较大。

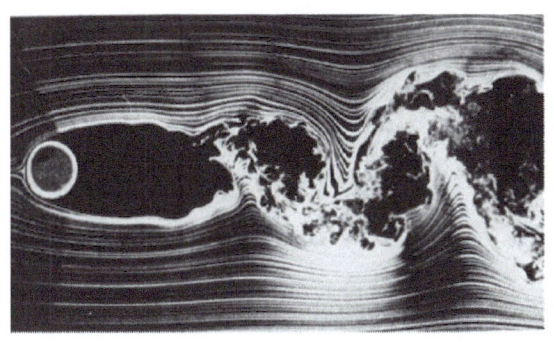

▲图5.12　烟线法的圆柱绕流（引自An Album of Fluid Motion）

（4）光学方法

传统光学流动显示方法主要指阴影法、纹影法(含彩色纹影，如图5.13所示)、干涉法等用于有密度变化的流场。利用光的折射效应或利用不同光线相对的相位移形成图像，显示如激波、旋涡、边界层转捩、激波边界层干扰等物理现象。干涉法也可以定量地给出其密度场的变化。光学方法对流场没有干扰，但有较大的局限性。如阴影、纹影、干涉仪所得的图像是光线穿过流场路径上折射积累的结果，虽然理论上可以从图像还原求出流场的密度分布，但分辨率不高，而且限于二维流场。基于干涉原理的一些方法能直接反映密度的变化，给出定量的结果，特别引起人们的重视，因此发展了多种形式的干涉术，如激光全息干涉、外差干涉、激光散斑干涉等。光学方法多用于高速流场测量中。

此外，流动显示与测量同时进行并借助计算机图像和数据处理技术已经成熟。在实验方面，以流动显示和图像设备为基础，通过计算机图像处理系统完成图像显示和数据处理，然后用彩色显示参数的变化，给出丰富的流场信息和高质量的图像。

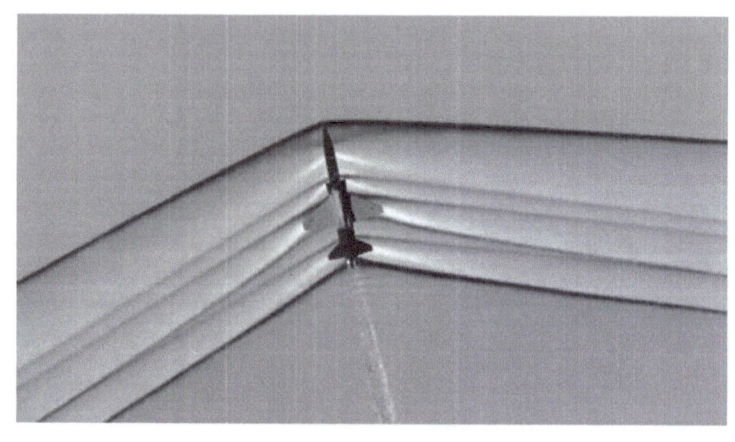

图5.13 飞机超声速飞行的纹影照片（引自NASA）

2. 流动显示和测量联合技术

鉴于流动现象的复杂性增大，人们在认识上迫切需要借助于激光技术、计算机技术、信息处理技术等，并促进了流动显示和测量的联合技术。如近几十年发展起来的激光分子测速技术（laser doppler velocimetry，LDV）、粒子成像测速技术（particle image velocimetry，PIV）、激光诱导荧光（laser-induced fluorescence，LIF）、层析技术（computed tomograph，CT）和光学表面测压技术（optical surfacepressure measurement technique，OSPMT）均是显示与测量的联合技术，它们能够兼有定性显示和定量测量的功能，从而极大地推动了复杂流动的研究进展。

(1) 波的多普勒效应

波的多普勒效应是指因波源与观察者之间的相对运动而出现的观测频率与波源频率不同的现象，这是由澳大利亚物理学家 J. Doppler1842 年发现的（Christian Doppler,1803～1853 年，如图 5.14 所示）。其著名的例子是：当一列鸣笛的火车经过观察者时（如图 5.15 所示），他会发现火车由远方靠近的时候，听到的汽笛声调是由低变高；同样火车

▲图5.14 澳大利亚物理学家多普勒
（Christian Doppler,1803～1853年）

由近驶向远去的时候，听到的声调会由高变低，这种现象称为多普勒效应。原因是由声波振动频率不同而决定的，如果频率高，声调听起来就高；如果频率低，声调听起来就低。由此可见，以恒速运动的火车，汽笛发出的声波波长在传播时是变化的。其结果是对于由远方来的火车，声波的波长变短，如同波被压缩了。相反，当火车驶向远方

时，声波的波长变大，好象波被拉伸了。相对于运动物体的声波，观测者接收到波的频率是

$$f = \frac{a \pm U_0}{a \mp V_0} f_0$$

其中，f_0 为波源的固有频率，a 为静止空气的声波速度，U_0 为观测者相对于空气的速度，V_0 为波源相对于空气的速度。当观察者朝波源运动时，U_0 前面取正号；当观察者背离波源（即顺着波源）运动时，U_0 前面取负号。当波源朝观察者运动时，V_0 前面取负号；波源背离观察者运动时，V_0 前面取正号。从上式可知，当观察者与声源相互靠近时，$f > f_0$；当观察者与声源相互远离时，$f < f_0$。

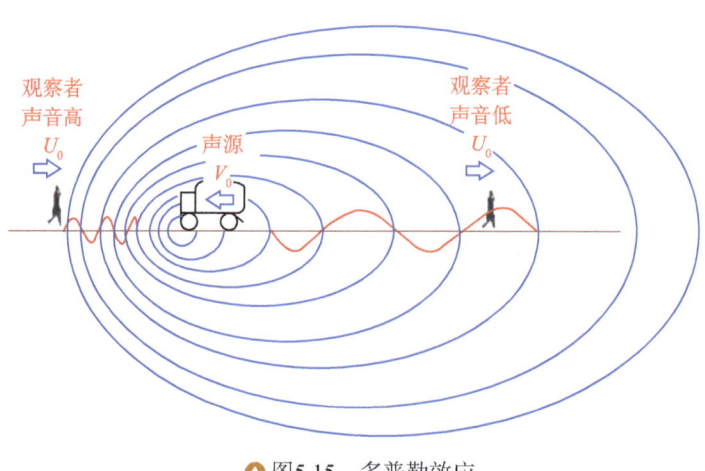

图5.15　多普勒效应

（2）激光测速技术

激光测速的光谱技术是依赖于被测流场介质组分的吸收谱线频率或荧光发射或散射光谱中的 Doppler 频移，由于这种方法是直接从分子运动中获取速度，从而避免了由于投放粒子带来的弊病，不仅测速真实，精度较高，而且适用于高速流动的测量（图 5-16）。基于多种光

学测速技术，发展了诸如激光诱导 Doppler 综合测速（DGV）、滤波瑞利散射法（FRS）、相干拉曼光谱法（包括相干反斯托克斯拉曼光谱法（CARS）、反拉曼光谱法（IRS）和受激拉曼收益光谱法（SRGS）等）。

（3）粒子成像测速技术

▲ 图5.16　激光测速技术

粒子成像测速技术是在计算机技术和图形处理技术下发展而成的，是一种光学流体测量技术（如图5.17所示）。从20世纪50年代起，开始使用激光测速技术，并在此基础上逐渐形成的。该项技术的最大优点是突破了激光多普勒测速仪等空间单点测量技术的局限性，既具备了单点测量技术的精度和分辨率，又能获得平面或空间流场显示的整体结构和瞬态图像，可在同一时刻记录下整个流场的有关信息，并且可分别给出平均速度、脉动速度等，是一种非接触式的测量方法。其基本原理是：实验时在流场中播入粒子，用脉冲激光器发出的激光束经过一系列光学元件形成可调制的激光照射流场，用多次曝光记录粒子场在不同时刻的图像，测出在 $\triangle t$ 时间间隔每个粒子的位移 $\triangle L$，即可算出粒子的速度，在粒子的跟随性满足要求的条件下,粒子的运动速度可以代表流体的运动速度。

（4）激光诱导荧光流动显示与测量技术

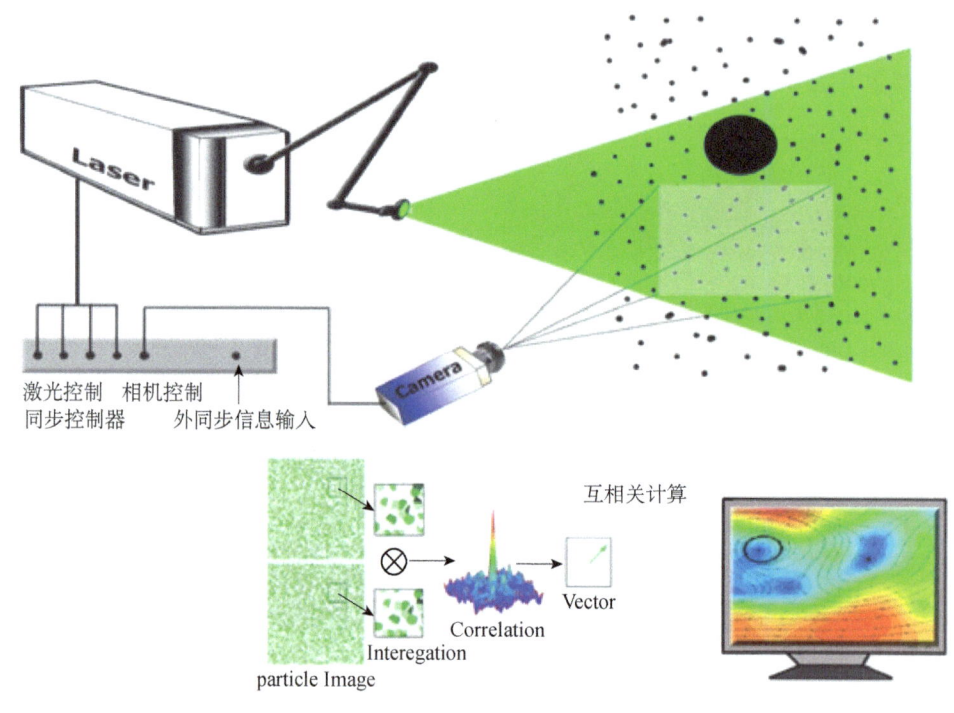

▲ 图5.17　粒子成像测速技术

激光诱导荧光流动显示与测量技术（图5.18），是20世纪80年代发展起来的一种光致发光流动显示与测量技术，能够实现定性显示流动结构和定量测量流动参数的目的。光致发光流动显示与测量技术是把某些物质(如碘、钠或荧光染料等)溶解或混合于流体中，这些物质的分子在特定波长的光线照射下吸收光子而受激发光。实验时用脉冲激光片光照射，利用激发出的光不仅能显示流动结构，又可利用吸收和发射谱线的Doppler频移效应测量速度。其光强又是受激区气流密度和温度的函数，故可在显示流动结构的同时，测量流场的密度、温度、速度、压力和浓度等参数。该方法是非接触式瞬态流场测量技术，比较适应于高速流动和大速度梯度流动。在这种情况下，由于粒子不能完全跟随流体一起运动，因而基于粒子散射的 Doppler 测速法不再适用，而基于分子发光的 LIF 技术则无此限制，因为 LIF 不存在粒子跟随性问题。

（5）光学层析技术

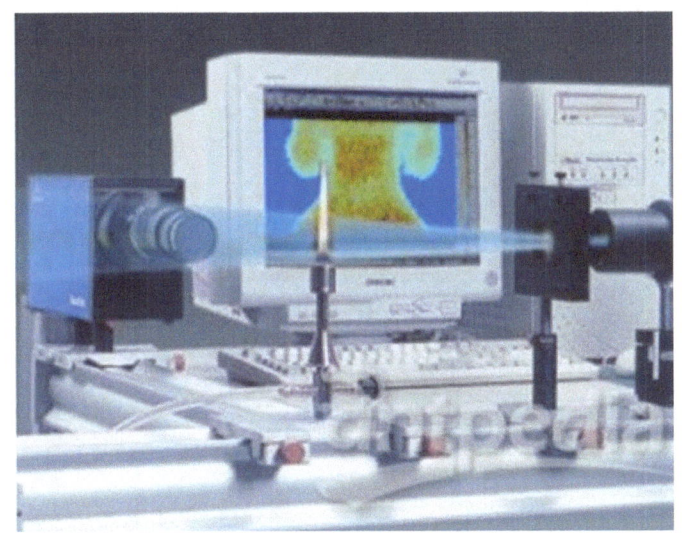

▲图5.18　激光诱导荧光流动显示与测量技术

层析技术是 1967 年出现的，开始用于医疗诊断和材料的无损探伤。CT 是在 20 世纪 80 年代中期开始用于流动显示的，它是一种先进的计算机辅助流动显示与测量技术（图 5.19）。层析技术由多方位对流场进行观测所得到的"投影"重建三维图像，适用于三维流场的结构测量与分析。光学层析是流动显示中最常用的，如阴影、纹影、干涉法等都可以用来得到多方位的"投影"，但由干涉仪与计算机层析技术结合得到定量化的三维流场显示更为重要。利用常规的干涉仪层析技术可以得到三维密度场和浓度场，利用全息干涉层析技术还可以得到三维温度场。

不同断面的图像可以在不同瞬时得到,也可以在同一瞬时用多方位的干涉照相得到。前者只能用于定常流,后者亦可用于非定常流。

(6)光学表面测压技术

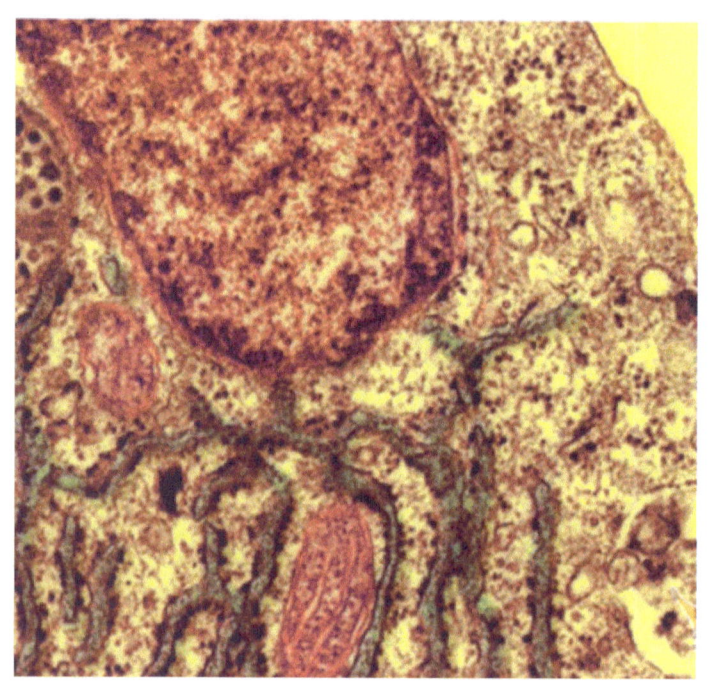

▲ 图5.19 光学层析技术(血管流,引自http://www.ylqxs.com/)

光学表面测压的基本原理是,将一种压力敏感涂料(pressure sensitive paint,PSP)涂于模型表面,在紫外线光或其他给定波长光的照射下,涂层发出可见波长的荧光,其亮度与作用在涂层表面空气或任何含氧气体的绝对压力成反比,用CCD摄像机记录模型表面的图像,并通过计算机处理,可以给出模型表面的压力分布(图5.20)。光学表面压力测量要求光源有足够的亮度和照射的均匀度,模型表面涂层的亮度用绝对压力进行标定并存储在计算机中,在风洞"不吹风"和"吹风"两种状态下对每一个模型姿态记录表面的图像,通过计算

第 5 章　实验流体力学

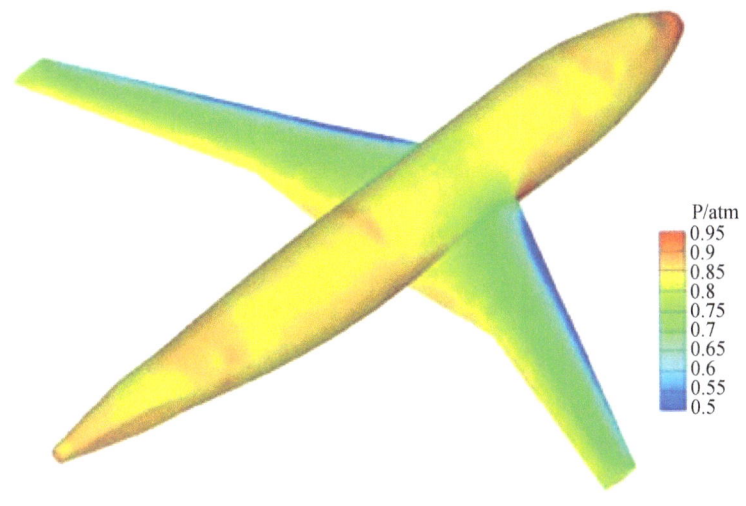

图5.20　F4表面压力（压力敏感涂料PSP）风洞试验（引自DLR）

机与标定压力数据比较获得模型表面的压力分布。

5.5　流场速度测量技术

1. 传统时均速度测量

对于流场中任意一点的时均速度，常用皮托管测速仪。皮托管（如图5.3所示）是基于定常、不可压缩、无黏流体伯努利方程进行测速的一种简单装置。由于测试孔正对流体来流方向，不适用于流体中含固体颗粒的流动。皮托管是单点接触式测速，对被测流场有较大影响，实际流速的测量存在一定局限性。多孔探针是一种测量速度大小和方向的装置，主要包括三孔、五孔和七孔探针。由于三孔探针所测流动角度范围偏小，目前五孔或七孔探针较为常用。五或七孔探针解决了皮托管不能测量速度方向的问题，可实现速度和压力的测量。将五孔探针插入到流场测点位置，由各孔所测压力通过适当校正，即可求出流场被测点的速度大小和方向。七孔探针测速时，测得七个孔压力值，可得到测点的速度大小和方向、总压、静压等参量。五或七孔探针测量精度较高、可靠性好、结构简单、探针不易损坏，易于维修且造价低。但五或七孔探针受自身测量角度限制，测量校准及校准数据处理比较繁琐。

2. 瞬时速度的测量

对于瞬时速度场，速度值包括时均速度和脉动速度，特别是速度随时间的脉动是流场特征的基本数据。在风洞中常用的测量方法是热线风速仪，其借助于位于流场中的热线（通常为直径 1~2μm 的铂丝或钨丝）或热膜（通常为厚 0.1μm 的铂膜或镍膜）对流传热的变化来测量速度。这种仪器特别适用于研究流场的湍流结构。另一种测量瞬时速度的仪器是激光多普勒测速计，它们是根据光在气流中的多普勒频移值与气流速度成正比的原理来测取的。在进行这种测量时，必须利用在气流中自然存在的或人工加入的散射粒子，粒子的大小和浓度须限制在一定的范围内。分述如下。

1）热线风速仪

热线测速仪（hot wire anemometer，HWA），发明于20世纪20年代，是单点接触式测量流场瞬时速度的装置，如图5.21所示。其基本原理是将一根细的金属丝（细金属丝一般直径 d=0.5~5μm，长度 $L>300d$ 的铂丝或钨丝），通电流加热金属丝后，使其温度高于流体的温度，因此将金属丝称为"热线"。当流体沿垂直方向流过金属丝时，通过对流换热将带走金属丝的一部分热量，使金属丝温度下降。根据无限长圆柱体强迫对流热交换理论，可导出热线被带走的热量与流体的速度 U 之间的关系式，这个关系式称为金（L. V. King,1914）公式，即

$$I^2R = (T_s - T_0)(A + B\sqrt{U})$$

其中，R、I 分别为热线的电阻和流过的电流强度；T_s 为热线的工作温度，T_0 为被测流体的环境温度；A 和 B 为与流体和热线有关的物理常数。热线风速仪测速无需添加示踪粒子，对测量结果可进行实时、动态、连续检测，速度响应频率高，可用于不透明流体测量和所有湍流脉动频率响应范围的研究。

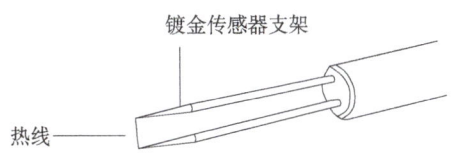

▲ 图5.21　热线风速仪

热线长度一般为 0.5～2mm，直径为 1～10μm，材料为铂、钨或铂铑合金等。若以一片很薄(厚度小于 0.1μm)的金属膜代替金属丝，即为热膜风速仪，功能与热丝相似，但多用于测量液体流速。热线除普通的单线式外，还可以是组合的双线式或三线式，用以测量各个方向的速度分量。从热线输出的电信号，经放大、补偿和数字化后输入

计算机，可提高测量精度，自动完成数据后处理过程，扩大测速功能，如同时完成瞬时值和时均值、合速度和分速度、湍流度和其他湍流参数的测量（如图5.22所示）。热线风速仪与皮托管相比，具有探头体积小，对流场干扰小；响应快，能测量非定常流速；能测量很低速（如低达0.3m/s）等优点。

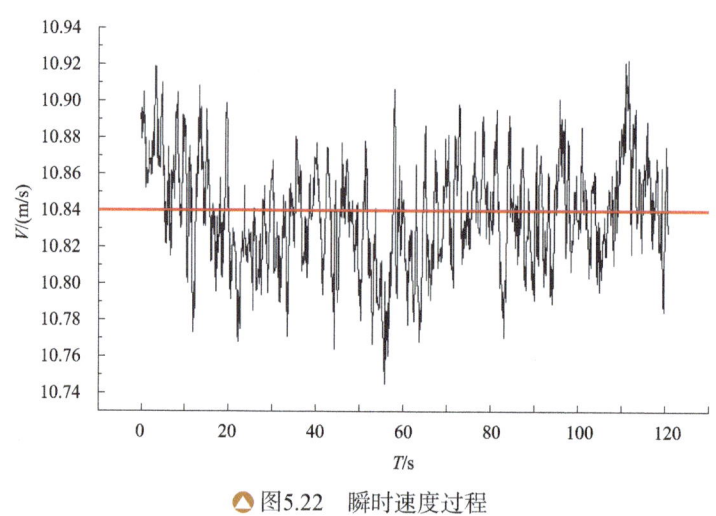

▲ 图5.22 瞬时速度过程

热线风速仪将流速信号通过金公式转变为电信号（如图5.21所示），也可用来测量流体温度或密度。它有两种工作模式：①恒流式。通过热线的电流保持不变，温度变化时，热线电阻改变，因而两端电压变化，由此测量流速。②恒温式。热线的温度保持不变，如保持150℃，根据所需施加的电流可度量流速。恒温式比恒流式应用更广泛。

2）粒子图像测速仪

粒子图像测速仪（particle image velocimetry，PIV），是20世纪70年代末发展起来的一种瞬态、多点、无接触式的激光流体力学测速技术，近几十年来得到了不断完善与发展。PIV技术的特点是超出了单点测速技术（如LDA）的局限性，能在同一瞬态记录下大量空间点上的速度分布信息,并可提供丰富的流场空间结构以及流动特性(如图 5.23 所示)。PIV 测速原理是向流场中散播一定数量示踪粒子(如图 5.24 所示),用激光片光源照亮所测流场中某一流动平面,同时用垂直于该平面照相机连续两次曝光,粒子的图像被记录在底片或 CCD 相机上。采用图像处理技术,可获得瞬时流场速度分布信息。PIV 技术除向流场散布示踪粒子外,所有测量装置并不介入流场(如图 5.25 所示),具有较高的测量精度。由于 PIV 技术的上述优点,它已成为当今流体力学实验室测量速度的主要设备之一。PIV 测速技术有多种分类,但无论何种形式的 PIV,其速度测量都依赖于散布在流场中的示踪粒子。PIV 法测速都是通过测量示踪粒子在已知很短时间间隔内的位移来间接测量流场的瞬态速度分布。若示踪粒子有足够高的流动跟随性,示踪粒子的运动就能够真实地反映流场的运动状态(如图 5.25 所示),因此示踪粒子在 PIV 测速法中非常重要。在 PIV 测速技术中,高质量的示踪粒子要求:①比重要尽可能与实验流体相一致;②足够小的尺度;③形状要尽可能圆且大小分布尽可能均匀;④有足

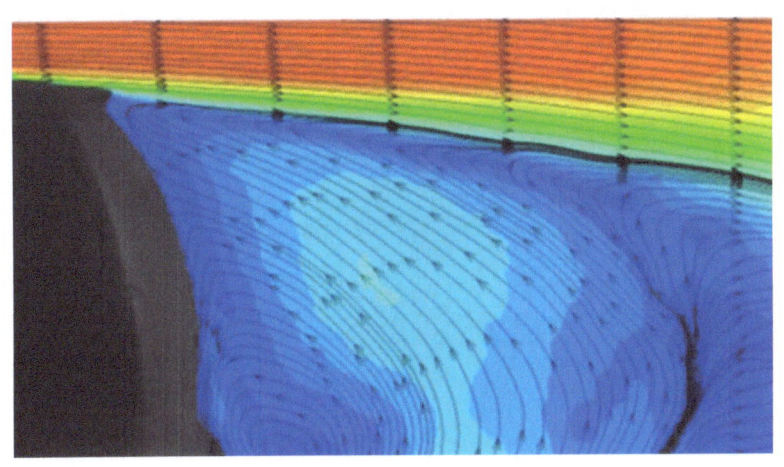

▲图5.23　PIV流场信息(引自微信公众号:AutoWindTunnel)

够高的光散射效率。通常在液体实验中使用空心微珠或者金属氧化物颗粒,空气实验中使用烟雾或者粉尘颗粒(超声速测量使用纳米颗粒),微管道实验使用荧光粒子等。

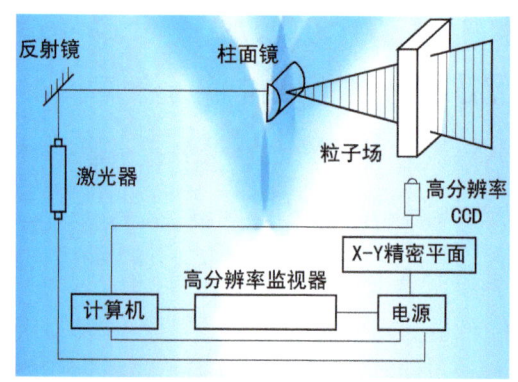

图5.24 PIV测速原理(www.sinfotek.com)

图5.25 PIV瞬时流场(www.piv.com.cn)

3）激光多普勒测速仪

激光多普勒测速仪是20世纪70年代随着激光技术的发展而建立起来的高精度激光流体测速技术。激光多普勒测速仪(laser Doppler velocimety, LDV)是测量通过激光探头的示踪粒子的多普勒信号，再根据速度与多普勒频率的关系得到速度。激光多普勒干涉测速对流场无干扰，测速范围宽，而且由于多普勒频率与速度是线性关系，测量结果与该点的温度和压力没有关系。目前激光多普勒测速仪是世界上速度测量精度最高的仪器。其测量原理是，发射源发射一定频率的发射波，当发射源与探测器之间存在相对速度时，接收频率与发射频率之间就会存在一定频移，该频移由二者之间相对速度引起，频移量反映速度大小。常用的测速光学系统是基于干涉条纹模型的双光束型。由于激光具有良好的相干性，聚焦透镜把入射光以 θ 角会聚，光在聚焦点形成明暗相间干涉条纹，当流体中示踪粒子从垂直于条纹区方向通过时，会依次散射出光强随时间变化的一列散射光波，称为多普勒信号，光波强度变化频率称为多普勒频率。设 U 为示踪粒子速度，多普勒频移与粒子速度关系式为

$$f_d = \left(\frac{2n}{\lambda} \sin \frac{\theta}{2}\right) U$$

其中，f_d 为多普勒频移；λ 为发射波长；θ 为入射光夹角；n 为流体折射率。

LDV系统从功能上分为：光路部分（如图5.26所示）和信号处理部分。光路部分采用He-Ni激光器或Ar离子激光器，这是因为它们能够提供高功率的514.5nm、488nm、476.5nm三种波长的激光。新一代的LDA系统采用固体激光器，大幅降低了对操作者使用经验的

要求。带有频移装置的分光器将激光分成等强度的两束,经过单模保偏光纤和光纤耦合器,将激光送到激光发射探头,调整激光在光腰部分聚焦在同一点,以保证最小的测量体积,这一点就是测量体即光学探头。接收探头将接收到的多普勒信号送到光电倍增管转化为电信号以及处理并发大,再至多普勒信号分析仪分析处理后至计算机记录,配套系统软件可以进行数据处理工作。在流场中存在适当示踪粒子的情况下,可同时测出流动的三个方向速度,升级至 PDA 系统后甚至可以测量球形透明颗粒的粒子直径。

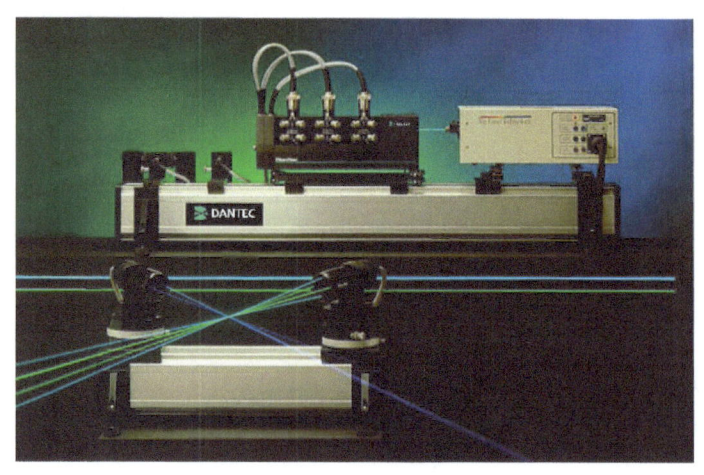

▲ 图5.26　LDA测速原理

随着窄线宽单模固体激光器在激光多普勒中的应用,氩离子气体激光器已被淘汰。DopplerLite、FlowExplorer DPSS 等 LDA 激光发射光学系统被相继研发出来。新的 DPSS 激光器不仅提供了免调节的一体化 LDA 发射探头,并且仍然提供可靠的光纤发射探头。其中,一体化 LDA 发射探头由于内置了激光器、布拉格单元等器件,取消了光纤耦合器等可调节部件,因此大大降低了调节难度,无需任何光学耦合调节即可直接使用。但其缺点是由于内置激光器,因此探头对使用环境的温湿度要求、振动要求等相对较高。并且由于光电一体，探头也无法做到防尘防潮。基于DPSS激光器的光纤探头继承了传统光纤激光多普勒的所有优点。水密探头对使用环境洁净度无严苛要求，可以承受一定的振动，对环境的温度、湿度也有较高适应能力，甚至可以配置探头内部气体吹扫系统。其缺点是当环境温湿度变化较大时，需定期检查光纤耦合状况，防止光纤耦合效率下降。

最新的激光多普勒信号处理器，无论在时间基准、最高数据率、最高可处理多普勒频率、带宽、渡越时间等核心指标方面，还是内存、采样位数等辅助指标，均得到大幅度提升。对于电源管理、散热、稳定性方面均有大幅优化，几乎所有可以影响到最终数据质量的方面都有所提升。其不仅可以提供激光功率调节、信号优化等功能，并且依然可以通过实时信号示波器功能实现对数据质量的监测、通过矢量图以及多种组合三维图形获得直观的数据展示结果。另外，为确保移动过程中的稳定性和准确性而设置专门坐标架系统。对于单点测量系统（如图5.27所示），可以大幅缩短测量时间，提高数据质量。

图5.27　LDA测速装置

5.6 流体力学动力量等的实验测量方法

1. 压力测量方法

风洞测量压力最早采用液体压力计，如 U 形管压力计。测量气流总压和静压最常用的是皮托管。在超声速气流中，皮托管前产生正激波，所以只能测量波后总压。现代已广泛采用压力传感器来测量压力。压力传感器的种类很多，按变换原理可以分成电阻应变式、电容式、电感式、振膜式、固态压阻式和压电式等。在高超声速风洞中遇到非常低的压力时，多采用振膜式或固态压阻式传感器。压电传感器主要用于脉冲式风洞或用于测量瞬态压力。测量多点压力时则广泛使用压力传感器和压力扫描阀组成的测压系统或者电子扫描压力测量系统（如图 5.28 所示）。

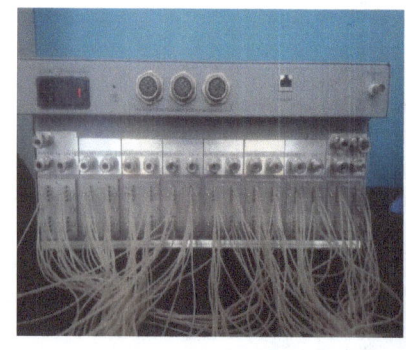

▲ 图5.28　PSI9816电子式压力扫描阀系统

2. 温度和热流测量方法

对于高速流动的气流,需要确定气流的总温和静温。气流总温低于 2000K 时,可用总温探针来测量总温,而气流静温一般根据总温和马赫数来推算。总温探针的测温元件在温度较低时可用热敏电阻,温度较高时用铜－康铜、镍铬－镍铝热电偶。铂－铂铑热电偶可测高达 2000K 的温度。物面温度除用热电偶测量外,还可用感温涂料或相变涂料作为敏感元件,其测量范围从室温到数百开,测量精度稍低,但信息量大。采用红外照相技术可以测量从室温到 1200K 范围内的表面温度分布,这种方法不会干扰流场而且信息量大。对于 1200～4000K 范围内的气流温度和表面温度,通常采用辐射高温计、光电高温计、比色高温计等光学测量仪器测量。现代相干反斯托克斯拉曼光谱技术 (CARS) 具有很高的光谱辐射转换率,所以引起人们广泛的注意。低密度风洞气流本身不辐射光谱,因此普遍采用电子束探针来激发气体使之电离而辐射出光谱,再用光谱分析方法求出其振动和转动温度。对于风洞传热实验,一般可以采用测量温度随时间的变化率来测量热流。不同类型的风洞往往采用不同型式的量热计。常规高超声速风洞常用薄壁量热计,电弧风洞常用零点量热计,激波风洞常用薄膜电阻量热计(如图 5.29 所示)。

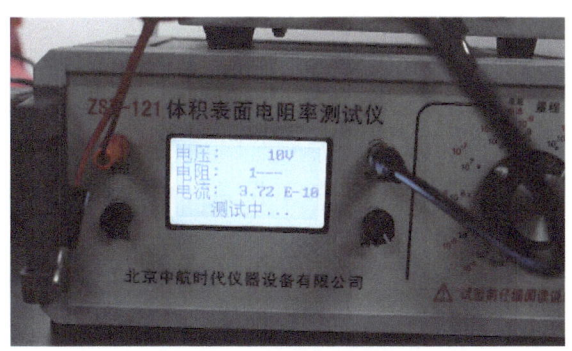

▲ 图5.29　薄膜电阻量热计

3. 密度测量方法

一般采用光学方法来测量气流的密度。用阴影法、纹影法、干涉法等仅能进行密度的定性测量，而用激光全息照相可以对风洞流场的三维密度分布进行定量测量。全息法是把两列干扰光波（信号波和参考波）所形成的干涉图形用照相方法记录下来，事后只要适当照明全息照片，就能再现"流场"的光波。全息法记录的是流场的全部信息（包括相位差、方向差、光程差），所以事后可对再现的光波进行细致的定量测量(如图5.30所示)。

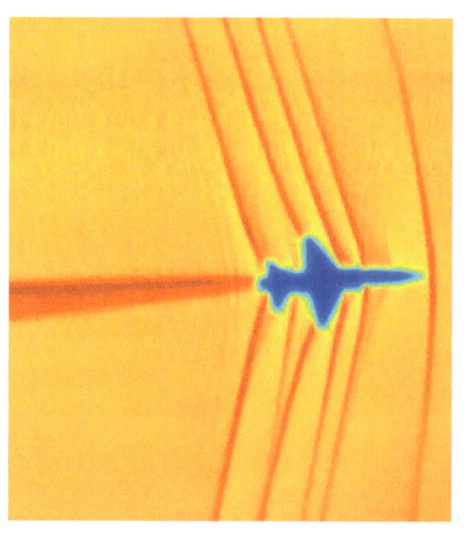

▲图5.30 纹影技术（引自NASA）

4. 力和力矩测量方法

作用于模型上的气动力和气动力矩通常可以采用风洞天平直接测量（如图5.31所示）和通过测量自由飞风洞模型的运动情况来测量。自由飞测力是借助于高速摄影机记录模型在风洞中自由飞行的运动轨迹并确定加速度，根据牛顿第二定律来计算气动力和气动力矩。为了使飞行器具有良好的稳定性和机动性，还必须知道作用于模型上的气动力和气动力矩对角位移时间变化率的导数,即动导数。在风洞中,可以通过自由振动或强迫振动的天平来测量动导数,也可以通过模型自由飞试验来反推。

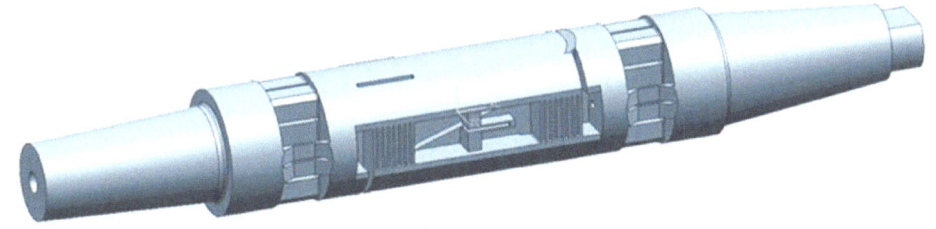

▲图5.31 六分量测力天平

5. 表面摩擦测量方法

研究黏性流动时常要求测量表面剪切应力,除间接方法外还可采用摩擦天平直接测量,摩擦天平常采用差动变压器或应变传感器、热膜和普瑞斯登管等。

5.7 试验误差分析

测量与分析是人类认识事物发展规律的不可缺少的手段和途径。通过试验和测量能使人们对事物获得定性概念和定量关系,在通过加工分析上升到理性,发现事物发展的一般规律性。科学上很多新的发现和突破都是在试验的基础上完成的。试验的一个重要目的就是通过测量获取物理量之间的定量关系,因此必然要仔细审查物理量测量的准确性和精确性，由此必然引出测量误差及其分析的问题。

因受试验设备（风洞、水洞等）、方法、试验环境、测量仪器、测量程序等方面的限制，任何物理量的试验测量值和真实值之间，总是不可避免地存在一定的差异。人们常用绝对误差、相对误差或有效数字来说明一个近似值的准确程度。为了评定试验数据的精确性，分析误差的来源及其影响是必要。由此判定哪些因素是影响试验精确度的主要方面，从而在试验中进一步改进试验方案，缩小试验观测值和真值之间的差值，提高试验的精确性和准确性。

1. 误差概念

1）真实值与平均值

真实值是被测物理量客观存在的确定值，也称理论值或定义值。通常真实值是无法测得的。若在试验中，测量的次数无限多时，根据误差的分布定律，正负误差的出现几率相等。再经过细致地消除系统误差，将测量值加以平均，可以获得非常接近于真实值的数值。但是实际上试验测量的次数总是有限的。用有限测量值求得的平均值只能是近似真实值，常用的平均值有下列几种：算术平均值、几何平均值、均方根平均值和对数平均值。应指出，变量的对数平均值总小于算术平均值。取各种平均值的目的是要从一组测定值中找出最接近真实值的那个值。在风洞试验中，数据的分布较多属于正态分布，所以通常采用算术平均值。

2）误差的分类

根据误差的性质和产生的原因，一般分为以下三类：

（1）系统误差。系统误差是指在测量和试验中未发觉或未确认的因素所引起的误差，而这些因素影响结果永远朝一个方向偏移，其大小及符号在同一组试验测定中完全相同,当试验条件一经确定,系统误差就获得一个客观上的恒定值。当改变试验条件时,就能发现系统误差的变化规律。系统误差产生的原因:测量仪器不良,如刻度不准,仪表零点未校正或标准表本身存在偏差等;周围环境的改变,如温度、压力、湿度等偏离校准值;试验人员的习惯和偏向,如读数偏高或偏低等引起的误差。针对仪器的缺点、外界条件变化影响的大小、个人的偏向,待分别加以校正后,系统误差是可以基本清除的。

(2)随机误差。在已消除系统误差的一切量值的观测中,所测数据仍在末一位或末两位数字上有差别,而且它们的绝对值和符号的变化,时大时小,时正时负,没有确定的规律,这类误差称为随机误差或偶然误差。随机误差产生的原因不明,因而无法控制和补偿。但是,倘若对某一量值作足够多次的等精度测量后,就会发现随机误差完全服从统计规律,误差的大小或正负出现的概率可以是确定的。因此,随着测量次数的增加,随机误差的算术平均值趋近于零,所以多次测量结果的算数平均值将更接近于真实值。

(3)过失误差。过失误差是一种显然与事实不符的误差,它往往是由于试验人员粗心大意、过度疲劳和操作不正确等原因引起的。此类误差无规则可寻,只要加强责任感、多方警惕、细心操作,过失误差是可以避免的。

2. 精密度、准确度和精确度

反映测量结果与真实值接近程度的量,称为精度(亦称精确度)。它与误差大小相对应,测量的精度越高,其测量误差就越小。"精度"应包括精密度和准确度两层含义。

(1)精密度。测量中所测得数值重现性的程度,称为精密度。它反映随机误差的影响程度，精密度高就表示随机误差小。

（2）准确度。测量值与真实值的偏移程度，称为准确度。它反映系统误差的影响精度，准确度高就表示系统误差小。

（3）精确度（精度）。它反映测量中所有系统误差和随机误差综合的影响程度。

在一组测量中，精密度高的准确度不一定高，准确度高的精密度也不一定高，但精确度高，则精密度和准确度都高。

为了说明精密度与准确度的区别，可用图5.32所示打靶子例子来说明。图5.32(a)中表示精密度和准确度都很好，则精确度高；图5.32(b)表示精密度很好，但准确度却不高；图5.32(c)表示精密度与准确度都不好。在实际测量中没有像靶心那样明确的真实值，而是设法去测定这个未知的真实值。

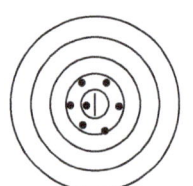 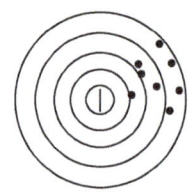 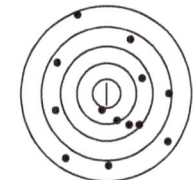

(a) 精密度和准确度都好　　(b) 精密度好，准确度不好　　(c) 精密度和准确度都不好

▲图5.32　精密度和准确度的关系

3. 误差的表示方法

利用任何量具或仪器进行测量时，总存在误差，测量结果不可能准确地等于被测量的真实值，而只是它的近似值。测量的质量高低以测量精确度作指标，根据测量误差的大小来估计测量的精确度。测量结果的误差愈小，则认为测量就愈精确。误差的表示方法有：①绝对误差表示测量值和真实值之差，通常称为误差；②相对误差是衡量某一测量值的准确程度，一般用相对误差来表示，即绝对误差与被测量实际值之比

的百分数为相对误差；③引用误差是仪器的绝对误差与量程范围之比；④算术平均误差是各测量点误差的平均值；⑤标准误差为均方根误差。标准误差不是一个具体的误差，其大小说明在一定条件下等精度测量集合所属的每一个观测值对其算术平均值的分散程度。

4. 测量仪表精确度

测量仪表的精确等级是用最大引用误差（又称允许误差）来标明的，它等于仪表的最大绝对误差与仪表的量程范围之比的百分数。通常情况下用标准仪表校验较低级的仪表。所以，最大绝对误差就是被校表与标准表之间的最大绝对误差。测量仪表的精度等级是国家统一规定的，把允许误差中的百分号去掉，剩下的数字就称为仪表的精度等级。仪表的精度等级常以圆圈内的数字标明在仪表的面板上。例如某台压力计的允许误差为 1.5%，这台压力计电工仪表的精度等级就是 1.5，通常简称 1.5 级仪表。

5. 误差的性质

1）误差的正态分布

如果测量数列中不包括系统误差和过失误差，从大量的试验中发现随机误差的大小有如下几个特征：①绝对值小的误差比绝对值大的误差出现得机会多，即误差的概率与误差的大小有关。这是误差的单峰性；②绝对值相等的正误差或负误差出现的次数相当，即误差的概率相同，这是误差的对称性；③极大的正误差或负误差出现的概率都非常小，即大的误差一般不会出现，这是误差的有界性；④随着测量次数的增加，随机误差的算术平均值趋近于零。这叫误差的低偿性。根据上述的误差特征，随机误差出现的概率分布满足高斯正态分布函数（如图 5.33 所示）。这个高斯误差分布函数称为误差方程。其中，

标准误差 σ 越小，测量精度越高，分布曲线的峰越高带窄；σ 越大，分布曲线越平坦且越宽。由此可知，σ 越小，小误差占的比重越大，测量精度越高；反之，则大误差占的比重越大，测量精度越低。

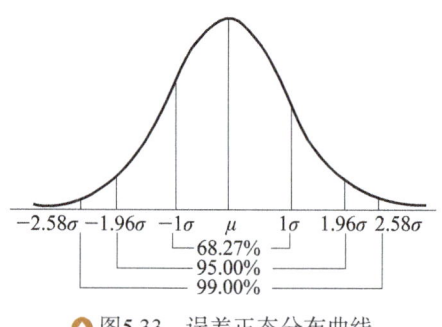

图5.33　误差正态分布曲线

2）测量集合的最佳值

在测量精度相同的情况下，测量一系列观测值所组成集合为测量集合，当采用不同的方法计算平均值时，所得到误差值不同，误差出现的概率亦不同。若选取适当的计算方法，使误差最小，而概率最大，由此计算的平均值为最佳值。根据高斯分布定律，只有各点误差平方和最小（如图5.34所示），才能实现概率最大。这就是最小二乘法值。由此可见，对于一组精度相同的观测值，采用算术平均得到的值是该组观测值的最佳值。

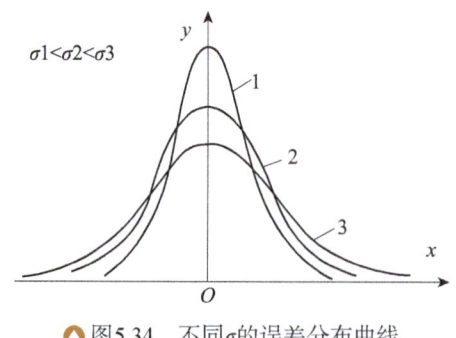

图5.34　不同σ的误差分布曲线

3）间接测量误差分析

上述讨论主要是直接测量的误差分析，但在许多场合下，往往涉及间接测量变量，所谓间接测量是通过直接测量的量由一定的函数关系给出的量，称为间接测量的物理量。如由测量的粒子位移求速度，速度就是间接测量的物理量。因此，间接测量值就是由直接测量得到的各个测量值的函数，其测量误差是各个测量值误差的函数值。间接测量误差也称为函数误差，一般表达形式为间接测量，是直接测量量的多元函数，即 $y=f(x_1,x_2,x_3,\cdots,x_n)$，其中 y 为间接测量值，$(x_1,x_2,\cdots,x_n)$ 为直接测量值。由泰勒级数展开，可得到 y 的最大绝对误差值

$$\Delta y = \left| \frac{\partial f}{\partial x_1}\Delta x_1 + \frac{\partial f}{\partial x_2}\Delta x_2 + \cdots + \frac{\partial f}{\partial x_n}\Delta x_n \right|$$

其中，$\dfrac{\partial f}{\partial x_i}$ 为误差传递系数；Δx_i 为直接测量值的误差。如果直接误差满足正态分布，则间接误差的标准偏差为

$$\sigma_y = \sqrt{\left(\frac{\partial f}{\partial x_1}\right)^2 \sigma_{x_1}^2 + \left(\frac{\partial f}{\partial x_2}\right)^2 \sigma_{x_2}^2 + \left(\frac{\partial f}{\partial x_3}\right)^2 \sigma_{x_3}^2 + \cdots + \left(\frac{\partial f}{\partial x_n}\right)^2 \sigma_{x_n}^2}$$

第 6 章

风洞与水洞设备

6.1 风洞设备发展历史

风洞（wind tunnel）设备是试验空气动力学和飞行器研制最广泛使用的一种管道型的装置。它是通过一种管状设备，可人工产生和控制气流，用来模拟飞行器或物体周围气体的流动，并可测量气流对物体的作用力。几乎没有一种飞机和导弹在研制过程中不经过风洞试验，而且随着航空和航天技术的发展，对风洞试验的要求也越来越高。随着计算机和数值计算技术的不断提高，风洞的测量技术和精度也在大幅度提高，同时风洞试验模拟的现象愈来愈复杂，研制新款飞机所需要的风洞试验时间，几乎是按指数规律随年代增长的。20 世纪初，美国莱特兄弟在研制世界上第一架带动力有人驾驶的飞机时，风洞试验时间只有 20 多个小时，而到了 20 世纪 70 年代，研制一种先进飞机所需的风洞试验时间就高达到上万个小时。此外，风洞试验还广泛应用于国民经济的许多部门，如用来研究阻力最小的汽车外形、高建筑物的风载、风力机和桥梁的风激振动以及环境大气污染等。

世界上公认的第一座风洞是英国人韦纳姆（F.Wenhan）于 1869～1871 年建成，并测量了物体与空气相对运动时受到的阻力。它是一个两端开口的木箱，截面为 45.7cm×45.7 cm，长为 3.05m。美国莱特兄弟在成功地进行世界上第一次动力飞行之前，于 1900 年建造了一座风洞（如图 6.1 所示），截面为 40.6cm×40.6cm，长为 1.8m，气流速度为 40~56.3km/h。1901 年莱特兄弟又建造了风速 12m/s 的风洞，为他们的飞机进行有关的实验测试。首先说一说低速风洞的发展。1907 年普朗特建造的风洞具有等截面的洞身管道，能量消耗很大。1917 年普朗特将等截面洞身变成变截面式，接近现在的单回流风洞。1914 年法国工程师艾菲尔（Eiffel，1832~1923 年）建造了没有回路的开式风洞。第一次世界大战以后，由于使用了金属结构材料，飞机出现了单翼机，发动机功率有了较大提高，飞机速度得到很大提升，此时针对螺旋桨效率和阻力等提出一系列空气动力学的基本问题。欧美等发达国家的常规低速风洞的建设主要集中在 20 世纪 20~50 年代，主要解决了飞机和螺旋桨的气动力及其效率问题，也包括飞机的气动布局。1931 年 5 月 27 日，全球首个全尺寸风洞在弗吉尼亚州汉普顿附近的兰利研究中心投入使用（如图 6.2 所示），其试验段截面大小为宽 18.28m（60 英尺）、高 9.144m（30 英尺），被用于从战斗机、太空舱到潜水艇、现代喷气机的各种空气动力学测试。1980 年美国国家航空航天局(NASA)埃姆斯(Ames)研究中心将一座旧的低速风洞进行改造，建成试验截面尺寸为 24.4m（宽）×12.2m（高）的美国最大的全尺寸低速风洞。这个风洞建成后又增加了一个 36.6m×24.4m 的新试验段，风扇电机功率也由原来 25MW 提高到 100MW。这种大型风洞可以为真实飞机和全尺寸的缩比模型提供流场条件，研究飞行器各部件的气动力等。1944 年建成的英国皇家航空研究院（RAE）的 3.5m×2.6m 低速风洞，基本上满足了当时研制工作的需要。

流体力学通论

🔺 图6.1　美国莱特兄弟建造的风洞（试验段截面尺寸为40.6cm×40.6cm，长为1.8m），气流速度为12m/s

🔺 图6.2　美国建成的世界首个全尺寸风洞

1932年瑞士科学家阿克莱特（G.Ackeret），为了解决炮弹的气动力问题和超声速流动的一般规律，建造了一座试验段马赫数为2的连续式的超声速风洞。为了解决驱动功率不足的问题，该风洞采用了低于大气压力的工作状态。进入 20 世纪 50 年代，由于出现了大推力的喷气发动机，使飞机的发展跨过了"声障"，进入了低超声速发展时期。在此期间，航空发达的国家为了满足飞机型号研制的需要，相应地建造了一批跨超声速风洞，如 1956 年美国 NASA Ames 研究中心建成世界上最大的超声速风洞，试验段截面尺寸为 4.88m×4.88m，马赫数 Ma=0.8～4.0。俄罗斯 1952 年建成的 T-106 型风洞是试验段直径为 2.48m 的亚跨声速风洞。1953 年建成的 T-109 型风洞是一座试验段截面尺寸为 2.25m×2.25 m 的暂冲式亚跨超声速风洞。1957 年英国 RAE 建成试验段截面直径为 2.5 m 的跨超声速风洞。1961 年法国国家航空空间研究院（ONERA）的 S2-MA 型风洞是试验段截面尺寸为 1.94m×1.75m 的亚跨声速风洞。

从 20 世纪 60 年代以来，随着第三代战斗机和大型客机的出现，绕飞机的流动愈来愈复杂，雷诺数 (Re) 效应成为一大难题，从而促进了高 Re 风洞的发展，包括低温风洞和增压风洞。前者的典型例子是美国国家跨声速设备 (NTF) 和欧洲跨声速风洞（ETW），后者的典型例子是法国 ONERA 的 F1 风洞和英国 RAE 的 5m 增压风洞。

20 世纪 70 年代以来，为了解决雷诺数修正和气动噪声的问题，世界上相继建成并投入使用的典型生产型风洞是：1979 年建成的德荷风洞联合体（DNW）的 LLF 风洞（航空气动声学风洞），1982 年建成的美国 NTF 风洞（低温跨声速风洞），1993 年建成的欧洲 ETW 风洞（低温跨声速风洞）。

我国现有低速风洞 50 余座，跨超声速风洞 30 余座，所有用于飞行器研制的低速风洞和跨超声速风洞都是在 1949 年中华人民共和国成立之后建造的。20 世纪 50～60 年代，出现了 3m 量级低速风洞和 0.6m 量级跨超声速风洞的建设高潮。在此期间建造的低速风洞有中国航空工业空气动力研究院的 3.5m×2.5m 低速风洞 (FL-8)、中国航天空气动力技术研究院的 3m×3m 低速风洞 (FD-09)。建造的跨超声速风洞有中国航空工业空气动力研究院的 0.6m×0.6m 跨超声速风洞 (FL-1)、中国航天空气动力技术研究院的 0.76m×0.53m 亚跨声速风洞 (FD-08) 和 0.6m×0.6m 跨超声速风洞 (FD-06); 中国航空工业空气动力研究院的 0.64m×0.52m 亚跨声速风洞 (FL-7); 南京航空航天大学的 0.6m×0.6m 跨超声速风洞 (NH-1)。从 20 世纪 60 年代末开始，随着中国空气动力研究与发展中心的建立和发展，形成了我国第二个建造风洞的高潮。到 20 世纪 80 年代初，中国空气动力研究与发展中心建成的生产性低速风洞有 FL-12(4m×3m) 和 FL-13(8m×6m, 12m×16m); 跨超声速风洞有 FL-21(0.6m×0.6m), FL-23(0.6m×0.6m) 和 FL-24(1.2m×1.2m)。此外还有中国航空工业航宇救生装备有限公司的直径 2.5m 的低速风洞 (DFD-03)、西安现代控制技术研究所的直径 0.6m×0.6m 的跨超声速风洞 (CG-01) 和南京航空航天大学的串联双试验段 (3.0m×2.5m, 5.1m×4.25m) 低速风洞 (NH-2)。

随着我国航空、航天飞行器的发展，要求风洞试验具有更强的模拟能力 (Re、Ma 等) 和更广泛的试验能力 (二维翼型试验、螺旋桨性能试验等)。因此，20 世纪 90 年代在西北工业大学建成的 NF-3 低速风洞具有二维 (3m×1.6m)、三维 (3.5m×2.5m) 和螺旋桨 (2.2m×2.2m) 三个试验段。中国航空工业空气动力研究院建成了 FL-2 跨超声速风洞，其试验段截面尺寸为 1.2m×1.2m，可增压到 0.8 MPa，设计最高试验 Re 为 1.6×10^7。中国空气动力研究与发展中心于 1999 年建成了 FL-26 跨声速风洞，其试验段截面尺寸为 2.4m×2.4m，可增压到 0.45MPa，最高试验 Re 达 1.2×10^7。

21世纪初,中国航空工业空气动力研究院又分别建成了一座试验段截面尺寸为 $4.5\mathrm{m}\times3.5\mathrm{m}$ 的低速增压风洞(FL-9)、一座试验段截面尺寸为 $1.6\mathrm{m}\times1.5\mathrm{m}$ 跨超声速风洞(FL-3)和一座试验段截面尺寸为 $1.2\mathrm{m}\times1.2\mathrm{m}$ 亚高超声速风洞(FL-60)。FL-9低速增压风洞可增压到0.4MPa,最高试验 Re 可达 8.6×10^{6},具有腹撑、尾撑和半模等支撑形式,可以满足飞机研制对低速高 Re 试验条件的要求。FL-3跨超声速风洞是一座两用三声速风洞,试验 $Ma=0.3\sim1.35(2.25)$,可进行测力、测压、大迎角进气道等试验。中国航天空气动力技术研究院建成了跨超声速风洞(FD-12),其试验段截面尺寸为 $1.2\mathrm{m}\times1.2\mathrm{m}$,可增压到0.8MPa,设计最高试验 Re 为 1.6×10^{7}。中国空气动力研究与发展中心建成了 $2\mathrm{m}\times2\mathrm{m}$ 超声速风洞,该风洞是一座直流、暂冲、引射式超声速风洞,为全挠性壁喷管,风洞试验段截面尺寸为 $2\mathrm{m}\times2\mathrm{m}$,马赫数范围 $1.5\sim4.25$,试验雷诺数范围 $7.72\times10^{6}\sim74.16\times10^{6}$(特征长度1m)。中国空气动力研究与发展中心和西安现代控制技术研究所分别建成了直径5m和直径4.5m的立式风洞,具备了飞机失速/尾旋和各类飞行器垂直运动特性研究试验的能力。西北工业大学建成的NF-6风洞是我国第一座增压连续式高速风洞,也是目前国内唯一一座已经投入运行的增压连续式高速风洞。中国航空工业直升机设计研究所建成了截面尺寸为 $8\mathrm{m}\times6\mathrm{m}$ 的直升机专用风洞,进一步提高了直升机风洞试验研究的水平。另外,随着我国 $8\mathrm{m}\times6\mathrm{m}$ 低速风洞和4m动态风洞的建成和投入使用,以及 $5.5\mathrm{m}\times4\mathrm{m}$ 航空声学风洞、$3\mathrm{m}\times2\mathrm{m}$ 结冰风洞、$2.4\mathrm{m}\times2.4\mathrm{m}$ 连续式跨声速增压风洞等大型现代化风洞的建设,我国的风洞试验能力即将跨入世界先进行列,能够较好地满足我国航空、航天飞行器研制对风洞试验设备的需求。

6.2 风洞类型

风洞作为一种特殊管道，需要借助于风扇系统动力装置以产生可以调节的气流，使试验段中绕模型流场能够模拟或部分模拟原型流场。自从1871年英国人韦纳姆建成了世界上第一座低速直流风洞以来，1901年美国莱特兄弟建造了另一座低速直流风洞，并完成了他们飞机的有关试验测试。世界风洞建设经历了145年的时间，为了满足各种空气动力学试验要求，在20世纪中叶建造了大量各种不同类型的风洞设备。风洞按照试验段气流的马赫数（或速度）分类，有低速风洞、亚声速风洞、跨声速风洞、超声速风洞、高超声速风洞和超高声速风洞等。

风洞广泛用于研究空气动力学的基本规律，以验证和发展有关理论，并直接为各种飞行器的研制服务，通过风洞实验来确定飞行器的气动布局和评估其气动性能。现代飞行器的设计对风洞的依赖性很大。例如20世纪50年代，在美国B-52型轰炸机的研制中，曾进行了约1万小时的风洞试验，而20世纪80年代第一架航天飞机的研制则进行了约10万小时的风洞试验。

设计新飞行器必须经过风洞试验。风洞中的气流需要有不同的流速和不同的密度，甚至不同的温度，才能模拟各种飞行器的真实飞行状态。风洞中的气流速度用试验段气流马赫数 (Ma) 来衡量，一般根据试验段 Ma 范围分类为：风洞试验段 $Ma \leqslant 0.3$ 的风洞为低速风洞（如图 6.3～图 6.12 所示的各种低速直流和回流风洞），这时气流中的空气密度几乎不变，按常数处理；风洞试验段 $0.3 < Ma \leqslant 0.8$ 的风洞称为亚声速风洞，这时试验段气流密度在流动中发生变化；试验段 $0.8 < Ma \leqslant 1.2$ 的风洞称为跨声速风洞；$1.2 < Ma \leqslant 5.0$ 的风洞称为超声速风洞；试验段 $Ma \geqslant 5$ 的风洞称为高超声速风洞。此外，风洞类型也有按用途、结构型、试验段型式等划分的。

因为风洞试验段气流的可控性和可重复性，现今风洞也广泛用于汽车空气动力学和风工程的测试，譬如结构物的风力荷载和振动、建筑物通风、空气污染、风力发电、环境风场、复杂地形中的流况、防风设施的功效等。这些问题皆可以利用几何相似的原理，将地形、地物以缩尺模型放置于风洞中，再用仪器量测模型所受风力大小和分布。

全世界的风洞总数已达千余座，最大的低速风洞是美国国家航空航天局艾姆斯中心的国家全尺寸设备 (NFSF)，试验段截面尺寸为 $36.6m \times 24.4m$，足以试验一架完整的真实飞机；雷诺数最高的大型跨声速风洞是美国兰利中心的国家跨声速设备 (NTF)，它是一座试验段截面尺寸为 $2.5m \times 2.5m$ 的低温风洞，采用了喷注液氮技术，用以降低试验段气体温度，从而使风洞段试验雷诺数达到或接近飞行器的真实值。风洞的发展趋势是进一步增加风洞的模拟能力和提高流场品质，消除跨声速下的洞壁干扰，发展自修正风洞。

风洞试验设备的主要优点是：①试验条件（包括气流状态和模型状态两方面）易于控制；②流动参数（风向、风速）可各自独立变化；③模型静止，测量方便且准确；④一般不受大气环境变化的影响。缺点是难以满足全部相似准则，存在洞壁和模型支架干扰等，可通过数据修正方法克服。

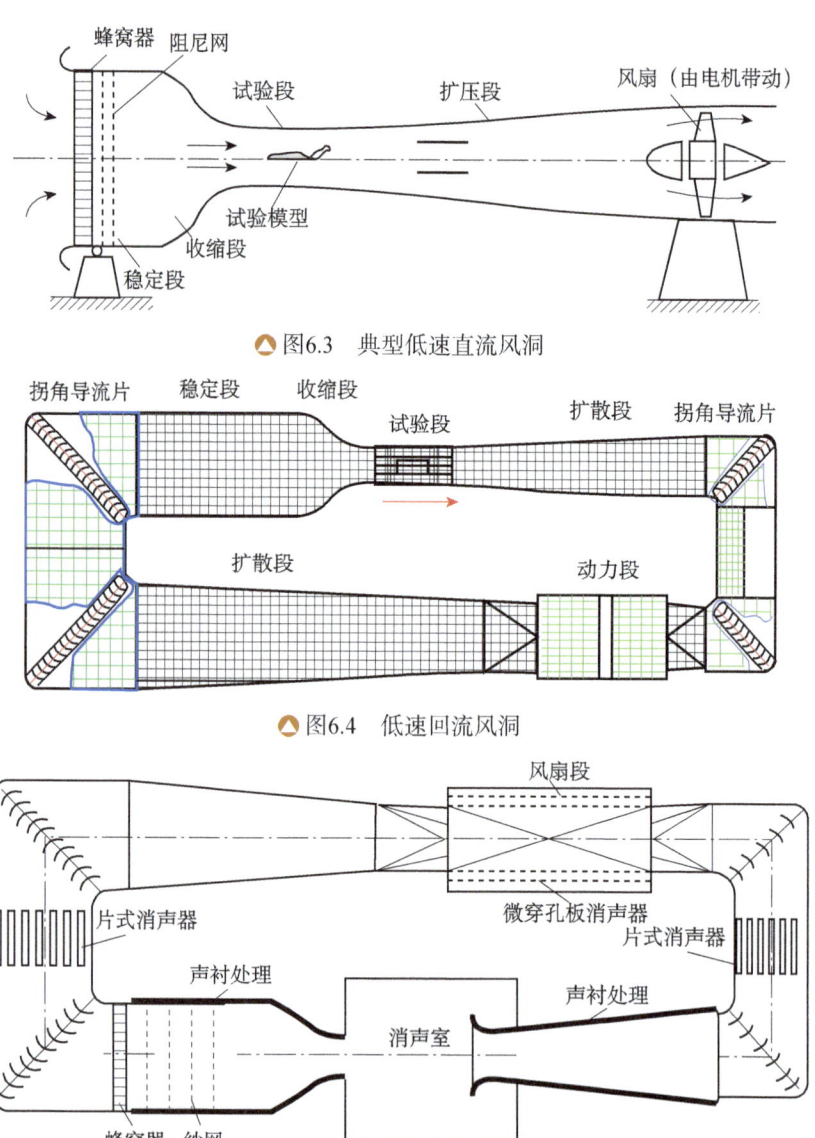

▲ 图6.3 典型低速直流风洞

▲ 图6.4 低速回流风洞

▲ 图6.5 气动声学风洞

第6章 风洞与水洞设备

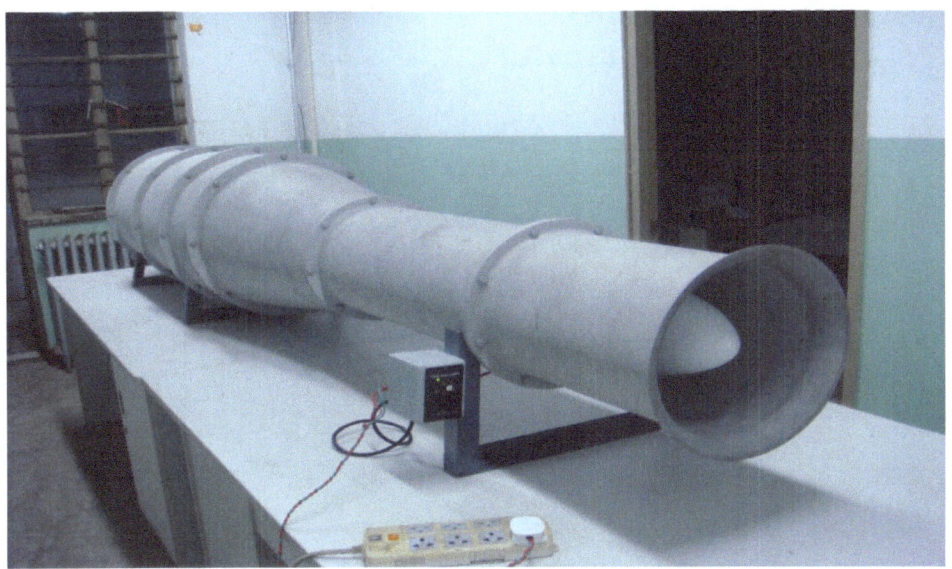

▲ 图6.6 直径0.13m的直流低速风洞（北京航空航天大学）

▲ 图6.7 直径1m的低速直流风洞（北京航空航天大学）

▲ 图6.8　直径0.5m的低速直流风洞（北京航空航天大学）

▲ 图6.9　2m×2m的低速直流风洞（中国水利水电科学研究院）

▲ 图6.10　1m×1m的低速直流风洞（中国水利水电科学研究院）

第 6 章 风洞与水洞设备

图6.11 离心风机驱动的直流低噪声风洞（北京航空航天大学）

图6.12 0.2m×0.2m的低速低噪声回流风洞（北京航空航天大学）

6.3 低速风洞

风洞试验段气流马赫数 $Ma \leqslant 0.3$，空气的压缩性可以忽略不计的风洞，称为低速风洞。就其试验段尺寸(指试验段横截面积的当量直径)来说，有几十毫米的微型低速风洞，有 1~1.5m 的主要用于教学和研究的小型低速风洞，有 2~4m 的中型低速风洞（航空多数用 3m 级的风洞），有 8m 以上的大型低速风洞。大型风洞中有一种可将真实飞机或全尺寸模型放入试验段进行试验的风洞，叫做全尺寸风洞。低速风洞中驱动气流运动的风扇电动机功率，微型风洞只需几百瓦，中型风洞约需数千千瓦，大型风洞则更高，有的高达十几万千瓦。低速风洞除了可进行飞机的低速空气动力试验之外，还可以进行可回收的人造卫星、宇宙飞船和航天飞机再入过程最后阶段的低速空气动力实验。在非航空航天领域中，车辆行驶空气阻力、建筑物和结构物的风载、风振研究，风能开发研究，以及大气污染、寒暑、雨雪、光照、沙尘暴、风暴等方面的研究，也需要低速风洞。

1. 低速风洞的形式

低速风洞的基本形式有直流式和回流式两种。按照试验段的结构不同又分为口式和闭口式。闭口风洞试验段气流的边界是固体壁面，开口式气流的边界是自由边界。世界上大多数低速风洞是回流式的，其与直流式风洞的差别在于多了回流道。回流道的作用主要是使风洞中的气流不受外界大气的干扰，温度可得到控制，并可减少噪声污染。直流式风洞易受外界大气的干扰(指进、出气口在室外的大型直流式风洞，如果不采取措施，会受到阵风、雨雪和异物等影响)，噪声会使环境受到污染，试验段的压强低于洞外大气的压强。这些是直流式风洞的缺点。直流式风洞的优点在于：进行垂直短距起落飞机试验时产生的大横向流变化不会带入回流，发动机可在清洁的空气中运行，不存在风洞内气流温升和冷却问题。直流式风洞大多是闭口的。如果直流式低速风洞是开口的，则必须在开口试验段的外面罩一密闭室。否则，由于风扇位于试验段后面，空气会直接流入试验段，使试验段气流中存在横向流。

回流式风洞又分为环形回流式和普通单回流式。环形回流式风洞，一般都是压力风洞。这种风洞需在风洞工作之前使风洞内气体的绝对压强为大气压强的 0.125～25 倍。压强高时可提高试验雷诺数，压强低时可提高马赫数。这种风洞的洞体承受内外压差力较大，设计成环形回流式比较合理。普通单回流式风洞，包括开口和闭口试验段，是常见的型式。世界上绝大多数低速风洞都是卧式的，即风洞的中心线在水平面上。如果风洞试验段中心线沿铅垂方向，这种风洞称为立式风洞。飞机尾旋试验、载人飞船返回舱 - 降落伞系统动稳定性试验等，需要在立式风洞中进行。

在航空航天领域，低速风洞按照用途来分类主要有以下几种：

（1）二维风洞(二元风洞)。这种风洞试验段横截面呈长方形，两边长之比多取为 2.5～4。二维风洞主要用于研究翼型的空气动力特性，模型两端与试验段侧壁相贴合，无展向流动。

（2）三维风洞（三元风洞）。即一般风洞。在这种风洞中，可进行全机模型或半模的试验，主要用来测量作用在模型上的空气动力、压强分布和速度场等，是应用范围最广的一种风洞。

（3）低湍流度风洞。这种风洞试验段气流的入流湍流度很低，而且可以调节。一般晴空万里大气中的湍流度约为 0.01%～0.03%。常规中大型低速回流风洞中的湍流度可达 0.1%～0.5% 或更大，而低湍流度风洞中的入流湍流度应低于 0.05%。低湍流度风洞主要用于研究受湍流度影响较大的流动现象，如边界层转捩、分离流、旋涡破裂等试验研究。这类风洞可以是二维或三维，结构特点是采用较大的收缩比，在稳定段中安装了多层阻尼网。

（4）变密度风洞。这类风洞的气流密度可人为改变，以获得不同试验雷诺数。改变气流密度的方法是，一种采用比空气密度大的气体作为风洞工作介质，如氮气；另一种方法是改变气流的总压，即增压力风洞。

（5）尾旋风洞。这是一种以自由飞方式研究飞机尾旋发展和改出尾旋的特种风洞。这种风洞多为立式风洞，试验段垂直设置，试验段气流方向由下而上，速度大小要能使模型尾旋时保持既不上升又不下降的悬停状态，以便观测改出尾旋的情况。试验段中心处的气流速度比边缘低 5%～10%，即试验段横截面上的速度分布呈碟形，以使尾旋模型保持在试验段中心附近。

（6）阵风风洞。又称突风风洞，是一种产生模拟阵风的人工气流，通过模型试验研究飞机飞行中适应自然阵风能力的特种风洞。试验时由模型发射装置大致水平地抛出模型，使其穿过垂直方向的气流，用高速摄影机拍下模型运动的轨迹。垂直气流的横截面积大，速度不大(约小于15m/s)。阵风风洞较为少见，一般风洞经过改装后也可进行阵风试验。

（7）自由飞风洞。这是一种允许模型在试验段气流中进行自由飞行的特种风洞。低速自由飞风洞一般是直流式的，其特点是风洞轴线方向和气流速度的大小均可迅速调节，以模拟各种动态飞行状态。模型可带动力，也可不带。模型的操纵面偏角由洞外遥控操纵。试验时使用高速摄影机记录，可得到模型的操纵性和稳定性资料。

（8）结冰风洞。这是研究飞机飞行中机体表面上、地面构筑物表面上的结冰现象及其防止或排除方法的特种风洞。其特点是在稳定段前装有制冷装置，稳定段中装有喷雾器，使试验段中能够模拟原型流场的结冰条件。

（9）垂直短距起落风洞。这是一种研究垂直短距起落飞机起飞、降落空气动力性能的风洞。垂直短距起落飞机(尤其是全翼展采用高效能增升装置的飞机)有强大的下喷气流，下喷气流与风洞壁面附面层之间的相互作用将导致模型绕流不同于真实情况，因而在一般低速风洞中进行这类实验所得数据不准确。垂直短距起落风洞的试验段尺寸较一般风洞更大一些，以减小飞机喷流与风洞壁面之间的干扰。这类风洞不需要高的速度，最大速度约40m/s。在风洞中模拟地面影响，多采用速度与风速相同的带式运动地板，以消除地板附面层的影响。

2. 低速风洞的主要部件（如图6.13所示）

虽然低速风洞的形式多种多样，但各种低速风洞的部件及其工作原理却是基本相同的。现以常见的回流低速风洞作为典型，介绍低速风洞各主要部件的名称、作用和基本原理。

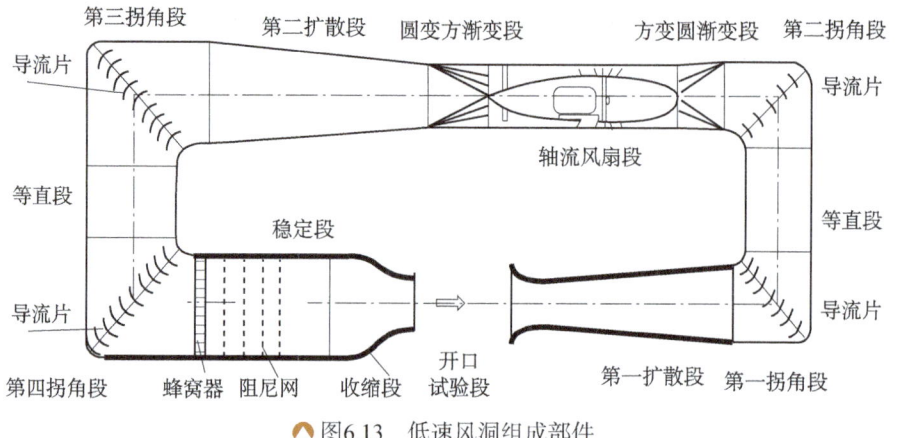

▲ 图6.13 低速风洞组成部件

（1）试验段。这是风洞中模拟原型流场进行模型空气动力试验的地方，是风洞的重要部件。为了能模拟原型流场，试验段尺寸和气流速度的大小应满足试验雷诺数达到一定数值的要求。此外，试验段气流应稳定，速度的大小、方向在空间的分布应均匀，来流湍流度、噪声强度、静压梯度等应低。试验段气流的这些特性的好坏称为流场品质。国内已规定了流场品质指标，可见国军标。规定试验段模型区内气流点流向 $|\Delta\alpha|$ 和 $|\Delta\beta|$ 应不大于 $0.5°$，平均气流偏角绝对值应不大于 $0.1°$，沿试验段中心线的轴向静压梯度，在模型区长度 L 范围内应满足 $L \cdot \left|\dfrac{\mathrm{d}C_p}{\mathrm{d}x}\right| \leqslant 0.005$（$C_p$ 为静压强系数），在模型区中心的湍流度 $\leqslant 0.1\%$。

低速风洞试验段的横截面形状有长方形、正方形、圆形、椭圆形和八角形等。现有风洞采用长方形带切角者居多。闭口试验段长度一般是横截面积当量直径的 $1.5 \sim 2.5$ 倍，开口试验段一般是 $1 \sim 1.5$ 倍。一般风洞沿轴向（顺来流方向）有扩散角，或沿轴向逐渐减小各截面的切角部分所切除的面积，使横截面积沿轴向逐渐扩大，以减小由于壁面附面层沿轴向增厚而产生的负静压梯度的绝对值，使之符合流场品质的要求。

（2）扩压段。包括第一和第二扩散段，在低速风洞中扩压段是一段沿气流方向扩张的管道，故也称扩散段。其作用是给试验段气流减速，由动能转变为压力能，以减少风洞中气流的能量损失，降低风洞运行所需的功率。气流在管道中的所损失的总功率，一般与速度的三次方成正比。扩压段使来自试验段的气流减速，可使整个风洞的功率损失减小。但是，扩压段本身也会引起气流的能量损失，包括摩擦损失和扩压损失两部分。所谓扩压损失，是指气流在逆压梯度作用下避免边界层增厚造成的损失。扩压段的扩张角取大一些，摩擦损失可减小，扩压损失会增大；反之，扩张角减小，摩擦损失会增大，扩压损失会减小。大量试验证明，三维圆形截面扩压段扩张角的最佳值是 $5°\sim6°$。

（3）拐角和导流片。这是为解决回流式风洞中气流转弯造成的分离问题。回流式风洞通常都有四个使气流折转 $90°$ 的拐角。来自试验段的气流一次通过第一、第二、第三和第四拐角，共折转 $360°$。气流流经拐角，易产生分离和旋涡，在气流中形成脉动和不均匀区。这是因为气流进入拐角时流线发生弯曲，出现离心惯性力，沿着离开曲率中心的方向流速降低，压强增大；沿着向曲率中心方向流速增大，压强降低。因此，在拐角内侧流速增加压强降低，相当于收缩效果，而在外侧流速降低压强升高，出现扩压效果。这样就形成了拐角外侧的压强高于内侧的压强。气流流过拐角（转弯）后，拐角内侧有扩压效果，外侧有收缩效果。扩压效果引起气流在内、外侧壁上发生分离而形成许多小尺度涡。这种作用随着内外侧之间距离增大而增强，随着内外侧之间距离减小而减弱。为此，风洞中拐角都装有导流片，其作用相当于将一个大的拐角分割成为若干个小的拐角。对于每个小的拐角，内外侧之间距离显著减小，因而气流分离和旋涡都显著减弱下来。导流片的功用就在于，减小气流流经拐角时所产生的分离，减小二次流旋涡的强度，从而减小气流的能量损失，使气流流过拐角后的流场性能得到改善。如第二拐角后的流场性能得到改善，降低风洞能量损失。如第四拐角后的流场性能也得到改善，从而提高试验段的流场品质。导流片横截面的形状，有圆弧形、圆弧加直线形和翼剖面形等可供选择。

（4）稳定段。这是一段横截面不变的足够长的管道。其特点是横截面面积足够大，气流速度较低，在稳定段内都装有整流装置。稳定段的功用在于使来自上游的紊乱的不均匀气流稳定下来，使旋涡衰减，速度大小和方向的分布更为均匀。

（5）整流装置。这是指蜂窝器和整流网（阻尼网）。蜂窝器系由许多方形或六角形小格子构成，形如蜂窝。整流网是网眼小网线直径也小的金属网，可有一层或数层。蜂窝器对气流起导向作用，并可减小大旋涡的尺度，减小气流的横向湍流度。整流网可使大尺度的旋涡分割为更小尺度的旋涡，而小尺度旋涡可在整流网后面的稳定段足够长度内衰减下来，从而使气流的湍流度特别是轴向湍流度明显减小。此外，气流通过整流装置的能量损失与来流速度的大小有关，如果在横截面内来流速度分布不均匀，通过整流装置时速度大的气流损失大，速度小的气流损失小，故整流装置又可使气流速度分布趋于均匀。设计良好的稳定段、蜂窝器、整流网系统，可使气流的湍流度、流动方向和速度分布均匀性得到明显改善。

（6）收缩段。在低速风洞中收缩段位于稳定段与试验段之间，是一段光顺过渡的曲线形管道，横截面积沿流向逐渐减小。若收缩段进口截面的横截面积为 A_1，出口截面的横截面积为 A_0，$\eta=A_1/A_0$ 为收缩比。收缩段的功用主要是使来自稳定段的气流均匀地加速，并改善试验段的流场品质(气流均匀性、湍流度等)。收缩段的设计应满足下列要求:气流流过收缩段时,流速单调增加,避免气流在洞壁上发生分离;收缩段出口处气流速度分布须均匀,方向须平直,并且稳定;收缩段的长度适当,长度过长则建设费用高,气流能量损失也会大。收缩段能否满足这些要求,主要决定于两个方面:收缩比和收缩曲线。一般收缩比为6~12。收缩曲线的设计方法很多,一般三次曲线、双三次曲线和五次曲线等。

(7)动力段。这是低速风洞的心脏,一般采用轴流风扇。主要部件报考:动力段外壳(圆截面管道)、桨叶、驱动电动机、整流罩、前导向片或预扭片、止旋片或反扭导流片。电机可安装于整流罩之内,也有的安装于洞外(通过长轴驱动风扇)。风扇的功用是向风洞内的气流补充能量,以保证气流保持一定的速度。图6.14~图6.16所示为单级轴流风扇系统,图6.17和图6.18所示为双级轴流风扇系统。

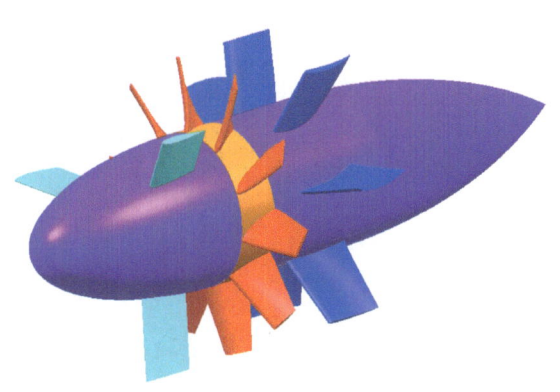

图6.14 动力段(直径7m)的轴流风扇系统

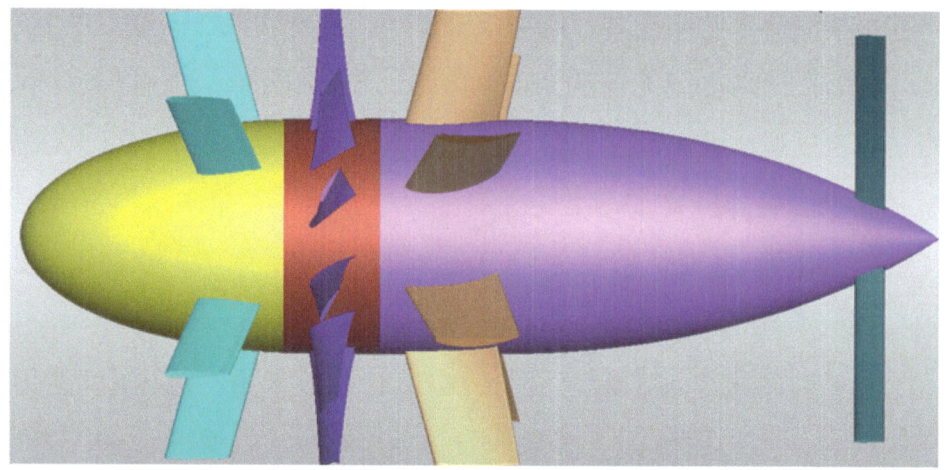

▲ 图6.15　动力段（直径12.35m）的轴流风扇系统

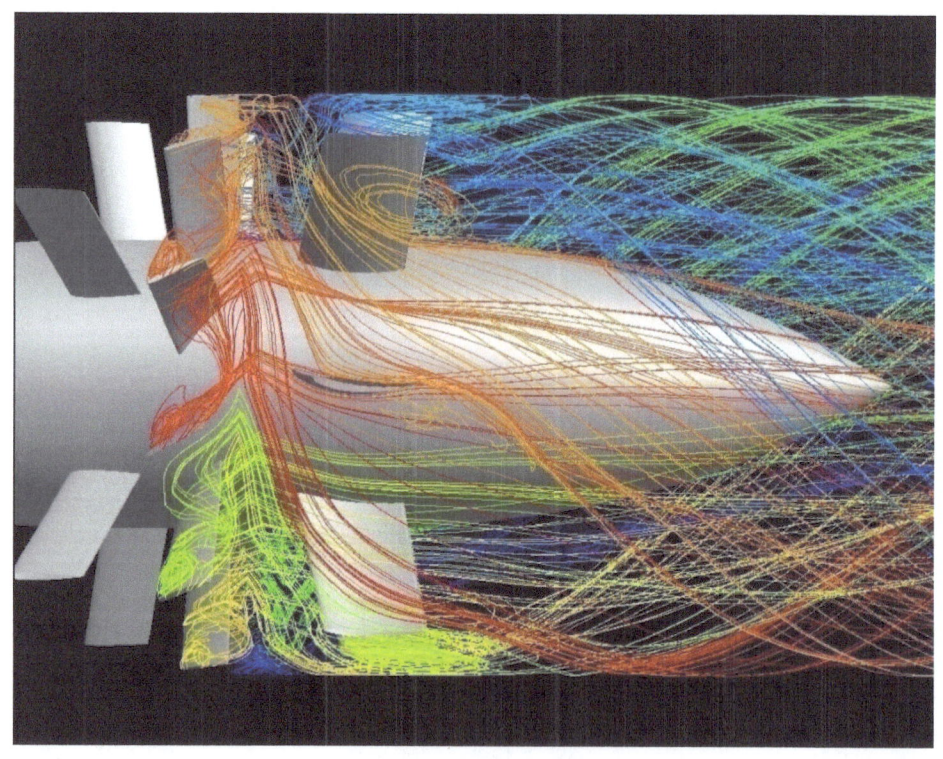

▲ 图6.16　直径12.35m的轴流风扇数值计算流场

第6章 风洞与水洞设备

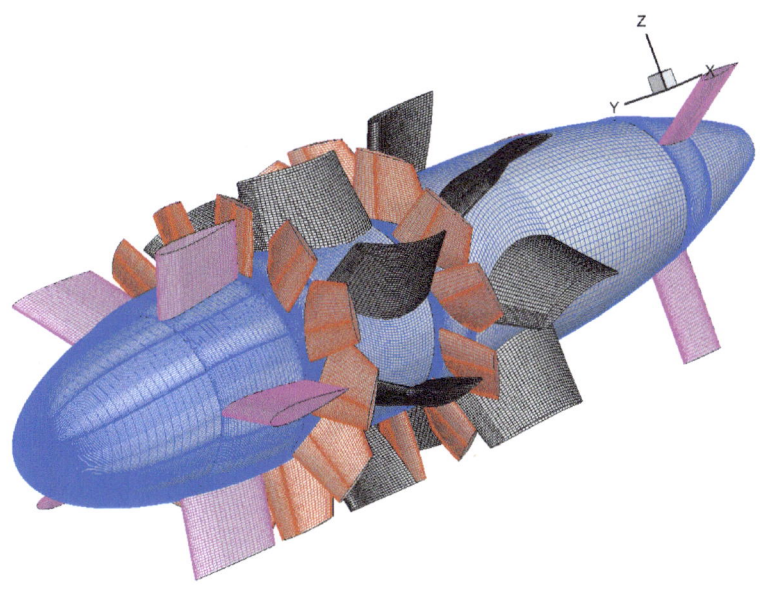

▲ 图6.17　181厂冰风洞的2m直径双级轴流风扇表面网格

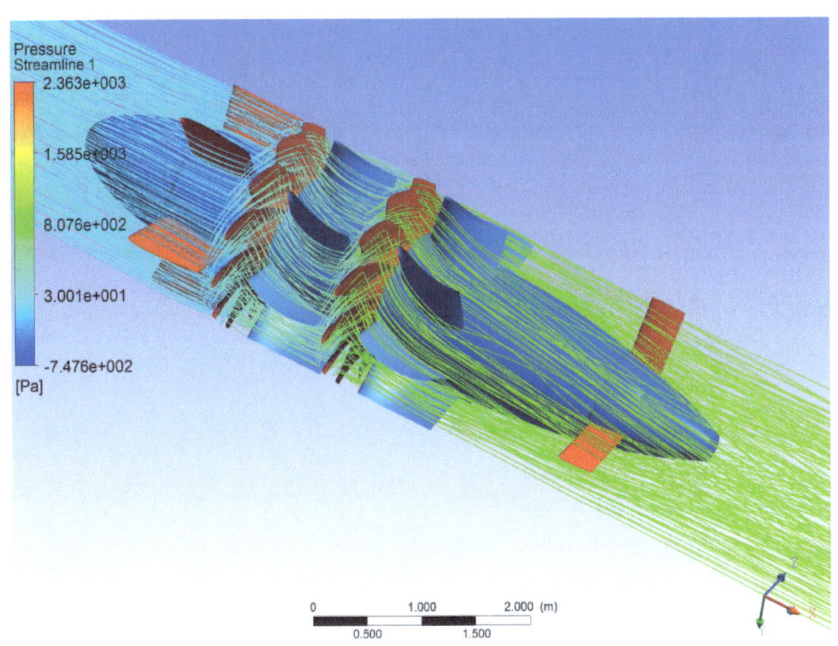

▲ 图6.18　181厂冰风洞的2m直径双级轴流风扇流场

6.4 典型低速风洞简介

1. 低湍流度气动声学风洞

北京航空航天大学于 2013 年在沙河新校区建成的 1m×1m 低速回流风洞（如图 6.19 所示），是一座低湍流度低噪声风洞（简称 D5 气动声学风洞），不仅可以进行飞行器气动布局预研、定常和非定常实验、流体力学或空气动力学的基础性研究，也可以进行飞行器气动噪声机理与部件空气动力学降噪措施研究。D5 风洞拥有良好的流场品质和低背景噪声水平，其气动噪声指标满足设计要求（如表 6.1 所示）。D5 气动声学风洞由试验段、扩散段、拐角段、动力段、稳定段等多个部分组成。风洞总体长度 25.58m，宽度 9.2m，高度 3.0m。试验段截面为正方形，截面宽度 1.0m，高度 1.0m；闭口试验段长度 2.5m，开口试验段长度 2.0m，集气口切换段长度 0.5m。试验段采用开、闭口两用，包围试验段的是一个 7m×6m×6m 的全消声室，当风洞以开口形式运行时，是一个典型的气动声学风洞。D5 风洞既能进行常规的气动试验，也能完成声学试验。

风洞试验段中心线离地面高 2.0m。风洞结构采用纯钢结构，风洞洞壁厚度 6mm，为了提高洞体主频，多处设置纵向肋与洞体支撑。风洞各段连接处法兰之间加橡胶垫以消除和缓解气体流动及风扇段产生的振动；为了适应洞体因温度引起的伸缩变形，可允许风洞两端自由伸缩；为了减少振动和降噪，风扇段、试验段和洞体段地基分体浇灌，同时在风扇段底部采用隔振材料，以减低通过地基传声和传振。电机布置于风扇整流罩内，以避免长轴连接穿过拐角导流片而影响风扇室的气流品质和均匀度。

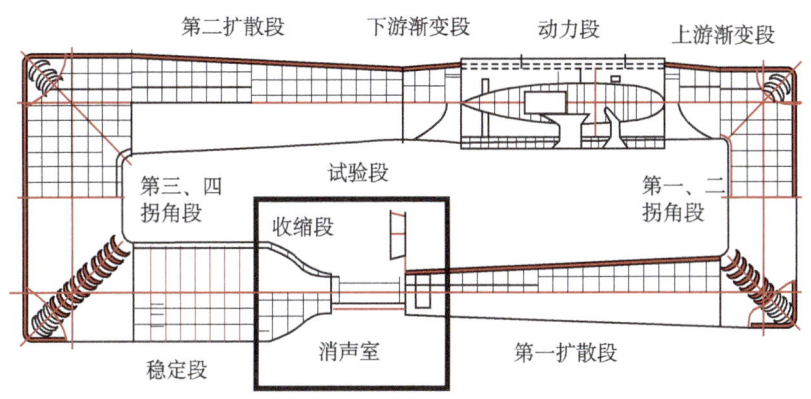

▲图6.19 D5气动声学风洞总体结构图

表6.1 D5风洞主要气动声学设计指标

序号	项目
1	试验段尺寸：长 2.5m，宽 1m，高 1m。收缩比 9
2	开口试验段速度：$V_0 = 1.5 \sim 80$m/s 闭口试验段速度：$V_0 = 1.5 \sim 100$m/s
3	试验段湍流度：$\varepsilon = \sqrt{u'^2}/V_0 = 0.08\% \sim 1\%$
4	试验段速度不稳定度：<1%
5	试验段平均速度偏差：$\Delta V < 1\%$
6	空间点气流偏角：$\Delta\alpha \leqslant \pm 0.5°$；$\Delta\beta \leqslant \pm 0.5°$ 平均气流偏角：$\Delta\alpha \leqslant \pm 0.1°$；$\Delta\beta \leqslant \pm 0.1°$
7	试验段轴向静压梯度：$\left|\dfrac{\mathrm{d}p}{\mathrm{d}x}\right| < 10.0$Pa/m
8	在风洞风扇段采用微穿孔板消声器
9	试验段噪声指标：在设计风速下，距风洞中心 1 倍半的距离风洞直径处，气动噪声声压级小于 85dBA
10	温度控制指标：设计风速 $V_0 = 100$m/s，$\Delta T_{\max} < 5°$（连续运行 0.5 小时）
11	动力系统：采用变频式交流电机，无级调速系统
12	测量控制系统由计算机控制（数据采集、风速采集与控制）

航空声学风洞除了流场品质的要求外，还有声场品质，包括低的背景噪声和无反射的自由场条件以及足够的空间尺寸，以满足远场声测量。D5风洞通过在洞壁铺设声衬材料降低风洞背景噪声水平，通过在试验段外建设消声室达到无反射条件和远场声测量。风洞试验段的背景噪声通常可分为两部分：一是由风洞中轴流式风扇在运转过程中产生的旋转噪声和涡流噪声，简称为风扇气流噪声，视作一次声源；二是风洞中气流在流动过程中产生的再生噪声，视作二次声源。背景噪声中既有宽频的噪声，也有离散噪声。因此需要采取必要的降噪措施，对风洞回路及回路中的部件做声学处理，以达到降低背景噪声的目标。D5风洞采用单通道阻性消声器和微穿孔板消声器相结合的消声方案来降低背景噪声（如图6.20所示）。在风扇动力段采用微穿孔板消声器，以消除风扇发出的低中频带噪声，在风洞洞壁采用单通道阻性消声器以消除中高频带噪声。

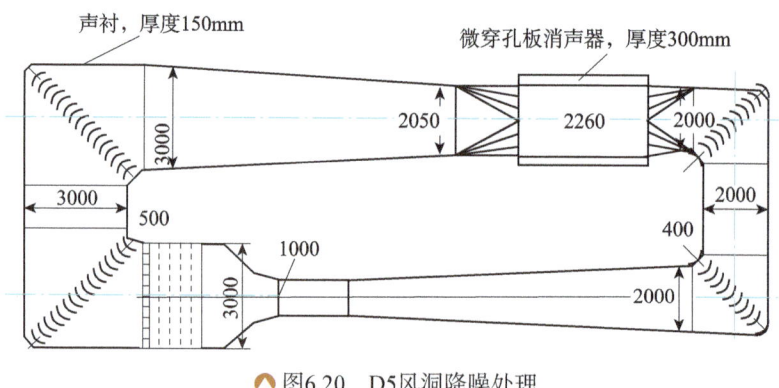

▲图6.20　D5风洞降噪处理

D5风洞的背景噪声测量，是在开口试验段运行时在消声室中测量的。测量位置位于气流场外，距离风洞中心轴线1.5倍风洞直径（即1.5m），距离喷口下游1m，与风洞中心轴线齐平。试验中，测量了风洞试验段速度为20～80m/s下背景噪声值，并与国外其他声学风洞的总声压级进行了对比。通过分析可得：在无风情况下，消声室内声压级为 23.7dB；在 80m/s 的时候，消声室内总声压级为 87dBA，其 8000Hz 对应的声压级为 67.7dBA，满足设计要求（如图 6.21 所示）。同时，D5 风洞声学特性达到韩国现代汽车声学风洞的背景噪声水平，可以进行部件气动声学试验（如图 6.22～图 6.28 所示）。

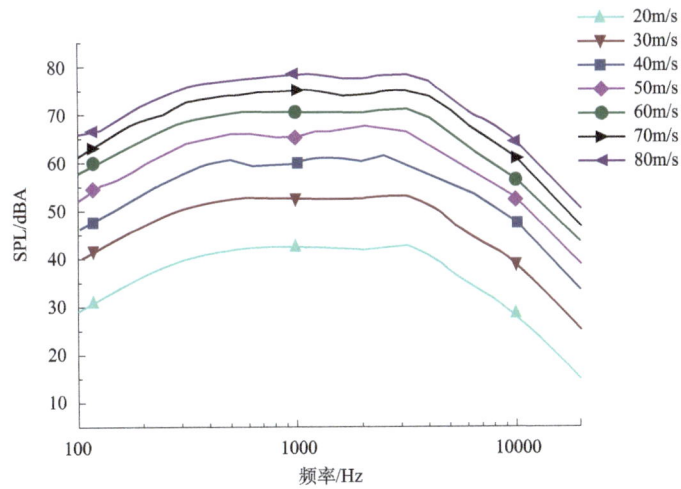

图6.21　D5风洞不同风速下背景噪声1/3倍频的频谱图

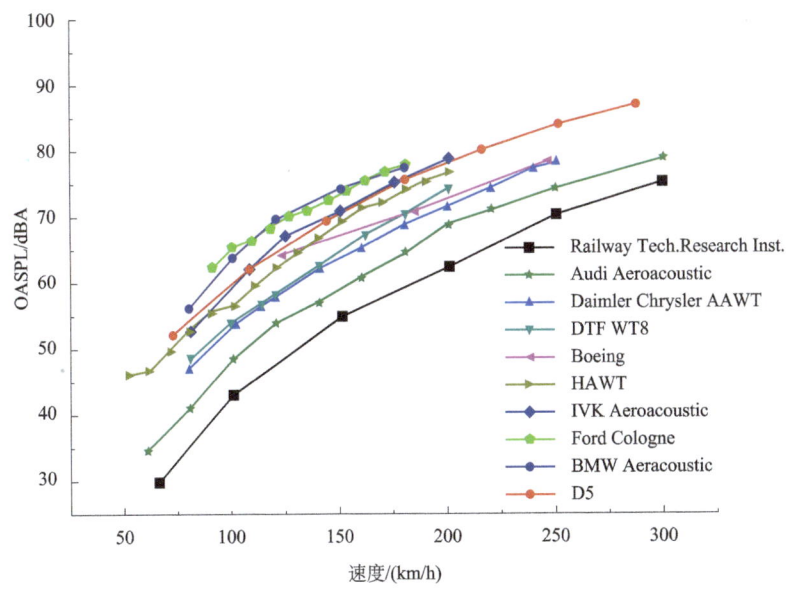

图6.22　国际上不同气动声学背景噪声对比

▲ 图6.23 D5气动声学风洞

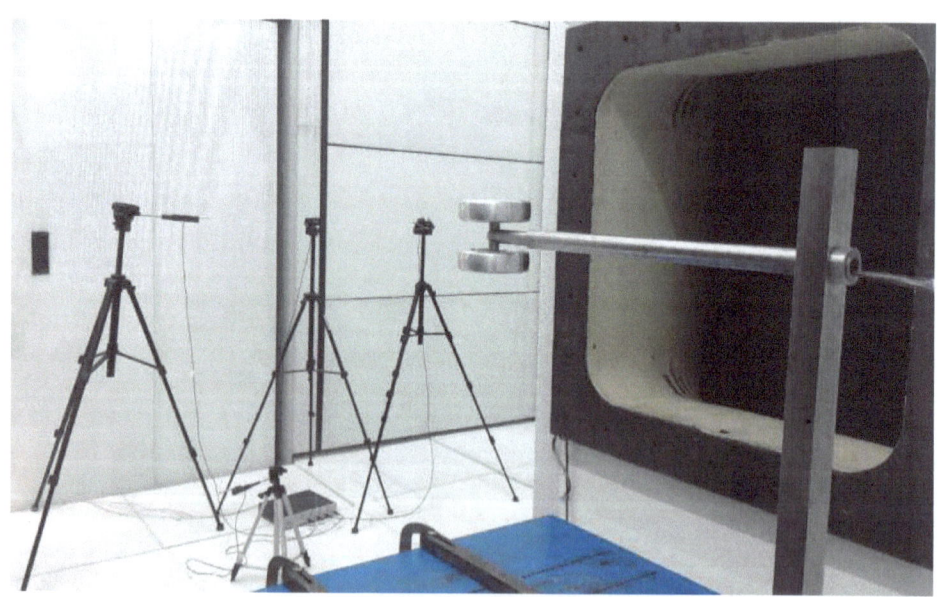

▲ 图6.24 D5气动声学风洞起落架噪声试验

第 6 章 风洞与水洞设备

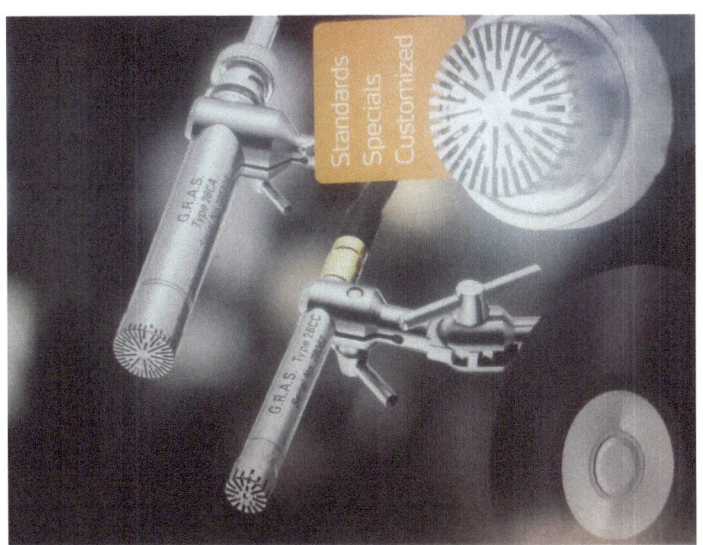

图6.25 D5气动测气动噪声麦克风传感器

图6.26 D5气动声学风洞起落架测压试验

▲ 图6.27　D5风洞超临界机翼气动噪声试验

🔺图6.28　风洞测力试验

2. 4m×3m低速风洞

FL-12风洞是一座4m×3m单回流式闭口低速风洞，位于四川绵阳的中国空气动力研究与发展中心（如图6.29所示）。风洞的设计工作始于1965年，1971年开始承担型号试验。风洞建成后，测控系统经过多次技术改造和更新，在测量、控制、数据采集与处理方面全面实现了计算机自动控制。测控系统是主要包括试验管理与数据库系统、测量系统、压力控制系统和运动控制系统四部分。2010年对该风洞动力系统进行了更新改造，采用变频调速交流电动机替换了已超期服役的直流电机。FL-12风洞主要由试验段、第一扩散段、第一拐角、第二拐角、风扇段、第二扩散段、第三拐角、第四拐角、稳定段和收缩段等组成。试验段尺寸为4m×3m×8m(宽×高×长)，横截面为切角矩形。风洞备有的塔式机械天平和系列应变天平用于测力试验；备有的量程适当的压力传感器及电子扫描阀系统用于压力分布测量试验；备有的高压气源及高精度的压力流量调节系统用于飞行器发动机特性影响模拟和测量；备有动导数试验装置、喷流试验装置、进气道试验装置、移测架装置、地面效应试验装置及其控制系统、投放试验装置、带螺旋桨动力试验装置、腹撑和尾撑支撑装置、旋转天平试验装置等。

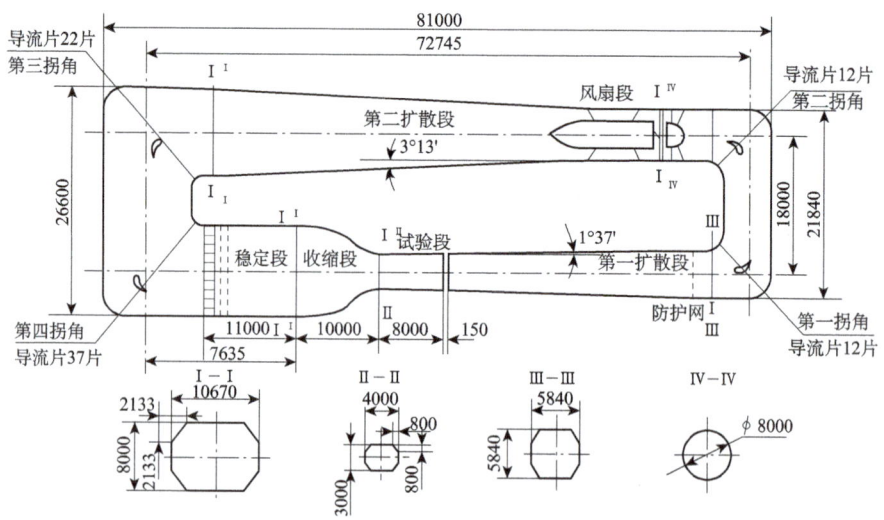

🔺 图6.29　FL-12风洞是一座4m×3m单回流式闭口低速风洞

风扇段直径5.98m，桨叶12片锻铝叶片，交流变频电机驱动率2050kW，电机安装于整流罩内，尾锥导流片7片，前支撑片7片。图6.30和图6.31为该风洞试验段。

▲图6.30　FL-12风洞试验段

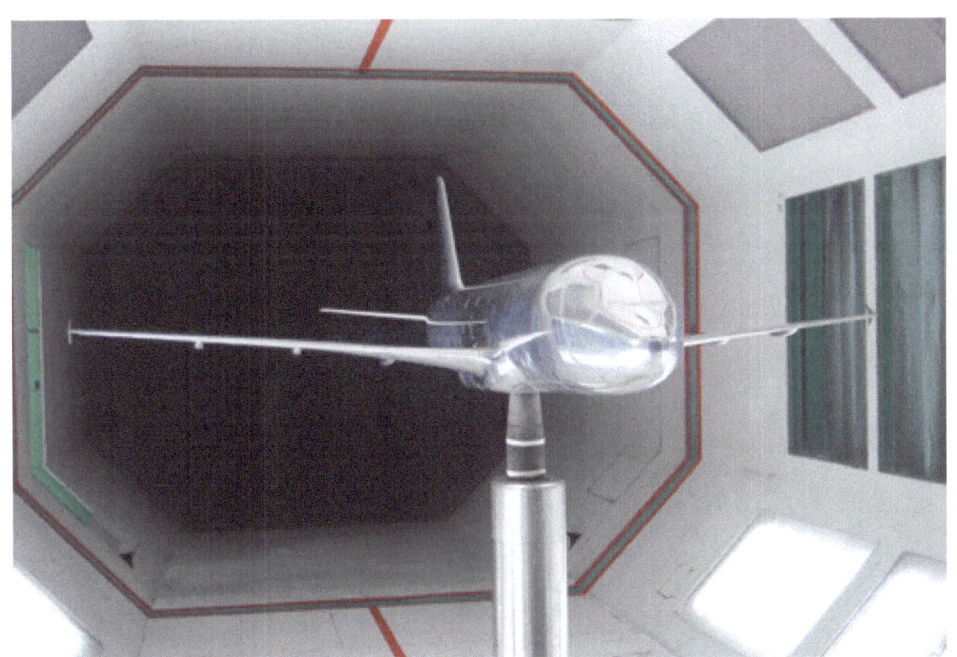

▲图6.31　FL-12风洞单点腹撑测力试验

3. 增压风洞

FL-9 低速增压风洞是根据我国跨世纪航空工业发展的需要而提出的一项至关重要的航空基础设施方案（如图 6.32 所示）。它的建成和使用填补了我国高 Re 风洞的空白（试验段最大雷诺数达到 8.5×10^6），使我国低速风洞试验设备和试验技术水平跨入国际先进行列，大大增加了我国的低速风洞试验能力。FL-9 低速增压风洞于 2006 年建成，经过设备调试及辅助设备建设后，于 2008 年完成了全部的流场校测内容，各项流场指标均满足国军标要求。FL-9 低速增压风洞为闭口单回路形式，试验段尺寸为 4.5m×3.5m，压力范围为 0.1～0.4MPa，矩形回路轴线之间的尺寸为 78m×18m，最大外围尺寸为 86.2m×28m，风洞轴线距地面高度 8m，风洞容积约 13000m³。试验段长度为 10m，其中可移动部分长 8.5m，由模型支撑架车作为试验段下壁板，可随驻室一起移出风洞外。整个风洞共有模型支撑架车 4 辆，每一辆架车具有模型支撑系统和数据采集系统，可使试验的所有准备工作在独立的调试准备间内进行。在试验段的两端设置了弧形门，用于在增压试验更换模型状态时密封风洞中的高压空气，并设置了直径 1.8m 的圆形密封工作门，供试验人员进出试验段。驻室与试验段内部通过调压缝达到压力平衡，驻室内的压力通过圆形密封工作门和密封圈来保持。

▲ 图6.32　FL-9低速增压风洞

风洞的动力装置由 16 片碳纤维桨叶组成，桨叶前有 3 组支撑，每组支撑 4 片，共 12 片，有预扭片 5 片。桨叶后有止旋片 11 片和支撑 3 片。9.5MW 的交流变频电机坐落在风洞外，通过约 10m 的长轴驱动改变风扇的转速来实现风速的控制。

在风洞稳定段的入口处设置有水循环冷却系统，可有效控制试验过程中的气流温度变化，使试验过程中的温度上升很少。在收缩段的中部设置有蜂窝器，蜂窝器截面为边长 15 mm 的正六角形，厚 300mm，用铝合金制成。蜂窝器后为三层阻尼网，与蜂窝器出口的距离分别是 1m、2m 和 3m。阻尼网由直径 0.6mm 的钢丝织成，三层的目数均为 10 目 / 平方英寸。

4. 日本高铁低噪声风洞

RTRI 大尺度低噪声风洞是日本铁道技术研究院于 1994 年开始设计，1996 年建成投产（如图 6.33 所示）。该风洞是一座单回流式开闭两用的低湍流度、低噪声风洞，用于铁路高速列车空气动力学及气动声学试验（如图 6.34 所示），其开口试验段截面尺寸为 8m×3.0m×2.5m，闭口试验段截面尺寸为 20m×5m×3m，对应的试验段最大风速 111m/s 和 83m/s，试验段湍流度 0.2%，在 83m/s（300km/h）下试验段背景噪声 75dBA。风洞由风洞洞体、测控系统、动力系统、模型支撑系统和升降系统等组成，动力段轴流风扇直径 5m，设计转速 550rpm，最大功率 7000kW。消声大厅的长为 22m，宽为 20m，高为 13m。

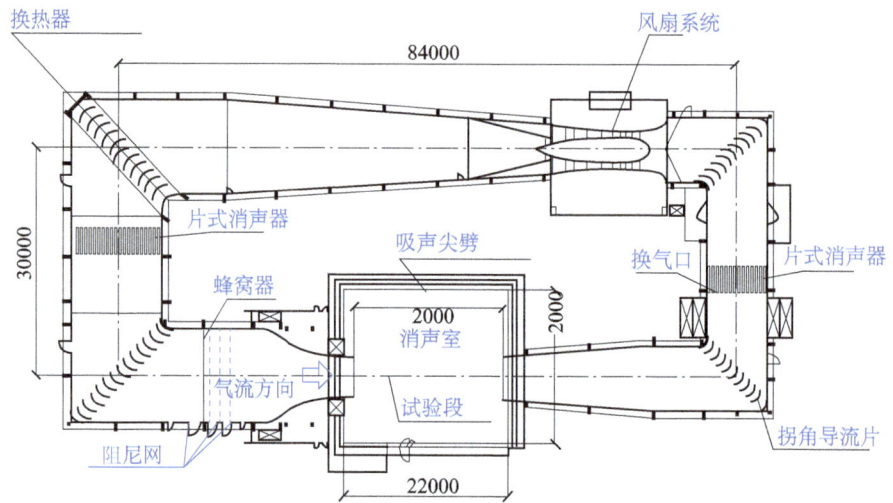

▲ 图6.33　RTRI大尺度低噪声风洞布置

▲ 图6.34　RTRI大尺度低噪声风洞试验段

5. DNW风洞（气动声学风洞）

DNW LLF 是德国和荷兰1980年共同投资建造的（如图6.35所示），该风洞具有三个闭口试验段，其是欧洲最大的低湍流度、低噪声风洞，用于飞机、直升机和非航空项目的空气动力学及航空声学试验，也是世界上为数不多的具备航空声学试验研究能力的风洞之一。它有三个可互换的试验段，试验段截面尺寸分别为9.5m×9.5m、8m×6m、6m×6m，对应的试验段最大风速为62m/s、116m/s和152m/s；还有一个开口试验段（如图6.36所示），口径为8m×6m，最大风速为80m/s。这四个试验段可相互更换使用，在一项试验完成后可快速切换到另一项试验。风洞由风洞洞体、测控系统、动力系统、模型支撑系统和升降系统等组成。利用这座大型气动声学8m×6m风洞，空客公司完成了A320、A340、A380等大型客机的航空气动声学风洞试验。由于DNW LLF风洞具有优良的气动声学试验能力，也吸引了美国在内的许多客户，我国ARJ21、C919等机型的航空气动声学试验也在该风洞中进行。

🔺图6.35　德国-荷兰DNW LLF气动声学风洞

🔺图6.36　德国-荷兰DNW LLF气动声学风洞试验段

6. 大型气动声学汽车风洞

同济大学以科技创新和新能源汽车开发为指导思想，以创新科研机制和组织架构为特色，2009 年建成投产一座航空气动声学汽车风洞。声学风洞的试验段截面 $6.3m \times 4.2m$，最大风速 $69.4m/s$，在风速 $44.4m/s$ 下试验段场外噪声指标 $61dBA$。此"风洞"不仅可以为汽车做整车测试，而且可以进行高速列车的模拟试验，技术属于国际一流水平。目前世界上有 10 余个汽车声学风洞，同济大学的风洞就属于其中之一，此风洞的建成为中国自主汽车品牌的创立奠定了基础（如图 6.37～图 6.40 所示）。作为公共性汽车和轨道车辆的关键技术平台，汽车风洞将为我国汽车和轨道车辆工业，特别是为新能源汽车的自主研发提供重要的基础性服务，也将为我国汽车工业从"中国制造"迈向"中国创造"提供重要的技术支撑。试验段设有五带移动地面系统和六分量测试天平，将成为国际上同等大小汽车风洞中最安静的风洞。风洞中心能够进行包括轿车、客车、SUV、卡车在内的各类汽车整车和零部件、轨道车辆模型等系列试验。

图6.37 同济大学汽车风洞试验段

▲ 图6.38　同济大学汽车风洞烟流试验

▲ 图6.39　同济大学汽车风洞风扇系统

▲图6.40 同济大学汽车风洞外景

7. 全尺寸风洞

迄今世界上最大的低速风洞位于美国国家航空航天局埃姆斯研究中心，试验段尺寸为 24.4m×12.2m 的全尺寸低速风洞。这个风洞建成后又增加了一个 36.6m×24.4m 的新试验段，风扇电机功率也由原来 25MW 提高到 100MW（如图 6.41～图 6.44 所示）。

▲图6.41 全尺寸风洞进气口

第6章 风洞与水洞设备

▲图6.42 全尺寸风洞风扇段

▲图6.43 全尺寸风洞外景

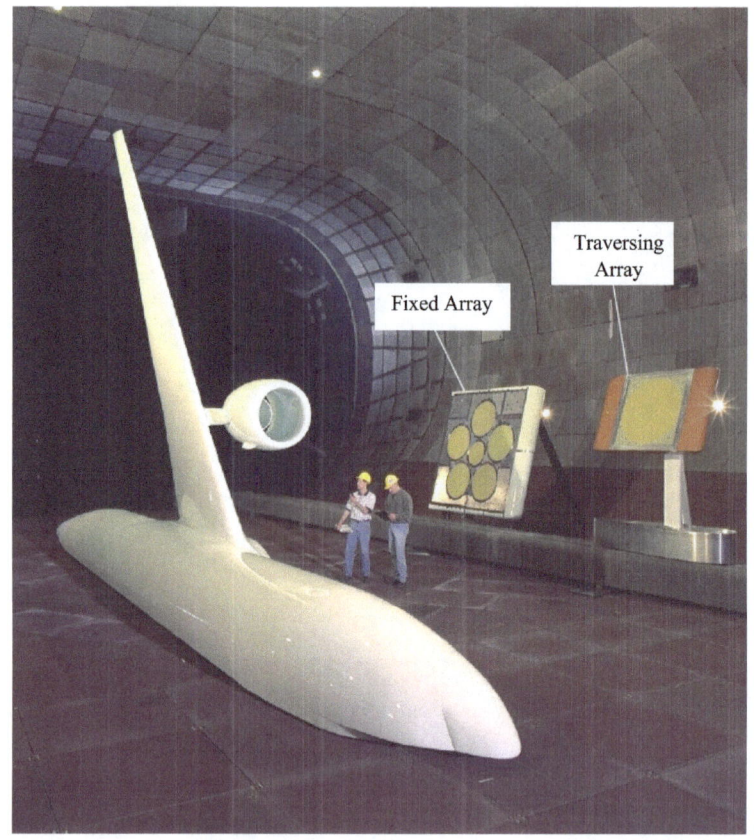

△ 图6.44 在该风洞中完成的某型民机缩比半模气动噪声试验

6.5 超声速风洞

1. 概况

超声速风洞是指试验段气流马赫数为 1.4~5.0 的风洞。若马赫数超过 5，则需要用加热器提高气流的总温，以防止空气在试验段中发生液化，这属于高超声速风洞的范畴。若马赫数为 0.8~1.4，试验段的壁面应开孔或开槽（通气壁），这属于跨声速风洞的范畴。超声速风洞一般没有加热器，试验段为实壁（不开孔、槽）。与低速风洞不同，要获得超声速气流必须满足两个基本条件：要有收缩-扩张型喷管，要改变实验马赫数就要改变喉部截面与喷管出口截面之间的面积比；稳定段压强与扩压段出口的压强之比要足够大，且随实验马赫数增大而增大。当气流膨胀到超声速时，温度急剧下降，空气中的水汽会在试验段中发生凝结。此外，在超声速风洞中，特别是当马赫数较高时，一般都要用一种超声速扩压段。这些都是与低速风洞不同的地方。具有同样试验段尺寸的超声速风洞要比低速风洞所需的驱动功率大得多。一般认为试验段尺寸等于或小于 0.6m 左右者属小型超声速风洞，试验段尺寸为 1m 左右者属中型超声速风洞。这种划分不十分严格，只是泛指而已。超声速风洞，最早出现在 20 世纪 20 年代。现在世界上许多大型超声速风洞是在 20 世纪 50 年代建造的，例如世界上最大的超声速风洞（试验段尺寸 $4.88m \times 4.88m$，$Ma=1.5 \sim 4.75$）就是在 1956 年前后由美国建成的。超声速风洞的发展动向是改善现有风洞的性能，提高测量、控制的技术水平。为了研究超声速飞行时的减阻技术等，尚需兴建低紊流度和低噪声的超声速风洞。

超声速风洞分为连续式和暂冲式两大类。其中连续式超声速风洞，如同一般低速风洞那样连续地工作，实验条件易于控制，实验不受时间限制，但动力设备要相当地大。暂冲式超声速风洞，按产生压强比的方式不同，又可分为吹气式、吸气式、引射式、吹-吸式和吹-引式等。暂冲式超声速风洞的工作过程（以吹气式）大致如下：风洞工作前，向储气瓶内充气。当储气瓶内的空气压强达到一定值时，风洞即可开始工作。这时首先开启截止阀，然后开启快速阀，来自储气瓶的空气通过调压阀，流经稳定段、收缩段、喷管段、试验段、超声速扩压段和亚声速扩压段，最后排入大气。

2. 典型风洞

位于我国绵阳的试验段截面尺寸 2m×2m 的超声速风洞，2003 年开始立项论证（如图 6.45 所示），2007 年开始建设，2010 年正式建成通气，是我国目前试验段尺寸最大、模拟能力最强的超声速风洞。该风洞与 2.4m 引射式跨声速风洞一道，形成了我国 2m 量级亚跨超声速风洞的试验能力，在我国超声速飞行武器研制中具有十分重要的地位和作用。风洞类型为下吹－引射式暂冲型超声速增压风洞的试验段截面尺寸为 2m×2m，长为 7.2m。风洞试验段马赫数为 1.5～4.0，分布均方根偏差全部达到国军标（GJB 1179-91）先进指标要求；试验段模型区平均气流偏角满足国军标（GJB 1179-91）合格指标要求；试验段噪声优于国内现有超声速风洞水平。

▲图6.45　2m×2m超声速风洞

6.6 跨声速风洞

1. 概况

跨声速风洞试验段气流的马赫数为 0.8～1.4。下限之所以为 0.8，是因为试验段洞壁（非通气壁）发生壅塞（堵塞）的马赫数一般为 0.8 左右，要使马赫数超过 0.8，需要采取措施解决壅塞问题。当马赫数在 1.4 左右时，采用一般的超声速喷管和实壁试验段即可，属超声速风洞的范畴。与一般超声速风洞相比，跨声速风洞有一些不同之处。这些不同之处主要有三个方面。第一，超声速风洞试验段的壁面是实壁，跨声速风洞试验段的壁面是透气壁（开孔或开槽的洞壁），四壁为通气壁或上下两壁为通气壁。通气壁的外面是一个空腔，这个空腔叫做驻室。通气壁包括开孔壁或开槽壁或孔槽兼有的通气壁。通气壁的通气面积与壁面总面积之比，称为开闭比。在一定的条件下，试验段的部分空气通过通气壁流入驻室。第二，超声速风洞试验段之前有一个先收缩后扩张的超声速喷管，风洞工作时在喷管喉道处马赫数为 1，在喷管出口处马赫数大于 1。而跨声速风洞则不同，在试验段的前面是单纯收缩的管道，管道出口处马赫数最高为 1。第三，要在超声速风洞试验段中得到不同的马赫数，需改变喷管的面积比。而在跨声速风洞中只要改变试验段入口处静压与驻室静压之比，就可用同一个单纯收缩管道（即面积比不变）而获得跨声速范围内的不同的马赫数。在跨声速风洞发展史上，最重要的一个技术突破是透气壁的采用，其主要作用是：①防止试验段气流发生壅塞。在实壁试验段内，当来流接近声速时，会发生壅塞现象。模型安装于试验段中，在模型与洞壁之间会形成最小截面。即使试验段中没有模型，由于洞壁附面层的存在，也会在试验段形成有效截面积最小的截面。当来流马赫数大致为 0.8 时，在最小截面上马赫数就达到 1。尽管来流还处于亚声速范围，但由于最小截面流量的限制，无论怎样提高风洞的压强比，也不能使来流马赫数进一步提高。也就是说，在实壁的试验段中得不到跨声速气流。通气壁解决了这一问题，试验段采用通气壁，并适当抽除驻室内的空气，模型前方的一部分空气流入驻室，因受最小截面限制而无法通过的那部分流量可以通过驻室排走。这样，最小截面前的气流马赫数就能超过 0.8，从而在试验段中建立起跨声速气流。只要保持驻室内的压强适当的低，使之等于风洞工作时的马赫数和相应总压下的静压值，那么，气流一进入试验段后就会有一部分空气穿过通气壁进入驻室。直到这种穿过通气壁的流动一直到试验段的压强与驻室内的压强相等时为止。最后得到了马赫数符合风洞工作要求的均匀的跨声速气流。由此可知，当气流沿试验段向下游流去时，利用通气壁不断地减小通过试验段的气流流量，可起到与几何喷管相同的作用。在风洞工作过程中，如何将驻室内的空气不断地排出呢？一种方法是泵抽式，利用真空泵抽除驻室内的空气，抽出的这部分空气对于回流连续式风洞来说还应在适当的部位再流回到风洞中去。还有一种方法是主流引射式，扩压段进口横截面积稍大于试验段出口横截面积，形成了驻室通往扩压段的缝隙，在主流的引射作用下，将驻室内的空气通过缝隙抽出来而进入扩压段，驻室压强的大小与缝隙的大小有关，可通过调节扩压段进口的壁板来调节缝隙的大小。②减小或消除洞壁反射波的干扰，当试验段马赫数接近于1或稍大于1时，从模型上产生的波角很大的激波与实壁相遇后形成的反射激波打回到模型上。如果激波与自由空气边界（"空气壁"）相遇，则会产生反射膨胀波，打回到模型上。这种反射波改变了模型表面的压强分布，破坏了正常的绕流，与原型流场的绕流全然不同。采用通气壁之后，通气壁上既有实壁又有"空气壁"，模型产生的激波一部分遇到实壁而产生反射激波，另一部分遇到"空气壁"而产生反射膨胀波。这些相互间隔的反射激波和反射膨胀波，在离洞壁一定距离处相遇而互相抵消。只要通气壁的透气率适当，就可以将洞壁反射波的干扰降到最低限度。特别是开孔壁，当开孔的几何参数选择得合适时，在相当大的马赫数范围内，可以达到近于"无反射"的程度。③减小或消除亚声速时的洞壁干扰，在跨声速风洞中亚声速时的洞壁干扰相当严重。闭口试验段和开口试验段的洞壁干扰具有恰好相反的效果。因此，采用通气壁，只要通气壁的开闭比选择恰当，就可以减小甚至近于消除洞壁干扰。

2. **典型风洞**

世界上第一座实用的跨声速风洞于1947年研制成功。当前跨声速风洞的发展动向有两个：一是进一步提高跨声速实验的雷诺数，二是进一步减小跨声速洞壁干扰。随着航空航天事业的发展，当代大型飞机跨声速飞行的雷诺数高达 6×10^7，而一般跨声速风洞的实验雷诺数只能达到飞行雷诺数的1/10，最大也未超过1/6。实验雷诺数与飞行雷诺数之间的差距如此之大，以致使许多实验结果不可靠。例如，由于实验雷诺数低，风洞实验中翼面上激波位置和压强分布与飞行情况相差甚远。由于实验雷诺数低，难以开展飞机大迎角、高机动性的实验，也难以开展对尖峰翼型、超临界翼型等先进翼型的实验研究。如果实验雷诺数提高到大于或等于 4×10^7（以平均气动弦为特征长度），通常认为空气动力系数随雷诺数的变化已不明显。这种实验雷诺数接近飞行雷诺数的风洞称为高雷诺数风洞。提高实验雷诺数的方法，不外乎以下几种：加大风洞的尺寸；用密度高的气体作为风洞工作介质；提高风洞中气流的总压；降低气流的总温。像低速风洞那样加大风洞尺寸，对于跨声速风洞来说，是不现实的，风洞建设费用太高。更换风洞的工作介质以提高实验雷诺数，理论上是可行的，但目前还找不到比热容与空气相同、密度比空气高而又比较便宜的气体。1966年以来用压力风洞提高实验雷诺数，取得了一定的成效，但引起了动压的增加，带来了模型和支架的强度问题，同时风洞的驱动功率显著增大，限制了雷诺数的进一步提高。20 世纪 70 年代以来，一种新型风洞——低温风洞，显示出越来越多的优越性。低温风洞是工作介质温度低于 173K 的风洞。温度降低，使黏性系数 μ 和声速 a 减小，密度 ρ 增大，雷诺数 Re 提高。随着温度降低，虽然密度增加了，但由于声速减小，相同马赫数下的风速降低了，因而动压可基本上保持不变，风洞的驱动功率还会略有下降，避免了一般压力风洞中由于提高雷诺数而带来的模型载荷过大和驱动功率过大的问题。与常规的环境温度风洞相比，通过降低总温，可在风洞尺寸不变、气流动压基本不变的情况下，使雷诺数提高 6 倍之多。如果在降低气流总温的同时适当增大气流的总压，即低温风洞与压力风洞相结合，实验雷诺数将会得到更大的提高。例如，1983年正式运行的世界上最大的高雷诺数跨声速风洞，美国NASA兰利实验中心国家跨声速风洞，试验段横截面尺寸为$2.5m \times 2.5m$，试验段气流马赫数范围为$0.2 \sim 1.2$，总压可达$9 \times 10^5 Pa$，用喷入液氮的方法可使气流温度降到100K，马赫数为1时基于模型弦长0.25m的实验雷诺数可达120×10^6，比波声747客机巡航飞行的雷诺数还高一倍。又如，定于1993年建成的欧洲跨声速风洞ETW（European Transonic Wind Tunnel），试验段尺寸$2.4m \times 2.0m$，最低工作温度90K，最高实验雷诺数5×10^7（$Ma=0.9$）。

1）美国NASA兰利实验中心国家跨声速风洞

美国NASA兰利实验室国家跨声速风洞（The National Transonic Facility,NTF）是一座1983年建成的由轴流压缩机（或轴流风扇，aixial fan）驱动、单回路、连续式、低温增压风洞（如图6.46～图6.51所示）。该风洞可以独立控制试验段总温、总压、风扇速度等参数，以便可以分别研究Ma（压缩性）、Re（粘性）和气动弹性（动压）效应，通过总温、总压和风扇转速的组合，试验段每米雷诺数范围可获得$6.6 \times 10^6 \sim 475.7 \times 10^6 m^{-1}$，马赫数为$0.1 \sim 1.2$。试验段宽2.5m，高2.5m，长7.6m，为了防止跨声速流动气流堵塞，试验段顶部和底部分别开6条槽。风洞液氮喷射装置可使风洞试验段在总温116K下运行，试验段总温为$116 \sim 338K$，试验段总压在$101.4 \sim 917kPa$。其动力系统位于风洞第二拐角段下游，由洞外101MW的变频交流电机和轴流压缩机组成，压缩机直径6.1m，等内外径的流通面积，压缩机采用单级，动叶25片，静叶26片，进口调级片24片，动叶采用玻璃纤维增强塑料桨叶(fabricated of fiberglass-reinforced plastic)。压缩机转速范围为$60 \sim 600rpm$，氮气低温运行的最大转速（额定转速）为360rpm，常温空气运行的最大转速为600rpm。风洞运行时，流量的调整策略是粗调用转速、微调用风扇前置导流片，试验段 Ma 数调整精度 1/1000。为了精细化 Ma 控制，可以通过改变进口导流片以取得所需要的压缩比，以便维持试验段所需的马赫数。为了缩短驱动压缩机轮毂长轴长度，压缩机的整流头罩在第二拐角处转弯延伸至第一与第二拐角段之间，同时为了降低压缩机气动噪声，压缩机的整流罩进行了声衬处理。

图6.46　美国国家NFT连续式跨声速低温增压风洞外景

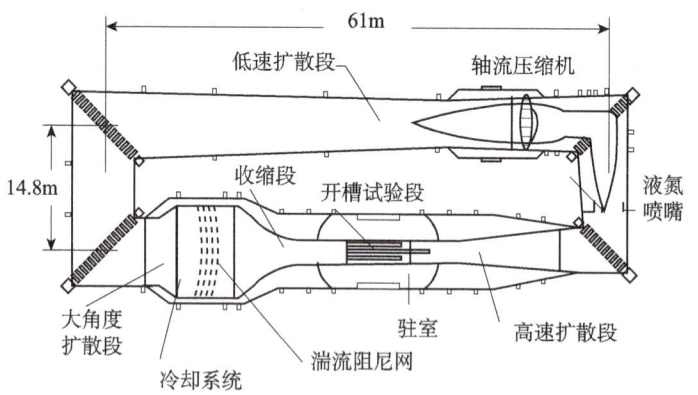

图6.47　美国国家NFT连续式跨声速低温增压风洞

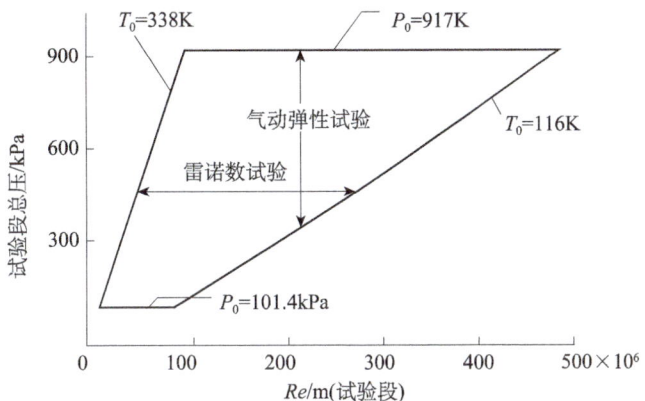

◓ 图6.48 美国国家NFT风洞试验段Re与总压曲线

◓ 图6.49 美国NTF风洞试验段透气槽

▲ 图6.50 美国NTF风洞洞外交流变频电机

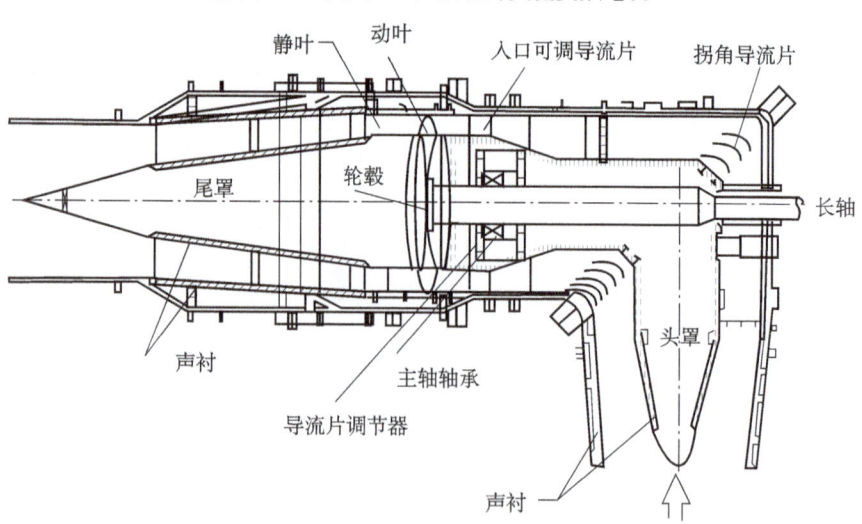

▲ 图6.51 美国NTF轴流压缩机（为了缩短长轴，头罩延伸到第二拐角前）

2）欧洲跨声速风洞

欧洲跨声速风洞 ETW 也是一座 1993 年建成的由轴流压缩机驱动、单回路、连续式、低温增压风洞（如图 6.52～图 6.58 所示）。该风洞可以独立控制试验段总温、总压、风扇速度等参数，以便可以分别研究 Ma（压缩性）、Re（黏性）和气动弹性（动压）效应，通过总温、总压和风扇转速的组合，试验段每米雷诺数范围可获得 6.6×10^6～$230\times10^6 \mathrm{m}^{-1}$，马赫数为 0.15～1.35。试验段宽 2.4m，高 2.0m，长 9.0m，为了防止跨声速流动气流堵塞，试验段顶部和底部分别开 6 条槽。风洞液氮喷射装置可使风洞试验段在总温 110K 下运行，试验段总温为 110～313K，试验段总压在 115～450kPa。动力系统位于风洞第二拐角段下游，由洞外 50MW 的变频交流电机和轴流压缩机组成，压缩机直径 4.5m，压缩机采用双级，动叶 32 片，动叶采用碳纤维复合材料桨叶（the carbon fibre composite blades）。压缩机转速为 60～830rpm，常温空气运行的最大转速 830rpm。风洞运行时，流量的调整策略是粗调用转速、微调用风扇前置导流片，试验段 Ma 调整精度 1/1000。

▲图6.52 欧洲连续式跨声速低温增压风洞外貌

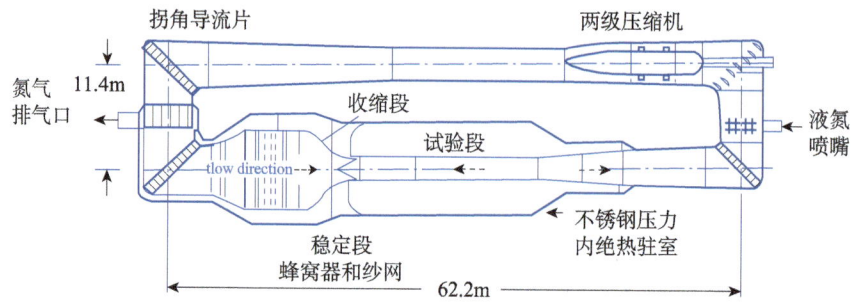

◎ 图6.53 欧洲连续式跨声速低温增压风洞

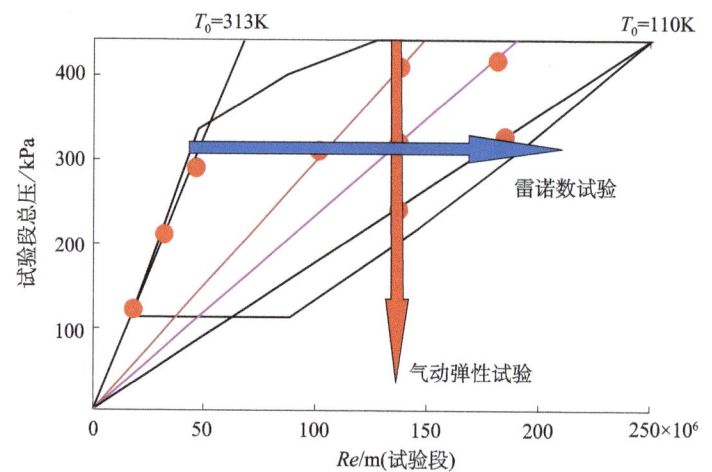

◎ 图6.54 欧洲ETW风洞试验段Re与总压曲线

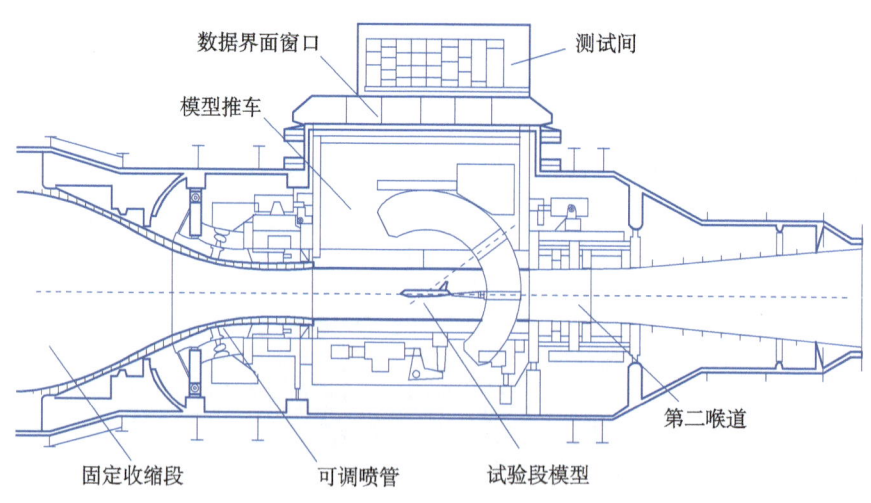

◎ 图6.55 欧洲ETW试验段

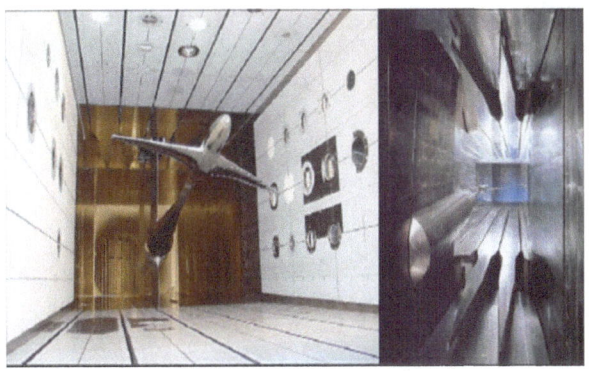

▲ 图6.56 欧洲ETW风洞试验段透气槽

▲ 图6.57 欧洲ETW轴流压缩机转子

▲ 图6.58 ETW轴流压缩机尾罩

3）2.4m×2.4m 跨声速风洞

该风洞是一座位于我国绵阳空气动力学研究与发展中心，于1999年投入运行的一座大型亚跨声速风洞，该风洞采用引射驱动、半回流、暂冲型。试验段截面尺寸为2.4m（宽）×2.4m（高）×7m（长），马赫数为 0.3~1.15，最高雷诺数为 $17×10^6$。该风洞既可完成全模、半模和部件的常规测力、测压试验，也可进行抖振、颤振、动导数、TPS 等特种试验，如图 6.59 和图 6.60 所示。目前主要承担 C919 大型客机、ARJ21-700 支线客机和 MA-700 支线客机的高速风洞试验任务。

图6.59　2.4m×2.4m跨声速风洞

图6.60　2.4m×2.4m跨声速风洞试验段

6.7 高超声速风洞

航天飞机返回地面时,以飞行马赫数 30 左右从飞行高度约 150km 开始再入大气层。航天飞机的高超声速飞行,须经历从自由分子流区到高超声速连续流区的不同阶段。在高超声速连续流区,飞行马赫数虽不很高(5~12.5),但飞行雷诺数较高,气流总温、总焓很高,存在真实气体效应。所谓真实气体效应,主要是指高温加热效应。航天飞机在高超声速连续流区飞行时,机体前方强弓形激波的压缩和高超声速流在附面层内受黏性阻滞而造成气流,都会产生高温,可达 6000K,甚至更高。温度高于 600K 以后,随着温度进一步升高,气体分子会出现振动、离解、电离等现象,从而改变了空气的性质,比热比不再保持为常数而随温度变化,完全气体状态方程不再适用,等熵关系式失效,焓不再随温度线性增加,同时受到压强的影响。这种真实气体效应对航天飞机的空气动力特性显然有相当大的影响。要在一个实验设备中全面模拟航天飞机返回进入飞行的各个阶段,是十分困难的。在高超声速连续流区,航天飞机空气动力试验要求模拟的主要参数是马赫数、雷诺数和焓。高超声速风洞能够模拟高马赫数(5~14),不能模拟高焓。高超声速风洞,是指试验段马赫数为 5~14,气流温度高到能防止气流等熵膨胀到上述马赫数时试验段出现液化，而没有高到足以产生真实气体效应的风洞。高超声速风洞与超声速风洞相比较，相同之处在于高超声速风洞也有连续式和暂冲式两种形式；不同之处在于高超声速风洞中需要安装空气加热器，采用暂冲式时加热器如果采用电阻式加热器，可使气流总温加热到约1500K。这一温度能使气流在马赫数约低于14时不致于液化，但只能模拟马赫数为6以下时的焓值，不能模拟高超声速范围内更高马赫数时的焓值。

既模拟高焓又模拟高马赫数（5~20）的风洞，属超高声速风洞。目前还没有能够全面模拟航天飞机飞行马赫数、飞行雷诺数和焓的实验设备，如图6.61所示。超高声速风洞试验段气流马赫数为5~20且具有很高的焓值。激波风洞是一种常见的超高声速风洞，而激波风洞是在激波管的基础上发展起来的。激波管是产生激波并利用激波压缩实验气体进行实验的设备。它是一个两端封闭的管道，用膜片（激波膜片）将管道隔成两段，分别称为高压室和低压室。实验前在高、低压室内分别充以满足实验要求的压强高的驱动气体和压强低的被驱动气体（实验气体），位于两室的压强比达到一定的值。实验时先使激波膜片破裂，从膜片破裂开始，激波管内出现一维非定常流动过程。当膜片破裂后，高压驱动气体冲入低压室，两种气体之间形成接触面，接触面右方的被驱动气体受到强烈压缩，形成以超声速向右运动的正激波。在此右行激波右方为未扰动区，在此右行激波左方是正激波扫过的、以一定速度随正激波向右运动的原低压室气体。经激波压缩后，原低压室气体的压强、温度均明显提高。与此同时，左行的膨胀波在原高压室的气体中传播。激波管中高焓气流的稳定时间很短，通常不到1ms。高性能激波管可用于进行气体的离解、电离等现象的研究。如果激波管右端不是封闭的，而是在激波管右端加装膜片（喷管膜片）、喷管、试验段和真空箱，构成了激波风洞。激波风洞是利用激波压缩气体，再利用定常膨胀方法产生超高声速气流的风洞。激波膜片破开后，正激波向右运动，被驱动气体受到压缩加热。当正激波到达右端遇到喷管膜片时，产生左行的反射激波。与此同时，使喷管膜片破裂。试验段与真空箱连通，在相当高的风洞压强比作用下，受到激波再次压缩加热后的被驱动气体进入喷管，在试验段可达到很高的马赫数。如果恰当控制有关参数，左行的反射激波遇到接触面后不再反射，接触面的右行速度变慢，风洞的工作时间可得以延长。激波风洞的工作时间比激波管长，可达数 ms 以上。激波风洞中的超高声速气流，总温可达 8000K，总压可达 200MPa，马赫数可达 25，甚至更高。

▲ 图6.61　美国X-43高超声速飞行器（巡航马赫7）

常见的地面模拟设备有激波管（如图 6.62 所示）、电弧加热风洞（如图 6.63 和图 6.64 所示）和自由弹道靶（如图 6.65 所示）。

中国科学院力学研究所高温气体动力学国家重点实验室（LHD）

于 2012 年研制成功的 JF12 高超声速激波风洞，是世界上首座风洞试验段速度达到 9 倍声速的激波风洞，被媒体称为"高超声速龙"（hyper-dragon），如图 6.66 所示。该设施可以测试 25～40km 高空、飞行速度 5～9 倍声速条件下飞行器的气流特性，是世界上第一台可达到这个能力的同类设备。相比之下，美国用于测试 X-51 高超声速飞行器的风洞吹风速度为 7.5 倍声速。这座超大型超高声速激波风洞，总长为 265m，试验段喷管出口直径 $\varPhi$2.5/$\varPhi$1.5m、试验气体为洁净空气、试验时间超过 100ms。该风洞同时达到了"复现气流总温和总压"、"产生纯净试验气体"、"满足基本试验时间需求"和"能够全尺寸或接近全尺寸模型试验"等四项关键技术指标，实现了高超声速飞行器地面试验的复现能力，为我国重大工程项目的关键技术和高温气体动力学基础研究提供了不可替代的试验手段。

图6.62　美国得克萨斯州圣安东尼奥的激波管装置

第6章 风洞与水洞设备

▲ 图6.63 喷管直径Φ0.42m的电弧风洞（FD-04，马赫数为0.6~12，中国航天空气动力技术研究院）

▲ 图6.64 喷管直径Φ1.0m的电弧风洞（FD-15，马赫数为0.6~10，可以承担各种材料的烧蚀性能、粒子侵蚀、锥身防热层诱导滚转力矩烧蚀热透波、气动光学传输以及再入物理现象等试验。中国航天空气动力技术研究院）

▲ 图6.65 我国气动与发展中心研制的自由弹道靶设备

▲ 图6.66 我国于2012年投产的超大型激波风洞（JF-12）

6.8 变密度风洞

1. 基本概念

众所周知，在风洞试验中，由相似性准则，一般要求满足考虑压缩效应的马赫数和考虑黏性效应的雷诺数准则。由于马赫数和雷诺数之间的关联性，在常规风洞中无法独立研究这些参数的影响。但如果能够研制一种风洞，它可以独立控制试验段总温、总压、风扇转速等参数，就能够独立研究 Ma 数（压缩性）、Re 数（黏性）变化的影响。如可通过总温、总压和风扇转速的不同组合，研究给定马赫数下不同雷诺数的影响规律；也可以在给定雷诺数下研究不同马赫数的影响规律。这样的风洞通常称为变密度风洞。按照定义，试验段单位长度雷诺数定义为

$$Re = \frac{\rho V}{\mu} = \frac{\sqrt{\gamma}}{\mu \sqrt{R}} \frac{p_0}{\sqrt{T_0}} \frac{Ma}{\left(1+\frac{\gamma-1}{2}Ma^2\right)^{\frac{\gamma+1}{2(\gamma-1)}}}$$

式中，ρ 为气体密度（kg/m³）；V 为试验段速度（m/s）；μ 为试验段气体动力黏性系数（kg/(m·s)$^{-1}$）；P_0 为试验段总压（Pa）；T_0 为试验段总温度（K）；Ma 为试验段马赫数；γ 为气体特性系数，对于空气和氮气，$\gamma=1.4$。在变密度风洞中，通常用的工作介质为氮气，是

流体力学通论

一种无色无味的气体，而且一般情况下氮气比空气密度小。氮气占大气总量的 78.12%（体积分数），是空气的主要成分。在标准大气压下，冷却至 -195.8℃时，变成没有颜色的液体；冷却至 -209.8℃时，液态氮变成雪状的固体。氮气的化学性质不活泼，常温下很难与其他物质发生反应，但在高温、高能量条件下可与某些物质发生化学变化，用来制取对人类有用的新物质。在标准大气压 101 325Pa 下，温度 T_a=288.15K，氮气密度 1.1846 kg/m³，而空气密度为 1.225 kg/m³；氮气的定压比热容 c_p=1038J/（kg·K），空气的定压比热容 c_p=1004.7J/（kg·K）；氮气的定容比热容 C_v=741J/（kg·K），空气的定容比热容 C_v=717.6J/（kg·K）。由萨特兰公式可得氮气的黏性系数为

$$\mu(T) = \mu_0 \left(\frac{T}{273.16}\right)^{1.5} \frac{273.16+104}{T+104}$$

$$\mu_0 = 1.6606 \times 10^{-5} \text{kg/m} \cdot \text{s}$$

由此得到的马赫数与雷诺数之间的变化曲线，如图 6.67 所示。

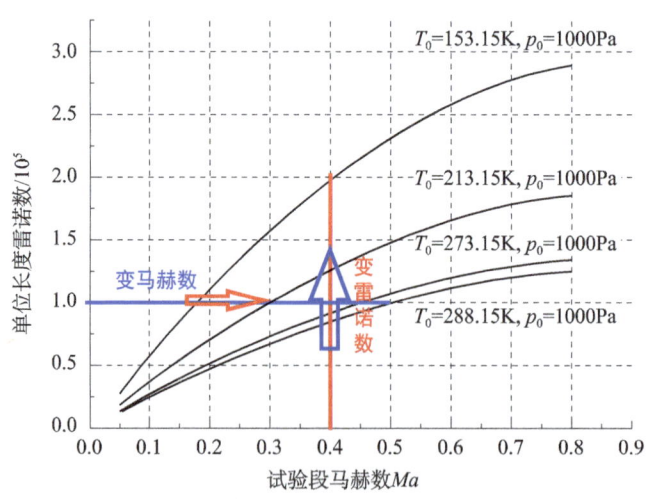

● 图6.67 马赫数与雷诺数之间的变化曲线

2. 变密度风洞

为了独立模拟雷诺数或马赫数的影响规律，美国 NACA（现在 NASA）于 1922 年建造了一座变密度风洞，位于 NACA 兰利研究中心。这座神秘的大型罐子内装有一座试验段直径 5ft[①] 的亚声速风洞，罐内气压可达到 20 个大气压，如图 6.68 和图 6.69 所示。在 20 世纪 20 年代到 20 世纪 30 年代之间，这座风洞为 NACA 翼型族的发展做出贡献。但该设备在 20 世纪 40 年代作为风洞功能作废，直到 20 世纪 80 年代止只作为压气罐使用。1983 年，因其寿命已到终止使用。现在这座风洞保存在美国国家历史博物馆。现在的风洞试验多数不是同时模拟雷诺数和马赫数相似，而是先在一座风洞中模拟马赫数相似，而在令一座风洞中模拟雷诺数相似，然后根据这两座风洞的试验结果给出修正。

▲ 图6.68　NACA兰利研究中心一座变密度风洞外景

---

① ft，英R，非法定单位，1ft=3.048×10^{-1}m。

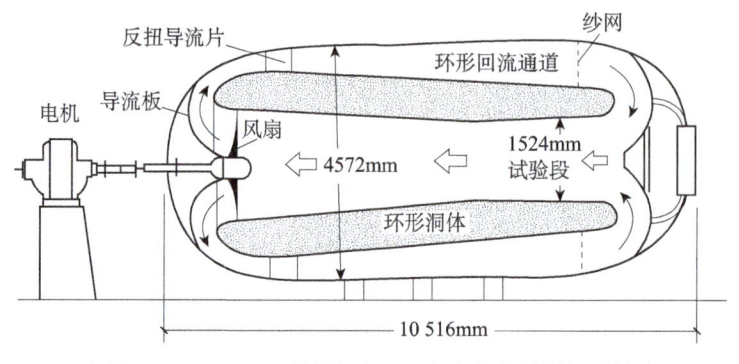

图6.69 NACA兰利研究中心一座变密度风洞气动轮廓

3. 高空飞艇推进系统

大气层自下而上可依次分为对流层、臭氧层、平流层、中间层、暖层和散逸层。平流层飞艇（也称为高空飞艇，如图6.70所示）是一种能够在平流层（海拔为20～50km）飞行且能够人为控制或者自主飞行的飞艇。由于它的飞行高度处于现有飞机的最高飞行高度和卫星的最低轨道高度之间，既不属于航天的范畴，也不属于航空的范畴。近些年，各国习惯将该高度的空域划归到临近空间的范畴。对于高空飞艇而言，由于其飞行高度较高，如果飞艇能够利用低密度的空气克服重力，且借助于螺旋桨推进系统克服大气环流的阻力而实现定点驻空，那么平流层飞艇则具有广阔的军事和民用价值。近年来美国、英国、德国、法国、俄罗斯、日本、韩国和中国等均提出了相应的研究计划，在世界范围内掀起了平流层飞艇的研究热潮。按照风速随高度的变化曲线（如图6.71所示），螺旋桨推进系统需要抗风速度10～20m/s，由此需要研究低前进比、低雷诺数、低马赫数下的轻质高效螺旋桨系统。咋看起来，需要在低（变）密度风洞中研究这类问题，但由于马赫数低处于不可压缩流动，仅有雷诺数相似，所以是否还需要这类风洞值得探讨。

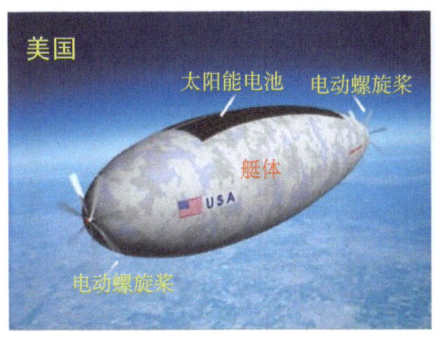
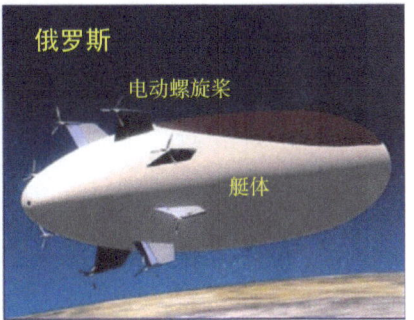

▲图6.70 平流层飞艇

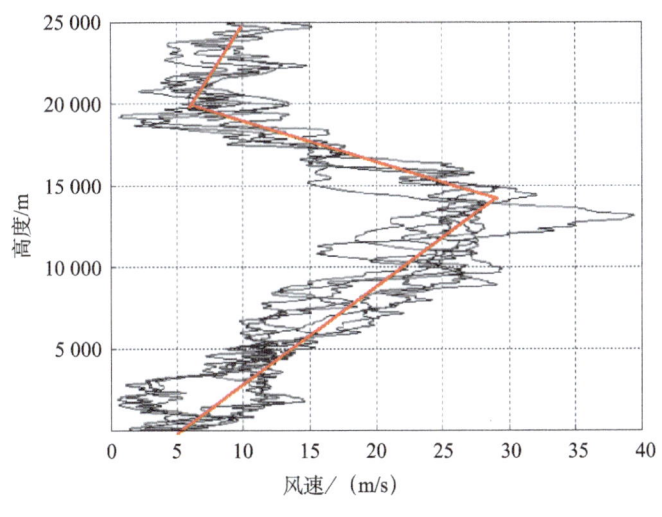

▲图6.71 风速与高度的变化曲线

6.9　水洞（或水槽）设备

水洞（water tunnel）是一种以水作为流动介质，用来研究边界层、尾流、湍流、空化、水弹性等物理现象的有压管流设备。水洞是一个流速和压力可以分别控制的水循环管道系统。水洞的试验段截面有圆形的，有方形的，也有矩形的。水洞的上、下、前、后都有观察窗。同拖曳水池正好相反，在水洞中移动的不是试验物体，而是可控水流。水洞的运转性能类似亚声速风洞，只是试验介质不同。早在1896年英国科学家帕森斯（C.A.Parsons，1854～1931年）建立了世界上第一个研究空化的小型水洞，该水洞为铜制的，全长约为1m，工作段断面积为15cm^2，用闪频观测器观察空化现象。以后人们发展了大量的水洞，用于研究边界层、尾流、湍流、空化、水弹性等物理现象，以及水流和试验物体之间的作用力。水洞是一个流速和压力可以分别控制的水循环系统。据不完全统计，目前全世界近30个国家共建有约220座各种类型的水洞。中国于1957年在上海建成第一座水洞，用来研究船舶问题，现在全国已有约13座水洞。图6.72～图6.75分别给出教学型水洞或水槽设备。

▲ 图6.72 水洞设备（常州大学）

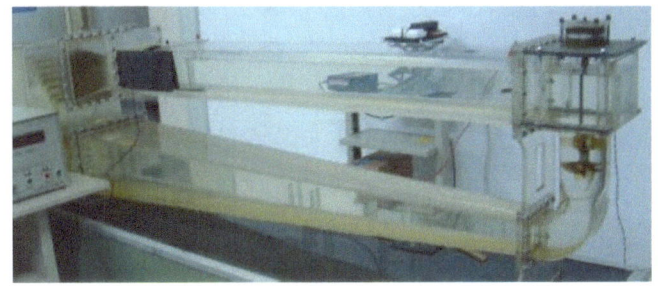

图6.73 水洞设备（中国科学技术大学）

图6.74 拖曳水槽（北京航空航天大学2015年建）

图6.75 水槽（北京航空航天大学2015年建）

1. 水洞布置与结构

水洞与风洞在布置上十分相似（如图 6.76 所示），为了在试验段获得一个高品质的流场，在试验段上游需布置稳定段、整流元件（蜂窝器和纱网）和收缩段。在管路系统中，装有使水流循环的水泵，那里的压强大，可以避免泵发生空化；水泵的驱动电机可以调速，以调节洞中水的流速。

▲图6.76　北京航空航天大学水洞外貌（试验段尺寸为1000mm×1200mm）

水洞有压力调节系统。水洞上游顶部的密闭箱中有自由水面，水面上有空气，与真空泵连接。抽出空气时，可以降低试验段中的压强，也可以增加试验段中的压强。水洞的过滤系统使水保持清洁。水洞的控制系统调控水流速度和压力，并且调控测试系统和数据处理系统等。

水洞可以是非循环的，即利用有一定水位高度的水库或水箱，放水流入管道的试验段做试验。这类水洞称为自由落体式，缺点是水速变动幅度受到限制；优点是水洞的背景噪声很小，湍流度低，适于做噪声试验和流态显示试验。水洞还可做成带有自由液面的，其试验段的截面为矩形。这种水洞可以做物体位于自由面附近的模拟试验。有的国家把这种水洞做得相当大，可用来做船体和螺旋桨组合体的试验。目前世界上最大的水洞在联邦德国柏林水工和造船研究所。它有自由液面；试验段截面为 5m×3m，长为 1m；洞中心高为 10.5m；最大水速 12m/s。制造高速水流（例如进行空蚀和空化机理研究时水速要大于 40m/s）需要很大的功率，所以高速水洞的试验段截面都很小，直径为 30～40mm。试验水工坝、闸门等建筑物的减压箱也是一种循环管道，其试验段为箱形。试验水泵、水轮机等水力机械用的水洞，其试验段大多为直立式，以适于装设翼轮模型。这类水洞，通常称为空化试验台。

2. 水洞试验

在进行空化试验时，试验段中会产生成群的气泡。为了防止这些气泡经过循环再流入试验段，水洞必须有一定的高度，以使气泡流过较长的回路和较高的压力区而消除掉；也可以安装专门的溶器，把气泡重溶于水中。有的物体处于其他物体的尾流中，如螺旋桨处于船后的尾流中，可以在收缩段前部装设专用的网格，模拟尾流。近年来还在试验段中安置船尾模型，产生尾流。进行螺旋桨试验，要在试验段的上游或下游装一根与洞体外部电动机相连的轴，在试验段内的轴端上安装螺旋桨模型。可以在洞体外部的轴上安装力矩仪、推力仪和转速仪，也可以在试验段内安装压力传感器、天平以及空化的声学观测仪器，测量定常压力、脉动压力、各种力和力矩并确定空化起始条件和各种发展形态等。

第 7 章

飞行奥妙与空气动力学原理

7.1 飞行遐想

飞行，顾名思义就是在空中飞、在天上飞。天到底是什么样子？屈原（公元前 300 年）在《天问》中写道："遂古之初，谁传道之？上下未形，何由考之？"这就说明人类自古代便对神秘莫测的天际有着无限的向往和崇拜。图 7.1 给出一张伏羲和女娲图片，图中伏羲和女娲头顶太阳、脚蹬月亮，既表达了人类始祖遨游日月苍穹的憧憬，也反映了中国人对太空的想象。古代人们就认识到，天空不仅仅是指大气层这一段空间，还包括了从地球到月亮和太阳那一段空间。人类飞上天空的过程，是从模仿鸟类开始的，但是花费了很长的一段时间才认识到飞行原理。

人类关于飞行的梦想源远流长，古已有之。大量关于飞行

▲ 图7.1 伏羲和女娲（日月苍穹）

的神话与传说,美丽而玄妙,对人们有极大的吸引力。古希腊与古罗马有架战车飞行、穿羽衣飞行和丘比特飞行射箭等;中国有飞车、嫦娥奔月等。种种传说,无不表现了人类对翱翔天空、凌云御风的渴望与遐想。人类渴望像小鸟一样自由飞翔!

中国古代神话中嫦娥奔月(如图7.2所示)的故事人人熟知。嫦娥在奔月中很轻,她轻飘飘地飞到空中,没有产生升力的部件。这说明

▲图7.2 中国古代神话传说(战国末年)——嫦娥奔月

当时的人们对物体离开地面时所受重力认识不足,以为鸟也像人类想象的那样,只要离开地面重力就很小或者基本上没有,所以才有飘起来的样子。可是嫦娥的样子表明有风,风吹过衣服的时候,由于阻力的作用,衣带飘起来了,这说明人们已经认识到了当空气绕过人体时有空气阻力的存在。因此,在人们对重力的认识还非常模糊的时候,并不了解物体升到空中时依然会受到重力的作用。那时的飞天传说充满了玄妙与浪漫色彩。嫦娥没有借助产生升力的器械,仅仅凭风飘然而起,便如失重一般升上天空。这样的情景只有在太空中才能实现。

还有古希腊神话里面的传说,比如丘比特射箭(如图 7.3 所示)。通过对鸟类飞行的观察,古希腊人认识到翅膀扑动对飞行的重要性,于是为丘比特加上了一对小翼。只是这样的翅膀对于如此的重量还是显得力不从心,这个翅膀也变成了象征性的符号。所以说古希腊人对

重量的认知也是远远不足的。

这是古希腊神话里面叫做戴达罗斯父子插翅逃亡的故事（如图7.4所示）。戴达罗斯临行前对儿子说："你如果飞得太低，羽翼会碰到海水，沾湿了会变得沉重，你就会被拽到大海里；要是飞得太高，翅膀上的羽毛会因靠近太阳而着火。"可见此时人们已经对飞行中重力的影响有了一定的认识，只可惜伊卡洛斯还是因为翅膀散落命丧大海。对风力的认识和应用在中国已有4000年的历史，凭借风力

图7.3 古希腊神话传说人物（公元前800年）——丘比特（厄洛斯）

飞行的设想早在公元前就有记载。列子是战国时代的传奇人物，据说他能乘风而行，轻虚缥缈，微妙无比，一飘就是十有五天，飘游够了才回家，那个自在劲儿，令人羡慕不已。列子身上一点产生升力的部件都没有（如图7.5所示），这说明当时人们对重量的认知不足。

公元100～200年，北欧有一个古代的神话叫做Wayland的羽衣（如图7.6所示）。根据传说，Wayland是铁匠，制成他的第一套飞行翅膀后，就开始同他的兄弟Egil一同进行实验，且强调说："顶着风飞，你就容易升高。以后，当你下降的时候，要顺着风飞扬。"结果他弟弟按照他的方法去做时发现，起飞的时候羽衣非常平稳，顺风下降时并不平稳。这说明飞行器顺风飞行时性能差，而且容易失稳。后来Wayland告诉他弟弟说："我忘了告诉你，你回来的时候也是逆风

▲ 图7.4 古希腊神话传说（公元前800年）——戴达罗斯父子插翅逃亡

▲ 图7.5 古代中国对风的认识（战国时期）——列子御风

就好啦。"从这个故事当中可知，人们已经认识到了飞机、风筝等飞行器逆风起飞和着陆是最好的、稳定的和安全的。所以到飞机场送行时一般不说一路顺风，而说一路平安为好。

公元725年，李白在《上李邕》诗中写道："大鹏一日同风起，扶摇直上九万里。假令风歇时下来，犹能簸却沧溟水。"从大鹏的飞行原理看，第一句说当风速达到一定值时，大鹏可以借风的力量而扶摇直上，因为只有当风与羽翼的相对速度达

▲ 图7.6 北欧古代神话（公元100～200年）——Wayland的羽衣

到一定值时才能产生足够大的上举力；第二句话说如果风停下来，大鹏飞停水面，通过羽翼的气流仍能扬起江海面上的水体，也就是说风已经停了，但大鹏羽翼和空气之间的相对运动所产生的气流同样可以把海水激起。由此可见，李白那时就已经注意到空气和羽翼的相对运动可以产生上举力，说明李白对鸟飞行的观察是十分细致的。这里的大鹏指《庄子·逍遥游》里面的大鸟（如图7.7所示），在《庄子·逍遥游》中记载："北冥有鱼，其名为鲲。鲲之大，不知其几千里也。化而为鸟，其名为鹏。鹏之背，不知其几千里也。"

▲ 图7.7　《庄子·逍遥游》中的大鹏

实际上古代记载的大鹏，外形看很像鹰，而且各种鹰的飞行姿态和古代鹏的飞行姿态十分相像。前面所有提到的故事或者事物，都是古代文人笔下关于飞行的幻想。要想把飞行幻想变成现实，人们经过了长期的尝试性飞行实践。

7.2 飞行探索性认知

通过对力的属性认识逐渐加深，人类从幻想走向了实践。要想飞行首先要有作用于飞行器上的上举力（空气动力学也叫升力）以克服重力。前面已经提到，气球升空是最简单的作用其上的升力与重力平衡的例子。人们知道这个原理后，早期的飞行器如孔明灯、风筝、竹蜻蜓等以最简单的方式解决了升力产生的问题。在《三国演义》里诸葛亮使用过孔明灯。诸葛亮把情报放在孔明灯里，他根据气象知识判定风的方向，然后在灯底点燃灯芯，通过灯芯的燃烧，灯里面的气体加热，加热的气体密度较轻，而外面的冷空气密度较大，这个密度差就产生了向上的浮力。在风的吹动下，诸葛亮使用这种灯顺着风向可把情报送出去，所以人们把这样的灯称为孔明灯（如图7.8所示）。孔明灯升空原理是由静浮力克服重力而实现的。孔明灯里面热空气的密度比外面冷空气的密度小，这个密度差会产生浮力，如同物体在水中产生浮力的道理。所以当浮力大于气球的重量时，气球就慢慢浮起来了。空气在地面密度大，越往上空气的密度越小，所以气球并不是无限上浮的，而是开始时浮力大，后面浮力慢慢变小，最后浮力和重力平衡时，气球不再上升而是在空中某处飘着。利用孔明灯把这个情

▲ 图7.8 孔明灯（三国时期）以及原理

流体力学通论

▲ 图7.9 法国蒙哥尔兄弟用麻布制成的热气球

报送出去其实是很危险的，因为如果风向改变，孔明灯就会跑到敌方去。

真正在科学上实现热气球升空的是法国人蒙哥尔兄弟。在18世纪（1783年6月），蒙哥尔兄弟用麻布制成热气球（如图7.9所示），完成了热气球的升空表演。所以热气球实现成功飞行是蒙哥尔兄弟发明的。蒙哥尔兄弟在气球底下燃烧一种草或者其他物质，加热的烟气就进入到气球里面。气球里面的热烟气密度比外面冷空气密度要小，从而产生上浮力，导致气球升空。热气球和孔明灯原理是一样的，只要上浮力等于重力，气球就可以升空飞行了。

另外一种利用热气体向上运动而驱动的简易装置为中国的走马灯（如图7.10所示），与气球原理类似。人们在走马灯里面点燃蜡烛，当蜡烛燃烧到一定时候，灯里面气体的温度就会升高，这时灯就会转起来，在灯罩上画着不同人骑着马的姿态，这时人们看到旋转灯罩上的画就好像马不停蹄地往后走过去，由此称为走马灯。那么，向上运动的热气流是如何让灯罩旋转起来的？从走马灯的原理图看，当灯烛点燃后，里面会产生向上的热气运动。气流从马灯底下进去，然后从灯罩上面钩子底下的叶片缝中向上排出，源源不断地循环着。人们会发现当气流通过螺旋型叶片时，将驱动叶片转起来，从而带动随轮轴一体转动的灯罩旋转。从灯罩外面看去，便成为"车驰马骤、团团不休"之景况。

图7.10　走马灯

7.3　飞行器的快速发展

人类从飞鸟得到启示并向往飞行，但长期受认识上的限制，对飞行的愿望只能寄托于神话与遐想中。人类真正实现了翱翔天空的梦想，应归功于近代100多年的历史。1903年12月17日，美国莱特兄弟（如图7.11所示）发明了第一架带动力的飞机（如图7.12所示），并成功实现了飞行。尽管这架飞机飞行的时间不到1min，但是后人给了它高度的评价——为人类开创了航空新纪元。经过100多年的努力，人类不仅掌握了飞行的奥妙，而且克服了各种技术难关，研制出各种不同用处的飞行器。飞行器成为20世纪人类最重要的科技成果，为社会文明的发展起到巨大的促进作用。而航空科学技术则成为一个国家科技成就、社

图7.11 威尔伯·莱特（Wilbur Wright, 1867～1912年，左）和奥维尔·莱特（Orville Wright, 1871～1948年，右）是两位美国发明家、飞机的制造者

会文明发展的非常重要的产物。

人类虽然没有翅膀，但有一个拥有无限智慧和遐想的大脑，通过对鸟的飞行奥妙的认知与实践，制造出的各种飞行器，在尺度、飞行高度、飞行速度、飞行航程、复杂程度等方面，远非鸟所及，远超过唐代诗人李商隐的名句"身无彩凤双飞翼，心有灵犀一点通"。如图7.13(a)所示，天鹅号称是羽毛最多的鸟，但是羽毛和骨头加起来的数量总和也就是2.5万；人们常见的飞机波音747-400，有600多万个零部件（如图7.13所示），是火车、汽车零部件的10^6倍。飞机的复杂程度远远超过了鸟类。

如今在大气层内飞行的飞行器数量巨大、种类繁多。飞行器可以分两大类，一大类是通过空气浮力产生升力的飞行器，这类飞行器的密度比空气轻，如气球、飞艇；另外一大类是通过机翼产生升力的飞行器，这类飞行器的密度比空气重。在第二大类中又分固定翼飞

图7.12 莱特兄弟发明的飞机

行器（如滑翔机、民航飞机）和非固定翼飞行器。非固定翼飞行器又包括三类，一类是旋翼机，如直升机；一类是现在在日本冲绳岛和美国服役的倾转旋翼机；另外一类是人们现在已经开始制造的扑翼机。如图 7.14 所示。

图7.13　天鹅与飞机波音747-400

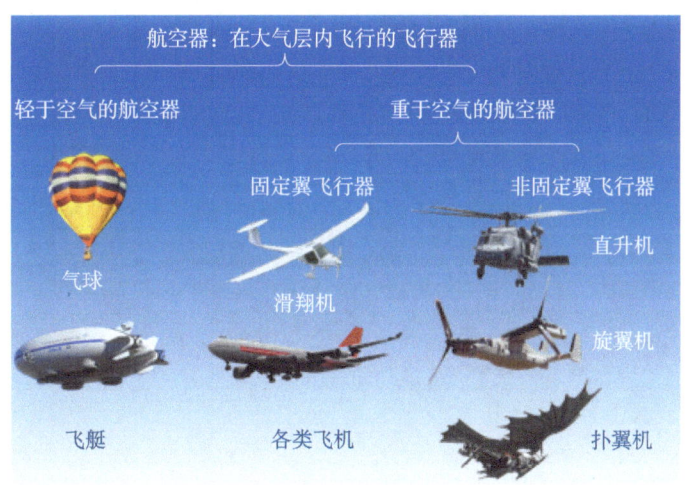

图7.14　飞行器的分类

人类制造的各种各样的飞行器（如图 7.15 所示），其飞行高度也大不相同。以横坐标表示飞机与鸟类的尺度，纵坐标表示飞行的高度，无论尺度还是高度，鸟类都集中左下角很小的地方（如图 7.16 所示）。

流体力学通论

▲ 图7.15 不同的飞行器

▲ 图7.16 飞行器与鸟类的飞行高度

如世界上最大的鸟（信天翁）翼展可达 4m。而人造飞机的翼展长可达到几十米，如空中客车公司生产的飞机 A380，翼展长度为 80m。从飞行高度上看，一般鸟飞行高度在 1000～2000m，即使飞得最高的鸟也只能在海拔 9000m 翱翔。而人造飞机常常在 10 000m 左右的高空中巡航，如民航飞机巡航时的飞行高度常为 11 000m 左右，远远超过了鸟类的飞行高度。另外高空飞艇一般在 20 000m 左右，离大气层更远的地方还有卫星等。

从飞行速度而言，鸟类飞行的速度和人类飞行器的速度也不在一个量级上（如图 7.17 所示）。鸟类的飞行速度通常只有每小时几十千米，即使鸟类中飞行速度最快的雨燕也只能达到 170km/h。人类飞行器的飞行速度远远超过鸟类。民航飞机的飞行速度是 800~900km/h，现代超声速战斗机的飞行时速在 2000km/h 以上，最快的军用机 YF-12 时速可达到 3700km/h。这样的速度是鸟类无法企及的，这些都是人类智慧的结晶。

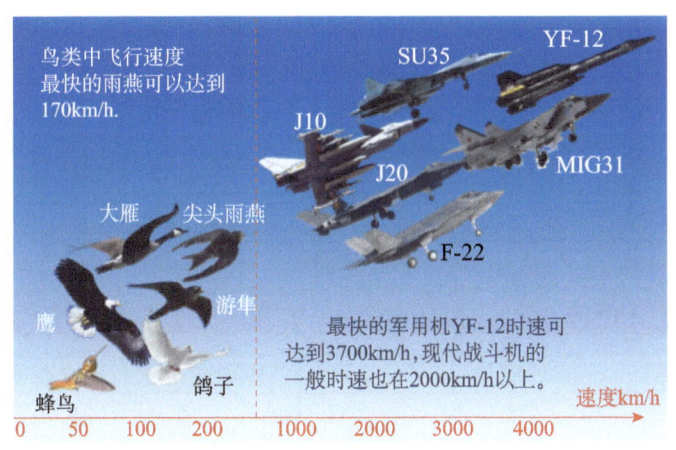

▲ 图7.17　飞行器与鸟类的飞行速度

各种航空器在不同领域发挥着各自的作用。航空技术水平成为衡量一个国家科学技术水平、国防实力和综合国力的重要标志。退去高难度的技术层面，飞行器的原理到底是什么？现在看来并非难事，但人类花去将近 1000 年的时间才认识了这个原理。例如气球，气球本身的重量就像中国的秤砣，当把这个秤砣拽起来的时候，向上举力和秤砣重力相等，此时气球就可以飞起来了，这就是气球飞行原理（如

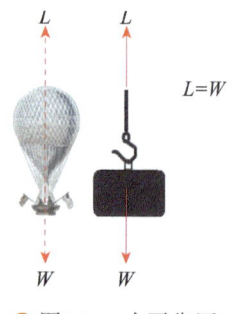

▲ 图7.18 力平衡原理——弹簧秤

图 7.18 所示）。飞机飞行原理就像中国的杆秤，飞机上中间作用一个上举力，一边是重物，一边是秤砣，当这三者的作用力和力矩达到平衡时（如图 7.19 所示），飞机就可以在空中飞行了。然而就是认识这个简单的力平衡原理，人类也历经了上千年的思考与实践。

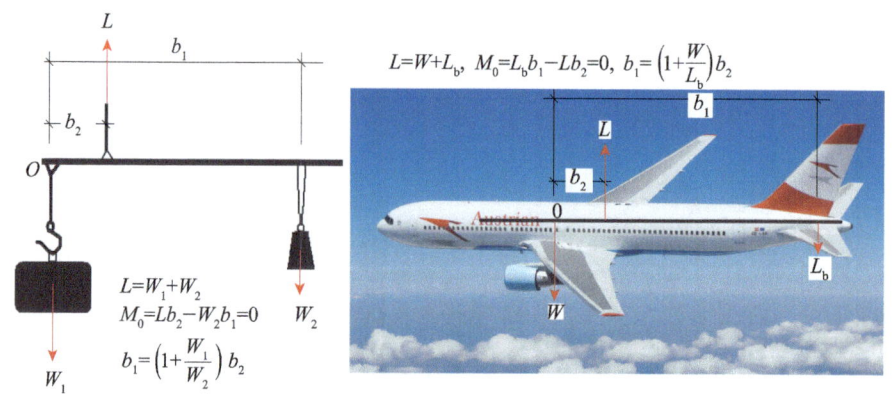

▲ 图7.19 力平衡原理——中国的杆秤

人类要想实现飞行，需要回答飞机在飞行中如何产生升力？如何克服空气阻力？如何保持平衡或稳定？以及远航时，如何控制与导航（不要飞偏或者回不去）？这些问题是人们在近代百年来所回答的。从历史进程来看，人类飞行发展史大概可分成四个阶段。第一个阶段是飞行的梦想，在此阶段人类是靠遐想来实现飞行的。第二个阶段为飞行的尝试与实践，该阶段中人们为了使梦想变成现实，对飞行进行了大量的尝试性实践。第三个阶段为对鸟的模仿实践，也就是所谓的自然界启发飞行。最后一个阶段是智慧的结晶，在近代百年的历程中，人类利用智慧创造性地发明了大量复杂的、不同用途的飞行器。在这些不同的阶段，空气动力学都发挥了重要的作用。

7.4 飞行原理

在空气动力认知和应用方面，荷兰的风车最具有代表性。荷兰风车旋转的原理也很简单，当风吹过风车桨叶时，荷兰风车会自己旋转起来（如图 7.20 所示）。开始时，风车仅用于磨粉之类，到了 16～17 世纪，风车对荷兰的经济有着十分重要的作用。

相比之下，中国的竹蜻蜓飞行原理（如图 7.21 所示）和荷兰风车有所不同。荷兰风车是风的运动而驱动叶轮旋转。但中国竹蜻蜓是在静止空气中，通过两手一搓叶轮转轴而使叶轮旋转起来，从而导致竹蜻蜓向上运动。原来竹蜻蜓的叶片和水平旋转面之间有一个倾角，当叶轮旋转时，旋转的叶片把气流从上面

▲图7.20 荷兰风车（1200年）——力矩原理

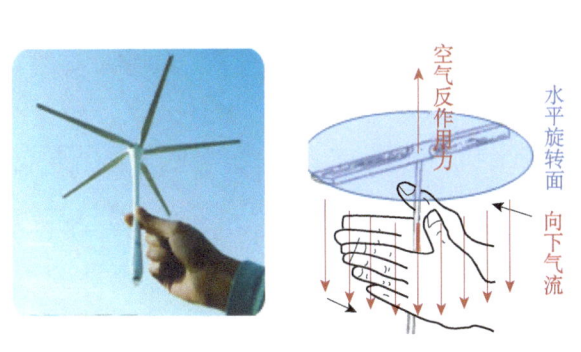

▲图7.21 竹蜻蜓及其飞行原理

排向下面,即给空气一个向下的推力,从而导致空气也给竹蜻蜓旋转的叶片一个向上的反作用力,即一个向上的升力,当这个升力大于竹蜻蜓的重力时,竹蜻蜓便可向上飞起。这就是后来人类发明螺旋桨的原理(如图 7.22 所示),竹蜻蜓也是直升机旋翼的前身。

▲图7.22 飞机活塞螺旋桨

早期对飞行器飞行机理的探讨,几乎涉及飞行姿态的控制。如何才能像鸟儿一样自如飞行呢?细心的观察者发现,当鸟需要俯仰或转向时,它们或是身体倾斜,或是扭动尾翼。由此,引出了力矩的概念。上述关于向上浮力等于重力的气球飞行原理是很简单的,相比之下飞机的飞行原理要复杂得多,除了所必须的力平衡条件外,还有对飞机重心的力矩平衡要求,否则飞机会栽头或者侧飞,飞行过程不能稳定,所以飞机的飞行原理应为中国秤的杠杆原理。当秤钩提起重物时,可移动秤砣在秤杆上的位置,当达到平衡时就可测量被测件的重量。飞机在飞行时,若要保持稳定,需要时刻保持力矩平衡状态(如

图 7.23 所示)，此时可通过调节尾翼的气动力来实现，这样飞机可以长时间飞行而不掉下来。人们对鸟的飞行进行了大量的观察，特别关注了鸟在俯仰转向

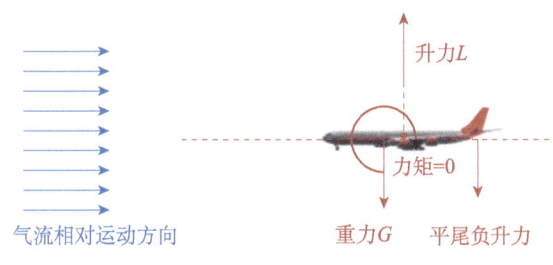

▲图7.23　飞机飞行时的力矩平衡原理

飞行时，如何改变尾翼羽毛形状来保持身体平衡的。如果要在飞行中保持机体平衡，就要求作用在鸟或者飞行器上所有的外力对重心的力矩等于零（力矩平衡原理），才能达到平衡，如同秤的工作原理。

为了解决飞行稳定性问题，历史上很多伟大的科学家进行了研究。据资料记载，在飞行原理研究中明确提出力矩概念应该是从意大利文艺复兴时期算起的。在15世纪，研究飞行原理最多的就是大家熟知的意大利全才科学家达芬奇，他既是一位著名画家，又是一位伟大的自然科学家，还是生物学家等。人们之所以称其为全才科学家，是因为他几乎所涉足当时的各主要领域，特别是首次对鸟的飞行原理进行了科学的研究。历史上意大利全才科学家达芬奇是第一个用科学理念研究鸟飞行原理的人。达芬奇对鸟的羽翼、骨头、骨架，还有鸟飞行时的平衡等均进行了大量的研究，现在世界上还珍藏着达芬奇关于研究鸟的手稿，如今此手稿价值连城（如图 7.24 所示）。达芬奇研究了近 20 年的扑翼飞行原理（如图 7.25 所示），最后得到的结论是：受人体重量的限制，靠人的臂力带动羽翼是无法升空的。因为人体太重，靠人的两个背带动羽翼产生的升力无法克服重力。达芬奇自己设计的一个飞行器，它模仿了扑翼飞行原理，通过飞行员的臂力提供动力的飞行器，称这种飞行器为"扑翼飞机"（如图 7.26 所示），且两片

机翼是可以上下扑动的。

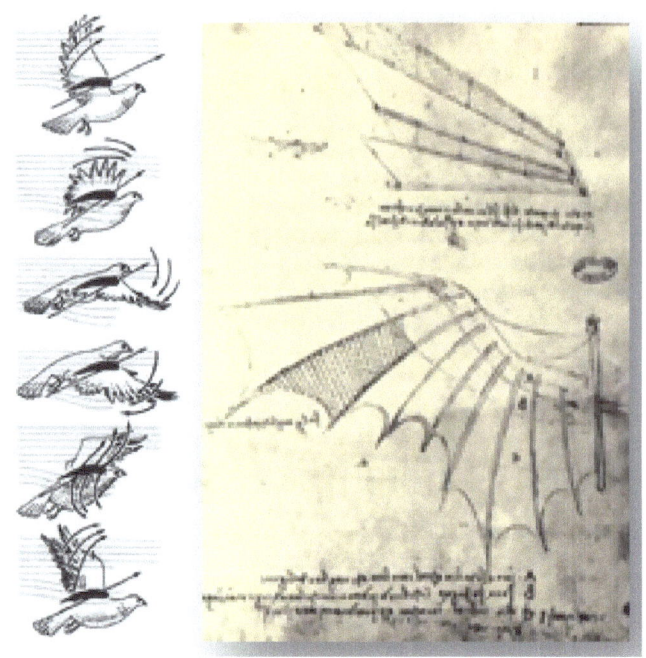

▲ 图7.24 达芬奇研究鸟飞行时的鸟翼手稿

▲ 图7.25 人用臂力带动羽翼飞行的遐想

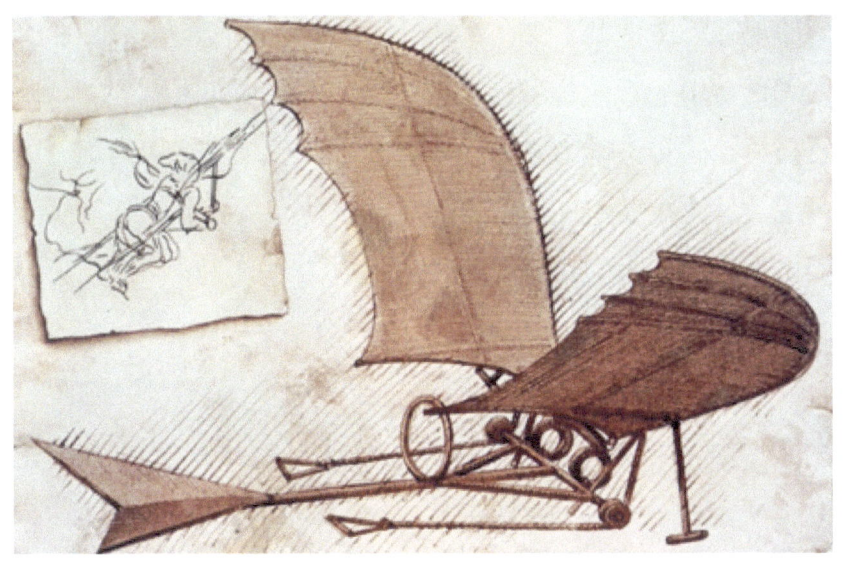

▲图7.26　达芬奇设计的扑翼飞机

此外，对飞行原理研究贡献大的还有美国的兰利、英国的凯利和德国的李林达尔等著名科学家。美国天文学家、飞行先驱兰利（Samuel Pierpont Langley，1834～1906年，如图2.5所示）仔细研究了空气动力学原理（如图7.27所示），说

▲图7.27　美国天文学家、飞行先驱兰利（Samuel Pierpont Langley，1834～1906年）的滑翔机

明鸟类怎样轻驾双翼而滑翔，他所提出的升力计算公式至今仍然被采用。

英国科学家凯利（George Kelly，1773～1857年，如图2.4和图7.28所示）是经典空气动力学之父，他比达芬奇晚出生了300年。凯利也对鸟类飞行进行了大量的研究，通过对鸟翼面积、鸟的体重和飞行速度的观察，估算出速度、翼面积和升力之间的关系。他在1809年发表的《论空中航行》著名论文中，提出了一个非常重要的论断：人造飞行器应该将推进动力和升力面分开考虑，不要把推力和升力混在一起考虑。这个论断使人们放弃了单纯模仿鸟的扑翼，逐渐接受和实践了固定翼产生升力的正确原理，它也成为人类实现固定飞行器的重要理念。

▲图7.28　凯利的滑翔机

凯利的这一论断，也许受到过中国风筝的启发。对于一个真实的风筝（如图7.29所示），气流绕过风筝时的绕流及其气动力原理表明：气流绕过风筝时，所产生的垂直于风筝表面的总空气动力，可分解为垂直向上的升力和水平方向的阻力。风筝上绳子的拉力在水平方向的分力克服气动阻力，竖直向下的分力和重力一起与气动升力平衡。如果把绳子水平方向的拉力用发动机的推力代替，与风筝气动阻力平衡；把绳子垂直方向的下拉力用飞机的重力代替，与风筝的气动升力平衡，就可实现阻力与升力分开平衡的理念。这就是说，人们在造飞机时，可把产生升力的部件和产生推力的部件分开考虑，不像扑翼机一样混在一体（鸟翼翼梢部分既是升力面又是推力面）。凯利提出的分解原理对后来美国莱特兄弟发明带动力的固定翼飞机起到了重要的指导作用，虽然在当时的技术条件下尚未能制造出适合的推力部件（就是发动机），但是他对升力部件进行了大量的实践，并做了许多滑翔机，所以也称其为滑翔机的发明人。

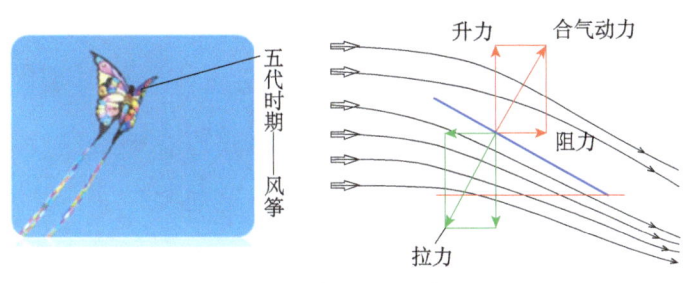

▲图7.29 风筝绕流及其气动受力

凯利制造的滑翔机有两层机翼（如图 7.30 所示），因为一层机翼产生的升力不够，两层机翼就可以满足对升力的要求。滑翔机后面还有尾翼，立起来的尾翼叫立尾，起偏航或侧滑控制作用，水平的尾翼叫平尾，起俯仰控制作用。滑翔机飞行的原理是什么？固定翼怎么能够滑翔起来呢？凯利对鸟的滑翔进行了分析，从而得到了滑翔机的飞行原理。

鹰滑翔时没有

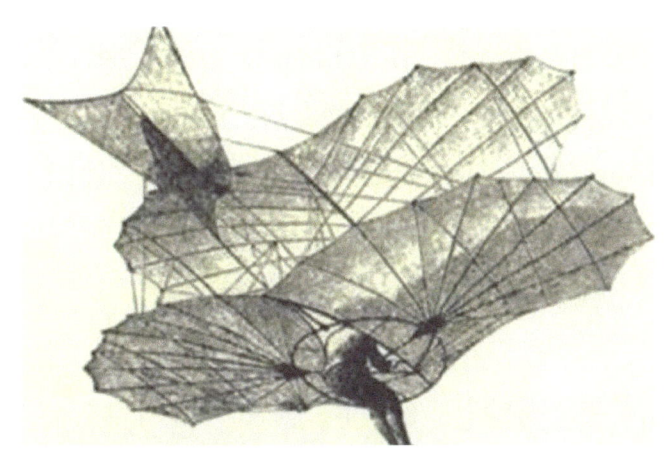

▲图7.30 凯利制造的滑翔机

流体力学通论

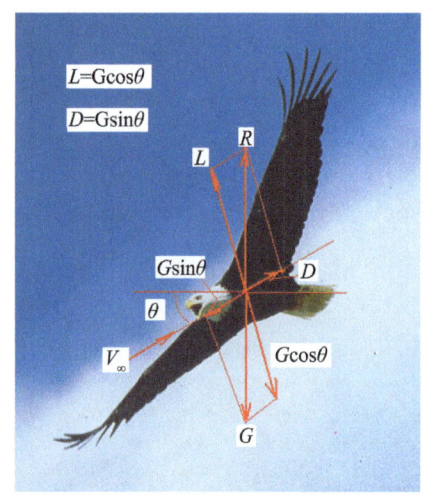

▲ 图7.31 鹰滑翔机理

动力,张开的嘴绝对起不了发动机的作用(如图7.31所示)。从样子上看,鸟在滑翔时应该是最省力的,如无其他企图可以闭目养神。但它如何能够飞得这么好呢?靠什么平衡鸟的重力,靠什么克服空气阻力?这些问题涉及固定翼飞机的气动力如何产生。人们发现,鸟滑翔时羽翼尽可能平直,空气相对于羽翼以一个较大的速度绕过,这时绕过羽翼气流被向后和略向下排去,从而使气流会作用于羽翼上一个气动力,这个气动力在垂直于飞行方向的分力称为羽翼的升力,与飞行方向平行的气动力称为气动阻力。显然,鸟的重力与羽翼的升力平衡,但靠什么克服鸟的阻力?刚才已经说明鸟在滑翔时没有动力,在这种情况下,鸟的动力从哪里来?仔细观察会发现在这种情况下鸟不是水平飞行,而是有一定的下倾角飞行,原因是鸟的重力在平行于飞行方向的分力沿着飞行方向,其大小正好与空气绕流阻力相平衡。使用滑翔机时,人和滑翔机站在高处,然后驾驶着滑翔机一路飘下来,这时重力的分力克服空气阻力。但有时候可看到滑翔机还能够往上飘,这是什么原因呢?原来如果滑翔机飞过有向上速度分量的气流时,滑翔机会被顶起来。但如果无向上的气流,那滑翔机只能从高台一路滑下去。

又过了近40年,德国工程师和滑翔飞行家李林达尔(Otto Lilienthal 1848~1896年,如图7.32所示)开始制造滑翔机,他是制造与实践固定翼滑翔机的航空先驱者之一,1896年在一次飞行试验中失事牺牲。李林达尔制造了多架单翼或双翼的固定翼滑翔机，并在柏林附近试飞2000多次，积累了丰富的资料，虽然其最终未能实现动力飞行，但他所积累的大量宝贵的飞行经验和数据，为日后美国莱特兄弟实现动力飞行提供了许多宝贵的经验。

▲ 图7.32　李林达尔与滑翔机（Otto Lilienthal，1848～1896年）

美国莱特兄弟在前辈凯利、李林达尔等的航空经验和知识的指导下，根据他们的实验资料，自行制造了带动力的飞机。1903年12月17号，莱特兄弟制造的世界上第一架带动力、可操纵的飞机由他们自己驾驶试飞成功（如图7.33所示）。飞行者1号的起飞重量仅为360kg，勉强能载一个人飞离地面，速度比汽车还慢，只有48km/h，最成功的一次飞行只有59s，距离260m。但就是这么一架不起眼的小飞机翻开了人类航空史上的重要一页，从此人类实现了固定翼飞机的带动力飞行，让人类进入航空文明时代。莱特兄弟没有上过大学，是修自行车出身，他们对机械原理掌握得比较好，因此莱特兄弟能够把科学原理通过动手实践变成现实。这样强的动手实践能力是人们开展创新工作必须的，特别是对学生加强动手实践能力培养是非常必要的。

图7.33 约翰·丹尼尔斯拍摄的历史性瞬间相片

莱特兄弟的飞机是一架双层机翼的飞机（如图7.34所示）。飞机的前面有一个平尾，后面有一个立尾，中间趴的那个人是驾驶飞机的飞行员，螺旋桨在后面推动飞机。这架飞机是一个人爬在机翼上面，平尾放在机翼前面叫鸭式布局，莱特兄弟的飞机与现在经常看到的飞机布局是不一样的。如果平尾布置在机翼的后面，叫做正常式布局；如果平尾布置在机翼的前面，就是莱特兄弟飞机的那种布局，叫鸭式布局。飞行时，这两种布局的飞行控制原理是不一样的，正常布局，飞行的稳定性比较好，所以民机都用这种布局。而鸭式布局，虽然稳定性差，但机动性好，所以战斗机采用这种布局，例如，我国歼10飞机就是将平尾布置在机翼前面。平尾放在前面的叫鸭翼，放在后面的叫平尾。

▲ 图7.34　莱特兄弟的飞机设计图与飞机实物图

早期飞机速度比较小，所以遇到的第一难题是升力不足。怎么能够产生一个大的升力使飞机飞起来，这是早期设计和制造飞机的关键。由于飞机气动力正比于飞行速度的平方，所以当飞行速度小时，在同样机翼面积下产生的空气动力也小，但是飞机重量不能减小，因此就采取了增大机翼面积的措施，但考虑到机翼结构方面的因素，早期飞机就出现了两层机翼，甚至三层机翼的布局。采用三层机翼布局，是因为两层不够用了，所以制造三层（如图 7.35 所示）。同时因飞行速度比较小，空气阻力相比升力而言没有凸显出来。

▲ 图7.35　二层与三层机翼的飞机（德国福克Dr.I三翼战斗机）

按照兰利等的定义，飞行器的升力表达式为

$$L = \frac{1}{2}\rho V_\infty^2 C_L S$$

式中，V_∞ 为来流速度（飞行器的平飞速度）；S 为机翼特征面积；C_L 为机翼的升力系数。阻力表达式为

$$D = \frac{1}{2}\rho V_\infty^2 C_D S$$

式中，D 为机翼的阻力（平行于来流方向）；C_D 为机翼的升力系数。李林达尔给出机翼升阻比定义为

$$K = \frac{L}{D} = \frac{C_L}{C_D}$$

这是一个衡量机翼性能和效率参数指标，在机翼设计中具有重要的作用。对特征面积，在空气动力学和一般流体力学中的定义不同。在空气动力学中，机翼的特征面积 S 一般指机翼的水平投影面积（或者称为毛面积），在一般流体力学教科书中，计算阻力的面积 S 一般用迎风面积（指绕流物体在垂直于来流方面的投影面积）。

大量的风洞试验表明：对于给定外形的机翼，在无侧滑的情况下，机翼升力主要是下列变量的函数。

$$L = f(V_\infty, \rho, S, \alpha, \mu, a, \cdots)$$

式中，α 为迎角；a 为空气声速；其余符号物理意义同前。根据量纲分析，可得到机翼的升力和升力系数表达式

$$L = \frac{1}{2}\rho V_\infty^2 S C_L$$
$$C_L = f(Ma, Re, \alpha, \cdots)$$

其中，Ma（$=V_\infty/a$）为马赫数；Re（$=V_\infty b/\nu$，b 为机翼的特征弦长，ν 为空气的运动黏性系数）为来流雷诺数。对于低速机翼绕流，空气的压缩性可忽略不计，但必须考虑空气的黏性。因此，气动系数实际上是

来流迎角和 Re 的函数。至于函数的具体形式可通过实验或理论分析给出。对于高速流动，压缩性的影响必须计入，Ma 就成为理论分析和试验模拟的重要变量。当研究机翼阻力时，上述升力表达式可写成阻力表达式（如图7.36所示）

$$D = \frac{1}{2}\rho V_\infty^2 S C_D$$
$$C_D = g(Ma, Re, \alpha, \ldots)$$

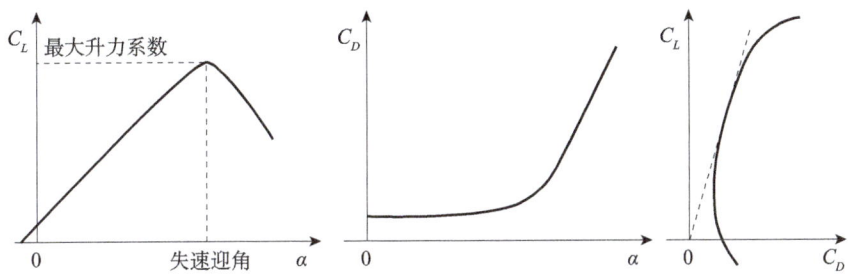

▲图7.36　低速机翼绕流升力、阻力系数随迎角的变化曲线和极曲线

7.5　机翼形状与空气动力系数

1. 机翼形状

飞机机翼外形五花八门、多种多样，有平直的，有三角的，也有后掠的，还有前掠的等（如图7.37所示）。然而，不论采用什么样的形状，设计者都必须使飞机具有良好的气动外形，并且使结构重量尽可能轻。所谓良好的气动外形，是指机翼的升力大、阻力小、稳定

操纵性好。对于低速机翼，为了减小诱导阻力，常采用较大展弦比的平直机翼。对于运输机，多数采用上单翼（便于装货）。对于高亚声速客机，为了抑制激波，一般采用后掠下单翼、正常式布局（升阻比大、经济性好、座舱噪声低、视野宽），在机身下半部放置货物；对于战斗机，多数采用中或下单翼、三角翼、大后掠翼正常或鸭式布局（速度快、阻力小、机动灵活、失速迎角大）。

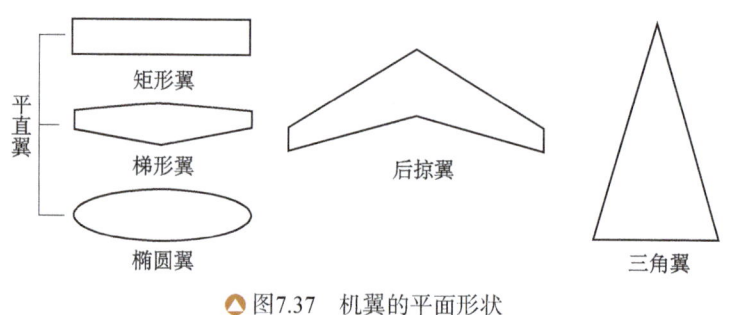

▲ 图7.37 机翼的平面形状

如美国战术运输机 C130（如图 7.38 所示），巡航速度 540km/h，最大起飞重量 70.3 吨，采用上单矩形平直机翼、四发动机、尾部大型货舱门的机身布局。这一布局奠定了中型运输机的设计"标准"。C130 设计上最大的特点是其设计彻底力求满足战术空运的实际要求，因此它非常适合执行各种空运任务，如铝合金半硬壳式结构机身、大型的尾部货舱门。翼根翼型为 NACA 64A318，翼尖翼型为 NACA 64A412，上反角 2°30′，安装角翼根 3°，翼尖 0°，1/4 弦线后掠角 0°。此外，还具有全金属双梁受力蒙皮结构，机械加工的整体加强变厚度蒙皮壁板，长度为 14.63m。副翼由普通铝合金制成。串联式液压助力器由两套独立的液压系统供压。副翼上有调整片。最后采用了富勒式铝合金后缘襟翼，机翼前缘用发动机引气防冰。

第7章 飞行奥妙与空气动力学原理

🔺 图7.38 美国C130战术运输机（巡航速度540km/h；上单翼、平直机翼、4发翼下吊布置、正常式布局）

我国自行研制的战略运输机运20（如图7.39所示），巡航速度800km/h，最大起飞重量220吨，采用常规布局，机翼为悬臂式上单翼，主翼为大展弦比、中等后掠的超临界机翼，机翼的前缘后掠角不变（1/4弦线后掠角约为24°～26°），机翼的后缘采用两种后掠方式（中外翼段的后缘后掠角要大一些，而机翼内翼段的后掠角明显减少），无翼梢小翼，采用包括前缘缝翼及后推式富勒襟翼系统等增升装置。悬臂式T形尾翼，垂直安定面与机身连接处向前伸有小背鳍，嵌入式方向舵分为上、下两段，升降舵分为两段。液压可收放前三点式起落架可靠重力应急自由放下。前起落架为双轮，主起落架为6轮。前起落架向前收入机身，主起落架旋转90°向里收入机身两侧的整流罩内。运20以伊尔76运输机的设计为基础，但是体积更大，运载能力更强,电子设备也十分先进。

我国在研的大型客机C919(如图7.40所示),是一款单通道窄体150座级的高亚声速干线客机,巡航速度850km/h,最大起飞重量72.5吨。该机总长38m,翼展33m,高度12m,其基本型布局为168座。标准航程为4075km,增大航程为5555km,经济寿命达9万飞行小时。该机采用下单翼常规布局、翼吊发动机。主翼为大展弦比、中等后掠的超临界机翼,增升装置为前缘缝翼和后推式富勒襟翼,翼梢加装小翼。达到比现役同类飞机更好的巡航气动效率,并与十年后市场中的竞争机具有相当的巡航气动效率。先进的发动机可以降低油耗、噪声和排放。大量先进的复合材料、铝锂合金等的采用,其中复合材料使用量将达20%,有效地减轻了飞机的结构重量。此外还采用了先进的电传操纵和主动控制技术,从而提高了飞机的综合性能,改善了舒适性。最后,先进的综合航电技术减轻了飞行员的负担,提高了导航性能,改善了人机界面。

图7.39 我国自行研制的战略运输机运20(巡航速度800km/h;上单翼、4发翼下吊、后掠超临界翼、正常式、高平尾布局)

▲ 图7.40 我国在研制的大型客机C919（巡航速度850km/h；下单翼、二发翼下吊、后掠超临界机翼、正常式、低平尾布局）

2. 机翼的空气动力系数

如果来流 V_∞ 与机翼对称面平行，则把沿着气流方向的流动称为机翼的纵向绕流。V_∞ 与对称平面处翼剖面（翼根剖面）弦线间的夹角定义为机翼的迎角 a。纵向绕流时作用在机翼上的空气动力为升力 L（垂直 V_∞ 方向），阻力为 D（平行 V_∞ 方向），纵向力矩为 M_z（绕过某参考点俯仰力矩）。定义机翼纵向绕流的无量纲气动系数为

升力系数

$$C_L = \frac{L}{\frac{1}{2}\rho_\infty V_\infty^2 S}$$

阻力系数

$$C_D = \frac{D}{\frac{1}{2}\rho_\infty V_\infty^2 S}$$

纵向力矩系数

$$m_z = \frac{M_z}{\frac{1}{2}\rho_\infty V_\infty^2 S b_A}$$

其中，S 为机翼的面积；b_A 为机翼的平均气动弦长。平均气动弦长是指一个假想矩形机翼的弦长，这一假想机翼的面积 S 和实际机翼的面积相等，它的力矩特性和实际机翼也相同（如图 7.41 所示）。

$$b_A = \frac{2}{S}\int_0^{l/2} b^2(z) \mathrm{d}z$$

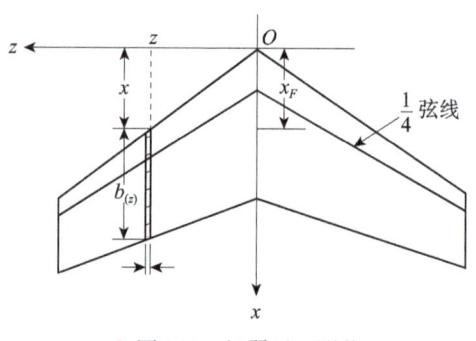

▲ 图7.41　机翼平面形状

3. 大展弦比直机翼的低速气动力特性

1911～1918 年，普朗特通过风洞试验发现，大展相比的直机翼（机翼前缘后掠角小于 20°，展现比大于 5）绕流，因受展向流动的影响，绕过机翼的流动可用直匀流叠加附着涡（线）和自由涡面的模型取代（如图 7.42 所示），附着涡和自由涡面之间用无数条 Π 形马蹄涡联系，称为升力线模型。这是因为对于大展弦比直机翼，自由涡面的卷起和弯曲主要发生在远离机翼的地方（大约距机翼后缘一倍展长）。

而在机翼后缘区可假设自由涡面既不卷起也不耗散，顺着来流方向延伸到无穷远处。该气动模型之所以符合实际绕流，原因如下：

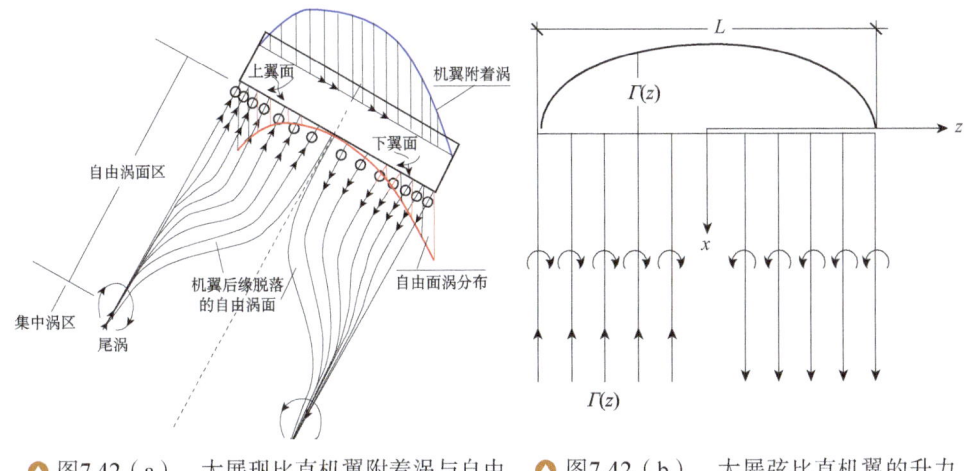

▲ 图7.42（a） 大展现比直机翼附着涡与自由涡关系　　▲ 图7.42（b） 大展弦比直机翼的升力线模型

（1）该模型符合沿一根涡线强度不变，且不能在流体中中断的理想流体涡强不变定理。

（2）Π 形马蹄涡垂直来流的部分是附着涡，可代替机翼的升力作用。沿展向各剖面上通过的涡线数目不同。中间剖面通过的涡线最多，环量最大；翼端剖面无涡线通过，环量为零，模拟了环量和升力的展向分布（椭圆分布最佳）。由此可见，附着涡的强度沿展向是变化的，与剖面升力分布相同，在翼梢处为零，在翼根处最大。

（3）Π 形马蹄涡系平行来流且拖向下游无限远，模拟了自由涡面。由于展向相邻两剖面间拖出的自由涡强度等于这两个剖面上附着涡的环量差，从而建立了展向自由涡线强度与机翼上附着涡环量之间的关系。

（4）对大展弦比直机翼，由于弦长比展长小得多，因此可以近似将机翼上的附着涡系合并成一条展向变强度的附着涡线，各剖面的升力就作用在该线上，称为升力线假设。因为低速翼型的升力增量在焦点处，约在1/4弦点，因此附着涡线可放在展向各剖面的1/4弦点的连线上，此线即为升力线。

利用该模型得到的三维机翼的升力系数为

$$C_L = C_L^\alpha(\alpha - \alpha_{0\infty}) = \frac{C_{L\infty}^\alpha}{1 + \frac{C_{L\infty}^\alpha}{\pi\lambda}(1+\tau)}(\alpha - \alpha_{0\infty})$$

诱导阻力系数为

$$C_{Di} = \frac{C_L^2}{\pi\lambda}(1+\delta)$$

其中，τ 和 δ 为非椭圆机翼对椭圆机翼气动力的修正系数，表示其他平面形状机翼偏离最佳平面形状机翼的程度；$\alpha_{0\infty}$ 为二维翼型的零升迎角；$C_{L\infty}^\alpha$ 为二维翼型的升力线斜率；$\lambda = L^2/S$ 为机翼的展弦比。上式表明，在同样迎角下三维机翼的升力线斜率要小于无限翼展机翼的（二维翼型），且升力线斜率随着展弦比的减小而减小。

升力线理论是求解大展弦比直机翼的近似势流理论。可在知道机翼平面形状和翼型气动数据后，就能够求出环量分布、剖面升力系数分布、整个机翼的升力系数、升力线斜率以及诱导阻力系数。其突出的优点是可以明确地给出机翼平面参数对机翼气动特性的影响。该理论的应用条件如下：

(1) 迎角不能太大（$\alpha < 10°$）。升力线理论没有考虑空气的黏性，而在大迎角下的流动出现了明显的分离。

(2) 展弦比不能太小（$\lambda \geq 5$）。

(3) 后掠角不能太大（$\beta \leq 20°$）。

7.6 超临界机翼

超临界翼型的概念（如图 7.43 所示），是由美国 NASA 兰利研究中心主任惠特科姆（Richard T. Whitcomb，1921～2009 年，他被称为是"靠与气流交谈过日子"的人，如图 7.44 所示），于 1967 年为了提高亚声速运输机阻力发散 Ma 而提出的（如图 7.45 所示），20 世纪 80 年代首先在大型客机 A320 中得到应用，目前是大型客机机翼设计的核心技术（超临界机翼）。惠特科姆的另外两项著名的研究成果是，1955 年提出的面积律（在跨声速或超声速飞行时飞行器零升波阻力与飞行器横截面积沿飞行器纵轴分布之间的分布关系。根据面积律，人们可以在设计飞行器时降低跨声速或超声速波阻力，提高飞机的跨声速和超声速飞行性能。面积律还能提供估算飞机波阻力的简化方法，用计算简单的当量旋成体的波阻力来代替计算复杂飞机的波阻力。因此，面积律在跨声速和超声速飞机的设计中得到广泛的应用，如图 7.46 所示）和 20 世纪 70 年代提出的翼梢小翼（如图 7.47 所示）。这些在现代飞机中都发挥着重大作用。

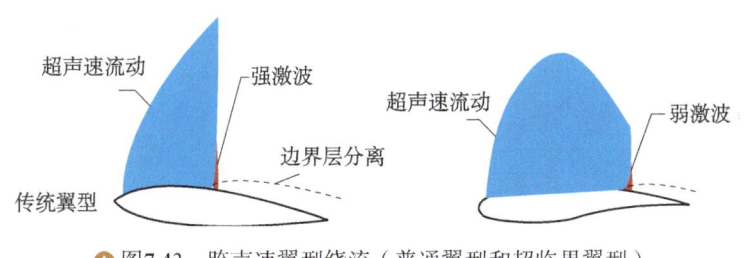

▲图7.43　跨声速翼型绕流（普通翼型和超临界翼型）

▲ 图7.44 美国空气动力学家惠特科姆（Richard T. Whitcomb,1921～2009年）

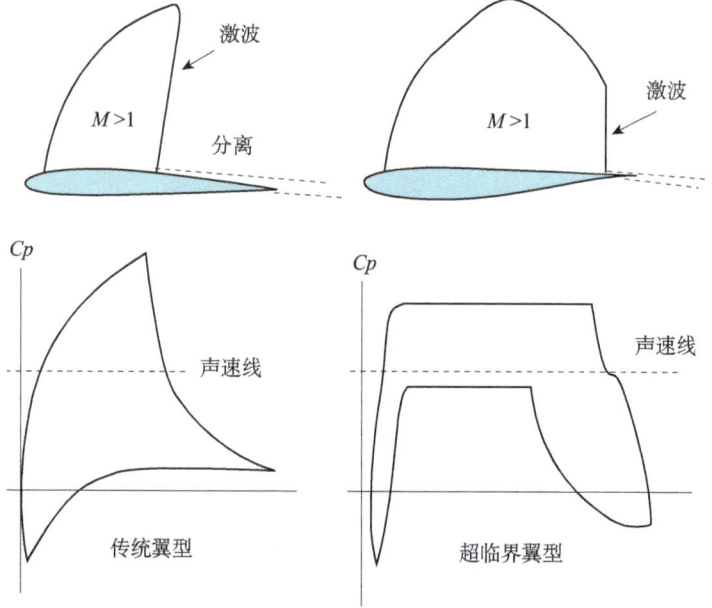

▲ 图7.45 普通翼型与超临界翼型跨声速绕流比较

◭ 图7.46 超声速飞机蜂腰型（面积律）

◭ 图7.47 各大型客机的翼梢小翼

超临界机翼由于具有较高的气动效率、较高的巡航马赫数（如图 7.48 所示）及较大的机翼相对厚度（如图 7.49 所示），而被广泛地应用于新一代民用飞机及军用运输机上，这种翼型也被用于设计超临界机动战斗机的试验中，20 世纪 80 年代之后，几乎被所有跨声速飞机所采用。

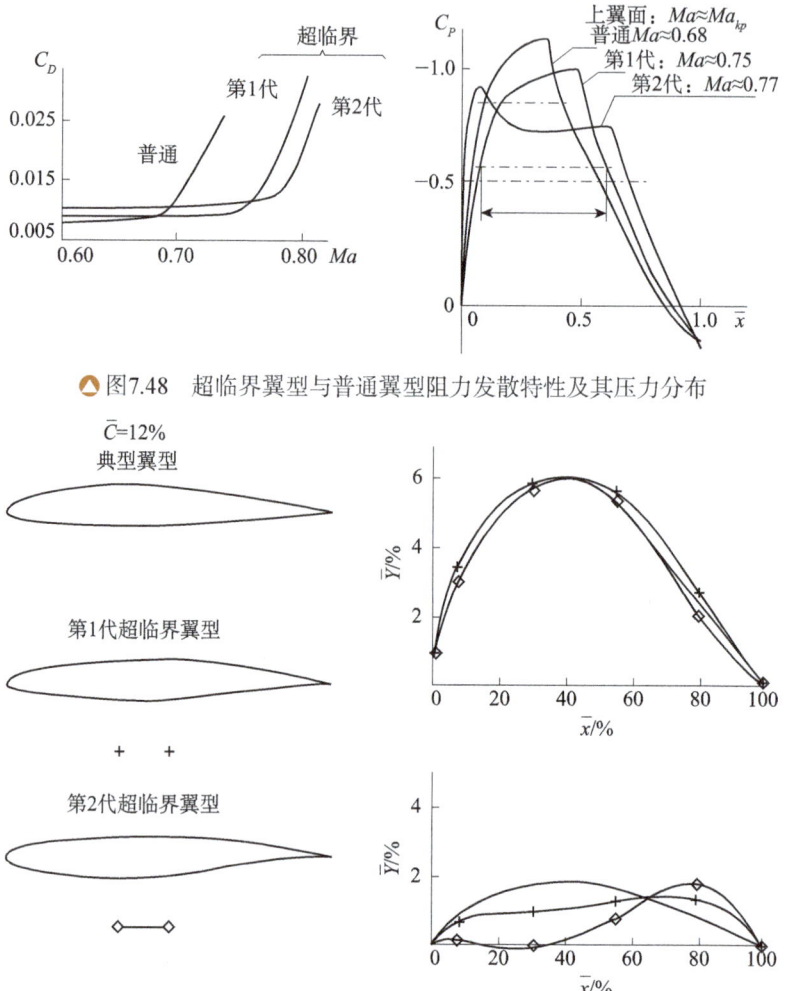

▲ 图7.48　超临界翼型与普通翼型阻力发散特性及其压力分布

▲ 图7.49　普通翼型与超临界翼型外形、厚度及弯度对比

伴随着世界民航市场的蓬勃发展以及跨声速空气动力学的进展，超临界翼型的概念自提出以来经历了概念发展、理论成熟、设计与实验、型号应用的全阶段，完善并积累了大量成功的型号使用经验。仅 NASA 公开发布的超临界翼型族就有三代（如图 7.50 所示），而包括波音和空客公司在内的世界各大飞机设计公司内部开发并使用的翼型族就更多、更先进了。自空客公司在 A320 上首次成功采用

超临界机翼以来,其后研制的 A330、A340、A380、A350 均采用(如图 7.51～图7.54 所示)。美国波音公司的 B737—800、B747—8、B787 等也均采用超临界机翼(如图 7.55～图7.57 所示)。大型客机家族图,如图 7.58 至图 7.60 所示。图 7.61 所示为神奇的群鸟飞行。

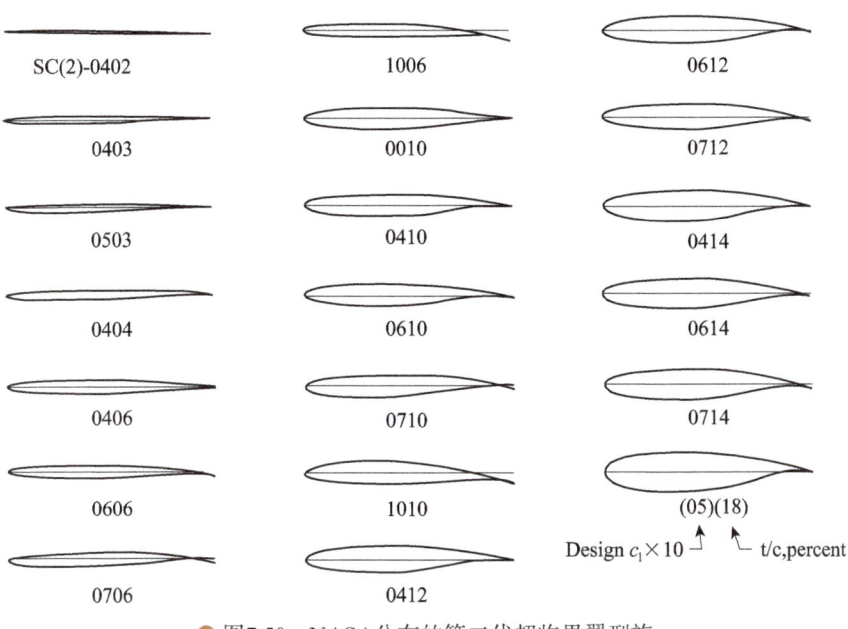

⬥ 图7.50　NASA公布的第二代超临界翼型族

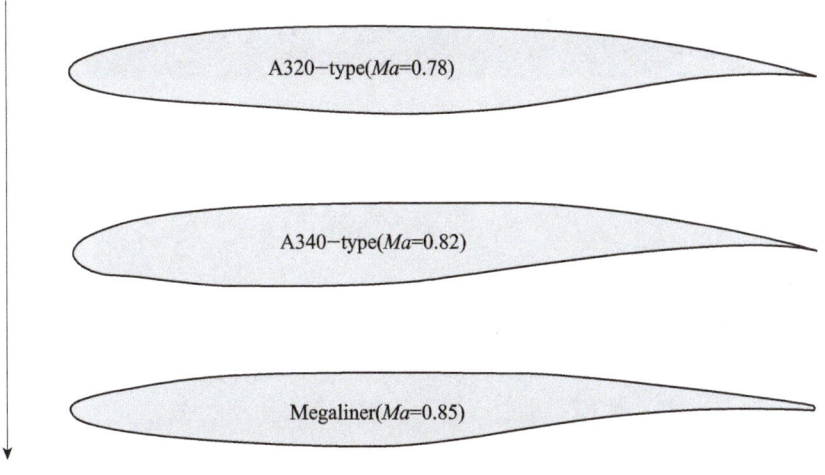

⬥ 图7.51　空客飞机典型翼剖面

▲ 图7.52　A320（超临界机翼）

▲ 图7.53　图A350（超临界机翼）

▲ 图7.54　A380（超临界机翼）

▲ 图7.55　B737—800（超临界机翼）

▲ 图7.56　B787（超临界机翼）

▲ 图7.57　B747—8（超临界机翼）

▲ 图7.58　大型客机家族（起飞构型）

▲ 图7.59　大型客机家族（着陆构型）

▲ 图7.60　大型客机家族（爬升）

▲ 图7.61　神奇的群鸟飞行

超临界翼型的几何特点和流动机理（如图 7.43 所示和图 7.62 所示）：①上翼面曲率较小比较平坦，使来流马赫数超过临界马赫数后，大约从距前缘 5% 弦长处沿上表面为几乎无加速的均匀超声速流，这样结尾激波前的超声速马赫数较低，激波强度较弱，且伸展范围不大，波后逆压梯度较小，边界层不易分离，从而缓和了阻力发散现象；②为了补偿超临界翼型上翼面前段的升力不足，将后缘附近的下翼面做成内凹形以增大翼型后段弯度，使后段能产生较大升力（后加载效应）。

与普通尖峰翼型相比，超临界翼型可使阻力发散马赫数提高 0.05～0.12，或者使翼型的最大相对厚度提高 2%～5%。采用加厚的翼型可使机翼展弦比加大 2.5～3.0，或者在保持阻力发散马赫数不变的条件下，可使机翼的后掠角减小 5°～10°。

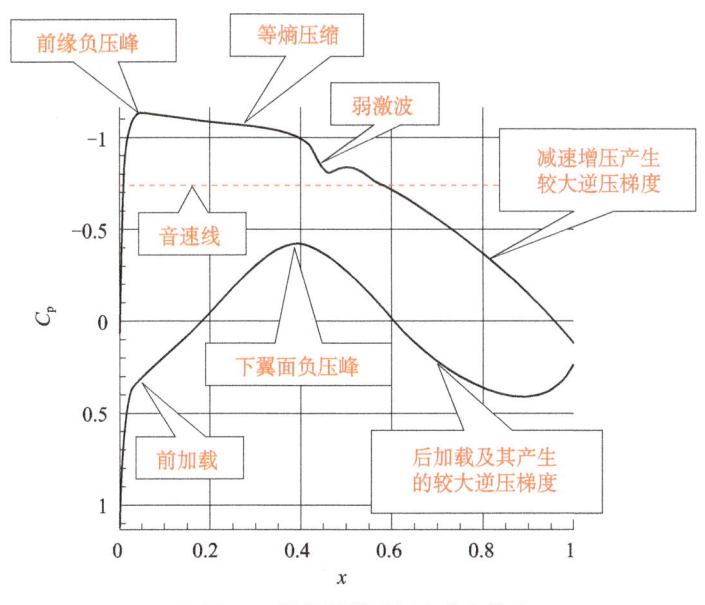

▲ 图7.62 超临界翼型压力分布特点

7.7 机翼翼梢小翼

仔细观察鸟在着陆和翱翔时羽翼的形态（如图7.63所示），可以发现鸟类在翱翔时，羽翼尽可能向两端延伸，以获取低的阻力。而在着陆时，羽翼会尽可能展开，以获取更大的升力。

图7.63　鸟在翱翔时与起飞着陆时机翼形状对比

天鹅在翱翔时羽翼翼梢羽毛也出现翘起来的形状（如图7.64所示），仿照此形状，20世纪70年代美国NASA兰利风洞实验室主任惠特科姆发明了一种翼梢上翘的装置，称为翼梢小翼。翼梢小翼主要是为了减小飞机巡航的诱导阻力。现在美国波音和欧洲空格公司生产的大型飞机基本都装了翼梢小翼，我国的ARJ21客机和C919飞机也要安装翼梢小翼。

第7章 飞行奥妙与空气动力学原理

▲ 图7.64 天鹅翱翔与飞机平飞的翼梢小翼

由于翼尖表面的压差作用，空气趋向于围绕翼尖沿下表面向外侧流动，而沿上表面向内侧流动。加装翼梢小翼后，翼梢涡的作用，将会对机翼展向流动起到端板的效应，并且小翼涡对机翼翼梢涡起到扩散作用，从而使机翼尾涡的下洗作用减弱，减小了下洗角，降低了诱导阻力。目前在民机上所用的翼梢小翼有：翼梢小翼、翼梢涡扩散器、鲨鱼鳍翼梢小翼、翼梢帆片等。

翼梢小翼的主要特点：①端板效应，阻挡机翼下表面绕到上表面的绕流，消弱翼尖涡强度，从而增大机翼有效展弦比；②耗散主翼翼尖涡的作用，因为翼梢小翼本身也是一个小机翼，也能产生翼尖涡，其方向与主翼翼尖涡虽然相同，但因距离很近，在两涡交汇处剪切作用很大，造成大的黏性耗散，阻止了主涡的卷绕，起到扩散主涡的作用，同样达到减少诱导阻力的目的（如图7.65所示）；③增加机翼升力及向前推力，上翼梢小翼可利用三元畸变流场产生小翼升力和推力分量（如图7.66所示）；④推迟机翼翼尖气流的过早分离，提高失速迎角。一般来说，后掠机翼翼尖是三元效应区，流管收缩，气流流过时先是急剧加速，压力降低，后是剧烈的压力恢复，进入很陡的逆压梯度区，过早引起翼尖边界层分离，造成失速。然而安装在翼尖处的翼梢小翼可用其顺压场抵消部分翼尖逆压场，使压力分布变得缓和，减小逆压梯度。如果设计得当就可延迟机翼翼尖处的气流分离，提高飞机失速迎角及抖振升力系数。

🔺 图7.65　翼梢涡与小翼涡剪切耗散

🔺 图7.66　翼梢小翼

翼梢小翼有单上小翼、上下小翼等多种形式，单上小翼由于结构简单而使用较多。飞机的诱导阻力约占巡航阻力的30%，降低诱导阻力对提高巡航经济性具有重要意义。机翼的展弦比越大，诱导阻力越小。过分大的展弦比会使机翼太重，因而增大机翼展弦比有一定限度。翼梢小翼除作为翼梢端板能起增加机翼有效展弦比的作用外，还由于它利用了机翼翼梢气流的偏斜而产生的"拉力效应"，能减小诱导阻力。风洞实验和飞行试验结果表明，翼梢小翼能使全机诱导阻力减小 20%～30%，相当于升阻比提高 5%。翼梢小翼作为提高飞行经济性、节省燃油的一种先进空气动力设计措施，已在很多飞机上得到采用。翼梢小翼的类型还有：翼梢涡扩散器（如图 7.67 所示）、鲨鱼鳍翼梢小翼（如图 7.68 所示）、翼梢帆片(我国运 5，如图 7.69 所示)。

▲图7.67　翼梢涡扩散器

流体力学通论

▲ 图7.68 鲨鱼鳍翼梢小翼

▲ 图7.69 翼梢帆片(我国运5)

7.8 细长体机身

飞机机身是用来装载人员、货物、武器和机载设备的部件，同时也是机翼、尾翼、起落架等部件的连接件。在轻型飞机和歼击机上，常将发动机装在机身内。飞行中机身的阻力占全机阻力的30%～40%，因此，细长流线型机身对减小飞机阻力、改善飞行性能具有重要的作用。由于驾驶员、旅客、货物和机载设备等都集中在机身上，与之有关的飞机使用方面的大部分要求（如驾驶员的视界、座舱的环境要求、货物和武器装备的装卸、系统设备的检查维修等）都对机身的外形和结构有直接的影响。同样，鸟在翱翔时候，也在追求低阻体形，此时鸟把腿收起到肚子底下，而且收完以后，还用羽毛把它给遮盖起来，形成一个细长的锥体（如图 7.70 所示），以便减小空气阻力。

观察海鸥翱翔时身体的外形，是一个长细比大的锥形体。长细比是指身体长度与最大直径的比值，当这个比值为 6～10 时，空气阻力很小。模仿鸟的身体外形，人类造的飞机机身也是一个长细比大的锥形体，这样可获得最小的阻力。如对于大型客机，细长体机身里面可容纳 150～200 人，但它的空气阻力系数远小于汽车和小轿车的空气阻力系数，是最好的小轿车空气阻力系数的 1/8～1/7，这个量级是很神奇的。小轿车容纳五个人，但它的阻力系数要比可容纳150人的庞大机身的阻力系数高出7～8倍，这是空气动力学的成就。对于不同长细比形状的机身，20世纪50年代，德国空气动力学家屈西曼（D.Küchemann，普朗特的学生，1911～1976年）、卡门（Theodore von Karman，1811～1963年）等开展了系统研究，获得许多具有重要价值的成果。

图7.70　翱翔的海鸥

人们在日常生活中，也会经常用到空气动力学减阻方面的知识。例如，当骑自行车时，如果遇逆风，为了减小阻力人们一定会自觉地把腰弯下来，而达到减小迎风面积的目的。赛车运动员头戴的那个大帽子，虽然看起来有点笨拙，但戴上这样的帽子还是可以减阻的，与不戴帽子相比，其阻力还是要小的，要知道在极限时刻，阻力减小一点就可获胜。即使是鸟在带着鱼飞行时，也会将鱼顺着气流（如图7.71所示）。不同飞机机身的几何特征，分别如图7.72～图7.79所示。

▲图7.71　减阻的实践

▲图7.72　副油箱

▲ 图7.73　正在巡航飞行中的大型客机

▲ 图7.74　B787机身段

第 7 章 飞行奥妙与空气动力学原理

图7.75 空客380机头与前机身段

图7.76 奖状野马飞机机身

图7.77 空客340机身

图7.78 新概念翼身融合

▲ 图7.79 水轰5机身

7.9 飞机稳定飞行时的力矩与尾翼

要想平稳的飞行,除了升力与重力、发动机推力与阻力平衡外,还有一个就是力矩的平衡(如图 7.80 所示)。升力作用在机翼上面,飞机的重心在升力的前面,升力与飞机力不在同一点上,如此一来会产生绕飞机重心的低头力矩,如果在机身后面无平尾,飞机根本不能稳定飞行。在做风筝时,为了避免风筝低头,拽风筝的绳子结点一定要系在风筝气动力的作用点处,以便保持力矩平衡。为了让飞机在飞行时不低头,必须有一个使飞机抬头的力矩,这样就在机身尾部安置一个平尾,产生下向的力，如同秤杆的秤砣，以产生使飞机抬头的力矩。飞机在飞行时，这个平尾翼产生一个小的负升力，向上的升力和向下的重力与负升力平衡，且对飞机重心总力矩为零，飞机就可以平稳飞行而不会低头。

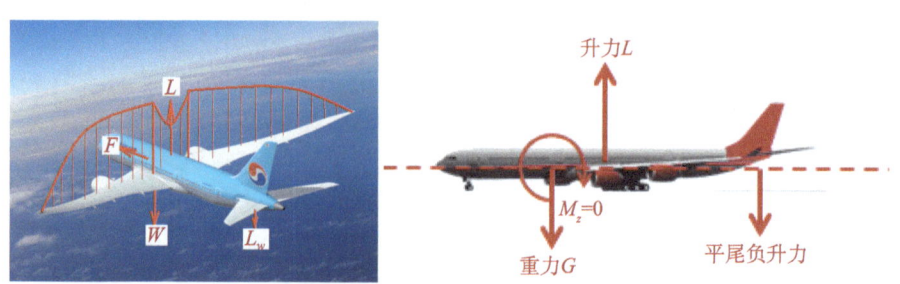

▲ 图7.80　飞机平飞受力图

设计飞机时，要合理地匹配尾翼的相对位置和面积。平尾面积大的虽然力臂短（机身短些），但负升力大。如果负升力大，则：一方面，会使机翼的升力减少过大，使飞机的总升力不足；另一方面，大的平尾面积将产生大的平尾阻力。相反过小的平尾面积，力臂过大，导致机身过长，不便于起飞。所以飞机设计师一定要匹配好主翼和平翼的相对位置、面积的大小，使飞机在飞行中在各种姿态下都能够较好地保持力矩平衡。

7.10　飞机动力需求（发动机）

首先观察一下鸟是怎么产生动力的。鸟翅翼打开的时候，分内段和外段。鸟无论怎么挥动翅翼，内段部分只产生升力，几乎没有动力，所以把它称为臂翼。翅翼的外段叫首翼，首翼运动时顺着气流上去，回来的时候顶着气流回来，这时气流就会对它产生一个推力，这个力就是鸟飞行用的动力，所以鸟通过羽毛、肌肉和骨头的合力连接，就能够在首翼上面产生足够的推力，而使鸟爬升到空中，也可使鸟进行各种动作的飞行（如图 7.81 所示）。

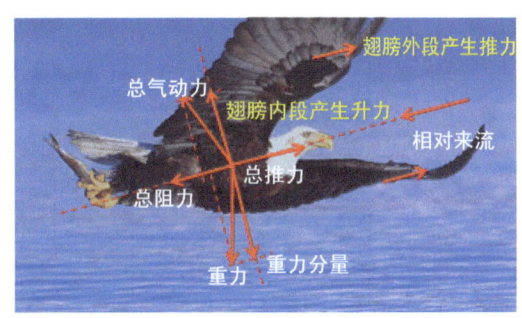

▲图7.81　鸟翼的推力

那么人造飞机如何产生动力？由于人类对肌肉骨骼连接的部件制造困难，无法产生大的力，所以凯利提出把动力和升力分开的建议。把动力和升力分开（如图 7.82 所示），相当于把鸟的首翼给切掉，留下的臂翼产生升力，这样一来，怎么才能够爬升，怎么才能产生动力呢？于是，人类就发明了发动机取代首翼。机翼只提供升力以平衡飞机重力，发动机只提供推力以克服飞机阻力。

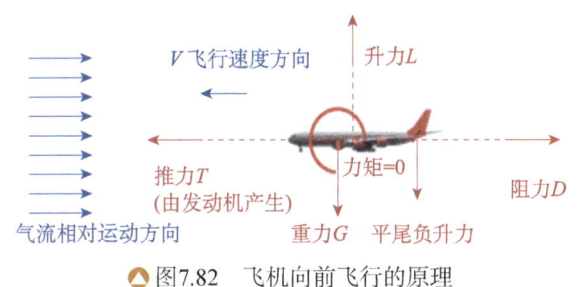

▲图7.82　飞机向前飞行的原理

最早用于产生推力的装置可视为中国人发明的竹蜻蜓，竹蜻蜓能飞起来所用的原理：使安在轮毂上的叶片快速地转起来，这时气流和桨叶之间产生了相对运动,这个相对运动就会产生气动力,在旋转叶片上相对于气流方向照样有升力和阻力,如果把所有叶片上的气动力投影在飞行方向并求和,便得到螺旋桨的推力。如果把轮毂轴与其后的发动机连接,以带动螺旋桨旋转,就可以使螺旋桨产生推力,显然这里螺旋桨的作用是把发动机的旋转动能变成了飞机需要的平飞动能(如图 7.83 所示)。一般而言,螺旋桨飞机的最大速度可达 700km/h,通常情况下在 500~600km/h,如我国的运 8、运 7,都是这样的飞行速度。

▲ 图7.83　涡轮螺旋桨发动机

在螺旋桨理论方面,1878 年,弗汝德(W. Froude)首先提出叶素理论概念,将桨叶分为有限个微小段(称为叶素),然后根据翼型理论计算每一个叶素上的气动力,并认为绕过每个叶素的气流是二维的,因此叶素之间互不影响,相当于假定螺旋桨气流无径向流动,桨叶之间也无干涉,最后沿径向求桨叶上的总气动力。与动量理论相比,叶素理论处理的是作用在桨叶上的气动力。叶素理论未计入螺旋桨桨叶产生的下洗效应,也未考虑桨叶之间的干扰。为了改进叶素理论,茹科夫斯基和他所指导的研究生,在 1912~1915 年以其发表的 4 篇论文创立了螺旋桨涡流,但为了简化问题,茹科夫斯基假设附着涡环量沿桨叶展向不变,桨叶数目无限多,形成中间涡带、涡柱型侧面、附着涡底盘的旋涡筐。考虑到实际环量沿桨叶展向是变化的,英国流体力学家 H. Glauert 在 1926 年提出螺旋桨涡流理论模型。该方法将普朗特的有限翼展理论应用于螺旋桨气动设计中,根据有限翼展理论,一个产生升力的有限翼展机翼,当气流绕过时将改变方向,引起气流下洗,气流下洗角大小取决于机翼的升力大小和展长。有限翼展绕流可看成是二维翼型绕流(无限翼展绕流)叠加下洗流动。下洗的作用使得来流迎角减小。应用翼型理论进行螺旋桨叶素分析,使用了翼型升阻特性数据,回避了有限机翼的展弦比问题,干扰流动由动量定律计算,取决于桨叶数目、间距以及作用于每片桨叶上的气动力,因此也考虑了桨间干扰问题,这一理论也称为片条理论。

后来发明的涡轮风扇发动机(如图 7.84 所示),成为现代大型运输机的主力发动机。形式上,这种发动机前面是一个大的风扇,后面是高速旋转的涡轮机,这类发动机风扇产生的冷气流是推力的主要贡献者。一般情况下,安装涡轮风扇发动机的经济巡航速度可达 800~900km/h,要比螺旋桨飞机的速度快得多。

图7.84 涡轮风扇发动机

与涡轮风扇发动机相比，为了提高速度和推力，在涡轮前面不是一个低转速大直径的风扇，而是一个较小直径的中压压缩机，形成涡轮喷气发动机（如图7.85所示），这类发动机的主要推力来源于涡轮后面的喷气，一般情况下安装这类发动机的飞机巡航速度可在超声速状态下飞行，如法国和英国研制的协和号中程超声速客机（Concorde，它和苏联图波列夫设计局的Tu144同为世界上少数曾投入商业使用的超音速客机，1969年首飞），巡航速度为2150km/h，最大巡航马赫数2.04。虽然螺旋桨发动机的速度最低，但三类发动机相比其推进效率最高，可达到88%～89%。所以人类开始是靠螺旋桨发动机将飞机升空的，实现了飞行梦想。但随着石油的枯竭，如果没有其他能源替代，恐怕最后还要回到螺旋桨发动机时代，因为螺旋桨发动机最节省燃油。如果有其他能源取代，例如用核电池取代燃油发动机，由核电池为电动机提供能量，电机驱动螺旋桨。因航空发动机技术难度大，现在国际上只有几家公司生产，如美国的普惠和通用、英国的罗罗公司等，这些是国际上最著名的航空发动机制造公司。

🔺 图7.85　涡轮喷气发动机

我国研制的大型客机C919，其发动机选用LEAP-X1C发动机（这是一款由我国航空工业和CFM国际公司联合在我国建立生产线，组装的类似于**CFM**56系列的发动机，推力达10吨）。**CFM**56系列的发动机，是由国际CFM公司提供，该公司由美国通用电气与法国斯奈克玛公司组成的合资公司。波音777-200ER所装的GE90-115B是一款推力最大的民用发动机，单台推力超过56吨。如果选装普-惠公司（美国普莱特-惠特尼公司）的PW4090发动机，推力在40吨左右。如波音777-200系列选用英国罗尔斯-罗伊斯公司的湍达800系列发动机，推力达到41吨。

航空事业从"螺旋桨时代"到"喷气式时代"是一个飞跃，喷气式发动机的产生，给世界航空工业带来了一场革命。而喷气式发动机的创始人惠特尔爵士（Frank Whittle，1907～1996年，如图7.86所示）

的一生充满着艰辛和传奇色彩。

各种不同类型的发动机及装机分别由图 7.87～图 7.97 给出。

🔺 图7.86 喷气式发动机创始人惠特尔（Frank Whittle，1907～1996年）

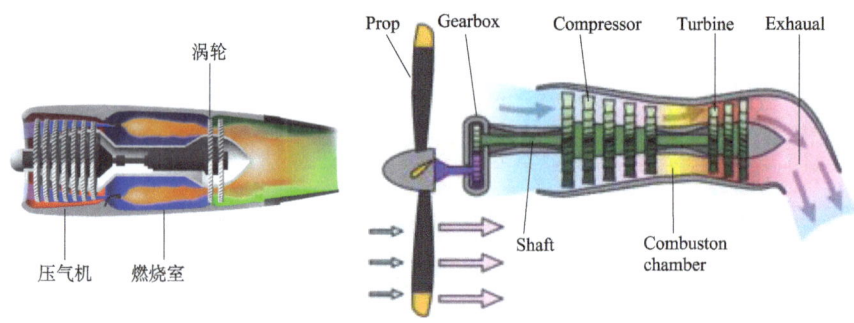

🔺 图7.87 涡轮喷气式发动机　　🔺 图7.88 涡轮螺旋桨发动机

🔺 图7.89 涡轮风扇发动机　　🔺 图7.90 对旋螺旋桨发动机

图7.91 欧洲A400M螺旋桨运输机

图7.92 美国C130螺旋桨运输机

流体力学通论

🔺 图7.93 空客320大型飞机（大涵道比涡轮风扇发动机）

🔺 图7.94 波音787大型飞机（大涵道比涡轮风扇发动机）

第 7 章 飞行奥妙与空气动力学原理

▲ 图7.95 客空350大型飞机（大涵道比涡轮风扇发动机）

▲ 图7.96 客空380大型飞机（大涵道比涡轮风扇发动机）

▲ 图7.97　协和号（Concorde，涡轮喷气发动机）

7.11　飞机的增升装置（高升力装置）

除了信天翁在地面滑跑起飞外，天鹅可在水面上滑跑起飞（如图 7.98 所示）。这些不同鸟类的起飞姿态，起飞动作，起飞后起落架收放状态等，都值得人类飞机模仿。可以想象，如果鸟会说话，恐怕要与人类争飞机的发明权。另外，飞机在起飞着陆时，抬头的仰角（也叫迎角）比较大，但巡航时迎角比较小，为什么呢？这是因为巡航时，飞机速度较快，因升力和速度的平方成正比，所以不需要通过增大迎角而提高升力，此时其在小迎角下就可以平稳飞行。但是在起飞着陆时，因飞机的速度较小，为了达到所需的升力，一方面飞机的迎角要变大，另一方面绕过飞机的气流处于加、减速区，飞机又处于近地面飞行，此时在控制方面要比巡航时难一些，飞机事故率也比巡航状态高得多，据统计起飞着陆状态飞机的事故率可达到70%。由此可见，为了安全起见，适航规定在起飞着陆状态下乘客不可以走动，一定把安全带系好。

▲图7.98　天鹅和战斗机起飞滑跑

除了起飞状态外，鸟在着陆时羽翼形态变化也是人们模仿的。鹰在着陆时（如图7.99所示），其羽翼的羽毛尽可能展开，不仅面积增大而且羽毛下弯程度也变大，相比翱翔状态的羽翼形状，面积小，弯度也小，这是为什么呢？因为鹰在翱翔时，速度快，升力高，羽翼面积小，弯度小；但在起飞着陆时，速度小，在一定重量作用下，保持原有羽翼面积升力严重不足，为此鹰自动把羽毛尽可能展开并加大下弯度，以便增大羽翼的面积（升力与面积成正比），同时通过提高迎角和弯度来进一步提高升力。对于飞机而言，在着陆时也具有类似的行为，乘飞机时可以发现，飞机着陆（起飞也是如此）时，机翼的前、后缘活动面全部打开，机翼的面积增大，下弯度增大，以增加机翼的升力，同时也增大迎角进一步增加升力（如图7.96所示)。这说明,当飞机的速度改变时,可通过改变机翼面积和姿态角而改变升力。现代大型客机起飞着陆的速度与巡航速度差别比较大,一般情况下大型客机起飞着陆速度为220~240km/h,而巡航时可达800~900km/h,后者与前者的速度之比为3~4倍。为了实现上述行为,飞机机翼增升用的前后缘活动面称为高升力装置,这些活动面的设计技术在飞机机翼设计中称为低速构型设计技术,是飞机机翼设计中极其重要的核心技术之一,也是空气动力学研究的热点之一,几乎涉及现代黏性流体力学所有的复杂问题。

▲ 图7.99　鹰与B47飞机着陆状态对比

仔细观察鸟的起飞方式,除了滑跑起飞外,还有通过高平台滑翔起飞、地面弹跳起飞等。例如鸽子起飞时,常常通过弹跳起飞。鸽子欲起飞,两条腿奋力弹起身体,同时羽翼展开快速下排空气,就可以起飞啦。显然无论地面助跑起飞,还是弹跳起飞,鸟在起飞过程中要付出极大的力气,消耗能量很大。相比较而言,鸟在翱翔时,因气流绕过羽翼的速度快,再加上鸟尽可能在向上的气流中飞行,其所付出的力气很小。也许有人会想,如果机翼上不安装高升力装置,也就是说飞机机翼面积与起飞着陆时一样大小,这相当于飞机起飞着陆速度与巡航速度差不多,那会出现什么问题?此时,如果飞机以巡航速度进行起飞着陆，不仅大大增加了飞机的跑道长度，而且安全性极差。飞机在正常起飞时，由于离地速度过大，飞机在地面跑道上滑跑距离很大。如果飞机滑跑到快到离地速度时，发动机灭火不能正常起飞，飞机需要减速下来，显然离地速度越大，减速停下来所需要的距离也长，安全上要求实际的跑道长度为起飞长度的2倍，因此起飞速度对跑道长度有着决定性的关系。实际上，为了安全起见和减小机场跑道造价，大型飞机起飞着陆速度尽可能降下来是合理的。如果机翼面积不减小，按照起飞着陆时的大小飞高速巡航，此时机翼的摩擦阻力过大，飞机不可能达到经济巡航。

大型飞机高效增升装置设计在世界范围内仍然是一个有挑战性的课题。大型飞机需要复杂的多段高升力系统来满足飞机起飞降落性能要求。在当今充满竞争的民机市场中，大型飞机的设计趋势要求更高效的增升装置，以满足在给定迎角和襟翼偏角下最大程度地提高升力系数和升阻比。增升装置设计属于多目标、多技术综合的设计问题，整体上必须满足飞机总体技术要求，包括飞机性能、安全性、可靠性、维修性、噪声等方面，气动上飞机满足起飞、着陆滑跑距离短和爬升梯度的要求；结构上要求构件少、质量轻、连接简单，具有足够强度和刚度；操纵上便于维修、可靠、成本低、满足损伤容限要求等。

国外在很早以前就进行了增升装置的研究。首先在高升力设计上，有相当多的理论和实验研究，为增升装置的设计提供了直接理论基础和数据支持。美国道格拉斯公司的空气动力学家史密斯（A.M.O. Smith）于1975年在"高升力空气动力学"论文中揭示了多段翼高升力产生的机理（如图7.100和图7.101所示）。

流体力学通论

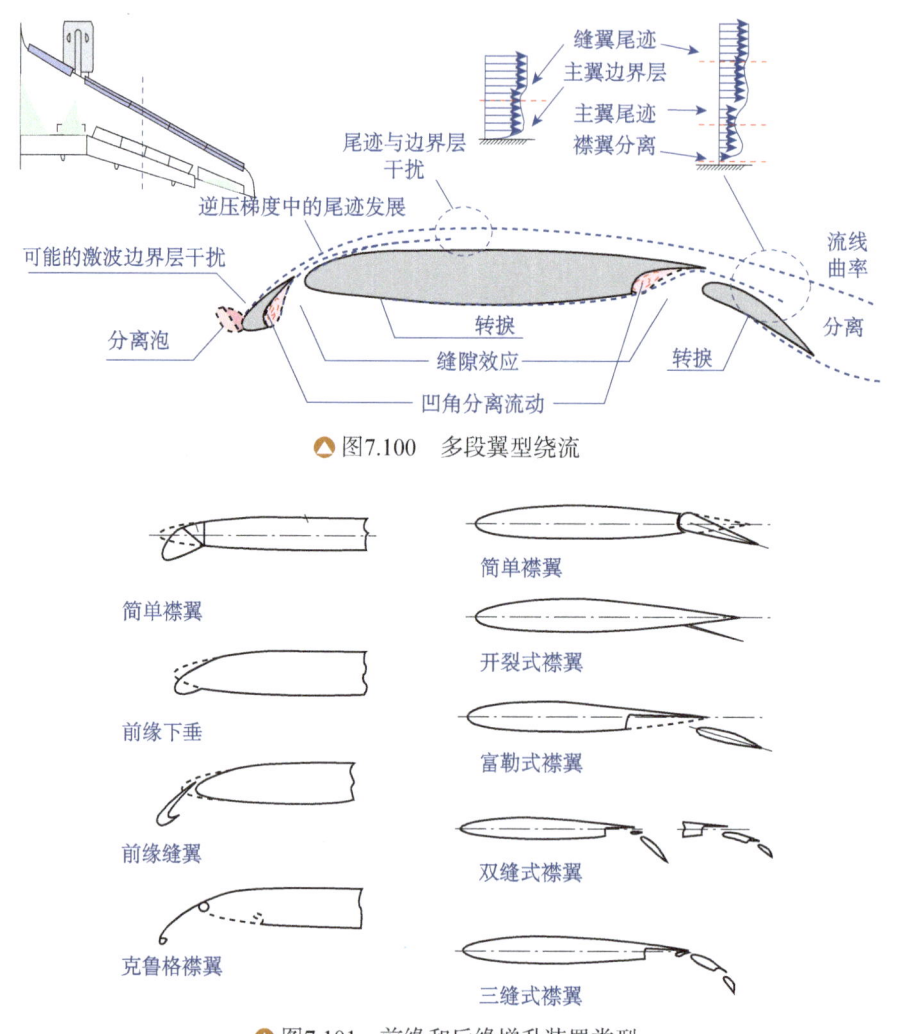

图7.100 多段翼型绕流

图7.101 前缘和后缘增升装置类型

史密斯等从空气动力学的角度对高升力的产生机理及多段翼的流动作了大量的基础性研究，对流动本质进行了深入的挖掘，最大程度地获得高升力。对于二维多段翼型而言，可能出现的各种流动现象包括：边界层转捩、激波/边界层干扰、尾迹/边界层掺混、边界层分离、层流分离泡、分离的凹角流动、流线大幅弯曲等。20世纪50年代美国NASA开始研究，直到1975年多段翼流动问题才有重大突破，史密期提出了缝翼（襟翼）对多段翼流动的有利影响是：前翼的缝隙效应；环量效应；倾卸效应；离开物面的压强恢复；每一翼段开始新的边界层。对提高升力的主要作用如下（如图7.102所示）：

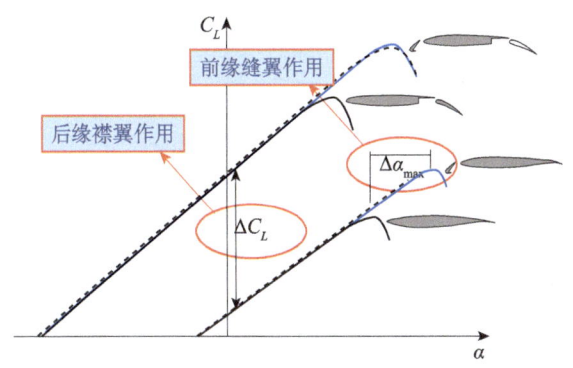

▲图7.102　前缘与后缘增升装置对升力系数的影响

(1) 增加机翼的弯度效应。

增加机翼的弯度，即增加环量，这时会产生较大的低头力矩，特别是在着陆进场时，需要水平安定面或升降舵后缘上偏来进行配平。

(2) 增加机翼的有效面积。

大多数增升装置是以增加机翼的基本弦长的方式运动，在翼剖面形状没有改变时，相同的名义面积下，其有效机翼的面积增加了，升力就增加了。这种情况，名义面积不变相当于增加零迎角升力系数，因而提高了最大升力系数。

(3) 改善缝道的流动品质。

通过改善翼段之间缝道的流动品质、改善翼面上的边界层状态，来增强边界层承受逆压梯度的能力，延迟分离，提高失速迎角，增大最大升力系数，如图7.103和图7.104所示。

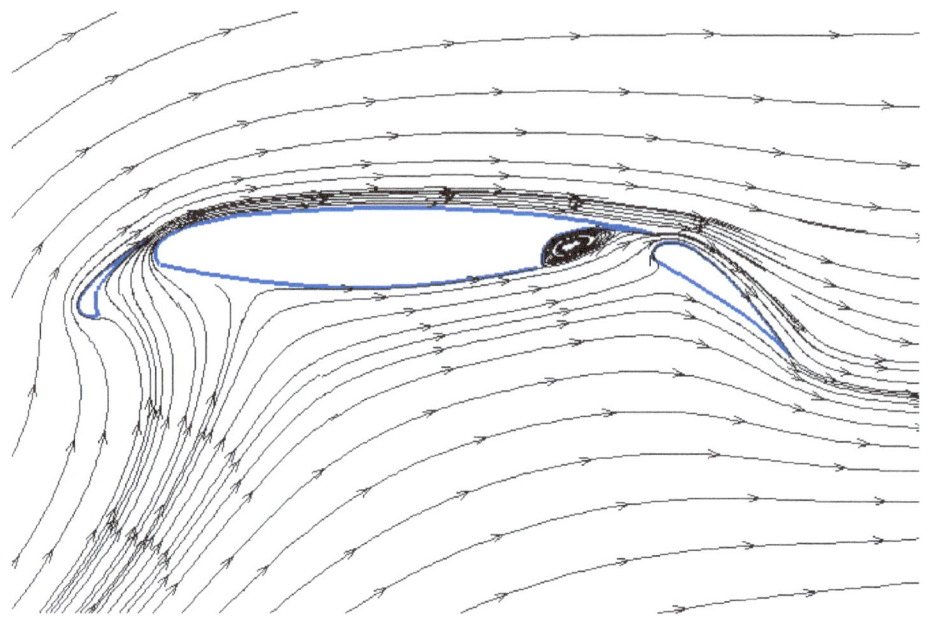

图7.103　前缘缝翼、后缘富勒襟翼三段翼绕流流场

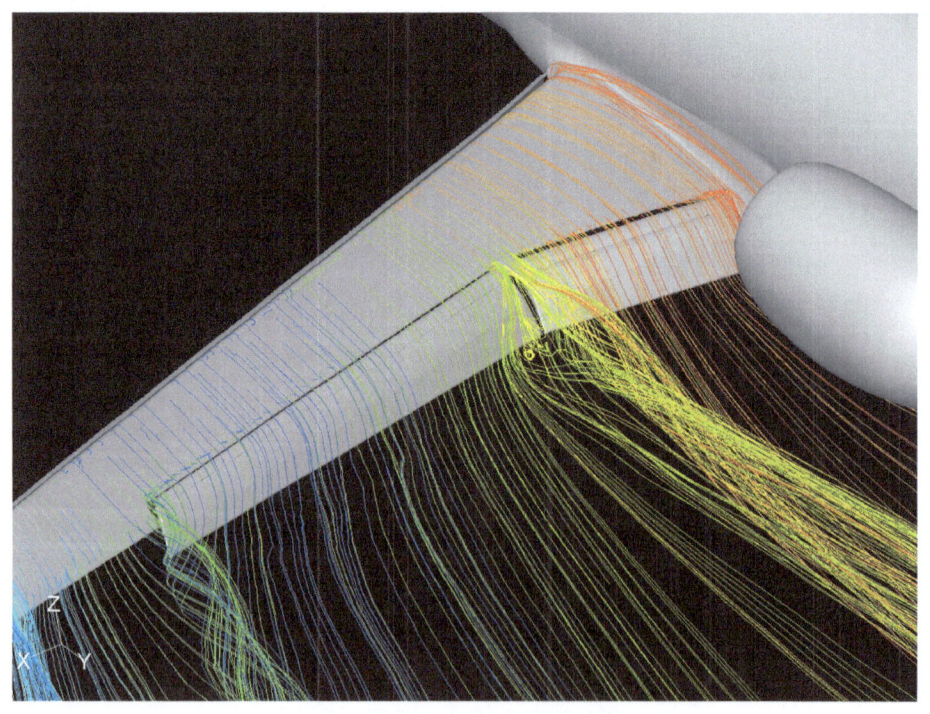

图7.104　增升装置后缘不连续处脱出的尾涡

在实际飞机增升装置设计中，还必须进行增升装置收放机构、结构等设计。前缘缝翼和后缘襟翼在经过精心的气动设计之后，需要机械的收放机构来引导它们达到相应的设计位置。空客公司的 Peter K. C. Rudolph 于 1996 年撰文《跨音速客机增升装置设计》，对 1996 年之前的跨音速客机的增升装置进行了详尽的描述。其中可以看到不同的飞机上采用了不同的收放机构，Peter K. C. Rudolph 更加偏向于增升机构的描述，然而对于飞机增升装置的具体空气动力学性能却没有进行详尽的描述。还有纷繁的增升机构对气动性能的具体影响也没有具体的数据说明。史密期和 Peter K. C. Rudolph 都各自从不同的领域对增升装置进行了深入的研究。

空客公司的 Daniel Reckzeh 从事高升力装置设计长达十几年，参与过包括 A380、A400M 和 A350XWB 飞机增升装置的设计。他用实际的经验阐述了空客公司在设计增升装置上的先进方法和手段。在其著的几篇论文中分别对 A380、A400M 和 A350 增升装置的设计进行了描述，阐述了气动和机构联合设计的理念和方法。在国外，因波音和空客公司在大型客机研制上的成功，在增升装置设计和制造技术方面获得了丰富的研究和设计经验及长期的技术积累。为了避免沿袭波音复杂的增升装置机构，空客公司从简单化出发进行了大胆的创新性设计，利用气动、机构、结构、强度、维修、经济等多目标和综合设计理念，以简单化的机构形式在 A320 飞机上获得成功，特别是在满足气动要求的前期下，对支撑和驱动系统进行了大胆改革（如图 7.105 所示）。空客公司在 A380 增升装置设计中打破了气动与机构分开设计的缺陷，提出气动、机构、驱动系统一体化设计理念，并在 CATIA 环境下完成了一体化设计平台，成为目前最先进的增升装置设计平台。

不同类型飞机的增升装置分别由图 7.106～图 7.122 给出。

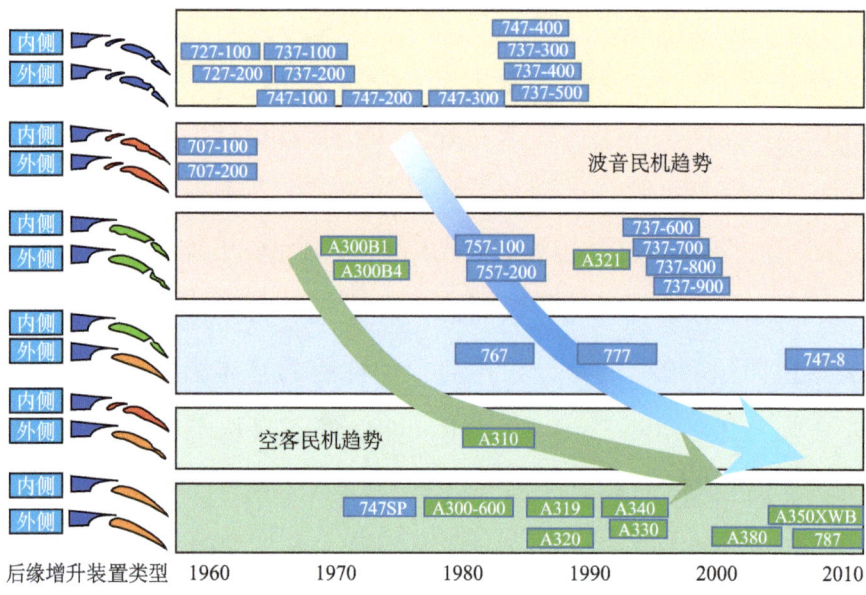

▲ 图7.105　大型飞机增升装置发展趋势

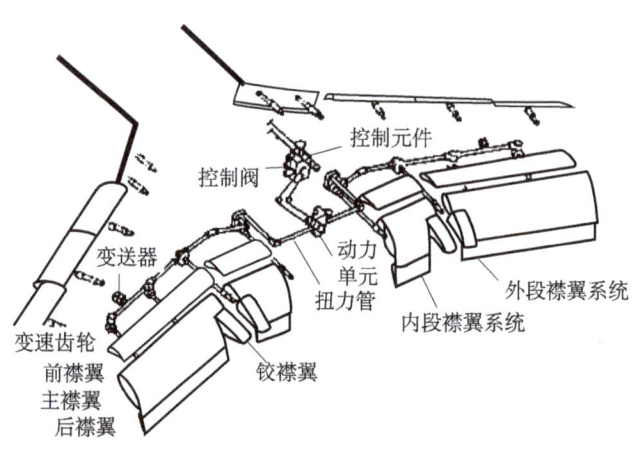

▲ 图7.106　737-300增升装置布置控制机构

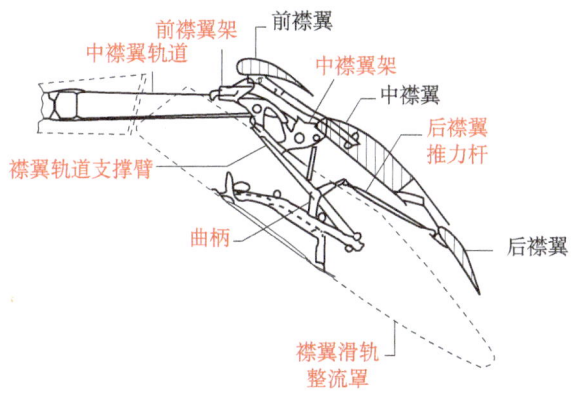

▲ 图7.107　B737滑轨滑轮机构

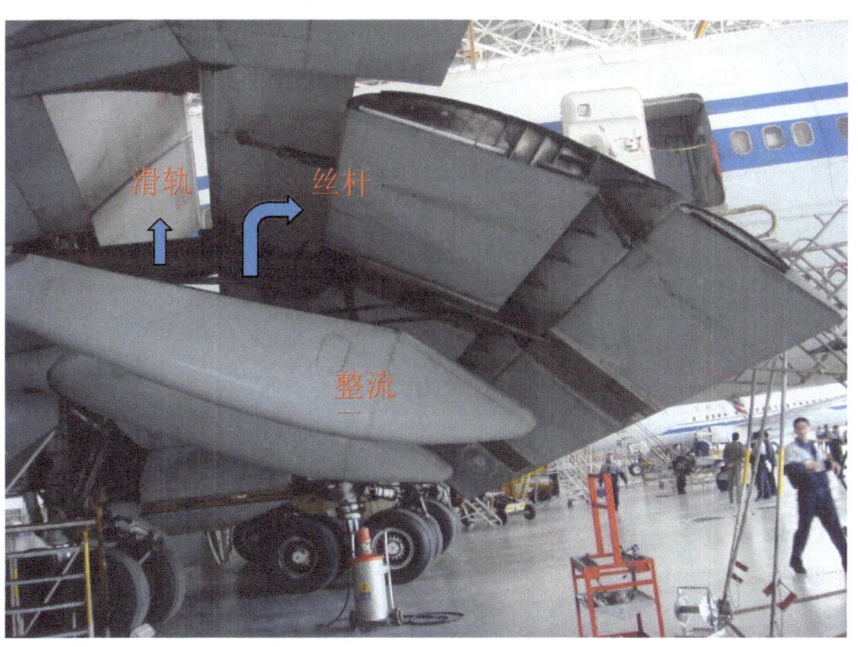

▲ 图7.108　B737滑轨滑轮式襟翼

▲ 图7.109　B737大型飞机增升装置（后缘）

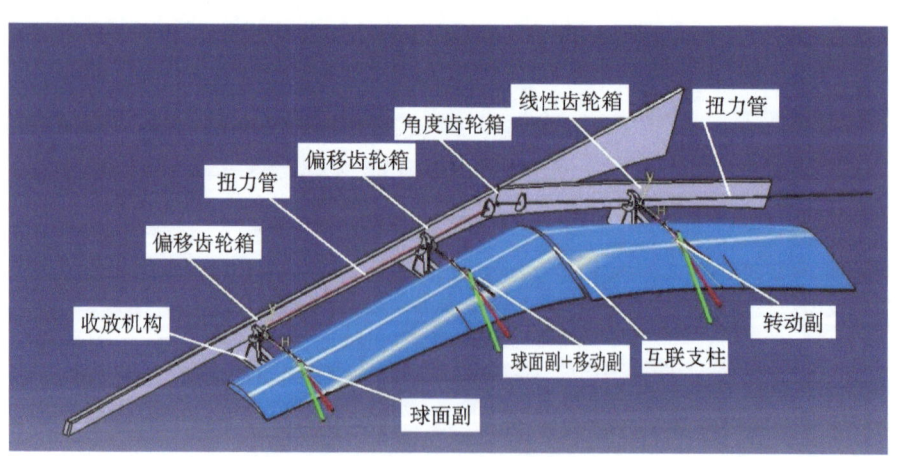

▲ 图7.110　后缘增升装置机构与约束

第7章 飞行奥妙与空气动力学原理

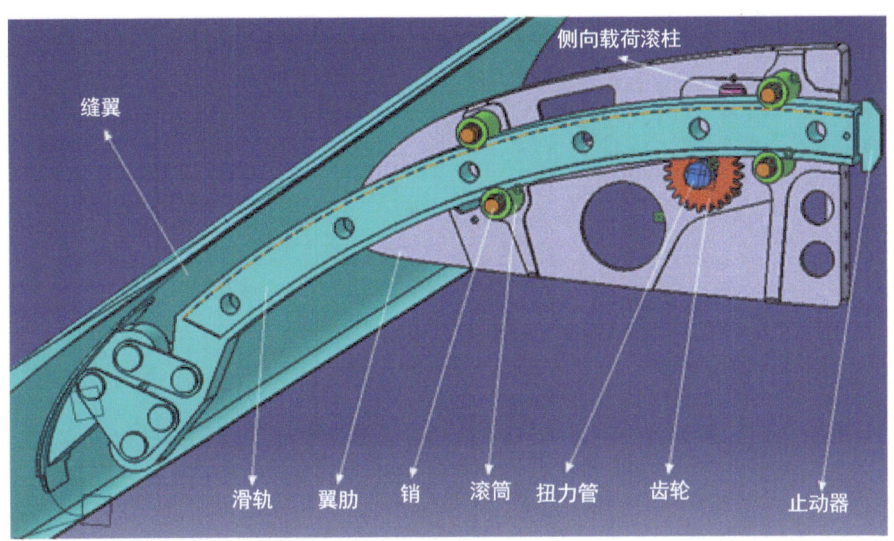

▲ 图7.111 前缘缝翼齿轮齿条机构

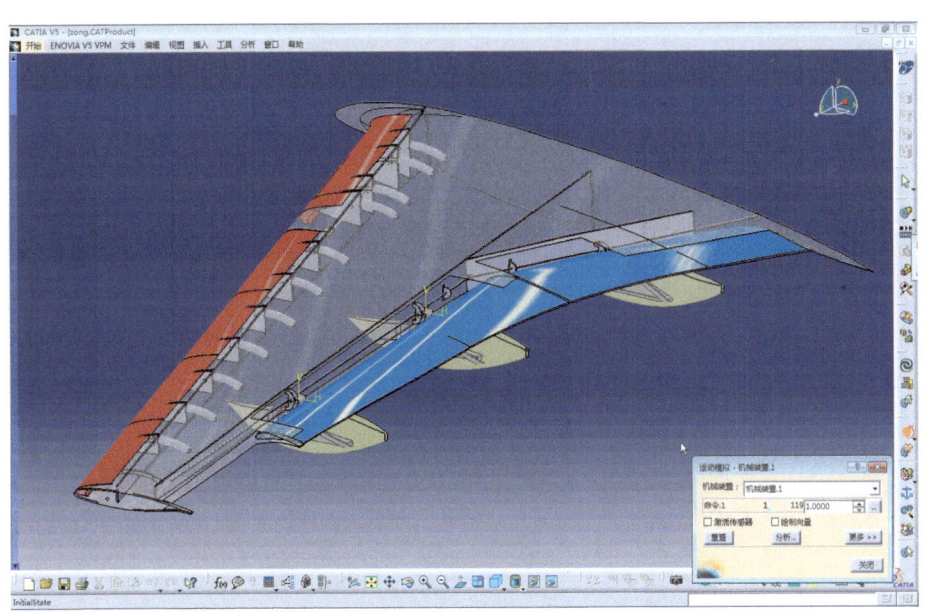

▲ 图7.112 增升装置

▲ 图7.113　A320大型飞机增升装置（后缘连杆滑轨机构）

▲ 图7.114　A320大型飞机增升装置（前缘）

图7.115　B747增升装置

图7.116　B747增升装置（维修）

图7.117　A380起飞状态增升装置

图7.118　A380着落状态增升装置

第 7 章　飞行奥妙与空气动力学原理

▲ 图7.119　B787增升装置

▲ 图7.120　B787增升装置

▲图7.121　A350增升装置

▲图7.122　A350增升装置

7.12 飞机起落架

另一个模仿鸟的重要部件是起落架,该部件是飞机在起飞着陆时使用的。上面提到鸟在翱翔时腿会收起来,说明鸟已意识到在快速翱翔时,如果两条腿不收起,所产生的气动阻力会很大,根本飞不快。这就提醒人们,人造飞机的起落架在飞机升空后也要收起。早期的飞机速度比较小,为了简单,起落架常常不收,所以会看到早期飞机的起落架是不收的。现代的飞机起落架都是可收放的。对于 A380 客机,飞机双层客舱,三级座舱(头等、商务、经济舱)配置能够载客 555 座,起飞最大重量 560 吨,翼展 79.8m,机身长度 73m,机翼面积 845/m^2,巡航速度 902km/h。虽然鸟无法跟这架飞机比美,但细心人们会发现,这架飞机在起飞、着陆、巡航的时候,其各种姿态均模仿了像信天翁一样的大鸟,包括在不同状态下机翼面积和形状的变化、起落架的收放等(如图 7.123~图 7.125 所示)。

▲ 图7.123　空客A380起落架放下

▲ 图7.124　A380起落架放下

第7章 飞行奥妙与空气动力学原理

▲ 图7.125　A380起落架（机身单支柱6轮车和机翼单支柱4轮车）

人们观察发现，信天翁在起飞时，羽翼尽可能展开，要在宽敞的地面奔跑一段距离，当它助跑速度达到一定值时，就可以离地起飞。现在的固定翼飞机都是采用这种助跑式起飞方式。为了安全，飞机起飞前需要在固定的跑道上滑跑，当滑跑速度到达一定值时，驾驶员开始拉杆，飞机即可起飞。信天翁起飞后，为了加快速度，首先把两条腿收起，两条腿紧贴着身体，并用羽毛覆盖，保持身体光顺，然后就可以振翅高飞，在空中可看到其优哉游哉，不需要花费太多的动力（如图7.126～图7.129所示）。同样，飞机离地后，首先将起落架收起，如果不收起落架，这架飞机的阻力就会很大，根本飞不快；另外气流噪声也很大，坐在飞机客舱内，根本安静不下来。由于飞机的起落架主要承受飞机着落时的冲击载荷和重力（如图7.130所示），因此要求其具有良好的抗冲击性能，一般支柱是用钢材做的（目前应用比较广泛的起落架用材为低合金超高强度钢，如美国的300M、法国的35NCD16、俄罗斯的30ХГСН2А等，其显著特点是具有超乎一般的高强度。材料强度高可以使起落架重量轻，减重一直是起落架设计所追求的重要指标。与此同时，材料要具有优良的综合性能，以保证起落架工作的可靠性。随着材料技术和制造技术的发展，强度级别 1900~2100MPa 的 300M 钢及其抗疲劳制造技术已成为美国飞机起落架的主导应用技术）。不同类型客机的起落架与机轮型式分别由图 7.131~图 7.137 给出。

▲图7.126　信天翁巡航外形（起落架收起）

▲图7.127　信天翁水上起飞和着陆状态（起落架放下）

▲图7.128　信天翁着陆状态（起落架放下）

▲ 图7.129　现代大型飞机前起落架和主起落架

▲ 图7.130　现代大型飞机前三点式布置的起落架

▲ 图7.131　四轮车主起落架和六轮车主起落架

▲图7.132　安225着陆状态

▲图7.133　安225多轮多支柱主起落架

▲图7.134　B747-8起落架放下着陆状态

图7.135　B747-8起落架（机身单支柱四轮车和机翼单支柱四轮车）

图7.136　A350起落架放下

图7.137　B787起落架放下

7.13 飞机气动噪声

随着社会的发展和工业技术的不断进步，人们对民用航空工业提出了越来越严格的环保要求，如何设计出更加绿色环保的飞机是目前航空界共同关注的焦点。国际民航组织(ICAO)制定了航空器气动噪声审定的建议标准，美国和欧洲等基于此制定了一系列飞机气动噪声适航条例，对民用客机气动噪声水平加以限制，其中第四阶段要求 2006 年以后提出适航申请的新型民用客机噪声水平应比第三阶段低 10EPNdB（其中，EPN 为 effective perceived noise 的缩写，称为有效感觉噪声）。有效感觉噪声级是指考虑了持续时间和纯音修正后的感觉噪声级，单位为 EPNdB。飞机从观察者头顶上飞过时，噪声的音调是变化的，另外飞机噪声中的纯音成分或窄带分量以及飞越头顶时的持续时间都会影响人们对飞机噪声所感觉到的烦恼程度，因此提出了有效感觉噪声级，用于飞机噪声的评价。有效感觉噪声级的计算和测量十分复杂，一般可用 A 声级加 15dB 来估计。NASA 于 1997 年提出 10 年内降噪 10EPNdB、20 年内降噪 20EPNdB 的目标。除此之外，民用客机噪声水平也逐渐成为各航空公司在采购飞机时需要考虑的重要指标。这些对于我国正在研制的大型民用客机来说无疑是巨大的挑战，噪声水平成为其能否取得适航证及未来在世界航空领域占据一席之地的关键因素之一。

飞机外部噪声主要包括推进系统噪声、机体噪声和动力系统与机体的干扰噪声，如图7.138所示。推进系统噪声即发动机噪声，包括风扇噪声、压气机/涡轮噪声、燃烧噪声和喷流噪声等，属于动力噪声。机体噪声包括增升装置和起落架噪声，其和动力系统与机体的干扰噪声都属于无动力噪声。随着大涵道比涡轮风扇发动机的使用，加上如消声短舱、V型花瓣喷嘴等降噪技术的有效应用，使得发动机噪声在整体噪声中所占比例日益减小。尤其在飞机降落阶段，在发动机处于低功率状态、增升装置和起落架全部打开的情况下，机体噪声与发动机噪声相当，甚至超过了发动机噪声，如图7.139和图7.140所示。

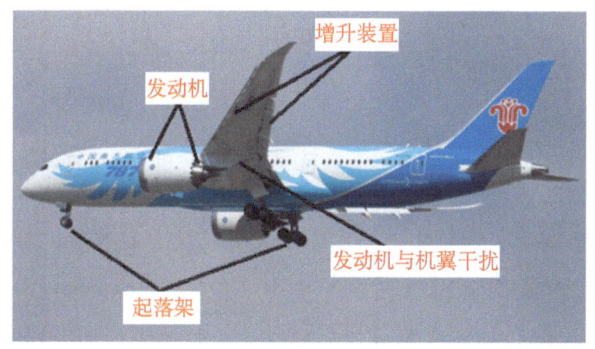

▲图7.138 飞机气动噪声源主要部件

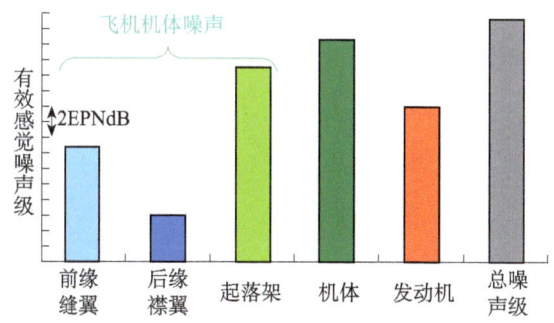

▲图7.139 飞机进近阶段机体和发动机各部分气动噪声比例

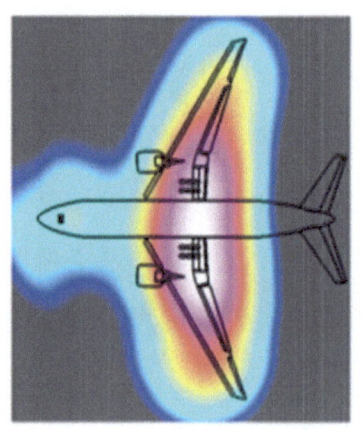

▲ 图7.140　飞机气动噪声源分布（2001年9月，波音在美国蒙大拿州对全尺寸B777-200做飞行试验，试验中通过自由域麦克风和麦克风阵列测试后缘襟翼打开和发动机空置等不同状态下的气动噪声源。）

由于现代大型客机绝大部分采用带有前缘缝翼和后缘襟翼的多段翼型作为增升装置，因此在飞机降落过程中，前缘缝翼、后缘襟翼和起落架是机体气动噪声的重要噪声源。对于前缘缝翼，尾缘涡脱落和凹槽区内的不稳定脉动是其主要噪声源，不稳定脉动包括剪切层内涡与涡之间的相互作用、再循环区以及再附区附近涡与固体壁面之间的相互作用（如图7.141和图7.142所示）。对于后缘襟翼，当襟翼打开时，由于展向升力的突然改变，在襟翼的侧缘产生了强大的涡，包括高频的小尺度不稳定涡和低频的大尺度涡，这两种不同尺度的涡形成了其主要噪声源（如图7.143所示）。对于起落架，起落架舱是一个典型的空腔结构，空腔流激振荡不但能产生额外的气动噪声，而且会导致非定常载荷，因此钝体分离是其产生气动噪声的主要原因（如图7.144所示）。

第 7 章　飞行奥妙与空气动力学原理

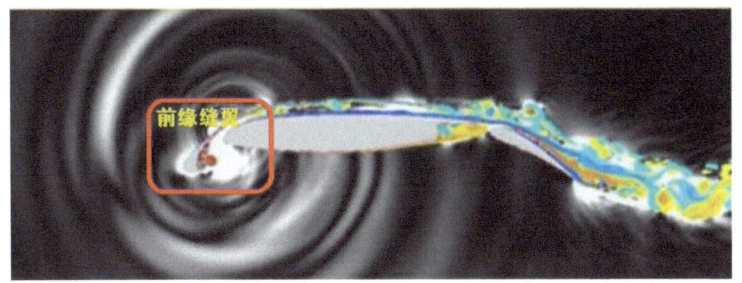

▲图7.141　前缘缝翼气动噪声

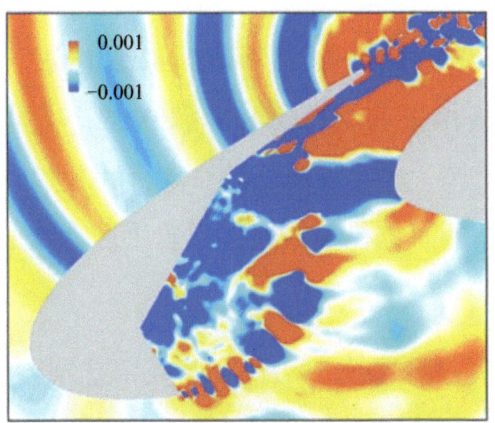

▲图7.142　前缘缝翼气动噪声传播

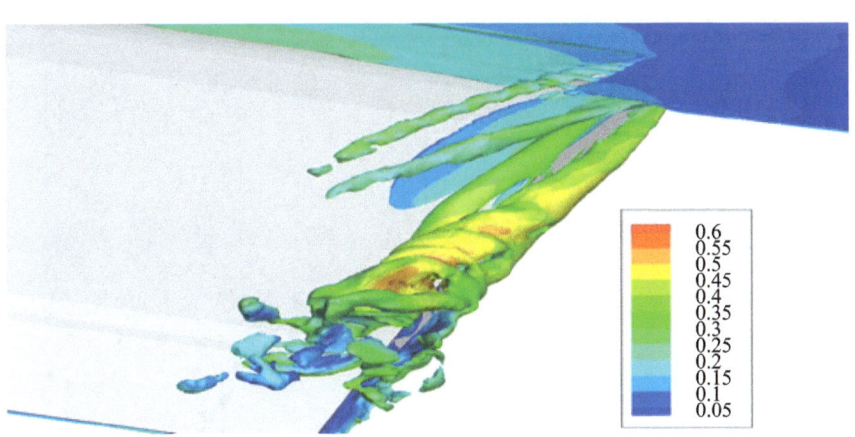

▲图7.143　后缘襟翼侧缘涡系与气动噪声

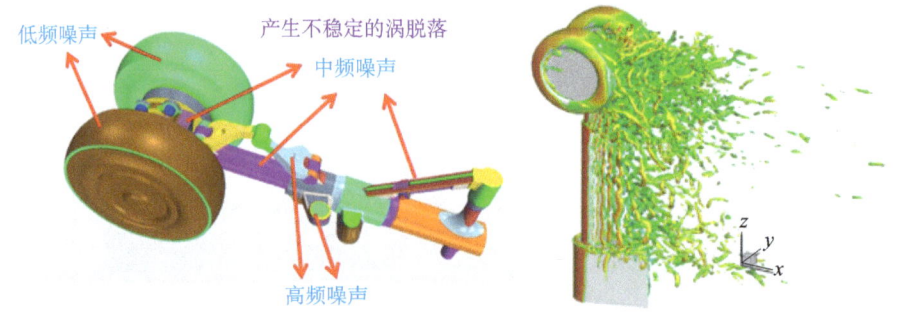

▲ 图7.144 起落架气动噪声

这些噪声源的相对噪声大小依具体构型而定。风洞实验（如图7.145 和图7.146所示）和飞行试验一致表明：增升装置噪声在机体噪声中占据很大比例，不容忽视。针对增升装置噪声，NASA、波音、空客以及一些大学的研究机构等通过实验手段和数值模拟等对其噪声原理已开展深入研究。

▲ 图7.145 B777缩比模型试验（缩比26%，NASA Ames风洞气动噪声试验）

第 7 章　飞行奥妙与空气动力学原理

▲ 图7.146　全尺寸B737起落架模型气动声学试验（NASA低速气动声学风洞）

在降噪技术方面，针对增升装置和起落架也提出了一些有效的措施。例如起落架采用整流罩或表面开孔的整流罩可以降低气动噪声 2～3dB。对于前缘缝翼，降噪技术可分为两类：一类是用来降低高频窄频噪声的，如前缘缝翼尾缘锯齿、前缘缝翼表面主动流动控制等，主要起到降低缝翼尾缘涡脱落的作用；另一类是用来降低低频宽频噪声的，如前缘缝翼凹槽遮挡、凹槽填充、在前缘缝翼下表面和主翼安装声衬、下垂前缘结构、前缘缝翼下表面安装多孔渗透结构等，主要起到降低凹槽内部不稳定脉动的作用。对于后缘襟翼，侧边噪声控制的主要着手点是弱化涡系结构以及减弱流场与壁面的相互干扰。按照是否向流场注入能量，降噪技术可分为被动控制技术和主动控制技术，被动控制技术是指通过改变或修正侧边的造型来降低噪声的一种手段，无需向流场注入能量，主要有以下几种：襟翼侧边加装多孔材料、襟翼侧边使用栏栅结构（fence）和连续型线法。主动控制技术是指向流场中注入能量将涡系吹离壁面，降低了涡系和壁面的相互干扰达到降低侧边噪声的方法（吹气控制）。根据现有各部件有效的降噪措施，NASA 预测的未来低噪声飞机如图 7.147 所示。

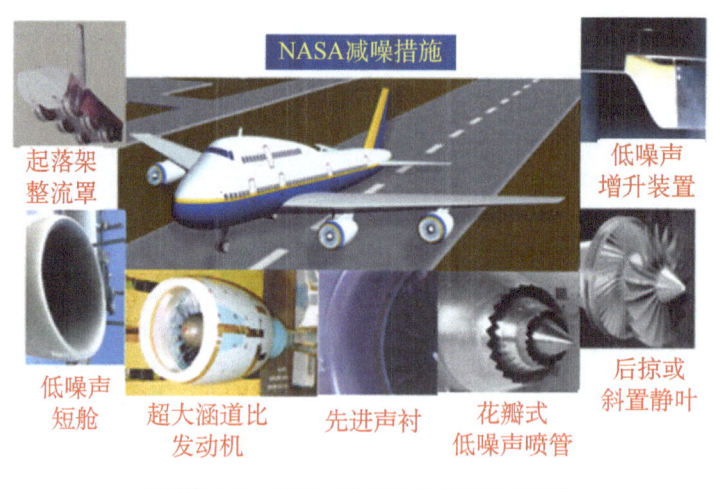

▲图7.147　NASA给出的未来低噪声飞机

7.14　超声速飞机

　　超声速飞机的绕流属超声速外流。通常超声速外流是指整个流场或流场中绝大部分地区都是超声速流动的情形。在飞行马赫数大于 1.4 以后，会出现一系列与激波、膨胀波控制的流动现象，一般超声速流动的马赫数为 1.5~5.0。定常超声速流动的一个重要特征是：流场中任何扰动的影响范围都是有界的，任何扰动都表现为波的形式。当超声速气流发生膨胀或依次受到一系列微弱压缩时，扰动的始末界限都是马赫线（见普朗特–迈耶流动）。以绕双弧翼型的超声速流动说明之，如图 7.148 所示。当来流迎角小于翼型的半顶角时，前缘上下均受压缩，形成强度不同的斜激波；当来流迎角大于翼型的半顶角时，前缘上面形成膨胀波，下面形成斜激波。经一系列膨胀波后，由于在后缘处流动方向和压强不一致，从而形成两道斜激波，或一道斜激波与一族膨胀波，以使后缘汇合后的气流具有相同的指向和相等的压强（近似认为与来流相同）。

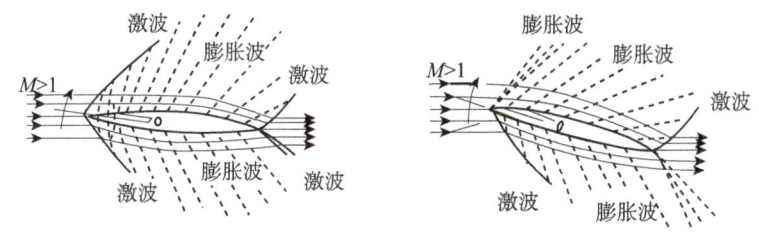

● 图7.148　双弧翼型超声速绕流（小迎角、大迎角）

在超声速绕流中，绕机翼的激波阻力大小与机翼头部钝度存在密切的关系。由于钝物体的绕流将产生离体激波，激波阻力大；而尖头体的绕流将产生附体激波，激波阻力小。因此，对于超声速翼型，前缘最好做成尖的，如菱形、四边形、双弧形等（如图 7.149 和图 7.150 所示）。但是，对于超声速飞机，总是要经历起飞和着陆的低速阶段，尖头翼型在低速绕流时，较小迎角下气流就要发生分离，使翼型的气动性能变坏。为此，为了兼顾超声速飞机的低速特性，目前低超声速飞机的翼型，其形状都采用小圆头的对称薄翼。

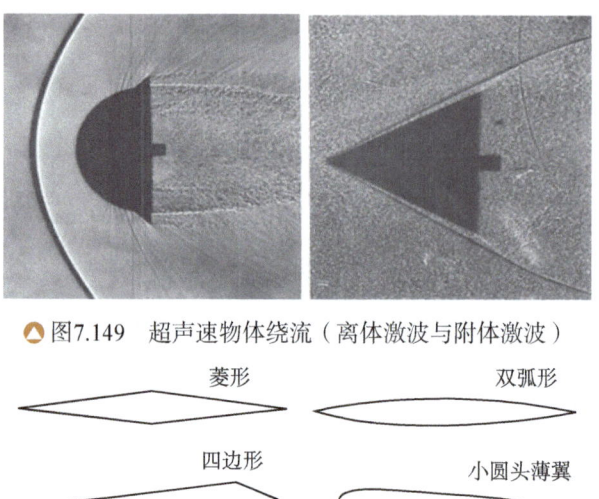

▲ 图7.149 超声速物体绕流（离体激波与附体激波）

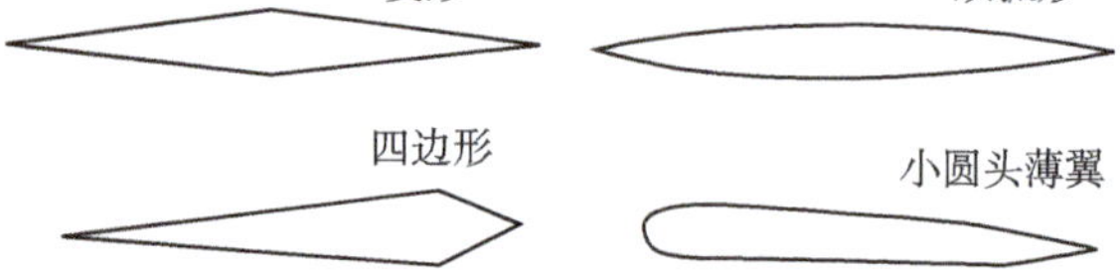

▲ 图7.150 超声速翼型

对于定常、无黏性、绝热的二维无旋超声速流动，利用小扰动线化理论，得到的薄翼型的升力系数、波阻系数和对前缘的俯仰力矩系数与风洞试验结果一致。对于绕三维机翼的超声速流动，按来流马赫数和机翼前缘后掠角或后缘后掠角之间的关系，可分为以下几种流动情况：①超声速前、后缘；②亚声速前、后缘；③超声速前缘和亚声速后缘；④亚声速前缘和超声速后缘。这些不同的流动情况，对应的压力分布和气动力特征是不同的。理论的建立为认识超声流动提供了重要的基础。同时在大量风洞试验的基础上，积累丰富的资料，为超声速飞机的研制提供了重要支撑。

超声速飞机波阻将成为阻力的主要部分，因此把翼面做成平滑、薄而短的后掠形或三角形，机身做成尖头细长形。超声速飞行的特点是：气动中心后移，纵向静稳定性增大；飞机阻尼随马赫数增大而减小。二者都导致飞机扰动衰减缓慢，操纵性变坏，航向稳定性差，故需加大垂直尾翼面积或采用自动化装置。高速飞行导致的气动加热在飞行马赫数小于 2.5 时，铝合金强度尚可维持；马赫数达 3.0 后，气动加热加剧，须采用耐热材料。为防止声爆和噪声危害，许多国家禁止在居民区上空作超声速飞行。

超声速飞机的飞行速度超过声速。1947 年 10 月 14 日，美国空军上尉耶格驾驶 X-1 在 12 800m 的高空飞行速度达到 1278km/h，M=1.1015，人类首次突破了音障。民用超声速飞机的代表作是由法国宇航和英国飞机公司联合研制的中程超声速客机协和号（如图 7.151 和图 7.152 所示）。该机采用无水平尾翼布局，为了适应超声速飞行，协和号飞机的机翼采用三角翼，机翼前缘为 S 形。协和号飞机共有四台涡轮喷气发动机。发动机由英国罗尔斯·罗伊斯公司和法国国营航空发动机公司 (Rolls-Royce/SNECMA) 负责研制。发动机具备了一般在超声速战斗机上才使用的加力燃烧室。协和号飞机的飞行速度能超过音速的 2 倍，最大飞行速度可达 2.04 马赫，巡航高度 18 000m，巡航速度达到 2150km/h，1976 年投入运行，主要用于执行从伦敦希思罗机场（英国航空）和巴黎戴高乐国际机场（法国航空）到纽约肯尼迪国际机场的跨大西洋定期往返航线。飞机能够在 15 000m 的高空以 2.02 倍音速巡航，从巴黎飞到纽约只需约 3 小时 20 分，比普通民航客机节省超过一半的时间，所以虽然票价昂贵但仍然深受商务旅客的欢迎。1996 年 2 月 7 日，协和号飞机从伦敦飞抵纽约仅耗时 2 小时 52 分 59 秒，创下了航班飞行的最快纪录。协和号飞机一共只生产了 20 架。英国航空公司和法国航空公司使用协和号飞机运营跨越大西洋的航线。到 2003 年，尚有 12 架协和号飞机进行商业飞行。2003 年 10 月 24 日，协和号飞机执行了最后一次飞行，之后全部退役。

▲ 图7.151　协和号起飞
（1976年1月21日投入运行，2003年10月24日退役）

▲ 图7.152　协和号爬升

我国研制的歼10是一款中型、多功能、超声速、全天候空中优势战斗机（第四代战斗机），最大飞行马赫数为2.2。歼10采用鸭式布局，翼身融合（如图7.153所示）。通过精心设计主翼与机身中部结合处的曲面，既增加了机内容积（用于载油、装备，以及为其后的发展预留空间），也有效利用了所带来的空气动力增升效果。主翼后部机身两侧没有安排其他结构，这再次体现了翼身融合的设计理念，只是在尾喷管前端机腹下加装了两片外斜腹鳍。这两片腹鳍用于战机大迎角飞行时，配合高大的垂直尾翼能保持飞机的稳定性。

▲图7.153　歼10（鸭式布局）

F22"猛禽"战斗机是由美国洛克希德·马丁和波音公司联合研制的单座双发高隐身性第五代战斗机（如图7.154所示）。F22是世界上第一种进入服役的第五代战斗机，最大飞行马赫数2.25。F22于21世纪初期陆续进入美国空军服役，以取代上一代的主力机种F15鹰式战斗机。洛克希德·马丁公司为主承包商，负责设计大部分机身、武器系统和F22的最终组装。计划合作伙伴波音则提供机翼、后机身、航空电子综合系统和培训系统。洛克希德·马丁公司宣称，F22的隐身性能、灵敏性、精确度和态势感知能力相互结合，具备空对空和空对地作战能力，这使它成为当今世界综合性能最佳的战斗机。F22采用双垂尾双发单座布局，垂尾向外倾斜27°，恰好处于一般隐身设计的边缘。其两侧进气口装在机翼前缘延伸面（边条翼）下方，与喷嘴一样，都作了抑制红外辐射的隐形设计，主翼和水平安定面采用相同的后掠角和后缘前掠角，都是小展弦比的梯形平面形，水泡型座舱盖凸出于前机身上部，全部武器都隐蔽地挂在4个内部弹舱之中。美国NASA给出的未来超声速飞机如图7.155～图7.157所示。

▲图7.154　F22（梯型翼布局）

▲图7.155　美国NASA给出的未来超声速飞机

第 7 章　飞行奥妙与空气动力学原理

图7.156　下一代超声速客机

图7.157　下一代超声速客机

7.15 大型运输机的减阻技术

1. 飞机的阻力

当气流绕过飞机时，飞机所受到的阻力定义为气流作用于飞机表面上的压强正应力和摩擦切应力的合力在来流方向上的分力（如图7.158所示），而把垂直于来流方向上的分力称为升力。飞机在巡航飞行时，飞机的重力与升力平衡，飞机发动机的推力与阻力平衡。因飞机表面上的压强和摩擦切应力与飞机的飞行速度、姿态角、飞机的尺寸、表面形状和粗糙度等有关，所以飞机的阻力必然要受到这些因素的影响。飞机阻力从大的方面分两类，一类是因压强在来流方向投影积分产生的阻力；另一类是因表面摩擦切应力积分产生的阻力，称为摩擦阻力。具体地来说，根据产生阻力的主要原因，由表面压强积分得到的阻力又可分为：因机翼后缘拖出自由尾涡诱导下洗产生的诱导阻力，因飞机形状不同产生的压差阻力（包括翼身干扰阻力、底阻、绕外露部件的阻力等），对于高亚声速飞机还有因上翼面存在超声速区而额外产生的激波阻力。

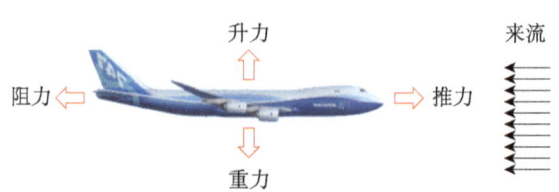

图7.158 飞机巡航飞行状态受力示意图

在飞机巡航状态下，沿着来流方向，发动机产生的推力与飞机的阻力相平衡；而垂直于来流方向，飞机机翼产生的升力与其自身的重力平衡。对于阻力，如果用来流速度和机翼的特征面积表达，就可以写为

$$D = \frac{1}{2}\rho_\infty V_\infty^2 S C_D$$

其中，D 为飞机总阻力；ρ_∞ 为空气密度；V_∞ 为来流速度；S 为机翼特征面积（机翼的外露面积）；C_D 为飞机总阻力系数。按照产生阻力的原因，总阻力系数可分为

$$C_D = C_f + C_{dp} + C_i + C_{sw}$$

其中，C_f 为摩擦阻力系数；C_{dp} 为因黏性边界层不同引起的压差阻力系数；C_i 为诱导阻力系数；C_{sw} 为激波阻力系数。在飞机设计中，也把摩擦阻力和黏性压差阻力之和称为寄生阻力（parasitic drag），或废阻力，或附加阻力。

飞机的航程可以通过著名的 Breguet 关系式进行估算。即

$$R = \frac{C_L}{C_D} \frac{V_\infty}{\text{SFC}} \ln\left(\frac{W_L + W_F}{W_L}\right)$$

其中，R 为航程；C_L/C_D 为升阻比；V_∞ 为飞行速度；SFC 为燃油消耗率（单位时间产生单位推力所需要的燃料）；W_F 为燃油总重量；W_L 为基本重量。从上面的表达式可以看出，升阻比越大，飞机航程越远，因而降低飞机阻力对于提高飞行性能有直接帮助。通常大型飞机巡航构型总阻力系数为 0.03～0.04，定义飞机阻力系数的"单位"为 count，即 1count=0.0001。研究表明，即使发生 1 个阻力系数单位的微小变化，也将会引起飞机飞行性能的变化，因而该阻力单位已被

航空界接受为飞机阻力精度设计的标准,足以可见降低飞机阻力的重要性。

大型飞机的实际飞行统计数据表明,阻力与燃油经济性密切相关。对于不同的飞机,在某一典型的使用率条件下,增加1%的阻力相当于每年多消耗航空燃油量如下(约):B737为15 000gal[①](桶),B757为25 000gal,B767为30 000gal,B777为70 000gal,B747为100 000gal。由此可见,飞机阻力降低可增大航程、减少起飞重量、提高巡航升阻比、节省燃油、增加有效载荷以及减少飞机的直接操作费用。除此之外,通过减小阻力而减少燃油废气的排放,从而降低空中环境污染,这在科学技术高速发展的当今时代显得尤为重要。

高亚声速大型飞机在巡航时,飞机表面摩擦阻力占总阻力的50%,诱导阻力占30%,激波阻力占5%,压差阻力占15%。图7.159和图7.160分别给出典型轿车和大型飞机的阻力系数,但要注意的是轿车阻力系数用的特征面积是迎风最大面积,而飞机的特征面积为机翼的外露面积。以下将分别介绍降低摩擦阻力、诱导阻力和激波阻力的相关技术和流动机理。

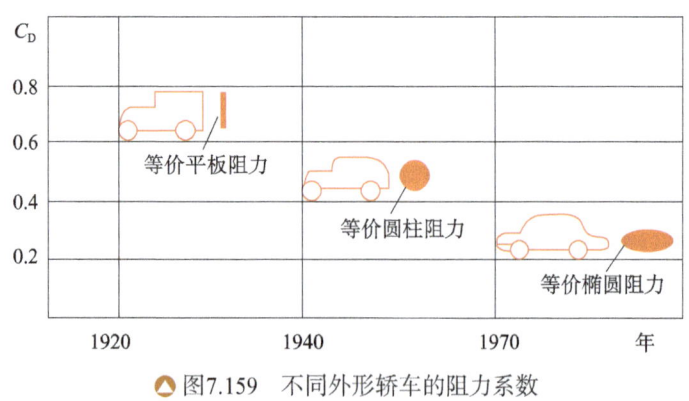

▲ 图7.159 不同外形轿车的阻力系数

---

① gal,加仑,非法定单位,1gal(UK)=4.54 609L,1gal(US)=3.78 543L,1gal(US, dry)=4.405L.

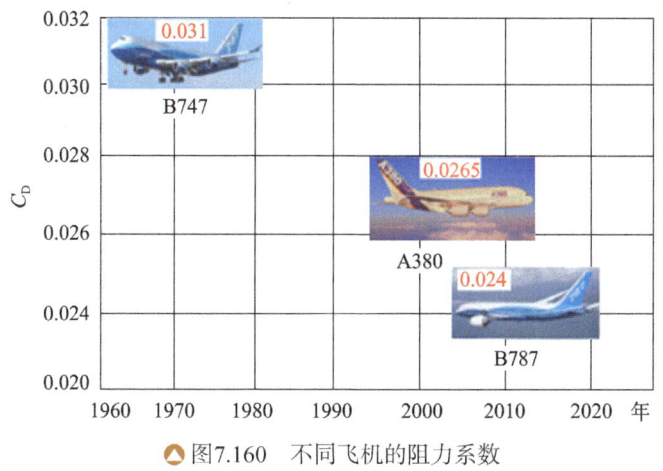

▲ 图7.160 不同飞机的阻力系数

2. 减小摩擦阻力

首先考虑占总阻力最大比重的飞机表面摩擦阻力。摩擦阻力与飞机表面的边界层直接相关。边界层因空气黏性和飞机与空气的相对运动而产生,而且根据雷诺数的不同,在边界层内也会出现从层流到湍流的转捩。根据边界层理论,在层流边界层内空气质点的惯性力与黏性力同量级,如以物面的流向长度 x 为特征长度、边界层外流速度 V_∞ 为特征速度计算雷诺数 Re_x,则边界层厚度与雷诺数 Re_x 数的开方成反比。对于平板绕流,试验发现层流边界层转捩的 Re_x 位于 $3.5 \times 10^5 \sim 3.5 \times 10^6$。研究表明,飞机表面的摩擦切应力与边界层内的流态有关,一般层流边界层的摩擦切应力是湍流边界层摩擦切应力的 $1/7 \sim 1/8$,如图 7.161 和图 7.162 所示。因而,减小阻力最好的方法是延迟边界层转捩,在机翼机身表面上尽量保持层流,由此提出通过层流控制减阻的技术。

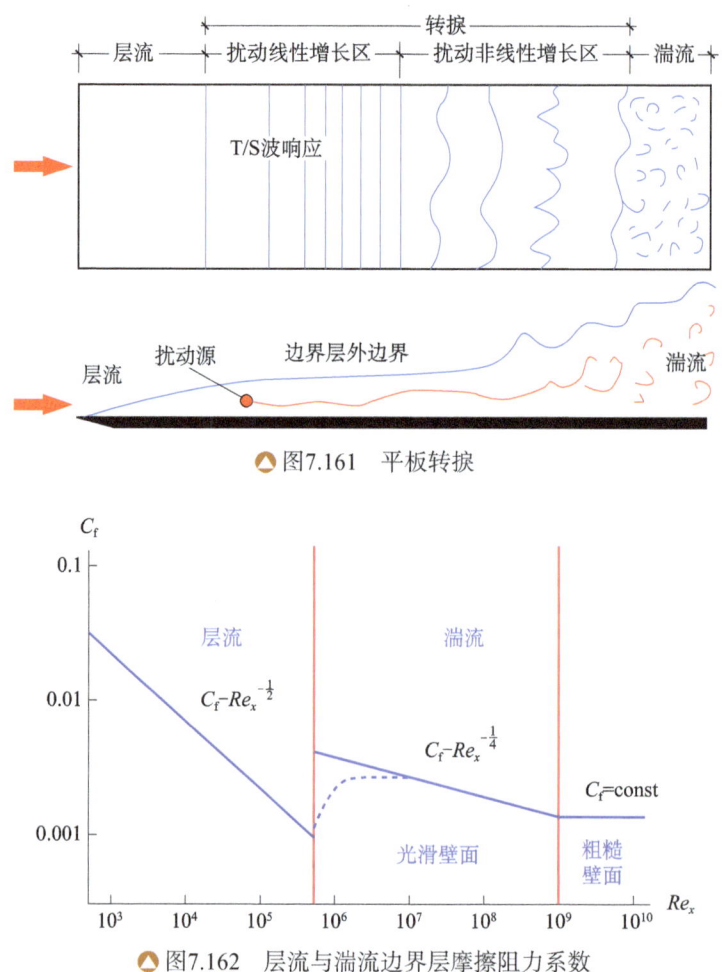

▲ 图7.161 平板转捩

▲ 图7.162 层流与湍流边界层摩擦阻力系数

1）层流控制与减阻

减小飞机阻力最有效的方法是减小飞机表面上的摩擦阻力。由于湍流边界层的摩擦阻力远大于层流边界层的摩擦阻力，因此减小摩擦阻力的基本思想包括两个方面：其一是尽可能延迟转捩的发生，扩大物面层流流动区域；其二是减小湍流边界层流动区域的摩擦阻力。在过去几十年里，国内外学者提出了许多减小摩擦阻力的控制技术，并对此进行了大量的研究。然而，目前这些技术仍处于研究阶段，几乎没有一种控制技术被用于实际飞机上。在众多的控制技术中，层流控制（laminar flow control）是减小摩擦阻力的有效方法之一，该技术是通过采取控制措施延迟边界层转捩，扩大物面的层流区域，从而达到减阻目的。对一架飞机而言，机翼、发动机吊舱、机头、水平尾翼和垂直尾翼等物面获得层流流动的主要区域，如图 7.163 所示。根据 Arcara 等的估算，如果能在主翼上翼面、垂尾和平尾上实现 50% 弦长的层流覆盖，在发动机机匣上实现 40% 的层流覆盖，那么可以降低起飞总重量（TOGW）的 9.9%，操作空重（OEW）的 5.7%，并提高升阻比 14.7%。

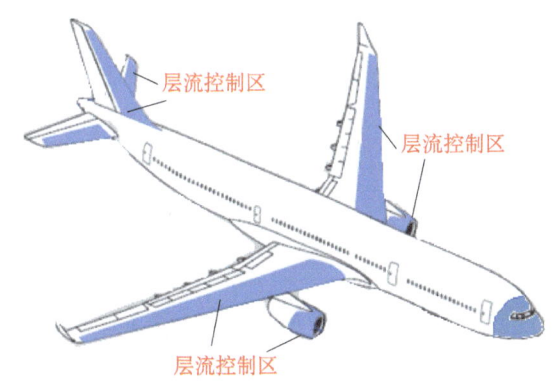

图7.163　飞机表面主要层流控制区域
（包括飞机主翼、垂直尾翼、水平尾翼以及发动机短舱的外表面）

层流控制技术的研究至今已有 70 多年的历史，已有的研究表明，在层流翼型与机翼的设计中，边界层内扰动控制的目的在于尽可能少影响其他气动力性能和结构的前提下，延迟转捩位置。按照控制方式不同，有三种控制技术（如图 7.164 所示）：其一是被动控制或自然层流控制（NLF），即通过调整外形加大物面顺压梯度范围，从而推迟转捩发生，这种方法在非设计状态下气动性能较差；其二是主动控制或层

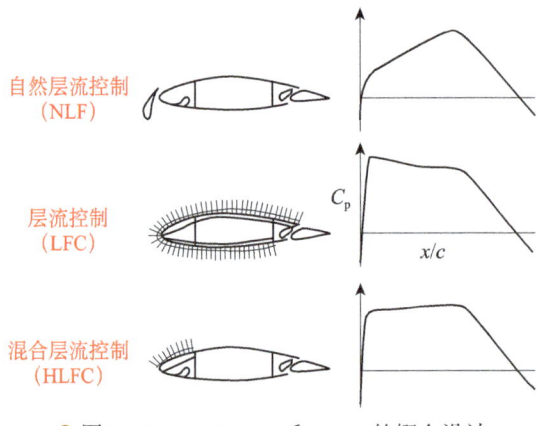

◉ 图7.164　NLF、LFC和HLFC的概念设计

流控制（LFC），即在边界层特定位置进行操控（如抽吸气技术）延迟转捩发生；其三是混合层流控制（HLFC），它结合了自然层流控制（被动控制）和层流控制（主动控制，如抽吸气技术）的优点，可以有效减少抽吸气量和控制系统的复杂性。混合层流流动控制的特点是：①只需在前缘进行抽吸气；②只需在前缘附近进行表面几何外形修型来实现有利的压力梯度；③混合层流控制的机翼设计具有良好的湍流性能。如图7.165所示，主动控制技术主要包括：抽吸气、壁面冷却和主动柔顺壁技术；而被动控制技术主要包括：壁面修形、表面粗糙度分布、被动柔顺壁和多孔壁面技术等。目前发展的趋势是混合层流控制技术（HLFC），应用最多的是壁面修形（保持较好顺压梯度）和抽吸气技术的结合。

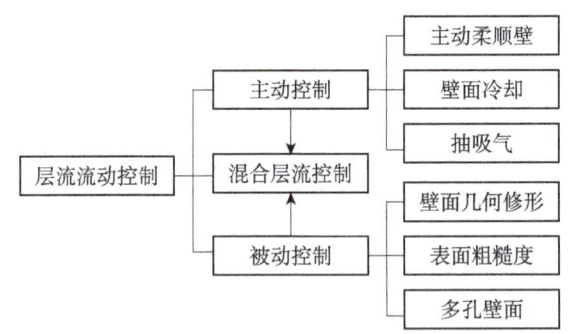

◉ 图7.164　层流流动控制技术的分类

在机理研究方面，对于飞机机翼来说，主要有四种机制会导致边界层转捩，分别是 TS 不稳定性（tollmien-schlichting instability）、

横流不稳定性（cross-flow instability）、接触线不稳定性（attachment-line instability）和 TG 不稳定性（taylor-gortler instability）。TS 不稳定性是最常见的边界层转捩机制之一，通常指的是 TS 波（tollmien-Schlichting wave）通过感受性机制出现在边界层中并持续增长，经过不同模态的非线性相互作用最终导致边界层转捩过程。通常，TS 波在机翼上负压力梯度区域内是稳定（扰动强度负增长）的，而在正压力梯度区域内表为不稳定（扰动快速增长）的，于是对机翼压力分布进行合理的设计或者对边界层速度型进行合理控制则可以有效控制 TS 波的不稳定性。

横流不稳定性出现在后掠机翼上的负压力梯度区。当飞机处于巡航状态时，通常来流的湍流度较低，横流不稳定性主要表现为定常横流波（stationary cross-flow wave）的发展放大并演化成横流涡（cross-flow vortices），随后因为横流涡上的二次不稳定性被激发而横流涡破碎并转捩。当机翼后掠角超过 25°～30° 的时候，横流不稳定性将取代 TS 不稳定性成为边界层转捩的主导因素。

TG 不稳定性出现在壁面具有向翼型内部凹陷的位置，比如部分机翼的下表面靠后的位置。在这种情况下，边界层内的扰动在离心力的作用下发展成为 Görtler 涡（Görtler vortices），与横流涡不同的是，相邻的 Görtler 涡呈反向旋转而横流涡旋转方向相同。与横流不稳定性类似，Görtler 涡的破碎也是通过旋涡上二次不稳定性的快速放大而导致的边界层转捩。

接触线不稳定性通常指的是在机翼前缘的三维流动中，不稳定波沿着机翼展向发展放大并导致边界层转捩。通常机翼和机身的连接部分都不会将机身上的湍流边界层做隔离，于是机身表面的湍流脉动会向机翼表面的流动传播，很容易导致机翼表面流动被污染进而转捩。

A. 自然层流控制

例如，早期设计的 NACA-6 系列翼型就是自然层流的代表。早期的层流翼型设计结果通常不够让人满意，比如 NACA 632-215 翼型尽管能够做到低阻力，但是可以使用的升力范围却比湍流翼型 NACA 23 015 要小得多。当然，随着翼型设计技术的进步，自然层流翼型所能达到的性能也越来越好，如 NLF（2）-0415 翼型，因为上翼面非常有效的负压力梯度区域设计被用来进行相关的边界层转捩试验。如图 7.166 所示，B787 飞机的发动机短舱经过专门的层流控制设计，是至今为止第一种投入商业运营的短舱层流控制。

但是仅仅依靠层流翼型设计并不能解决大型运输机的层流控制问题。对于希望在较高的速度下进行巡航，如马赫数 Ma=0.8，这时通常采用后掠机翼来控制激波，从而提高阻力发散马赫数，于是横流不稳定性就成为边界层转捩的主导因素。然而横流不稳定性恰好是在负压力梯度区域内快速发展，所以需要用其他方式来进行控制。

▲图7.166　B787飞机发动机短舱的层流控制

B. 主动层流控制

主动层流控制的方式有吸气控制、温度控制、主动柔性壁面控制、等离子体控制等,其中吸气控制发展的较为成熟,并且经过大量的飞行测试,减阻效果明显。吸气控制的原理可以简单地理解为改变了局部边界层的平均速度型,进而抑制相关不稳定扰动的增长。吸气通常有两种方式,其一是槽道吸气,其二是小孔吸气。为测试吸气控制的实际效果,美国国家航空航天局(NASA)开展了前缘飞行试验项目(leading-edge flight test,LEFT),该项目将两部吸气控制装置分别安装在 C-140 Jetstar 飞机的两侧机翼前缘(如图 7.167 所示),并进行了大量的飞行测试。

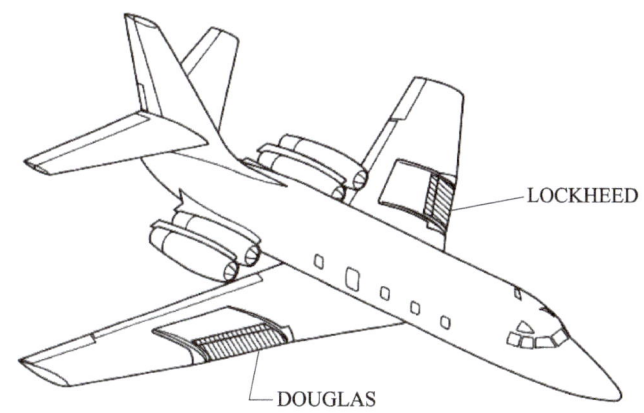

▲图7.167　NASA C-140 Jetstar 飞机与安装在左右两侧的吸气控制装置

两部吸气控制装置分别由 McDonnell Douglas 公司和 Lockheed 公司设计制造。其中 McDonnell Douglas 公司设计了一套多孔吸气装置(包括用于除虫、防冰等功能部件),如图 7.168 所示,安装在 Jetstar 飞机的右侧机翼,约占展长的 20%。吸气部分从前缘一直到机翼的前梁(12% 弦长位置),另外附加了延伸到 65% 弦长的整流罩与机翼过渡。飞行测试表明,在绝大部分飞行状态下都能实现层流化 65%～75% 的弦长覆盖。

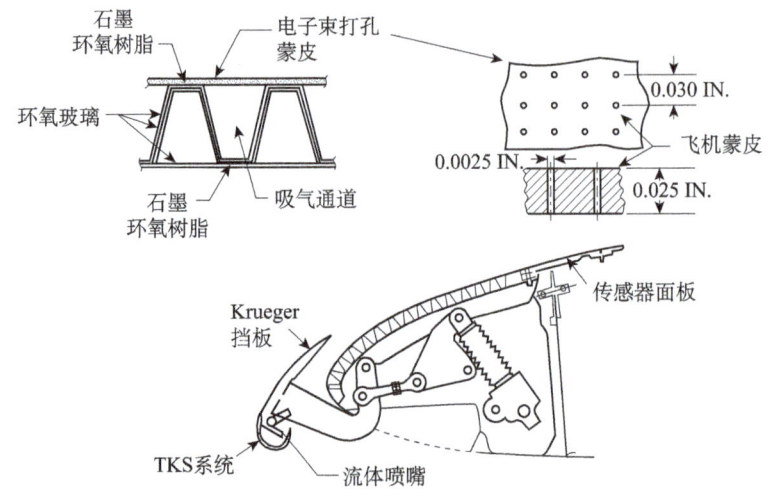

▲ 图7.168 McDonnell Douglas公司设计的多孔吸气装置

Lockheed公司设计的吸气控制装置安装在飞机的左侧机翼上。该装置采用槽道吸气方式控制层流，如图7.169所示。实际飞行测试表明，槽道吸气控制效果与多孔吸气控制效果差别不大，并且估计，如果能在主翼上下翼面实现层流覆盖75%，在尾翼实现65%层流覆盖，那么可以给机翼减阻60%，并给整机减阻15%。

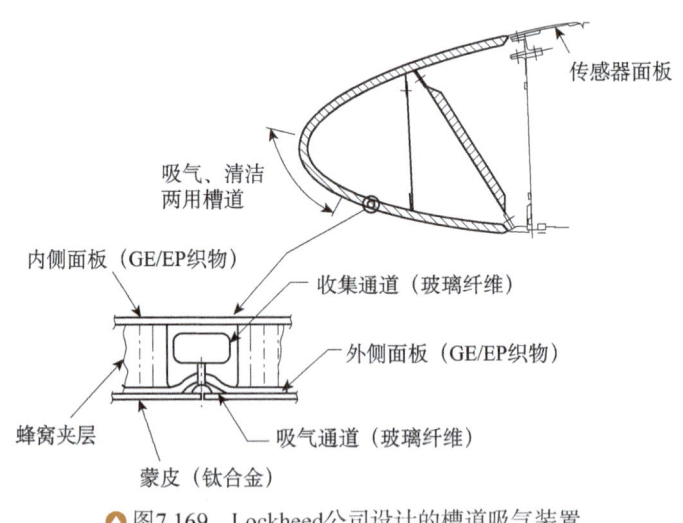

▲ 图7.169 Lockheed公司设计的槽道吸气装置

如果在自然层流的基础上增加主动控制，则这种控制方式被称为混合层流控制（hybrid laminar flow control，HLFC）。混合层流控制的理念在 B757（如图 7.170 所示）飞机上进行了测试。由图 7.171 可以清楚地看出，在层流控制区域边缘的地方流动已经变成湍流而在主动控制区域内则维持层流的状态。飞行测试在马赫数 Ma=0.8 的状态下结果表明，只需要设计吸气量的 1/3 就能实现 65% 弦长的层流覆盖，结果比预期的更加理想，并且经过计算，该混合层流控制给飞机机翼减阻 29%，给整架飞机减阻大约 6%。

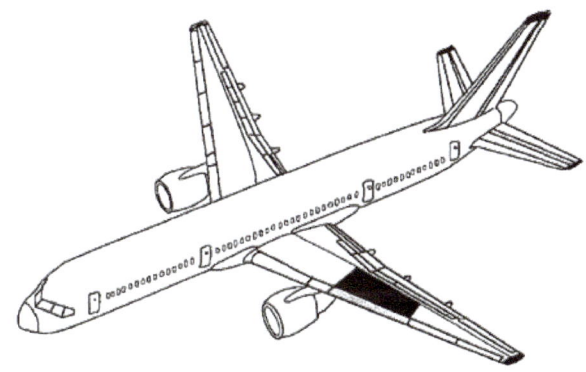

图7.170　B757飞机（左侧机翼上黑色区域为层流控制测试区域）

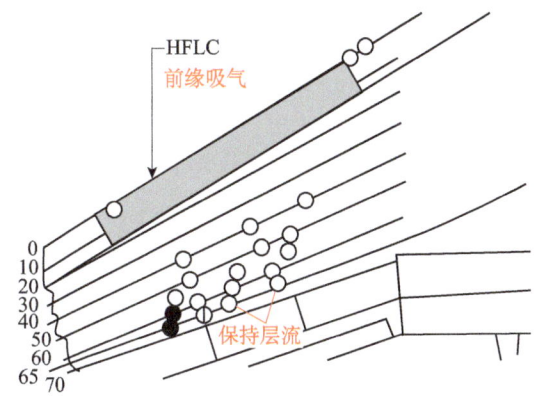

图7.171　B757飞机机翼混合层流控制结果
（空心圆点表示层流状态而实心圆点表示湍流状态，左侧数字表示位置相对弦长百分比）

除了飞机主翼，飞机发动机短舱外表面、垂尾上也分别进行了层流控制试验。例如，在 A320 飞机的垂尾上，对基本型垂尾施加层流控制能获得 40% 弦长层流覆盖，而对 HLFC 型垂尾能获得 50% 现场覆盖，大约能够降低整架飞机 1%～1.5% 的阻力；一架 A300/B2 飞机的 GEAE CF6-50C2 发动机短舱外表面被改造并进行了层流控制试验，结果表明多孔吸气能够使短舱实现 43% 的层流覆盖。

C. 壁面粗糙和柔性壁面控制

利用改善壁面结构控制和延迟边界层转捩的研究发展的较晚，目前多数技术仍处于实验研究阶段。1998 年 Saric 等提出了用分布式粗糙阵列（distributed roughness elements，DRE）来控制后掠机翼的横流转捩，并且首次在风洞测试中取得了成功，随后 Saric 团队进行了大量的理论、计算和风洞实验研究。这种层流控制是基于后掠机翼横流转捩原理，横流涡的发展与展向波长直接相关，而展向波长又决定于壁面微小的粗糙结构。如果不施加控制，那么最不稳定波长会成为主导，进而较早转捩，如果增加分布式粗糙阵列，则横流涡的发展由粗糙阵列决定。于是可以通过调整参数来寻找一个能够推迟转捩的粗糙阵列。这里的粗糙与壁面本身粗糙不同，接近于非常扁平的小圆柱。随着研究的深入，Saric 团队在一架 Cessna O-2A Skymaster 飞机上进行了实际飞行条件下的层流控制测试。测试结果表明，分布式粗糙阵列能在一定条件下保持机翼 80% 以上弦长被层流覆盖。随后不久，Fransson 等提出用分布式粗糙阵列控制 TS 波的发展。尽管都是用分布式粗糙，这里用到的原理与此前用来控制横流转捩的原理并不相同。此处，是通过分布式粗糙阵列产生流动展向的周期性变化，进而在二维边界层流动中引入展向梯度，进而扰动在演化过程中形成对雷诺应力的负产生项,抑制扰动在流动中的进一步增长。

基于同样的原理,使用微型涡流发生器在层流边界层中产生条带来抑制 TS 波的增长从而延迟转捩的试验也取得了成功,并且如果同时使用多组涡流发生器,可以持续扩展层流覆盖的范围。等离子体激励器经过仔细设计之后也被成功地用来延迟 TS 波造成的转捩。这些新型控制方法目前仍旧处于实验研究测试阶段,尚未进行外场飞行测试。

关于延迟边界层转捩,也有一些基于对自然观察得到的思路,如 Kramer 基于对海豚(如图 7.172 所示)的研究提出了用柔性壁面来延迟转捩。关于这方面的研究相对比较曲折,很长时间内都没有人能重复 Kramer 提到的延迟转捩的效果,直到 Gaster 仔细地设计了在柔性壁面上不稳定扰动增长的试验,并且进行了相应的理论分析,结果与实验结果一致,由此给柔性壁面的转捩控制研究带来了新的活力。尽管目前柔性壁面的层流控制方法还处于研究中,但被认为是很有希望用于飞行器的层流减阻控制。

▲ 图7.172　海豚皮柔性壁面层流减阻

2)湍流控制与减阻

大量研究表明,改善近壁区湍流结构,是减小湍流边界层区域壁面摩擦阻力的一种有效方法。湍流减阻是对近壁区湍涡结构控制的结构,具体而言是对湍流边界层中拟序大尺度涡结构的控制。近壁湍流中的拟序结构主要特征为：①黏性底层中的低速条带；②壁面区低速流动的喷射行为，造成低速条带抬升；③边界层外缘高速流体向壁面的冲射扫掠，使外区流动涌入；④出现各种形式的湍涡结构；⑤近壁剪切结构的倾斜，表现为展向涡量的集中；⑥出现近壁"涡包"结构；⑦位于边界层外与势流接触面上的三维凸起所覆盖的大尺度湍涡结构；⑧边界层外区大尺度湍涡结构运动所引起的剪切层"后移"，导致流向速度的不连续性。这些复杂的近壁湍流结构，使边界层中物理量表现为空间和时间上的不确定性，所以湍流边界层的控制比层流边界层控制要难得多。湍流控制方法总体来说也分成主动控制和被动控制两大类，以分别说明之。

A. 被动湍流控制

有效控制湍流边界层中的展向脉动，就能降低湍流边界层的摩擦阻力。目前壁面沟槽控制就是一种被动控制技术。在湍流边界层控制研究中，鲨鱼皮沟槽减阻机理受到了广泛的关注。如图7.173所示，鲨鱼皮的微观结构实际上就是一种复杂的沟槽。

▲图7.173　鲨鱼皮沟槽结构

Walsh 最早对沟槽表面湍流结构进行了研究,测量发现,在某些沟槽参数下,能够达到大约 8% 的减阻效果,但同时也注意到沟槽并不对湍流猝发事件的频率有明显影响。Suzuki 和 Kasagi 在试验中发现,沟槽的存在能够明显抑制湍流边界层中展向脉动能量的交换。如图 7.174 所示为一种典型的壁面沟槽,这种控制技术不需要能量输入,所以是一种边界层被动控制技术。试验发现,减阻效果好的沟槽间距无量纲数为 $S^+=10\sim20$。其中

$$S^+ = \frac{u^* s}{v}, \quad u^* = \sqrt{\tau_W/\rho}$$

式中,u^* 为壁面摩阻速度;v 为空气运动黏性系数,τ_w 为壁面摩阻力;ρ 为空气密度。在飞行条件下,实际间距一般为 25~75μm(人体的头发丝约 70μm)。从现有的研究发现,沟槽减阻 5%~15%。

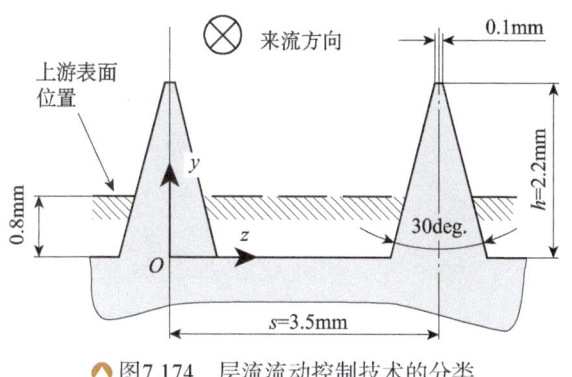

▲图7.174 层流流动控制技术的分类

美国 3M 公司生产的对称 V 型沟槽(高度等于间距)被广泛地用于沟槽减阻的研究和飞行测试,比如在 NACA0012 翼型上的飞行测试的结果表明,沟槽确实能够给平直机翼减阻 5%~8%,对于后掠机翼来说,如果沟槽的角度能够和当地势流速度方向在一个较小的角度内,那么也能达到类似的效果。波音公司在 T-33 教练机上进行了沟槽

湍流减阻的实际飞行测试，沟槽覆盖的机翼表面分布在 7%～83% 弦长的范围内，并在 83% 弦长处测量了沟槽表面边界层的尾迹，结果发现最大减阻 6%～7%，并且测试的 0.033mm 和 0.076mm 两种高度的沟槽效果差不多。在 A340-300 飞机上进行的飞行试验，沟槽可使壁面摩擦阻力减小 5%～8%。

Walsh 在一架 Learjet Model 28/29 双发喷气商务机上进行了沟槽测试，飞行测试减阻结果与风洞实验结果基本相同，并且确认减阻效果可以通过沟槽的高度来预测，只是最大减阻效果略低于风洞实验结果。Szodruch 在 A320 上进行了沟槽减阻飞行测试，在马赫数 Ma=0.77～0.79 的飞行状态下，沟槽能够减阻约 2%，与预期效果类似。

另外，还有一种被动控制湍流边界层减阻的装置，被称为大涡破碎装置（large eddy breakup device），这种装置能够降低其附近边界层的阻力，不过其本身会引入不小的附加阻力，反而可能造成净阻力的上升。该装置仍有人在研究。

B. 主动湍流控制

研究表明，在湍流边界层中施加展向振动是一种非常有效的湍流控制方式，展向振动的控制方式通过在 Stokes 层中产生展向涡量进而影响黏性底层内的时间平均速度型的梯度，从而减小壁面阻力。湍流的展向振动可以直接通过壁面的振动来实现，在 Choi 等的试验中，这种控制方式最高可以达到减阻 45% 效果。另外，在湍流边界层里用周期性吹气（如图 7.175 所示）来降低摩擦阻力是一种目前正在研究的较有潜力的主动控制技术。现已发现，在湍流边界层内进行周期性吹气会形成局部的再层流化，并且影响下游的拟序结构，进而产生减阻效果。

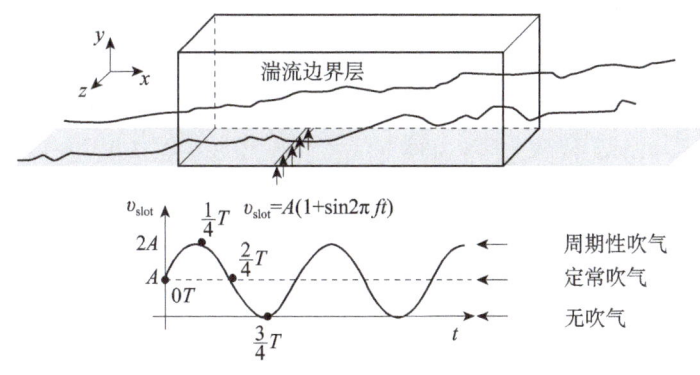

▲ 图7.175 湍流边界层的周期性吹气控制

等离子体激励器（plasma actuator）是一种能够有效实现流动展向振动的方法，其对流体产生作用力并形成旋涡的过程如图7.176所示。

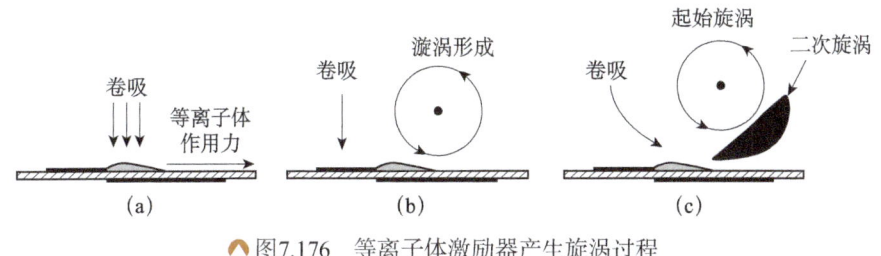

▲ 图7.176 等离子体激励器产生旋涡过程

Jukes 等研究了湍流边界层，在 $Re_\tau = 400$ 处等离子体激励器进行展向振动控制的效果。结果发现，当振动周期为 $T^+ = Tu_\tau^2/v = 16$ 时，等离子体射流速度为 $W^+ = W/u_\tau \approx 10$，电极间距为 $s^+ = su_\tau/v = 20$，能达到45%的减阻效果。除了直接振动流体，等离子体激励器还被用于产生展向行波来降低阻力。展向行波促使附近的低速条带会聚成一个较宽的条带，并且形成一个流向涡，伴随着一侧的喷射和另一侧的下洗。

3. 降低诱导阻力

在大型飞机巡航状态下，机翼诱导阻力占总阻力的比例仅次于摩擦阻力，其是由机翼后缘脱落涡对飞机本身下洗诱导产生的。降低诱导阻力可以通过扩大机翼展长来实现，但是展长的扩大将受到机翼结构的限制。为此，20世纪70年代，美国NASA兰利风洞实验室主任Whitcomb设计了一种在主机翼翼尖附加的装置，可有效减小飞机巡航时的诱导阻力，该装置被称为翼梢小翼（如图7.177所示）。在翼梢小翼被发明后不久，美国空军就在KC-135加油机上测试了翼梢小翼的效果。测试结果表明，增加翼梢小翼之后，能降低巡航状态大约7%的阻力，并且据估算这项改进能使KC-135机群以后20年里节省数十亿美元经费。

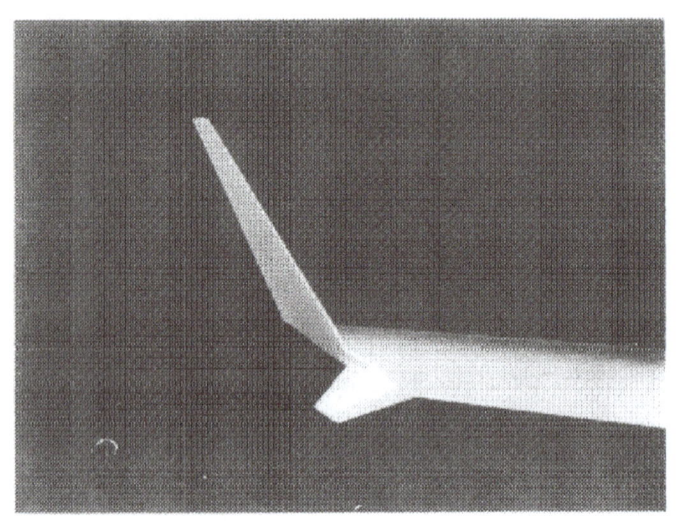

▲ 图7.177　Whitcomb设计的翼梢小翼

Bourdin等将翼梢小翼设计成一个可以活动的装置，发现可动翼梢小翼对于提高低速性能有比较明显的效果。大量研究显示，翼梢小翼对降低诱导阻力是一种有效的装置。现在波音公司和空客公司生产的大型飞机基本都装了这种小翼。其流动机理是，受翼尖上下表面的压差作用，气流趋向于围绕翼尖沿下表面向外侧流动，而沿上表面向内侧流动。加装翼梢小翼后，将会对机翼展向流动起到端板的效应，并在小翼涡与机翼翼梢涡剪切作用下，对机翼翼梢涡起到扩散效应，从而使机翼尾涡的下洗减弱,减小了下洗角,降低了诱导阻力。

翼梢小翼除作为翼梢端板能起增加机翼有效展弦比的作用外,还可以利用机翼翼梢气流的偏斜而产生的"拉力效应"减小阻力,如图7.178所示。风洞实验和飞行试验结果表明,翼梢小翼能使全机诱导阻力减小20%～30%,相当于升阻比提高5%。翼梢小翼作为提高飞行经济性、节省燃油的一种先进空气动力设计措施,已在很多飞机上得到采用。

▲图1.178 翼梢小翼增升与拉力效应

4. 减小激波阻力

长期以来,降低跨声速飞机的飞行阻力、提高阻力发散马赫数一直是飞行器设计的技术难点。早在20世纪50年代,美国NASA的Whitcomb等通过风洞试验发现,当飞行速度在声速附近时,飞机的零升波阻将受到其横截面积的纵向分布影响较大,而且与横截面积分布相同的旋成体的零升波阻相同。这就是说,飞机在纵向位置上横截面积形状对波阻无影响,有影响的是横截面积大小在纵向的变化方式。传统直机身在经过机翼时,将会引起明显波阻增大。如果采用蜂腰结构,波阻可以大大减小。由此提出跨声速面积律,通过修型机身减少零升波阻的有效方法。实验发现,应用面积律可使跨声速的零升波阻降低 25%～30%，但随着马赫数增大，面积律的减阻效果逐渐减弱。当马赫数在 1.8～2.0 时，面积律效果几乎为零。

如图 1.179 所示，我国轰-6 巡航马赫数为 0.75，采用悬臂式中单翼，双梁盒式结构，焦点线后掠角 35°，翼弦平面下反角 3°，安装角 1°。机翼后缘全展长上装有内、外襟翼和副翼。襟翼为后退开缝式，最大偏转角 35°，副翼上装有内气动轴向补偿和调整片。全金属半硬壳机身结构，蜂腰流线形机身。

▲图1.179　轰-6蜂腰机身设计

除了在飞机总体设计上考虑降低激波阻力之外，近年来发展出了一种通过在翼型上增加激波鼓包来控制机翼上激波强度，进而降低激波阻力的新技术。在超临界机翼设计中，给出飞机在巡航设计状态下产生一个弱激波的后掠机翼，但是当飞行状态偏离设计状态后，激波阻力则会急剧上升。Tai 等研究了带鼓包翼型在跨声速状态下的气动性能，提出通过增加鼓包来改善翼型的跨声速阻力特性（如图 1.180 所示）。随后的研究表明，激波鼓包的范围可从 20% 弦长延伸到 40% 弦长，并可以按照需要动态调整鼓包外形。

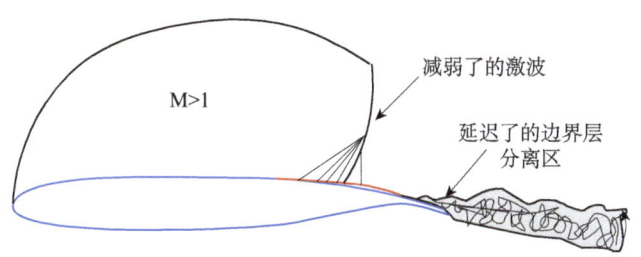

▲ 图1.180　激波鼓包控制激波强度（红线为激波鼓包）

欧洲（Euroshock 项目）和美国（NASA 飞行器变形项目）都开展了对鼓包控制激波强度的系统研究。数值模拟和实验测试发现，经过合理设计的鼓包在飞行速度接近声速时能够有效提高飞行器的升阻比。激波鼓包的设计也从早期的二维鼓包发展成三维鼓包阵列。尽管激波鼓包还处于实验研究阶段，但其很有希望应用到未来的飞机上。

第 8 章

流体力学人物志

为了便于学习和了解流体力学的发展历程，本章主要从《中国大百科全书》和百度百科网站（baike.baidu.com）中，选择了全世界51位在流体学力学中做出过重要贡献的科学家（按照出生年份进行排序），并介绍了他们主要的科学成就，以便为初学者提供参考。

8.1 阿基米德

阿基米德（Archimedes，公元前287~公元前212年）

阿基米德（Archimedes，公元前287~公元前212年）是伟大的古希腊哲学家、科学家、数学家、物理学家、力学家，静态力学和流体静力学的奠基人，并且享有"力学之父"的美称，阿基米德和高斯、牛顿并列为世界三大数学家。阿基米德曾说过："给我一个支点，我就能撬起整个地球。"阿基米德确立了静力学和流体静力学的基本原理。给出许多求几何图形重心，包括由一抛物线和其网平行弦线所围成图形的重心的方法。阿基米德证明物体在液体中所受浮力等于它所排开液体的重量，这一结果后被称为阿基米德原理。他还给出正抛物旋转体浮在液体中平衡稳定的判据。阿基米德发明的机械有引水用的水螺旋，能牵动满载大船的杠杆滑轮机械，能说明日食、月食现象的地球－月球－太阳运行模型。但他认为机械发明比纯数学低级,因而没写这方面的著作。阿基米德还采用不断分割法求椭球体、旋转抛物体等的体积,这种方法已具有积分计算的雏形。阿基米德流传于世的著作有 10 余种,多为希腊文手稿。他的著作集中探讨了求积问题,主要是曲边图形的面积和曲面立方体的体积,其体例深受欧几里得《几何原本》的影响,先是假设,再以严谨的逻辑推论得到证明。他不断地寻求一般性原则并应用于特殊的工程上。他的作品始终融合数学和物理。

8.2 达芬奇

达芬奇(Leonardo Di Serpiero Da Vinc,1452~1519 年)是欧洲文艺复兴时期的天才科学家、发明家、画家。现代学者称他为"文艺复兴时期最完美的代表",是人类历史上绝无仅有的全才。他最大的成就是绘画,他的杰作《蒙娜丽莎》《最后的晚餐》《岩间圣母》等作品,体现了其精湛的艺术造诣。他认为自然中最美的研究对象是人体,人体是大自然的奇妙之作品,画家应以人为绘画对象。他是一位思想深邃、学识渊博、多才多艺的画家、天文学家、发明家、建筑工程师。他还擅长

△ 达芬奇(Leonardo Di Serpiero Da Vinc,1452~1519 年)

雕刻、音乐、发明、建筑,通晓数学、生理、物理、天文、地质等学科,既多才多艺,又勤奋多产,保存下来的手稿大约有6000页。他全部的科研成果尽数保存在他的手稿中,爱因斯坦认为,达芬奇的科研成果如果在当时就发表的话,科技可以提前30~50年。

8.3 伽利略

▲ 伽利略(Galileo Galilei,1564~1642年)

伽利略(Galileo Galilei,1564~1642年)是意大利数学家、物理学家、天文学家,科学革命的先驱。伽利略发明了摆针和温度计,在科学上为人类做出过巨大贡献,是近代实验科学的奠基人之一。历史上他首先在科学实验的基础上融汇贯通了数学、物理学和天文学三门知识,扩大、加深并改变了人类对物质运动和宇宙的认识。伽利略从实验中总结出自由落体定律、惯性定律和伽利略相对性原理等,从而推翻了亚里士多德物理学的许多臆断,奠定了经典力学的基础,反驳了托勒密的地心体系,有力地支持了哥白尼的日心学说。他以系统的实验和观察推翻了纯属思辨传统的自然观,开创了以实验事实为根据并具有严密逻辑体系的近代科学,因此被誉为"近代力学之父"、"现代科学之父"。其工作为牛顿的理论体系的建立奠定了基础。伽利略倡导数学与实验相结合的研究方法,这种研究方法是他在科学上取得伟大成就的源泉,也是他对近代科学的最重要贡献。伽利略认为经验是知识的唯一源泉,主张用实验-数学方法研究自然规律,反对经院哲学的神秘思辨。深信自然之书是用数学语言写的,只有能归结为数量特征的形状、大小和速度才是物体的客观性质。他是利用望远镜观察天体取得大量成果的第一人。伽利略的研究对17世纪的自然科学和世界观的发展起了重大作用。从伽利略、牛顿开始的实验科学,是近代自然科学的开始。

8.4　帕　斯　卡

帕斯卡(Blaise Pasca,1623～1662年)是法国数学家、物理学家、哲学家、散文家。16岁时发现著名的帕斯卡六边形定理,17岁时写成《圆锥曲线论》(1640年)。1642年他设计并制作了一台能自动进位的加减法计算装置,被称为是世界上第一台数字计算器,为以后的计算机设计提供了基本原理。1654

△法国数学家、物理学家帕斯卡
(Blaise Pasca,1623～1662年)

年他开始研究几个方面的数学问题,在无穷小分析上深入探讨了不可分原理,得出求不同曲线所围面积和重心的一般方法,并以积分学的原理解决了摆线问题,于 1658 年完成《论摆线》。他的论文手稿对莱布尼茨建立微积分学有很大启发。在研究二项式系数性质时,写成《算术三角形》向巴黎科学院提交,后收入他的全集,并于 1665 年发表。其中给出的二项式系数展开后人称为"帕斯卡三角形",实际它已在约 1100 年由中国的贾宪所知。他还制作了水银气压计(1646 年),写了液体平衡、空气的重量和密度等方面的论文(1651~1654 年),并写下《思想录》(1658 年)等经典著作。

8.5 牛 顿

▲牛顿(Isaac Newton,1643~1727年)

牛顿(Isaac Newton,1643~1727 年)爵士毕业于剑桥大学的三一学院,英国皇家学会会长,英国著名的物理学家,百科全书式的"全才",著有《自然哲学的数学原理》《光学》。他在 1687 年发表的论文《自然定律》里,对万有引力和三大运动定律进行了描述。这些描述奠定了此后三个世纪里物理世界的科学观点,并成为现代工程学的基础。他通过论证开普勒行星运动定律与他的引力理论间的一致性,展示了地面物体与天体的运动都遵循着相同的自然定律,为太阳中心说提供了强有力的理论支持,并推动了科学革命。在力学上,牛顿阐明了动量和角动量守恒的原理,提出牛顿运动定律。在光学上,他发明了反射望远镜,并基于对三棱镜将白光发散成可见光谱的观察,发展出了颜色理论。他还系统地表述了冷却定律,并研究了音速。在数学上,牛顿与戈特弗里德·威廉·莱布尼茨分享了发展出微积分学的荣誉。他也证明了广义二项式定理,提出了"牛顿法"以趋近函数的零点,并为幂级数的研究做出了贡献。

8.6 莱布尼茨

莱布尼茨(Gottfried Wilhelm Leibniz, 1646～1716年)是德意志哲学家、数学家,历史上少见的通才,被誉为17世纪的亚里士多德。本人是一名律师,经常往返于各大城镇,许多的公式都是在颠簸的马车上完成的,他也自称具有男爵的贵族身份。莱布尼茨在数学史和哲学史上都占有重要地位。在数学上,他和牛顿先后独立发明了微积分,而且他所使用的微积分的数学符号被更广

▲ 德国数学家莱布尼茨(Gottfried Wilhelm Leibniz, 1646～1716年)

泛使用。莱布尼茨所发明的符号被普遍认为更综合，适用范围更加广泛。莱布尼茨还对二进制的发展做出了贡献。在哲学上，莱布尼茨的乐观主义最为著名，他和笛卡儿、斯宾诺莎被认为是17世纪三位最伟大的理性主义哲学家。莱布尼茨在哲学方面的工作在预见了现代逻辑学和分析哲学诞生的同时，也显然深受经院哲学传统的影响，更多地应用第一性原理或先验定义，而不是实验证据来推导以得到结论。莱布尼茨在政治学、法学、伦理学、神学、哲学、历史学、语言学诸多方面都留下了著作。

8.7 伯 努 利

▲ 瑞士科学家伯努利（Daniel Bernoulli，1700～1782年）

伯努利（Daniel Bernoulli，1700～1782年）是瑞士著名科学世家伯努利家族的重要成员之一。1726～1733年他在俄国圣彼堡科学院主持数学部。伯努利具有坚实的数学基础和敏锐的洞察力，解决问题往往表现出他的独创性。1725～1749年，他曾十次获得法国科学院的奖金。他的研究领域包括数学、力学、磁学、潮汐、洋流、行星轨道等。他曾与瑞士数学家欧拉和苏格兰数学家马克劳林合作撰写关于潮汐的论文并获奖。1738年他出版了《水动力学》一书，奠定了这一学科的基础，并因此获得了极高的声望。他提出理想流体的能量守恒定律，即单位重量液体的位置势能、压力势能和动能的总和保持恒定，后即称为伯努利定理。在此基础上，又阐述了水的压力、速度之间的关系，提出了流体速度增加则压力减小这一重要结论。伯努利在固体力学方面亦有很多论著，例如1735年提出悬臂梁振动方程；1742年提出弹性振动理论中的叠加原理。

8.8 欧 拉

欧拉（Leohard Euler，1707～1783年）是瑞士数学家、力学家。欧拉是18世纪著述最多的数学家，他的著述涉及当时数学的各个领域，许多数学名词是以欧拉命名的，如欧拉积分、欧拉数、各种欧拉公式等。他同他的后继者拉格朗日一起完成了数学由用综合方法到用分析方法的过渡，但两人在风格上迥然不同，欧拉以具体、细致著称，拉格朗日则以善于抽

▲瑞士数学家和力学家欧拉 (Leohard Euler，1707～1783年)

象、概括见长。欧拉将数学方法用于力学，在力学各个领域中都有突出贡献；他是刚体动力学和流体力学的奠基者，弹性系统稳定性理论的开创人。在1736年出版的两卷集《力学或运动科学的分析解说》中，考虑了自由质点和受约束质点的运动微分方程。在力学原理方面，在研究刚体运动学和刚体动力学中，他得出最基本的结果，其中有：刚体定点有限运动等价于绕过定点某一轴的转动；刚体定点运动可用三个角度（称为欧拉角）的变化来描述；刚体定点转动时角速度变化和外力矩的关系；定点刚体在不受外力矩时的运动规律以及自由刚体的运动微分方程等。欧拉认为，质点动力学微分方程可以应用于液体（1750年）。他曾用两种方法来描述流体的运动，即分别根据空间固定点（1755年）和确定流体质点（1759年）描述流体速度场。这两种方法通常称为欧拉表示法和拉格朗日表示法。欧拉奠定了理想流体（假设流体不可压缩，且其黏性可忽略）的运动理论基础，给出反映质量守恒的连续性方程（1752年）和反映动量变化规律的流体动力学方程（1755年）。欧拉研究过弦、杆等弹性系统的振动。他和伯努利一起分析过上端悬挂着的重链的振动以及相应的离散模型（挂有一串质量的线）的振动。他在伯努利的帮助下，得到弹性受压细杆在失稳后的挠曲线（elastica）的精确解。能使细杆产生这种挠曲的最小压力后被称为细杆的欧拉临界负载荷。欧拉在应用力学，如弹道学、船舶理论、月球运动理论等方面，也有研究。欧拉写有专著和论文800多种。

8.9 达朗贝尔

达朗贝尔（Jean le Rond d'Alembert，1717～1783 年）是法国著名的物理学家、数学家和天文学家。达朗贝尔是数学分析的主要开拓者和奠基人。达朗贝尔为极限作了较好的定义，但他没有把这种表达公式化。玻意耳做出这样的评价："达朗贝尔没有摆脱传统的几何方法的影响，不可能把极限用严格形式阐述，但他是当时几乎唯一一位把微分看成是函数极限的数学家。"

法国数学家和力学家达朗贝尔（Jean le Rond d'Alembert，1717～1783年）

达朗贝尔是 18 世纪少数几个把收敛级数和发散级数分开的数学家之一，并且他还提出了一种判别级数绝对收敛的方法——达朗贝尔判别法，即现在还使用的比值判别法。他同时是三角级数理论的奠基人；达朗贝尔为偏微分方程的出现也做出了巨大的贡献，1746 年他发表了论文《张紧的弦振动时形成的曲线研究》，在这篇论文里，他首先提出了波动方程，并于 1750 年证明了它们的函数关系。1763 年，他进一步讨论了不均匀弦的振动，提出了广义的波动方程。另外，达朗贝尔在复数的性质、概率论等方面也都有所研究，而且他还很早就证明了代数基本定理。达朗贝尔在数学领域的各个方面都有所建树，但并没有严密和系统地进行深入的研究，他甚至曾相信数学知识快穷尽了。但无论如何，19 世纪数学的迅速发展是建立在他们那一代科学家的研究基础之上的，达朗贝尔为推动数学的发展做出了重要的贡献。

> 流体力学通论

8.10 拉格朗日

▲法国数学家与流体力学家拉格朗日（1736～1813年）

拉格朗日（Joseph-Louis Lagrange，1736～1813年）是法国力学家、数学家。他被拿破仑任命为参议员，封为伯爵。拉格朗日是分析力学的奠基人。他在所著《分析力学》（1788年）中吸收并发展了欧拉、达朗贝尔等的研究成果，应用数学分析解决质点和质点系（包括刚体、流体）的力学问题。拉格朗日继欧拉之后研究过理想流体运动方程，并最先提出速度势和流函数的概念，成为流体无旋运动理论的基础。他在《分析力学》中从动力学普遍方程导出的流体运动方程，着眼于流体质点，描述每个流体质点自始至终的运动过程，这种方法现在称为拉格朗日方法，以区别着眼于空间点的欧拉方法，但实际上这种方法欧拉也应用过。1764～1778年，他因研究月球平动等天体力学问题曾五次获法国科学院奖。在数学方面，拉格朗日是变分方法的奠基人之一，他对代数方程的研究对伽罗瓦群论的建立起了先导作用。

8.11 拉普拉斯

拉普拉斯 (Pierre-Simon Laplace, 1749～1827 年) 是法国分析学家、概率论学家和物理学家，法国科学院院士。1812 年发表了重要的《概率分析理论》一书，在该书中总结了当时整个概率论的研究。他长期从事大行星运动理论和月球运动理论方面的研究，尤其是特别注意研究太阳系天体摄动，太阳系的普遍稳定性问题以及太阳系稳定性的动力学问题。

▲法国数学家与流体力学家拉普拉斯 (Pierre-Simon Laplace，1749～1827 年)

1799～1825 年拉普拉斯出版 5 卷 16 册巨著《天体力学》，这是经典天体力学的代表作，在这部著作中他第一次提出天体力学这一名词，因此被誉为法国的牛顿和天体力学之父。1814 年拉普拉斯提出科学假设，假定如果有一个智能生物能确定从最大天体到最轻原子的运动的现时状态，就能按照力学规律推算出整个宇宙的过去状态和未来状态。后人把他所假定的智能生物称为拉普拉斯妖。他发表的天文学、数学和物理学的论文有 270 多篇，专著合计有 4006 多页。其中最有代表性的专著有《天体力学》《宇宙体系论》《概率分析理论》。

8.12 凯 利

△ 英国空气动力学家凯利(George Kelly，1773～1857年)

凯利（George Kelly，1773～1857年）是英国空气动力学家、经典空气动力学之父。1804年凯利研究鸟的推动力，在旋转臂上试验了一架滑翔机模型。不久，他把带翼的抛射体发射到海上。几乎与此同时他还设计了一架复合式飞机，轮车上装有固定翼，在翼尖上有扑翼。1807年，凯利研究热气发动机和另外一种采用火药的发动机。1808年，凯利研制了"旋翼"和"桨轮"飞机，并于同年设计了一架扑翼机。1809年，凯利开始研究鱼与我们今天所说的流线型的关系，成功地制造出航空史上第一架全尺寸滑翔机并进行试飞。1809年，他的题为《论空中航行》的论文在自然哲学杂志上发表。在该论文中，他提出了十分重要的科学论断：①作用在重于空气的飞行器上的四种力——升力、重力、推力和阻力的定义；②确定升力的机理与推力的机理分开。至此，凯利已认识到鸟类翅膀不仅具有推进功能，也具备了产生升力的功能。人类飞行器如果用不同装置分别实现上述功能，将会比单纯模仿鸟类的飞行动作进行飞行容易得多。这一重要发现奠定了固定机翼形式的飞机的基本构思和理论基础。他描绘出固定翼、机尾、机身以及升降舵等操纵面，解释了机翼的作用，并指出适当的安定性；接着他又提到飞行器必须迎风而起，必须有垂直的和水平的舵面。凯利的论文还阐述了速度对升力的关系，机翼负荷、张力、重力的减轻，甚至内燃发动机的原理以及流线型对飞行器设计的重要性等。他曾指出：机械飞行的全部问题是向一块平板提供动力，使它在空气流中产生升力，并支持一定的质量。他的《论空中航行》的论文被后人视作是航空学说的起跑线。

8.13 高 斯

高斯（C.F.Gauss，1777～1855年）是德国数学家、物理学家、天文学家、大地测量学家。高斯是近代数学的奠基者，被认为是历史上最重要的数学家之一，并享有"数学王子"之称。高斯和阿基米德、牛顿并列为世界三大数学家。一生成就极为丰硕，以他名字"高斯"命名的成果达110个，属数学家中之最。高斯在历史上影响巨

▲ 德国数学家高斯（C. F. Gauss，1777～1855年）

大，可以和阿基米德、牛顿、欧拉并列。高斯的数学研究几乎遍及所有领域，在数论、代数学、非欧几何、复变函数和微分几何等方面都做出了开创性的贡献。他还把数学应用于天文学、大地测量学和磁学的研究，发明了最小二乘法原理。高斯一生共发表155篇论文，他对待学问十分严谨，只是把他自己认为是十分成熟的作品发表出来。高

斯对代数学的重要贡献是证明了代数基本定理,他的存在性证明开创了数学研究的新途径。事实上在高斯之前有许多数学家认为已给出了这个结果的证明,可是没有一个证明是严密的。高斯把前人证明的缺失一一指出来,然后提出自己的见解,他一生中一共给出了四个不同的证明。高斯在1816年左右就得到非欧几何的原理。他还深入研究复变函数,建立了一些基本概念,发现了著名的柯西积分定理。他还发现椭圆函数的双周期性,但这些工作在他生前都没发表出来。在物理学方面,高斯最引人注目的成就是在1833年和物理学家韦伯共同发明了有线电报,这使高斯的声望超出了学术圈而进入公众社会。除此以外,高斯在力学、测地学、水工学、电动学、磁学和光学等方面均有杰出的贡献。

8.14 泊 松

▲法国科学家泊松(Simeon-Denis Poisson, 1781~1840年)

泊 松(Simeon-Denis Poisson, 1781~1840年)是法国数学家、几何学家和物理学家。他毕业于巴黎综合工科学校,受到拉普拉斯、拉格朗日的赏识。泊松的科学生涯开始于研究微分方程及其在摆的运动和声学理论中的应用。他工作的特色是应用数学方法研究各类物理问题,并由此得到数学上的发现。他对积分理论、行星运动理论、热物理、弹性理论、电磁理论、位势理论和概率论都有重要贡献。他还是19世纪概率统计领域里的卓越人物。他改进了概率论的运用方法，特别是用于统计方面的方法，建立了描述随机现象的一种概率分布——泊松分布。他推广了"大数定律"，并导出了在概率论与数理方程中有重要应用的泊松积分。他所著《力学教程》在很长时期内被作为标准教科书。在天体力学方面，他推广了拉格朗日和拉普拉斯有关行星轨道稳定性的研究，还计算出球体和椭球体之间的引力。他在1831年发表的《弹性固体和流体的平衡和运动一般方程研究报告》一文中第一个完整地给出说明黏性流体的物理性质的方程，即本构关系。泊松解决了许多热传导方面的问题，他使用了按三角级数、勒让德多项式、拉普拉斯曲面调和函数的展开式，关于热传导的许多成果都包含在其专著《热的数学理论》之中，并提出了弹性理论方程的一般积分法，引入了泊松常数。他还用变分法解决过弹性理论的问题。

8.15 纳 维

纳维（Claude-Louis Navier，1785～1836年）是法国力学家、工程师。纳维的主要贡献是为流体力学和弹性力学建立了基本方程。1821年他推广了欧拉的流体运动方程，考虑了分子间的作用力，从而建立了流体平衡和运动的基本方程，方程中只含有一个黏性常数。1845年斯托克斯从连续模型出发，改进了他的流体力学运动方程，得

流体力学通论

▲ 法国力学家纳维（Claude-Louis Navier，1785~1836年）

到两个黏性常数的流体运动方程（后称纳维-斯托克斯方程）。1821年，纳维还从分子模型出发，把每一个分子作为一个力心，导出弹性固体的平衡和运动方程（发表于1827年），这组方程只含有一个弹性常数。有两个弹性常数的各项同性弹性力学基本方程是1823年柯西得出的。纳维在力学其他方面的成就有：最早（1820年）用双重三角级数解简支矩形板的四阶偏微分方程；在工程中引进机械功以衡量机器的效率。他在工程方面改变了单凭经验设计建造吊桥（悬索桥）的传统，在设计中采用了理论计算。纳维的科学论文发表在法国各科学期刊上，关于流体力学基本方程的论文载于化学年刊第19卷（1821年），关于弹性固体平衡和运动方程的文章载于法国科学院研究报告集第7卷（1827年）。

8.16 柯　西

柯西（Augustin Louis Cauchy，1789~1857年）是法国数学家、物理学家、天文学家。柯西在数学上的最大贡献是在微积分中引进了极限概念，并以极限为基础建立了逻辑清晰的分析体系。这是微积分发展史上的精华，也是柯西对人类科学发展所做的巨大贡献。1821年柯西提出极限定义的方法，把极限过程用不等式。当今所有关于微积分的教材都还沿用着柯西等关于极限、连续、导数、收敛等概念的定义。他对微积分的解释被后人普遍采用。柯西对定积分作了最系统的开创性工作，他把定积分定义为和的"极限"。在定积分运算之前，强调必须确立积分的存在性。他利用中值定理首先严格证明了微积分基本定理。通过柯西以及后

▲ 柯西（Augustin Louis Cauchy，1789～1857年）

来魏尔斯特拉斯的艰苦工作，使数学分析的基本概念得到严格的论述，从而结束了微积分二百年来在思想上的混乱局面，把微积分及其推广从对几何概念、运动和直观了解的完全依赖中解放出来，并使微积分发展成现代数学最基础最庞大的数学学科。柯西在其他方面的研究成果也很丰富。复变函数的微积分理论就是由他创立的。在代数方面、理论物理、光学、弹性理论方面，也有突出贡献。柯西的数学成就不仅辉煌，而且数量惊人。柯西全集有27卷，其论著有800多篇，在数学史上是仅次于欧拉的多产数学家。他的光辉名字与许多定理、准则被一起收录在当今的许多教材中。作为一位学者，他思路敏捷，功绩卓著。从柯西卷帙浩大的论著和成果，人们不难想象他一生是怎样孜孜不倦地勤奋工作。

8.17 圣维南

▲ 法国力学家圣维南（Adhémar Jean Claude Barréde Saint-Venant，1797～1886年）

圣维南（Adhémar Jean Claude Barréde Saint-Venant，1797～1886年）是法国力学家。其主要研究领域是固体力学和流体力学，特别是在材料力学和弹性力学方面做出很大贡献。在弹性力学方面，他提出用半逆解法求解柱体扭转和弯曲问题，求解运用的思想是：如果柱体端部两种外加载荷在静力学上是等效的，则端部以外区域内两种情况中应力场的差别甚微。布森涅斯克于1885年把这个思想加以推广，并称为圣维南原理。设弹性体的一个小范围内作用有一个平衡力系(即合力和合力矩均为零)，则在远离作用区处弹性体内由这平衡力系引起的应力是可以忽略的。圣维南原理长期以来在工程力学中得到广泛应用。1868年以后，圣维南研究延性材料的塑性流动，提出塑性流动的基本假设和基本方程，他把这一课题称为塑性动力学。在流体力学方面，圣维南在1843年发表的《流体动力学研究》中列出黏性不可压缩流体运动基本方程，而斯托克斯的同一结果则是1845年发表的。圣维南研究结果大多发表于法国科学院学报上。

8.18 泊肃叶

泊肃叶（Jean-Louis-Marie Poiseuille，1799～1869年）是法国生理学家。泊肃叶在求学时代即已发明血压计，用以测量狗主动脉的血压。他发表过一系列关于血液在动脉和静脉内流动的论文。他在1840～1841年发表的论文《小管径内液体流动的实验研究》对流体力学的发展起到了重要作用。他在文中指出，流量与单位长度上的压力降与管径的四次方成正比。该定律后被称为泊肃叶定律。由于德国工程师哈根在1839年曾得到同样的结果，奥斯特瓦尔德在1925年建议称该定律为哈根-泊肃叶定律。泊肃叶和哈根的经验定律是斯托克斯于1845年建立的关于黏性流体运动基本理论的重要实验基础。现在流体力学中常把黏性流体在圆管道中的流动称为泊肃叶流动。

△法国生理学家泊肃叶（Jean-Louis-Marie Poiseuille,1799～1869年）

8.19 达　西

达西（Henri-Philibert-Gaspard Darcy，1803～1858年）是法国力学家及工程师。水文地质学的奠基人之一，他的实验成果开创了一门研究地下水流在多孔介质中运动的科学——地下水动力学。他一生曾负责过运河、铁路、公路、桥梁、隧洞等各种土木工程的设计与建设工作。法国在1845年以后，由于工业迅速发展，用水量急剧增加，开挖深井抽取地下水很盛行，促进了地下水的研究。达西着重研究冲积层中地下水的运动机理。1856年通过沙土渗透试验首先提出：通过试样的流量与试样横断面积及试样两端测压管水头差成正比，与试样的高度成反比。国际上将此项渗透规律定名为达西定律，为以后水在土中运动的实验研究方法、地下水运动理论及其在不同情况下的应用奠定了基础。1858年与德国学者魏斯巴赫(Weisbach)提出了著名的管道阻力损失公式。

▲法国力学家达西（Henri-Philibert-Gaspard Darcy，1803～1858年）

8.20 弗汝德

弗汝德（William Froude，1810～1879年）是英国流体力学家、造船工程师。1846年，率先开展船舶流体动力学的研究，发现沿船两舷吃水线以下水平方向加装鳍状舭龙骨，能减少船的横摇。这种装置后来被英国海军所采用。1868年，用船模进行船舶运动的一系列实验，并将船模实验中所获得的数据运用于船舶建造。将船舶阻力分为摩擦阻力和剩余阻力（主要是兴波阻力）。提出当船和船模的速度对长度平方根比值相同时，其单位排水量的剩余阻力相等的定律，这个比值常叫"弗汝德数"。依据这相似定律，建立了现代船模试验技术的基础，提高了利用船模试验以估计实船功率的精确度，对船舶设计建造产生重大影响。早期的空气动力学家，也采用类似的技术在风洞中作模型飞机实验。

△英国流体力学家弗汝德（William Froude，1810～1879年）

8.21 斯托克斯

▲ 英国力学家与数学家斯托克斯（George Gabriel Stokes, 1819~1903年）

斯托克斯（George Gabriel Stokes, 1819~1903年）是英国力学家、数学家。斯托克斯的主要贡献是对黏性流体运动规律的研究。纳维从分子假设出发，将欧拉关于流体运动方程推广，1821年获得带有一个反映黏性常数的运动方程。1845年斯托克斯从改用连续系统的力学模型和牛顿关于黏性流体物理规律出发，在《论运动中流体的内摩擦理论和弹性体平衡和运动的理论》中给出黏性流体运动的基本方程组，其中含有两个常数，这组方程后称纳维-斯托克斯方程，它是流体力学中最基本的方程组。1851年，斯托克斯在《流体内摩擦对摆运动的影响》的研究报告中提出球体在黏性流体中作较慢运动时受到的阻力计算公式，指明阻力与流速和黏滞系数成比例，这就是球形绕流阻力的斯托斯公式。斯托克斯发现流体表面波的非线性特征，其波速依赖于波幅，并首次用摄动方法处理了非线性波问题（1847年）。斯托克斯对弹性力学也有研究，他指出各向同性弹性体中存在两种基本抗力，即体积压缩的抗力和对剪切的抗力，明确引入压缩刚度的剪切刚度（1845年），证明弹性纵波是无旋容胀波，弹性横波是等容畸变波（1849年）。斯托克斯在数学方面，以场论中关于线积分和面积分之间的一个转换公式（斯托克斯公式）而闻名。

8.22 亥姆霍兹

亥姆霍兹（Hermann Ludwig Ferdinand von Helmholtz，1821～1894年）是德国生物物理学家、数学家，"能量守恒定律"的创立者。他在生理学、光学、电动力学、数学、热力学等领域中均有重大贡献。他研究了眼的光学结构，发展了梯·扬格韵色觉理论，即扬格-亥姆霍兹理论。对肌肉活动的研究使他丰富了早些时候迈耶和焦耳的理论，创立了能量守恒学说。在电磁理论方面，他测出电磁感应的传播速度为314 000km/s，由法拉

△德国流体力学家亥姆霍兹（Hermann Ludwig Ferdinand von Helmholtz，1821～1894年）

第电解定律推导出电可能是粒子。由于他的一系列讲演，麦克斯韦的电磁理论才真正引起欧洲大陆物理学家的注意，并且导致他的学生赫兹于1887年用实验证实电磁波的存在，从而取得一系列重大成果。在热力学研究方面，于1882年发表论文《化学过程的热力学》，他把化学反应中的"束缚能"和"自由能"区别开来，指出前者只能转化为热，后者却可以转化为其他形式的能量。他从克劳修斯的方程导出吉布斯-亥姆霍兹方程。他还研究了流体力学中的涡流、海浪形成机理和若干气象问题，提出著名的涡量守恒三大定律。

8.23 开尔文

▲英国物理学家、发明家开尔文
（Lord Kelvin，1824～1907年）

开尔文（Lord Kelvin，1824～1907年）是英国物理学家、发明家。开尔文的科学活动是多方面的。他对物理学的主要贡献在电磁学和热力学方面，是热力学的主要奠基者之一，后人以 kelvins 来表示温度，符号是 K。1927 年，第七届国际计量大会将热力学温标作为最基本的温标。流体力学特别是其中的涡旋理论成为 Kelvins 最喜爱的学科之一，他受亥姆霍兹工作的启示，发现了一些有价值的定理。在电磁学理论和工程应用上研究成果卓著。1848 年他发明了电像法，这是计算一定形状导体电荷分布所产生的静电场问题的有效方法。他深入研究了莱顿瓶的放电振荡特性，于 1853 年发表了《莱顿瓶的振荡放电》的论文，推算了振荡的频率，为电磁振荡理论研究做出了开拓性的贡献。1846 年便成功地完成了电力、磁力和电流的"力的活动影像法"。他揭示了傅里叶热传导理论和势理论之间的相似性，讨论了法拉第关于电作用传播的概念，分析了振荡电路及由此产生的交变电流，在热力学的发展中做出了一系列的重大贡献。1851 年他提出热力学第二定律：不可能从单一热源吸热使之完全变为有用功而不产生其他影响。这是公认的热力学第二定律的标准说法。他从热力学第二定律断言，能量耗散是普遍的趋势。1852 年他与焦耳合作进一步研究气体的内能，对焦耳气体自由膨胀实验作了改进，进行气体膨胀的多孔塞实验，发现了焦耳-汤姆孙效应，即气体经多孔塞绝热膨胀后所引起的温度的变化现象。1856年他从理论上预言了一种新的温差电效应，即当电流在温度不均匀的导体中流过时，导体除产生不可逆的焦耳热之外，还要吸收或放出一定的热量，这一现象后叫汤姆孙效应。

8.24 黎 曼

黎 曼（Georg Friedrich Bernhard Riemann，1826～1866年）是德国数学家、物理学家。他对数学分析和微分几何做出了重要贡献，对微分方程、对热学、电磁非超距作用和激波理论等也做出了重要贡献。他引入三角级数理论，从而指出积分论的方向，并奠定了近代解析数论的基础，提出一系列问题。他最初引入黎曼曲面这一概念，对近代拓扑学的影响很大。在代数函数论方面，如黎曼-诺赫定理

△ 德国数学家黎曼（Georg Friedrich Bernhard Riemann，1826～1866年）

也很重要。在微分几何方面，继高斯之后建立黎曼几何学。他的名字出现在黎曼ζ函数、黎曼积分、黎曼引理、黎曼流形、黎曼空间，黎曼映照定理、黎曼-希尔伯特问题、柯西-黎曼方程、黎曼思路回环矩阵中。

另外，他对偏微分方程及其在物理学中的应用有重大贡献。黎曼的工作直接影响了 19 世纪后半期的数学发展，许多杰出的数学家重新论证黎曼断言过的定理，在黎曼思想的影响下数学许多分支取得了辉煌成就。黎曼首先提出用复变函数论，特别是用 ζ 函数研究数论的新思想和新方法，开创了解析数论的新时期，并对单复变函数论的发展有深刻的影响。他是世界数学史上最具独创精神的数学家之一，黎曼的著作不多，但却异常深刻，极富于对概念的创造与想象。

8.25 兰 利

▲美国天文学家、飞行先驱兰利
（Samuel Pierpont Langley，1834～1906年）

兰 利（Samuel Pierpont Langley，1834～1906年）是美国天文学家、飞行先驱。兰利从未进过大学，但他是一位靠顽强自学成名的学者，有足够的能力从事天文学、航空学工作，1865 年他当上哈佛大学天文学助教，最后在几个学院取得了这门学科的教授职位。1881 年他发明了测辐射热计，这种仪器用于精密测定微量的热（达十万分之一度的温差），由一根涂黑的白金丝受热所产生的电流的大小来度量。为了纪念他，就把每平方厘米1卡的辐射单位叫做1兰利。兰利到加利福尼亚州惠特尼山考察期间,用这种仪器仔细测定了光谱可见区和红外区的兰利太阳辐射强度。在这个过程中,他第一次把太阳光谱的知识扩展到远红外区。兰利仔细研究了空气动力学原理,说明鸟类怎样轻驾双翼而滑翔,以及空气怎样会支承特殊形状的薄翼。他所提出的升力计算公式到今仍然被采用。兰利的理论虽然是可行的,但是在实际操作中,由于所用材料的结构强度或者发动机的缺陷,致使飞机未能飞成。

8.26 马 赫

马赫(Ernst Mach,1838~1916年)是奥地利物理学家和哲学家。1860年获维也纳大学博士学位。他在力学、声学、热力学、实验心理学以及哲学方面都有贡献。马赫用纹影技术研究飞行抛射体的工作最为人所熟知,1887年研究了空气中运动的物体发出以声速 c 传播的球面扰动波,当物体的速度 v 大于 c 时,扰动波的波前形成以物体为顶点的

奥地利物理学家马赫(Ernst Mach,1836~1916年)

锥形包络面,锥面母线与物体运动方向所形成的角度 α 与 v、c 的关系是 $\sin\alpha = c/v$。1907年,普朗特首次称角 α 为马赫角。1929年阿克莱特鉴于比值 v/c 在空气动力学研究中日益显示出的重要性,建议用术语马

赫数表示。20 世纪 30 年代末，马赫数成为表征流体运动状态的重要参数。作为一个哲学家，马赫对当时物理学的许多基本观点持怀疑态度。

8.27 雷 诺

▲ 英国物理学家雷诺(Osborne Reynolds，1842～1912 年)

雷 诺（Osborne Reynolds，1842～1912 年）是英国力学家、物理学家和工程师。1867 年毕业于剑桥大学王后学院。1868 年出任曼彻斯特欧文学院（后改名为维多利亚大学）的首席工程学教授。1877 年当选为皇家学会会员。1888 年获皇家勋章。他是一位杰出的实验科学家。他于 1883 年发表了一篇经典性论文《决定水流为直线或曲线运动的条件以及在平行水槽中的阻力定律的探讨》。这篇文章以实验结果说明水流分为层流与紊流两种形态，并提出以无量纲数 Re（后称为雷诺数）作为判别两种流态的标准。雷诺于 1886 年提出轴承的润滑理论，1895 年提出时均分解概念，导出控制湍流时均运动的雷诺方程组。雷诺兴趣广泛，一生著作很多，其中近 70 篇论文都有很深远的影响。这些论文研究的内容包括力学、热力学、电学、航空学、蒸汽机特性等。他的成果曾汇编成《雷诺力学和物理学课题论文集》两卷。

8.28 瑞 利

瑞利（Rayleigh，1842～1919年）是英国物理学家、流体力学家。瑞利最初的工作主要是对光学和振动系统的数学研究，后来的研究几乎涉及物理学的各个方面，如声学、波的理论、彩色视觉、电动力学、电磁学、光的散射、液体的流动、流体动力学、气体的密度、粘滞性、毛细作用、弹性和照相术。他的坚持不懈和精密的实验使他建立了电阻标准、电流标准和电动势标准，后来的工作集中在电学和磁学问题。瑞利在力学上有多方面的成就。他在弹性振动理论方面得到许多重要结果，其中包括对系统固有频率的性质进行估值和计算。他写成了两卷著名的《声学理论》(1877～1878年)，系统总结了研究弹性振动的成果。1887年，首先指出弹性波中存在表面波，这对认识地震的机理有重要作用。他还分析过流体由于上下温度差引起的对流，引进了有关的无量纲数（后称为瑞利数），这个结果可以用来解释由于地面大气对流而引起的某些气象现象。此外，他研究过有限幅度波的传播和气体对运动物体的阻力等。为了解释"天空为什么呈现蓝色"这个长期令人不解的问题，他导出了分子散射公式，这个公式被称为瑞利散射定律。在实验方面，他进行了光栅分辨率和衍射的研究，第一个对光学仪器的分辨率给出明确的定义；这项工作引发了

△英国物理学家瑞利（Rayleigh，1842～1919年）

后来关于光谱仪的光学性质等一系列基础性的研究，对光谱学的发展起了重要作用。绝对黑体辐射和频率的关系是19世纪后半叶受到物理学界普遍关注的问题。瑞利在1900年从统计物理学的角度提出一个关于热辐射的公式，即后来所谓的瑞利－金斯公式。这一结果与实验符合得很好，为量子论的出现准备了条件。瑞利密切注意量子论和相对论的出现和发展。他对声光相互作用、机械运动模式、非线性振动等项目的研究，对整个物理学的发展都具有深远影响。1905年修订出版《声学原理》著作，至今不仅被研究机械振动的声学工作者当成经典巨著，而且也是对其他物理学者很有助益的参考文献。瑞利把诺贝尔奖金捐赠给卡文迪什实验室和剑桥大学图书馆。

8.29 布辛尼斯克

布辛尼斯克（Joseph Valentin Boussinesq，1842～1929年）是法国物理学家和数学家。1876年获得博士学位。布辛尼斯克对数学、物理几乎各个分支（除电磁学）都有重要贡献。在流体力学方面，他主要研究涡流、波动、固体物对液体流动的阻力、粉状介质的力学机理、流动液体的冷却等方面。在湍流方面，1877年提出著名的涡黏性假设。在土力学方面，提出附加应力的布辛尼斯克解。1834年英国的拉塞尔（J. S. Russell）在实验中观察到了孤立波，1844年在英国科学进

第 8 章　流体力学人物志

展协会的会议上报告了他的结果；此后遭到权威学者艾里、斯托克斯等的非议。1871 年，布辛尼斯克第一个提出数学理论，支持拉塞尔的实验观察。1876 年，瑞利爵士（Lord Rayleigh）也建立了支持拉塞尔的实验观察的数学理论，并在他的论文末尾，瑞利承认了布辛尼斯克理论提出在先。1877 年，布辛尼斯克提出了浅水长波近似，建立了著名的布辛尼斯克方程，此后得到了广泛的应用和推广。1897 年，

△ 法国科学家布辛尼斯克(Joseph Valentin Boussinesq，1842～1929 年)

对湍流和水动力学做出了巨大贡献。经查，湍流（turbulence）这个名词的提出多半应归功于布辛尼斯克。此外，布辛尼斯克还对小密度差分层流中的浮力驱动流提出了著名的布辛尼斯克近似，在计及浮力的情况下，提出了简捷可靠的理论。他在弹性力学、岩土力学等方面也有卓越贡献。由于布辛尼斯克在流体力学的多个领域里都有贡献，至今很多流体力学著作中不能不提及他。例如，仅布辛尼斯克近似就有三种，分别涉及浅水波、涡黏性和浮力流。

8.30 拉伐尔

▲瑞典工程师拉伐尔（Karl Gustaf Patrik de Laval，1845~1913年）

拉伐尔（Karl Gustaf Patrik de Laval，1845~1913年）瑞典工程师，单级冲击式汽轮机发明者，提出著名的拉伐尔喷管。1882年提出冲击式汽轮机的概念，1887年自行研制了一台小型的冲击式汽轮机，证实了他提出的设想。1890年成功地通过先收缩后扩展的管道实现了超声速喷流，制造了冲击式蒸汽涡轮机，提出著名的拉伐尔喷管。现在的火箭发动机均装有这种喷管，使用这种喷管的涡轮机转速可以达到30 000rpm以上。他提出油水分离器的有效途径，通过实验得出离心分离器是最有效的。

8.31 茹科夫斯基

茹科夫斯基（1847~1921年）是俄国空气动力学家。茹科夫斯基1868年毕业于莫斯科大学物理数学系。1882年获得应用数学博士学位，论文为关于运动稳定性问题的《论运动的持久性》。1902 年他指导建成莫斯科大学的风洞,是欧洲最早的一批风洞之一。1910 年起他积极参与莫斯科工业学院的空气动力学实验室的筹建。1910~1912 年他讲授"飞行的理论基础"课程,1913 年还为飞机驾驶员讲授这课程。第一次世界大战中他从事轰炸理论、外弹道学问题的研究。十月革命后他投身于苏维埃空军的创建工作。1918 年 12 月,根据他

△ 俄罗斯科学家茹科夫斯基(1847～1921年)

的建议,苏联建立了"中央空气动力学和水动力学研究所",并任命他为主任。1921 年 3 月 17 日,茹科夫斯基在莫斯科去世。茹科夫斯基在空气动力学、航空科学、水力学、水文地理学、力学、数学、天文学等领域做出了巨大的贡献。茹科夫斯基还研究了偏微分方程及其近似积分法,首先将复变函数广泛地应用于空气动力学与流体力学。他的工作对航空业的发展产生了巨大的影响,被列宁称为"俄罗斯航空之父"。

8.32 李 林 达 尔

李林达尔(Otto Lilienthal,1848～1896 年)是德国工程师和滑翔飞行家、世界航空先驱者之一,他最早设计和制造出实用的滑翔机。

▲ 德国工程师和滑翔飞行家李林达尔（Otto Lilienthal，1848~1896年）

1889年写成著名的《鸟类飞行——航空的基础》一书，论述了鸟类飞行的特点，指出机翼也要像鸟翼那样具有弓形截面才能获得更大的升力。此后与其弟合作，于1891年制成一架蝙蝠状的弓形翼滑翔机，成功地进行了滑翔飞行，飞行距离超过30m，从而肯定了曲面翼的合理形式。此后，他又制造了多架不同类别的单翼和双翼滑翔机。李林达尔的滑翔机在中部装设吊架，飞行员悬吊在架上，靠移动身体来掌握重心位置，借以控制滑翔的方向和速度。1891~1896年，他在柏林附近的试飞场地进行了2000次以上的滑翔飞行试验。他还把试飞滑翔的体会作出详细的记录，积累了丰富的资料，编制成空气压力数据表，还著有《飞翔中的实际试验》等书。他拟在充分掌握稳定操纵后，在滑翔机上安装蒸汽机以实现动力飞行，但此愿望未能实现，1896年他在一次飞行试验中失事牺牲。李林达尔虽未实现飞机动力飞行，但他进行的大量飞行实践和研究为后来的飞机研究者提供了宝贵的经验，特别是莱特兄弟从他的经验中获得许多教益。

8.33 兰 姆

兰姆（Horace Lamb，1849~1934年）是英国数学家、力学家。兰姆擅长流体力学。他的研究领域为波动及其在地震、潮汐等方面的应用，有一种在薄层中运行的波即兰姆波，就是以他姓氏命名的。兰姆波是纵向波和剪切波的一种组合。他在1921~1927年还研究过飞机表面的气流问题。兰姆所著《水动力学》（1878年）原名《流体运动教学理论》在1895年增订再版，改名《水动力学》。该书是19世纪末经典流体力学的代表作，出版后的几十年一直是流体力学方面的标准著作，甚至到现在仍有重要参考价值。兰姆的其他著作有《无限小分析》（1897年），《声音动力理论》（1910年），《静力学》（包括流体静力学和弹性理论初步，1912年），《动力学》（1914年），《高等力学》（1920年）等。

▲图3.3 英国数学家和力学家兰姆
（Horace Lamb，1849~1934年）

8.34 洛伦兹

△ 荷兰物理学家洛伦兹（Hendrik Antoon Lorentz，1853～1928年）

洛伦兹（Hendrik Antoon Lorentz，1853～1928年）是荷兰卓越的物理学家、数学家，经典电子论的创立者。1875年获博士学位。洛伦兹在物理学上最重要的贡献是他的电子论。他用麦克斯韦的电磁理论来处理光在电介质交界面上的反射和折射问题，认为一切物质分子都含有电子，阴极射线的粒子就是电子。把以太与物质的相互作用归结为以太与电子的相互作用。这一理论成功地解释了塞曼效应。洛伦兹是经典电子论的创立者，他认为电具有"原子性"，电的本身是由微小的实体组成的。后来这些微小实体被称为电子。洛伦兹以电子概念为基础来解释物质的电性质。从电子论推导出运动电荷在磁场中要受到力的作用，即洛伦兹力。他把物体的发光解释为原子内部电子的振动产生的。这样当光源放在磁场中时，光源的原子内电子的振动将发生改变，使电子的振动频率增大或减小，导致光谱线的增宽或分裂。1904年，洛伦兹证明，当把麦克斯韦的电磁场方程组用伽利略变换从一个参考系变换到另一个参考系时，真空中的光速将不是一个不变的量，从而导致对不同惯性系的观察者来说，麦克斯韦方程及各种电磁效应可能是不同的。为了解决这个问题，洛伦兹提出了另一种变换公式，即洛伦兹变换。后来，爱因斯坦把洛伦兹变换用于力学关系式，创立了狭义相对论。

8.35 莱特兄弟

威尔伯·莱特（Wilbur Wright，1867~1912年，照图片中无胡须者）和奥维尔·莱特（Orville Wright，1871~1948年）是两位美国发明家、飞机的制造者。他们于1903年12月17日首次实现了完全受控制、附机载外部动力、机体比空气重、持续滞空不落地的飞行，因此"发明了世界上第一架飞机"的成就就归功给了他们。莱特兄弟都受到了良好教育，但都没有得到文凭。1892年兄弟俩开了一个自行车修理专卖店，1896年开始生产他们自己的品牌自行车。1890年初，他们在报纸杂志的文章以及德国Otto Lilienthal的飞行器概念图，莱特兄弟开始了他们的机械航空试验。莱特兄弟在公众面前的形象始终是一体的，他们共享发明成果和荣誉。莱特兄弟完成了所有理论研究后就开始动手实践，他们的自行车店员Charlie Taylor成为了小组的重要一员，三人合作建造了第一台飞机引擎。

▲ 美国飞机发明家莱特兄弟（威尔伯·莱特，Wilbur Wright，1867~1912年，无胡须者；奥维尔·莱特Orville Wright，1871~1948年）

流体力学通论

8.36 兰彻斯特

▲ 英国流体力学家兰彻斯特（F.W. Lanchester, 1868~1946年）

兰彻斯特（F.W.Lanchester，1868~1946年）是英国流体力学家、工程师。兰彻斯特是空气动力学的先驱。他在1891年的论文中指出重于空气的飞行器的原理。1894年，他先于德国的库塔(1867~1944年)、俄国的茹科夫斯基(1847~1921年)，解释了机翼产生升力的原理，提出了正确的计算方法，解决了二维机翼的举力计算。1915年他又对有限翼展机翼举力计算提出附着涡和自由涡的概念。兰彻斯特还得到表面阻力的公式，阐明分离现象和边界层中的湍流现象。兰彻斯特同时是第一个对飞机在战争中的作用进行严肃和科学分析的人，1914年他发表了一系列有关飞机应用和空战方面的论文，1916年出版《战争中的飞机，第四种武器的出现》一书。他建立的描述作战双方兵力变化过程的数学方程被称为兰彻斯特方程。兰彻斯特的主要著作是《空气动力学》《空气翱翔学》《战争中的飞机，第四种武器的出现》。

8.37 普朗特

普朗特（Ludwig Prandtl，1875~1953年）是德国力学家、世界流体力学大师。1900年获得博士学位。1904年后被聘去哥廷根大学建立应用力学系、创立空气动力实验所和流体力学研究所，他自此从事空气动力学的研究和教学。他在边界层理论、风洞实验技术、机翼理论、湍流理论等方面都做出了重要的贡献，被称为空气动力学之父和现代流体力学之父。1904年，普朗特完成最著名的一篇论文

▲ 德国力学家、世界流体力学大师普朗特（Ludwig Prandtl，1875~1953年）

《非常小摩擦下的流体流动》。在这篇论文中，普朗特首次描述了边界层及其在减阻和流线型设计中的应用，描述了边界层分离，并提出失速概念，起到划时代的作用。普朗特的论文引起数学家克莱因的关注，克莱因举荐普朗特成为哥廷根大学技术物理学院主任。1908年，普朗特与他的学生梅耶（Theodor Meyer）提出关于超声速激波流动的理论，普朗特-梅耶膨胀波理论成为超声速风洞设计的理论基础。1913~1918年提出了举力线理论和最小诱导阻力理论，后又提出举力面理论等。此外，还提出升力线、升力面理论等，充实了机翼理论。

1922年，普朗特与米塞斯（Richard Von Mises）一起创建国际应用数学与力学学会。1929年，他和布斯曼（Adolf Busemann）一起提

出一种超声速喷管的设计方法。所有超声速风洞和火箭喷管的设计仍然采用普朗特的方法。关于超声速流动的完整理论最后由普朗特的学生卡门（Theodore von Karman）完成。

他在气象学方面也有创造性论著。普朗特与蒂琼合著的《应用水动力学和空气动力学》于1931年出版。他的专著《流体力学概论》于1942年出版，中文译本在1974年出版。他的力学论文汇编为3卷，并于1961年出版。

8.38 卡 门

▲美籍科学家卡门（Theodore von Karman，1881~1963年）

卡门（Theodore von Karman，1881~1963年）是美籍科学家（匈牙利犹太人）。1908年获得哥廷根大学博士学位。1911年归纳出钝体阻力理论，即著名的"卡门涡街"理论。1930年卡门移居美国，指导古根海姆气动力实验室和加州理工大学第一个风洞的设计和建设。在任实验室主任期间，他还提出了附面层控制的理论，1935年又提出了未来的超声速阻力的原则。1938年卡门指导美国进行第一次超声速风洞试验，发明了喷气助推起飞,使美国成为第一个在飞机上使用火箭助推器的国家。在他的指导下,加州理工大学一批航空工程师(包括他的中国弟子钱伟长、钱学森、郭永怀等)开始搞喷气推进和液体燃料火箭,后来成立了喷气推进实验室。该实验室是美国政府第一个从事远程导弹、空间探索的研究单位,有很多重要的研究成果,其中包括在他的指导下,钱伟长发表的世界上第一篇关于奇异摄动的理论,钱伟长也因此被公认为该领域的奠基人。1932年以后他发表了很多篇有关超声速飞行的论文和研究成果,首次用小扰动线化理论计算一个三元流场中细长体的超声速阻力,提出超声速流中的激波阻力概念和减小相对厚度可减少激波阻力的重要观点。1939年钱学森在卡门的指导下建立了著名的"卡门-钱学森公式"。1947年,卡门提出跨声速相似律,它与普朗特的亚声速相似律、钱学森的高超声速相似律和阿克莱特的超声速相似律合起来为可压缩空气动力学建立了一个完整的基础理论体系。1936年当科学界对火箭推进技术普遍表示怀疑时,他却支持他的学生研究这一课题。为了研究用火箭提高飞机的性能,特别是缩短从地面或航空母舰上起飞的距离,1940年他和马利纳第一次证明能够设计出稳定持久燃烧的固体火箭发动机,不久就研制出飞机起飞助推火箭的样机。这种火箭也是美国北极星、民兵、海神远程导弹上固体火箭的原型。1941年他参与创建美国制造火箭发动机的通用航空喷气公司。

8.39 泰 勒

△ 英国力学家泰勒 (Geoffrey Ingram Taylor, 1886~1975年)

泰勒（Geoffrey Ingram Taylor, 1886~1975年）是英国力学家。泰勒对力学的贡献是多方面的。在流体力学方面，他阐明了激波内部结构（1910年）；对大气湍流和湍流扩散作了研究（1915~1932年），提出湍流的统计理论；得出同轴两转动圆轴间流动的失稳条件（1923年）；在研究原子弹爆炸中提出强爆炸的自模拟理论（1946~1950年）；指出在液滴中起主要作用的是表面张力而不是黏性力（1959年）等。在固体力学方面他对晶体中的位错理论（1934年）、薄板穿孔中的塑性流动（1940年）和高速加载材料试验（1946年）也做出了贡献。泰勒科学工作的特点是，擅长巧妙地把深刻的物理洞察力和高深的数学方法结合起来，并善于设计出简单而又完善的专门实验。1970年，他对流体力学中这种理论和实际相结合的方法作了总结性发言，后发表于1974年《流体力学综述年刊》。

8.40 周培源

周培源（1902～1993年）是中国著名的流体力学家、理论物理学家、教育家和社会活动家。中国近代力学奠基人和理论物理奠基人之一。1927年在美国加利福尼亚州理工学院学习，获博士学位。1929年回国后任清华大学物理系教授。周培源在学术上的成就主要是在物理学基础理论的两个重要方面，即爱因斯坦广义相对论中的引力论和流体力学中的湍流理论的研究，奠定了湍流模式理论的基础。在广义相对论方面，周培源一直致力于求解引力场方程的确定解，并应用于宇宙论的研究。在引力理论方

△ 我国著名的流体力学家周培源
（1902～1993年）

面，他提出了"谐和条件是物理条件"的重要观点，在世界上首次获得地球表面水平方向和竖直方向传播速度的相对差值在 10^{-11} 量级上相同的结果，这一结果有可能使人们对爱因斯坦引力论的认识产生重大影响。在湍流理论方面，20世纪30年代初，周培源认识到湍流场和边界条件关系密切，后来参照广义相对论中把品质作为积分常数的处理方法，求出了雷诺应力等所满足的微分方程，并希望能把边界的影响通过边界条件引入雷诺应力的运算式中。1940年，周培源写出了第一篇论述湍流的论文，该文在国际上第一次提出湍流脉动方程，并用求剪应力和三元速度

关联函数满足动力学方程的方法建立了普通湍流理论,从而奠定了湍流模式理论的基础。1945 年,周培源在美国的《应用数学季刊》上,发表了题为《关于速度关联和湍流涨落方程的解》的重要论文,提出了两种求解湍流运动的方法,对推动湍流模式理论发展产生了深远的影响,被公推为以雷诺应力方程为出发点的工程湍流模式理论的奠基性工作。

8.41 柯尔莫哥洛夫

▲ 俄罗斯统计学大师柯尔莫哥洛夫
(Kolmogorov,1903~1987年)

柯尔莫哥洛夫(Kolmogorov,1903~1987 年)是俄罗斯数学家、湍流统计学大师,是 20 世纪世界上为数极少的几个最有影响的数学家之一。他的研究几乎遍及数学的所有领域,做出许多开创性的贡献。1928 年他得到了随机变量序列服从大数定理的充要条件,1929 年得到了独立同分布随机变量序列的重对数律,1930 年得到了强大数定律的非常一般的充分条件。1931 年发表了《概率论的解析方法》一文,奠定了马尔可夫过程论的基础,马尔可夫过程在物理、化学、生物、工程技术和经济管理等学科中有十分广泛的应用，仍然是当今世界数学研究的热点和重点之一。1932 年得到了含二阶矩的随机变量具有无穷可分分布律的充要条件。1933 年出版了《概率论基础》一书，在世界上首次以测度论和积分论为基础建立了概率论公理结论，这是一部具有划时代意义的巨著，在科学史上写下原苏联数学最光辉的一页。1935 年提出了可逆对称马尔可夫过程概念及其特征所服从的充要条件，这种过程成为统计物理、排队网络、模拟退火、人工神经网络、蛋白质结构的重要模型。1936～1937年给出了可数状态马尔可夫链状态分布。1939 年定义并得到了经验分布与理论分布最大偏差的统计量及其分布函数。20 世纪 30～40 年代他和辛钦一起发展了马尔可夫过程和平稳随机过程论，并应用于大炮自动控制和工农业生产中，在卫国战争中立了功。1941 年他得到了平稳随机过程的预测和内插公式。1955～1956 年他和他的学生（苏联数学家 Y. V. Prokhorov）开创了取值于函数空间上概率测度的弱极限理论，这个理论和苏联数学家 A.B.Skorohod 引入的 D 空间理论是弱极限理论的划时代成果。

8.42 惠 特 尔

弗兰克·惠特尔爵士（Frank Whittle，1907～1996 年）英国航空工程师、发明家，喷气式发动机创始人。1928 年发表了关于燃气涡轮和喷气反作用飞机的论文，提出喷气热力学的基本公式。1930 年取得涡轮喷气发动机设计的专利。1937～1944 年担任英国喷气动力有限公司的总工程

▲ 喷气式发动机创始人惠特尔（Frank Whittle，1907～1996年）

师。惠特尔研制的单转子涡轮喷气发动机于 1937 年 4 月 12 日首次运转成功。1941 年 5 月安装惠特尔设计的 W-1 发动机的格罗斯特公司 E-28/39 飞机试飞成功。英国第二次世界大战后期和战后使用的"流星"和"吸血鬼"等喷气战斗机，都是在这种飞机的基础上研制的。20 世纪 50 年代初又先后研制成世界上第一种涡轮螺旋桨旅客机"子爵"号和第一架涡轮喷气客机"彗星"号，使英国的航空喷气推进技术一度居世界领先地位。1948 年惠特尔被授予空军准将军衔和爵士勋位。全世界许多国家专业学会也授予他无数的奖章和名誉学位。1976 年惠特尔移居美国，成为一名大学教授。

8.43 朗 道

德国著名的流体力学家，H. 施利希廷（Hermann Schlichting 1907～1982），师从哥廷根大学世界流体力学大师普朗特教授，博士论文题目是论飞机的风影问题。在慕尼黑工业大学流体所

▲ 德国著名流体力学家施利希廷（Hermann Schlichting，1907～1982）

工作，长期担任流体所所长，主要研究空气动力学及其边界层特性。首次研究过层流边界层中谐波发展，即 Tollmien–Schlichting 波。1951 年出版了德文世界名著《边界层理论》，1955 年出版英文版的《边界层理论》，2000 年出版英文第 8 版。

8.44 朗　道

朗道（L. D. Landau，1908～1968 年）是俄罗斯伟大的理论物理学家，其发表的论文涉及固体物理、原子核物理、等离子体物理、流体力学、天文学、量子力学等各学科领域。他与另一位俄罗斯物理学家栗弗席兹合著的《理论物理》全集，是理论物理最完善的论著。该书论述的独创性和所涉及资料的广泛性，在世界都是罕见的。因此，这部巨著获得了极大的声誉，郎道本人则被誉为世界理论物理大师。1950 年，朗道与金兹堡提出了一个描述超导体特性的理论 即"金兹堡－朗道理论"，这个理论可以准确地预测诸如超导体能负荷的最大电流等特性。1957 年，朗道的学生阿布里科索夫用这个理论得到了一个堪称超导理论和材料史上的经典结果，这个结果即为金兹堡－朗道

▲朗道 (L.D.Landau，1908～1968年)

理论的解析解。1962 年,朗道因为对液氦超流动性的研究而获得诺贝尔物理学奖。超流动性在常人看来是非常奇异的现象:如果你把液氦注入一个敞口的容器,那么液氦会"自动地"溢出容器。

8.45 郭 永 怀

▲ 我国著名应用数学家、空气动力学家郭永怀(1909~1968年)

郭永怀(1909~1968 年)是我国著名的力学家、应用数学家、空气动力学家,中国近代力学事业的奠基人之一。郭永怀长期从事航空工程研究,发现了上临界马赫数,发展了奇异摄动理论中的变形坐标法,即国际上公认的 PLK 方法,倡导了中国的高超声速流、电磁流体力学、爆炸力学的研究,培养了优秀的力学人才。他担负了国防科学研究的业务领导工作,为发展导弹、核弹与卫星事业做出了重要贡献。郭永怀领导和组织了爆轰力学、高压物态方程、空气动力学、飞行力学、结构力学和武器环境实验科学等研究工作,解决了一系列重大问题,是唯一一位为中国核弹、氢弹和卫星实验工作均做出了巨大贡献的科学家。在空气动力学方面,他着重对跨声速理论与黏性流动进行了深入的研究,先后发表了《可压缩无旋亚声速和超声速混合型流动和上临界马赫数》(与钱学森合作)、《关于中等雷诺数下不可压缩黏性流体绕平板的流动》《弱激波从沿平板的边界层的反射》等重要文章，解决了跨声速流动中的重大理论问题。与此同时，为了解决边界层的奇异性，他改进了庞加莱、莱特希尔的变形参数和变形坐标法，发展了奇异摄动理论。郭永怀在20世纪50年代初就注意到离超声速流动这一方向，研究了高超声速激波边界层干扰和离解效应。

郭永怀创办了《力学学报》和《力学译丛》，并亲任主编，翻译出版了《流体力学概论》等多部学术名著，先后开展了新兴的高超声速空气动力学、电磁流体力学等多项课题的研究，其成果不断引起国际科学界瞩目。在中国科学院组织的星际航行座谈会上，郭永怀提出中国要发展航天事业，并就运载工具、推进技术等问题发表了许多重要见解。

8.46 钱 学 森

钱学森（1911~2009年），是我国著名的科学家、空气动力学家，中国载人航天领域的奠基人。1956年初，钱学森向中共中央、国务院提出《建立我国国防航空工业的意见书》。同时，钱学森组建中国第一个火箭、导弹研究所——国防部第五研究院，并担任首任院长。他主持完成了"喷气和火箭技术的建立"规划，参与了近程导弹、中近程导弹和中国第一颗人造地球卫星的研制，直接领导了用中近程导弹运载原子弹"两弹结合"试验，参与制定了中国近程导弹运载原子弹

流体力学通论

▲ 我国著名的空气动力学家钱学森（1911~2009年）

"两弹结合"试验，参与制定了中国第一个星际航空的发展规划，发展建立了工程控制论和系统学等。在钱学森的努力带领下，1964年10月16日中国第一颗原子弹爆炸成功，1967年6月17日中国第一颗氢弹空爆试验成功，1970年4月24日中国第一颗人造卫星发射成功。在空气动力学方面取得了很多研究成果，最突出的是提出了跨声速流动相似律，并与卡门一起最早提出高超声速流的概念，为飞机在早期克服热障、声障提供了理论依据，为空气动力学的发展奠定了重要的理论基础。高亚声速飞机设计中采用的公式是以卡门和钱学森名字命名的卡门-钱学森公式。钱学森与卡门合作进行的可压缩边界层的研究，揭示了这一领域温度变化情况，创立了卡门-钱学森近似方程。与郭永怀合作最早在跨声速流动问题中引入上下临界马赫数的概念。钱学森在1946年将稀薄气体的物理、化学和力学特性结合起来的研究，是先驱性的工作。1953年，他正式提出物理力学概念，大大节约了人力物力，并开拓了高温高压的新领域。1961年他编著的《物理力学讲义》正式出版。钱学森在火箭与航天领域提出了若干重要的概念：在20世纪40年代提出并实现了火箭助推起飞装置（JATO），使飞机跑道距离缩短；在1949年提出了火箭旅客飞机概念和关于核火箭的设想；在1953年研究了跨星际飞行理论的可能性；在1962年出版的《星际航行概论》中，提出了用一架装有喷气发动机的大飞机作为第一级运载工具。钱学森在工程控制论形成过程中,把设计稳定与制导系统这类工程技术实践作为主要研究对象。在系统科学方面,是他发展了系统学和开放的复杂巨系统的方法论。

8.47 陆士嘉

陆士嘉(1911~1986年)是我国著名的流体力学家、教育家。世界流体力学大师普朗特唯一的女博士生。长期从事空气动力学和航空工程的研究和教学工作。倡导旋涡、分离流和湍流结构的研究。她是北京航空航天大学的筹建者之一,创办了中国第一个空气动力学专业,为发展中国力学事业和培养航空工业的科技人才做出了贡献。1952年陆士嘉是北京航空航天大学第一任空气动力学教研室的主任,也是建立中国第一个空气动力学专业的主要奠基者之一。她明确提出此专业是为航天航空建设服务的工程性质的专业,其教学计划要根据中国实际情况制定。她始终在第一线担任教学工作,为学生讲授理论空气动力学等课程。陆士嘉为发展磁流体力学、生物流体力学、分离流和旋涡运动为主体的流体力学做了大量工作。20世纪80年代,

△我国著名的流体力学家、教育家陆士嘉(1911~1986年)

> 流体力学通论

她作为中国空气动力学研究会副理事长，发起并主持新兴分支分离流和旋涡运动研究，并召开全国性学术讨论会。1958年，她和其他同志一道建成一整套低速风洞，同时又积极参与和组织全教研室人员自行设计和制造超声速风洞和大型机械式六分力天平。20世纪80年代，她又积极关心生物流体力学分支的发展，考虑到水洞实验对研究湍流和减阻的重要作用，她支持中年教师建成该校第一座水洞。20世纪70年代后期，她重新翻译了德国著名教授普朗特的《流体力学概论》(第7版，德文本)一书，为中国航空事业做出了卓越贡献。

8.48　沈　元

▲我国空气动力学家沈元（1916～2004年）

沈元（1916～2004年）是我国航空航天高等教育事业的开拓者、教育家、著名的空气动力学家、北京航空航天大学（简称北航）创建人之一。1945年获伦敦大学帝国理工学院博士学位。北航建校初期，他从确定筹建方案到制定教学计划、教学大纲，从组织大批青年教师向苏联专家学习到建立教学组织和制度，都倾注了大量精力，使学校教学工作很快走上正轨。1956年，他参与制定国家科学技术发展远景规划，预见到宇航事业和火箭、导弹工业对人才的需求的紧迫性，和学校其他领导一起，采取果断措施，率先在全国高校中创建了火箭、导弹等方面的一整套新专业，这些专业的许多毕业生如今已成为我国航天事业的栋梁之才。1958 年，他率领全校师生在北航自行设计建造了我国第一座中型超声速风洞，在教学和科研上发挥了重要作用。当年轻型旅客机、探空火箭、无人驾驶飞机等型号的研制无不凝聚着他的心血和汗水。1975 年，他亲自主持从国外引进了第三代中型电子计算机，充实了北航计算机专业的硬件设备，为北航新学科专业的发展奠定了基础。1978 年，全国恢复研究生招生制度，他对研究生培养提出了"精选苗子、宁缺毋滥、打好基础、严格要求，能力培养和科研任务结合"的方针。他积极鼓励组织北航的可靠性研究，对推动可靠性工程学科的发展起到了重要的作用。

8.49 巴彻勒

巴彻勒（George Keith Batchelor, 1920～2000 年）是澳大利亚应用数学家和流体力学家，长期在英国剑桥大学任应用数学教授，是剑桥大学应用数学和理论物理系的创始人，1956 年建立流体力学杂志，并担任主编 40

澳大利亚应用数学家和流体力学家巴彻勒（George Keith Batchelor, 1920～2000年）

年。作为应用数学工作者,他坚持以实验数据和物理认知为依据。他建立了均匀各向同性湍流理论,并为流体力学理论等方面做出了重要贡献。他所著的《流体动力学引论》被认为是一本经典著作,深受读者欢迎(被再版多次),成为黏性流体力学的基础读本。为了表彰他在流体力学方面的杰出贡献,特设立巴彻勒奖,每4年通过国际力学会议评选一次。

8.50 惠 特 科 姆

▲ 美国空气动力学家惠特科姆(Richard T. Whitcomb, 1921~2009年)

理查德·惠特科姆(Richard T.Whitcomb, 1921~2009 年)美国空气动力学家,长期在美国 NASA 兰利研究中心工作,从事飞机减阻和激波控制技术的研究。1952 年提出飞机跨声速面积律理论(area rule),发现对于跨声速飞行的飞机,在机身和机翼相连的区段,机身横截面积应缩小,从而可以减小飞行阻力。这一理论指导了跨声速飞机的设计,产生了第一批超声速飞机。1967 年提出超临界翼型 (supercritical airfoil)，这种翼型使局部激波的产生推迟，大大地提高了翼型的阻力发散马赫数，从而提高了亚声速飞机的巡航速度，降低了燃料消耗。当前世界上各种高亚声速飞机都采用这种类似的翼型，成为机翼设计的核心技术之一，惠特科姆也因此荣获科利尔航空奖。20世纪70年代中期，惠特科姆发明了先翼梢小翼(winglets)，并通过一系列的风洞试验发现机翼加装这种小翼确实能够起到减阻的效果。后来的风洞实验和飞行试验结果表明，翼梢小翼能使全机诱导阻力减小20%～35%，相当于升阻比提高5%～7%。

8.51 莱特希尔

莱特希尔（Michael James Lighthill，1924～1998年）是英国著名的数学家和流体力学家。他主要从事流体力学、应用数学等领域的科学工作，开创了气动声学、非线性声学和生物流体动力学新学科领域，创立气动声学理论，并对降低喷流擎噪声做出了重要贡献。1941年莱特希尔毕业于剑桥大学三一学院。1946～1959年，受聘于曼彻斯特大学，他先担任高级讲师，后被聘为应用数学

△ 英国著名数学家和流体力学家莱特希尔（Michael James Lighthill，1924～1998年）

讲座教授，并领导一个流体力学研究小组。1964～1969 年，作为帝国理工大学的皇家学会教授，他开始研究生物流体力学。1969 年，继物理学家狄拉克之后，英特希尔接受剑桥大学卢卡斯数学教授席位，并于 1980 年退出该席位，由霍金继任。1979～1989 年他任伦敦大学校长，并在 29 岁时当选英国皇家协会会员。英特希尔一生获得过 24 个名誉博士称号，还当选为权威科学院的外籍院士。

8.52 庄 逢 甘

△ 我国空气动力学家庄逢甘（1925～2010年）

庄逢甘（1925～2010 年）是我国空气动力学家，长期从事空气动力学研究工作。1947 年赴美留学，就读于加州理工学院，在著名流体力学教授李普曼（Liepmann）指导下攻读航空工程和数学，1950 获博士学位。他长期从事空气动力学研究工作，组织领导了我国主要的空气动力学实验基地建设，建成了从低速到高超音速的成套设备，并组建了一支空气动力研究的骨干队伍，是这一领域的主要开拓者之一，为发展我国航天事业做出了突出贡献。在流体力学的湍流基本特性研究中得出了湍流耗散定律。在激波绕射、高超音速再入体热防护理论等研究和旋涡形成的机理与控制方面取得突出成果。长期进行导弹、火箭、再入飞行器的空气动力学研究，在大型风洞设计与建造、冲压发动机试车台的设计与建设、运载工具的气动研究试验、非定常旋涡主导的空气动力学、计算流体学研究等方面做出了重要贡献。庄逢甘在空气动力学的许多领域中进行过广泛的研究工作，先后发表学术论文和报告 60 余篇，内容涉及空气动力学理论、试验和测试技术等各方面。庄逢甘是我国空气动力学研究与试验基地建设的主要技术领导人之一。这些基地分别建于 20 世纪 50 年代与 70 年代，当时缺少国际援助与信息，不论在经济上还是技术上都存在许多困难。在他任北京空气动力研究所、中国空气动力研究与发展中心和国防科学技术工业委员会空气动力专业组领导工作期间，在领导制定总体规划、确定方案、解决各种技术问题中为我国自行设计建造气动力试验设备进行了大量开创性的工作。当时钱学森任空气动力专业组组长，庄逢甘任副组长，与郭永怀等亲自主持了中国空气动力研究与发展中心的试验基地建设。试验基地的各种设备在我国卫星、导弹的研制工作中发挥了重要的作用。

附录 A

湍涡运动随想

流体力学中的湍流是自然界中普遍存在的一类复杂流动现象，而其中大大小小不同尺度的湍涡又是构成这一复杂现象的基本单元（或元素），显然它们的形成、发展和演变，直接关系到湍流丰富的科学内涵和复杂的运动规律。其实如果我们做一些小小的比拟，将这些湍涡赋予人文色彩，不难发现他们的个性、遭遇和兴衰，与人类社会生活中人的行为有某些相似之处，这也许从一个侧面反映了自然科学与文学交叉融合的魅力所在。

A.1　湍流啊湍流，我的冤家

记得上大学时，有个白头发老师三言两语就能把你拿下，我年轻气盛并未感到有何难处，那时确实没有把你放在眼里。在上研究生时，受老师的点拨，觉得你好玩，于是利用解读的 simpler 算法和自编软件计算了后台阶的你，自信到极点，觉得你没有什么了不起。到博士时，又信心百倍拿起了你，结果在有限空间的冲击射流中玩了几年，彻底被你搞的没电，而且自我感觉基本回到原点，觉得什么都是问题，什么都不懂，好不容易熬到博士毕业，发誓要放弃你。工作以后，无论到何处都摆脱不了你，你就像魂魄时时缠绕着我，好像离了你，我的天就要塌一大半，如今过去多年，愈来愈对你无奈，而且感觉越陷越深，以至于上课离不开你，设计计算离不开你，甚至晚上说梦话也离不开你，常因你被老婆指责胡说八道。湍流啊湍流，你真是我一辈子的冤家,我的导师为你奋斗一生,我也几乎快被你折腾完了。平时对你虽然也发不少牢骚,但细品起来还是觉得选你是我的明知之举,而且无怨无悔,即便到了上帝那边我也选择你。现在我仍然会一如既往地追随你,争取到那边有个好的起点。我的冤家!

▲ 湍流与旋涡(tech.sina.com.cn)

▲ 飞机尾涡(baike.sogou.com)

A.2　一个小小湍涡的生命

此文是对荷风撰写的一篇短文"一滴水的生命"读后感随想。

一个个小小的湍涡，在无界的流场中，茫茫苍苍不停穿行。她们在大涡之间，无声失落，生命的长空闪过一道道弯曲的弧线轨迹。没有流星的璀璨，没有烟花的绚丽。起止一瞬即逝，微乎其微。

一个小小的湍涡，从不忘乎所以。着意去张扬来自于大涡的青睐，惹来炫目的注视，来扮靓自己。她深深懂得，缤纷的繁华，只会尽快消失在自己导演的戏里。静静地，踏着随机的节奏，心无旁骛，默默前行。缓缓而去，正如默默而来。

纯朴至无色无味，简单到各向同性。倏尔，消失在黏滞里，就再也寻不着她们。无需刻意追逐大涡的壮阔，掀起惊人的滔天波澜。不必费心迎合涡系的演变，一路担心破裂的阵痛。有声有息，从容地走自己的路，何必在乎周边的涡系，指指点点。其实，生命需要执着，但更重要的是随缘。

无论处于何时何地，她们都是涡系演变的终极。或许自在随缘，或许被大涡裹入，刹那间演绎永恒。如同一粒粒种子，最终飘落何方，只不过是生命中偶然的必然。冥冥中，有一部分是宿命的注定。放下负累，一身轻装，简单地活着，简洁地前行。因为宁静而豁然，因为简单而快乐,生命赋予每个小涡都有不可复制的美丽。

平凡并不代表平庸,随机并不是无知,她们平凡而不奢求。在轻柔和温婉中,绽放出她们生命的顽强和美丽。湍流中形形色色的她们,尺寸虽小,却担负着湍动能耗散的责任。她们时而仰望时均流的广袤,时而吟咏着大涡神圣而无私的奉献。生命不论以何种姿态、何种方式呈现,总有它自己的舞台,总有舞台上一场属于自己的精彩。这并不妨碍她们的快乐绽放,平凡与伟大,其实就没有界限。

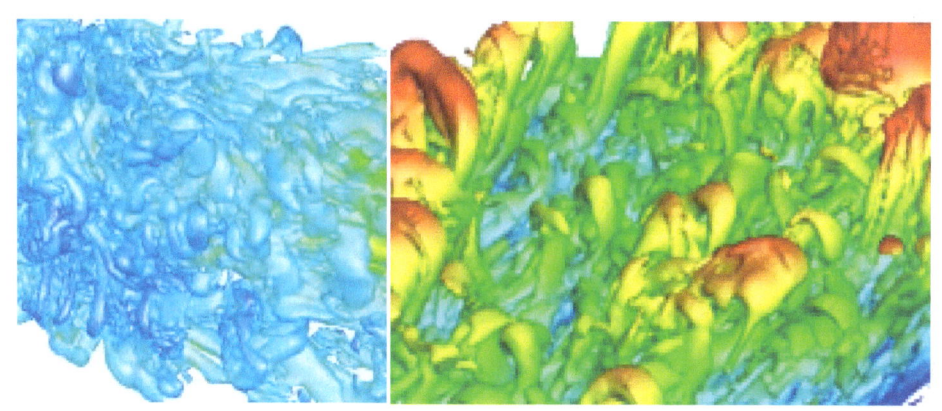

▲ 湍涡结构

A.3　悲壮的湍涡记忆性

记忆性对湍涡而言，如同人不时的翻动记忆的旧书页，常因过去一些的事而伤感。以往为一些虽然付出过极大的代价，也花去大量时间，即使用卷积计量累积效应，发现时间越长效果越弱，如同人为追逐一些渺茫情感一样，几乎一生都牵挂着一个没有弹响的音符，结果留下的是满心难言的疲惫。记忆性使湍涡之间，相见之日终有尽头，思念之日没有边际。所以留下一份美好的思念，当走到湍涡生命的尽头时，便如同打开记忆的窗口，追忆着过去的经历。湍涡啊，记忆的个性让你留下永久的思念！

▲湍涡的关联性（baike.baidu.com）

A.4 两个卷绕着湍涡的对话

湍涡 A：嗨，亲呀，我喜欢你，是因为你那优美盘旋的秀发令我陶醉。你喜欢我，也是因为我头上的卷发吸引了你。

湍涡 B：是的，咱俩能因头发而吸引，并且长期厮守，一起卷绕前行，着实不易！

湍涡 A：你说的太对啦，我也常在想，能够在无数的湍涡中找到你，你我独享这份渊源，这实在太神奇啦，简直就是上帝的旨意。

湍涡 B: 亲啊，咱们且行且珍惜吧。

▲ 涡卷绕（baike.baidu.com）

流体力学通论

🔺 自由涡的卷绕

A.5　水调歌头·咏湍涡

旋转性格显，尺度变幅宽。

几经风暴突起，宁碎不折弯。

涡卷绕缠随见，传遍涡声四处，萧瑟多昂然。

涡碎时常有，涡艳不停争。

勇身碎，终无悔，续前行。

剪切作用，分裂破碎入黏滞。

涡碎何言早晚，涡并何须先后，此事古难测。

上下而求索，立志为传承。

A.6 小涡的追求与快乐

假如我是一个小小涡,
在茫茫流场中翩翩飞扬,
虽然我无法预测未来,
但我坚持自己的信念,
始终飞扬在归去的路上。
不去迎合大涡的威武,
不去追求大涡的光鲜,
避开大涡破碎的阵痛,
时刻记住那些不属于自己,
随缘飞扬是自己的快乐。
在大涡中飞舞穿行,
认明在那清幽的地方,
存在着自己的伴侣,
此时她一定在呼唤自己,
向她飞去是我的责任。
任凭大涡变换无常,
飞向远方决不动摇,

盼望与她相逢的时候，
轻轻贴近她的身体，
一切溶入她柔波的胸怀。

A.7　金缕曲·大涡破碎有感

分裂何时止，

剪切强，碎涡更快，小涡随见。

撕裂大涡非所愿，

惊醒悠悠睡梦。

散碎身、流场骤变。

世态沧桑无泪弹。

怯生生，惆怅无归去。

形类似，性相远。

互相卷绕前行去。

被撕身、但心无怨，初衷依旧。

粉身沙场有何惧，

只要传承犹在。

涡声奏、恒心永住。

勿论未来因故变，

志不移何惧狂风起，

到尽头，也无悔。

附录 A　湍涡运动随想

⬆ 湍涡破裂（amuseum.cdstm.cn）

A.8 一次观湖面水涡有感

小旋涡来微细浪，
大涡扫掠水如天。
涡涡作用传承继，
涡碎涡合不必争。

▲ 内陆湖面龙卷风

A.9 对湍流无奈的发问？

问一：湍流从 1880 年雷诺转捩试验起迄今 136 年，初学者都知道难，但还是有无数的后来者坚定地选择你，而且为此奋斗一生，无怨无悔，不知是何道理？

问二：无数研究湍流的学者，最终都无法对湍流给出一个明确定义，许多时候处于只能意会不能言传的尴尬状态，不知为什么？

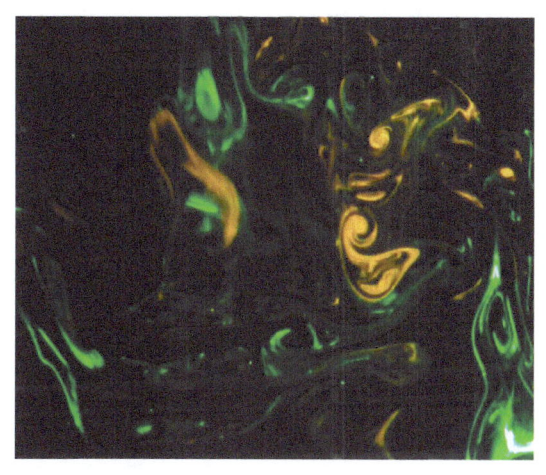
▲ 湍流场中的涡

问三：许多研究湍流的科学家，对湍流常常处于一阵糊涂、一阵清楚的交替状态。自我感觉对湍流明白的观点，经常遭来质疑；感觉不怎么样的观点，倒是得到赞赏。实属无奈之举？

问四：对搞工程湍流的人们，湍流有时像风，有时像雨，有时像雷电交加，有时如风平浪静，如何把控，谁能说得清楚？

A.10 一个湍涡追梦的历程

在茫茫的湍流场中，任何一个湍涡的演变，如同一个鲜活的生命，有兴有衰，有生有死，有悲有欢，有离有合，这是自然界中的普遍规律，也是生命历程中的必然驿站。

在湍涡生成初期，湍涡产生的能量大于耗散的能量，湍动能增长是主要的，耗散是次要的，这如同人的童、少、青年时期，渴望长大，独立生存，以一种奋发进取的心态迎接未来。

在湍涡发展中期，湍动能产生与耗散相当，湍涡的发展处于相对平衡状态，是湍涡最强胜时期，因此对湍流场影响最强，如同人生处于中壮年时期，面对世间万物充满激情，面对沧桑巨变信心百倍，意志坚强。

在湍涡发展后期，湍动能的产生小于耗散，湍涡的发展处于衰变期，也存在前期缓慢衰变、后期快速衰变的特征，湍涡的能量在黏性的作用下进入一条不归的衰减通道，在风雨飘渺中度过，甚至可能因遭受某种扰动而瞬间消失。这跟人处于老年期状态类似，他们常会对自己过去的成绩沾沾自喜，有时会因人走茶凉而失魂，有时也因物是人非而心寒，但退出历史舞台是他们的必经之路。他们越到后期，越淡泊名利，心如止水。他们常常会唱着淡淡忧伤的歌，去迎接生命的未来。

但生命不会停止,这是爱的驱动。心在远方,脚步就不会停留。梦在远方,行动就不会终止。心存希望,现实就不会阻挡。如同汪国真说的那样:"既然选择了远方,便只顾风雨兼程"。

远方有梦,追求不止。

▲ 涡的生命历程

▲ 爱的驱动

流体力学通论

▲ 追梦的历程（a）

▲ 追梦的历程（b）

▲ 追梦的历程（c）

A.11 《天问》与《问湍流》之比拟

本文仿照《天问》之作，以对比句的形式，对流体力学中最复杂的湍流现象提出 187 个问题。文中结合《天问》各句的特点，以湍流形成与发展、湍涡的分裂与破碎、湍流的耗散与衰变等为背景，以排比句的形式对湍流等提出相关问题，将文学渗透于科学之中，以形象思维的手法阐述了对湍流的科学思考。其中有的问题已经清楚，有的问题尚在探索中。与《天问》的语句并排书写，便于对照阅读，倍增新鲜感，不仅能够加深初学者对湍流的认识和理解，更重要的是提高了学习湍流的趣味性，为初学者提供参考。因本人对湍流认知有限，对《天问》理解也不精当，文中问题相当浅薄，错误之处在所难免，敬请指正。

《天问》	《问湍流》
请问远古开始之时，谁将大道流传导引？	请问万般静谧之时，湍流通过什么导引生成？
天地尚未成形之前，又从哪里得以产生？	大涡结构出现之前，又从哪里得以产生？
明暗不分浑沌一片，谁能探究根本原因？	大小涡系混为一体，谁能探究根本原因？
迷迷蒙蒙这种现象，怎么识别将它认清？	形形色色不同的湍涡，如何识别区分他们？
白天光明夜晚黑暗，究竟它是为何而然？	时而大涡、时而小涡，究竟为了哪般？
阴阳参合而生宇宙，哪是本体哪是演变？	大小涡体形成湍流，哪是本体哪是演变？
天的体制传为九重，有谁曾去环绕量度？	湍流涡体尺度多变，有谁能够说的清楚？

流体力学通论

这是多么大的工程，是谁开始把它建筑？　如此大的复杂流动，到底是谁认识在先？
天体轴绳系在哪里？天极不动设在哪里？　涡系轴心位于何处，轴心区域还是湍流？
八柱撑天对着何方？东南为何缺损不齐？　大涡结构如何运动，不同方向为何异性？
平面上的九天边际，抵达何处联属何方？　湍流边界如何区分，何处是头何处是尾？
边边相交隅角很多，又有谁能知其数量？　交接边界复杂多变，又有谁能说得清楚？
天在哪里与地交会？黄道怎样十二等分？　交接边界如何形成，何是大涡何是小涡？
日月天体如何连属？众星在天如何置陈？　大小涡体如何连系，不同尺度涡体如何布置？
太阳是从旸谷出来。止宿则在蒙汜之地。　湍流产生于时均流动，而消散于小尺度涡。
打从天亮直到天黑，所走之路究竟几里？　湍流质点运动复杂，何人知道怎样度量？
月亮有着什么德行，竟能死了又重生？　　大涡有何特殊技能，时而消失时而复出？
月中黑点那是何物，是否兔子腹中藏身？　大涡中含有小涡，小涡是否在更小的涡中生存？
神女女歧没有配偶，为何能够产下九子？　大涡结构并非成对，为何能够撕裂破碎？
伯强之神居于何处？天地瑞气又在哪里？　强涡结构从何而来，怎样延伸怎样变短？
天门关闭为何天黑？天门开启为何天亮？　湍涡消失湍流停止，超过临界为何再生？
东方角宿还没放光，太阳又在哪里匿藏？　扰动尚未放大发展，湍涡又在何处藏身？
鲧既不能胜任治水。众人为何将他推举？　大涡既然不能自我维持，为何还要保留他们？
都说没有什么担忧，为何不让试着做去？　都说小涡各向同性，大涡模拟为何不准？
鸱龟相助或曳或衔，鲧有什么神圣德行？　小涡与大涡作用多样，大涡行为如何保持？
治理川谷也见功劳，尧帝为何对他施刑？　大涡供给小涡能量，为何还要被卷散撕裂？
将鲧长久禁闭羽山。为何三年还不放他？　大涡既有拟序结构，为何不能准确预测？
大禹从鲧腹中生出，治水方法怎样变化？　大涡产生小涡，大小涡体为何规律不同？
接手先人未竟事业，终使父亲遗志成功。　小涡接受大涡能量，依序传给更小涡体？
为何继承前任遗绪，他的谋略却不相同？　大涡分裂成小涡，为何演变性质不同？
洪水如渊深不见底。怎样才能将它填塞？　小尺度涡体到处都在，怎么才能计量清楚？
天下土地肥瘠九等，怎样才能划分明白？　湍流涡体尺度不同，怎样划分才算结束？
应龙如何以尾画地？河海如何流通顺利？　大涡演变何处结束，不同涡系如何相处？
鲧是什么使他意乱？禹是什么使他事成？　大涡如何使他撕裂，又是如何生成拟序结构？
水神共工勃然大怒，东南大地为何侧倾？　大涡突变被迫撕裂，湍流特性如何演变？

附录 A　湍涡运动随想

九州大地如何安置？	河流山谷怎样疏浚？	涡体结构如何布置，	拟序结构如何形成？
东流之水总不满溢，	谁知这是什么原因？	湍涡总是撕裂破碎，	谁知这是什么原因？
东西南北四方土地。	哪边更长哪边更多？	湍流边界复杂多变，	哪边更长哪边更短？
南北顺量比较狭长，	长出地方又有几何？	纵涡结构比较细长，	如何生成如何结束。
昆仑山上玄圃仙境，	它的尾部又在哪里？	圆管湍流轴心区，	是否趋于各向同性？
山中还有增城九重，	它的高度又有几里？	壁面近区的大涡结构，	不知分布有多高？
昆仑山的四面门户，	什么人物由此出入？	湍流区的各种涡系，	不知什么涡起控制作用？
西北两面大门敞开，	什么气息通过此处？	上游来流湍流结构，	如何通过下游区域？
太阳光辉哪儿不到？	烛龙又能照耀何方？	大涡结构波及何处，	小涡又能影响何方？
羲和还没御日出行，	若木之花为何放光？	来流扰动尚未到达，	下游流动如何演变？
什么地方冬日长暖？	什么地方夏日长寒？	什么地方常出大涡，	什么地方常出小涡？
哪儿又有岩石成林，	什么野兽会发人言？	哪儿涡体变化不一，	哪里涡体会发声音？
哪儿有着独角虺龙，	以熊为妇游牝从容？	什么尺寸的涡体，	与下游涡体融合延续更长？
雄的虺蛇九个头颅，	来去迅捷生在何处？	大涡结构形态各异，	演变规律是否一样？
不死之国哪里可找？	长寿之人持何神术？	小涡结构分布何处，	消散缓慢是何道理？
萍草蔓延根茎盘错，	枲麻长在哪儿开花？	各种涡系盘根错结，	大涡演变何处是头？
一条长蛇吞下大象，	它的身子又有多大？	大涡套小涡如此下去，	可套多少小涡？
黑水之地玄趾之民，	还有三危都在哪里？	不同尺寸涡系复杂，	他们各自从何而来？
延年益寿得以不死，	生命久长几时终止？	脉动信号持续延绵，	不知强弱与周期？
奇形鲮鱼生于何方？	怪鸟魁堆长在哪里？	发卡涡体起源何处，	湍斑结构如何形成？
后羿怎样射下九日？	日中之乌如何解体？	大涡分裂成小涡，	不知如何演变发展？
大禹尽力成其圣功，	降临省视天下四方。	时均流动提供能量，	服膺各级湍涡结构？
哪儿得来涂山之女，	与她结合就在台桑？	强涡结构从何而来，	与弱涡结合如何演变？
爱涂山女与之匹配，	得到继嗣儿子出生。	两涡发生卷绕作用，	得以生成更大涡体？
为何嗜欲与人同味，	求欢饱享一朝之情？	为何两涡特征相当，	融合一体更为容易？
启代伯益作了国君，	终究还是遇上灾祸。	好不容易生成大涡，	但最终还得分裂破碎？
为何启会遭此忧患，	身受拘囚又能逃脱？	为何大涡不能延续，	是否破裂不可避免？
都是勤谨鞠躬尽瘁，	没有损害他们自身。	小涡结构寿命最长，	但最终还是被黏性消散？

流体力学通论

为何伯益福祚终结，禹的后嗣繁荣昌盛？　为何大涡繁衍不长，小涡反而延续长远？
夏启做梦上天作客，得到九辩九歌乐曲。　大涡吸收时均能量，得以养活后代小涡？
为何贤子竟伤母命，使她支解满地尸骨？　小涡从大涡中提取能量，为何还要将她解体？
帝尧派遣夷羿降临，消除忧患安慰夏民。　拟序结构出现流场，控制主体免生无序？
为何箭射那个河伯，夺取他的妻子洛嫔？　如果大涡发生破裂，小涡消散是否更快？
持着宝弓套着扳指，把那巨大野猪射死。　从不同方向剪切大涡，分裂破碎瞬间完成？
为何献上蒸祭肥肉，天帝心中并不舒适？　大涡将能量供出，为何还不能得到安宁？
寒浞要娶纯狐氏女，羿妻合伙把羿谋杀。　如果两涡发生融合，谁是主导谁是附属？
为何羿能射穿皮革，其妻与浞能消灭他？　为何大涡拥有大的能量，怎么还能分裂？
西行之路遇阻受困，山岩重重怎么越过？　在纵涡结构中，横向涡如何通过？
鲧的身子化为黄熊，巫师如何使他复活？　大涡分裂破碎后，还能有办法复现吗？
地上都已播种黑黍，芦苇水滩也已经营。　不同区域的湍涡，其结构特征为何不同？
为何遭逐同于四凶，难道鲧真恶贯满盈？　为何大涡非要破碎，难道没有补救措施？
白虹披身作为衣饰，为何常仪这么堂皇？　大涡既具有拟序结构，为何小涡不能忽略？
哪儿得到不死之药，却又不能长久保藏？　拟序结构规律普遍，大涡为何不能长久？
天的法式有纵有横，阳气离散就会死亡。　湍流场涡系纵横，涡系消失必然平静？
大鸟金乌多么肥壮，为何竟会体解命丧？　大涡结构如此强壮，为何会被解体分裂？
雨师屏翳号呼下雨，他怎样使雨势兴盛？　扰动可以激发湍涡，但对涡的演变有何作用？
有着驯良柔顺体质，鹿身风神如何响应？　湍涡体形变化柔顺，如何演变控制流场？
巨鳌背负神山舞动，神山怎样稳定不移？　大涡背负小涡演变，小涡如何自身繁衍？
舍弃舟船行走陆地，龙伯巨人怎样迁徙？　如果不能分离破碎，大涡结构如何发展？
想那浇在家居之时，对他嫂嫂有何要求？　想那流场中的湍涡，对邻边大涡有何要求？
为何少康驱赶猎犬，遇浇就能将他斩首？　为何剪切作用停止，涡系演变必然衰减？
女艾借着缝补衣服，与浇同住一个房间。　大涡借助剪切作用，可以相互诱导影响？
为何少康取浇首级，浇虽力大仍然遇难？　为何剪切撕裂大涡，大涡却无法抗衡？
少康策划整顿部下，他是如何厚待众人？　剪切作用可提供能量，他是如何为小涡服务？
讨伐斟寻倾覆其船，他用什么方法取胜？　大涡被破碎成小涡，依靠何种机理实现？
夏桀出兵讨伐蒙山，所得之物又是什么？　涡系演变影响流场，最终达到何种程度？

附录 A 湍涡运动随想

妹喜怎样恣肆淫虐？商汤怎样将桀诛杀？	大涡怎么演变发展，剪切如何将它分裂？
舜在家里非常仁孝，父亲为何让他独身？	拟序涡既可以控制，为何不能保持下去？
尧不告诉舜父瞽瞍，二妃如何与舜成亲？	时均流不输出能量，大涡如何生息繁衍？
起初刚有淫奢萌芽，怎么就能预料结局？	扰动起初刚有发展，怎么能够预报未来？
纣王建造十层玉台，谁使他到如此地步？	湍流涡系复杂多变，谁知何时分解结束？
承受天命登位称帝，什么道理受人敬仰？	拟序涡系控制湍流，什么规律占为主导？
女娲有着特殊形体，是谁将她造成这样？	大涡体有着特殊形体，为何使其成为这样？
舜帝友爱他的弟弟，弟弟还是对他加害。	大涡向小涡提供能量，小涡如何对待大涡？
为何放肆如同猪狗？其身并不危险失败？	涡系演变混乱无序，其形并不复杂难辨？
吴国得以长久存在，江南山川民众栖止。	大涡不断交替出现，小涡才能得以繁衍？
谁能想到此中缘故，全因得到两个男子？	谁能想到大涡的破碎，因是剪切作用的结果？
饰鹄饰玉铜鼎调羹，美食拿来献飨君王。	通过各种剪切作用，时均流能量供给大涡？
为何承用伊尹之谋，汤能伐桀使他灭亡？	为何通过涡串级，大涡能够逐级分解成小尺度涡？
商汤降临巡视四方，在外遇到贤臣伊尹。	大涡出现影响四方，在流场受到时均剪切作用。
为何桀在鸣条受罚，黎民百姓十分高兴？	为何大涡只有分裂破碎，小涡才得以生息繁衍？
简狄住在瑶台之上，帝喾怎会对她中意？	大涡依靠时均流动，小涡如何可以感受？
玄鸟高飞送来聘礼，简狄为何那么欢喜？	时均流能量传给大涡，小涡如何获得？
王亥秉承王季之德，受到他的父亲褒奖。	小涡秉承大涡行为，将能量传递下去。
为何终遭有易之难，当他在此放牧牛羊？	为何大涡遭遇分裂，总是生成小尺涡体？
王亥持盾跳起武舞，为何就有女子爱他？	大涡受强剪切作用，为何就能加剧分裂？
有易女子体态丰腴，为何王亥能够配她？	大涡结构体态凸显，为何小涡绕其周围？
有易国的放牧小子，又在哪里撞破私情？	湍流中的大涡结构，在何处分裂破碎？
凶器击床王亥已出，如何得以保存性命？	大涡分裂小涡出现，如何保持大涡特性？
王恒秉承王季之德，哪里得到大牛满栏？	大涡秉承拟序结构，怎么可能分裂小涡？
为何去求有易赐禄，却不能够安然回返？	为何借助时均剪切，大涡仍能存在其中？
上甲微能追随祖迹，有易国就不得安宁。	湍涡破裂持续发展，剪切作用就不能停止。
为何众鸟集于树丛，他会与其子妇偷情？	为何各尺度涡集于一体，相互作用永无休止？
弟弟昏乱共为淫虐，因此危害他的兄长。	小涡运动随机无序，将会殃及大涡发展。

流体力学通论

为何善变狡诈多端,他的后代反而盛昌?	为何涡体越运动剧烈,湍涡演变周期越短?
成汤出巡东方之地,到达有莘氏的国土。	湍涡所到之处,将会激起周围质点的脉动。
为何求得小臣伊尹,还能再得妃子贤淑?	任一湍涡为何既于同向涡作用,又与异向涡作用?
水边那株空桑木上,拾到那个小儿伊尹。	分布流场中的涡系,如何知道主控涡体?
为何又会产生恶感,把他作为陪嫁礼品?	大涡遭遇何等作用,随时可能被卷散撕裂?
汤从囚地重泉出来,究竟他有什么大罪?	大涡撕裂破碎,究竟需要什么条件?
难忍耻辱起而伐桀,是谁挑起这场是非?	分裂不成波动更大,是什么机制引起变化?
诸侯前来朝会请盟,为何都能守约如期?	大涡出现流场之中,为何出现拟序结构?
苍鹰威武成群高飞,谁使它们聚在一起?	小尺度涡体层出不穷,是靠什么机制得以维持?
整顿队伍攻击商纣,周公姬旦却不同意。	小涡结构趋于各向同性,为何不让生成大涡?
为何亲自为武王谋,奠定周朝又发叹息?	时均流动生成大涡,周期特性并不明显?
天将天下授予殷商,纣的王位如何施设?	湍流发展授予大涡,大涡作用如何表征?
成功之道违反则亡,他的罪过又是什么?	拟序涡体随时可变,她的消失又为哪般?
诸侯踊跃拿起武器,武王如何动员他们?	各种扰动剧烈增强,流场为何助长他们?
军队并进击敌两翼,他又如何指挥大兵?	扰动聚集形成湍斑,扰动如何继续发展?
昭王盛治兵车出游,到达南方远地才止。	扰动借助流场演变,形成无序是其终极。
最后得到什么好处,难道只是遇见白雉?	扰动到底为了什么,难道只是为了见到小涡?
穆王御马巧施鞭策,为何他要周游四方?	扰动依据何等机制,为何要殃及四方?
他的足迹环绕天下,有些什么要求愿望?	扰动如此波及四周,什么是其终极目标?
妖人夫妇牵引叫卖,为何他们呼号街市?	不同涡系相互卷绕,不知依据何种机制?
幽王究竟杀的是谁?哪里得来这个褒姒?	剪切作用如何撕裂大涡,怎么鉴别分裂的涡系?
天命从来反覆无常,何者受惩何者得佑?	湍流从来反复无常,演变规律实难掌握?
齐国桓公九合诸侯,最终受困身死尸朽。	大涡周边绕着小涡,为何还能撕裂分解?
那个殷商纣王自身,是谁使他狂暴昏乱?	对于某些扰动,为何能够演变无序?
为何厌恶忠良辅佐,喜欢听信小人谗谄?	为何不能依序发展,受扰反能加剧混乱?
比干有何悖逆之处,为何对他贬抑打击?	大涡有何悖逆之处,为何非要将它撕裂?
雷开惯于阿谀奉承,为何给他赏赐封地?	小涡随机特性加剧,为何还要给他提供能量?
为何圣人品德相同,处事方法最终相异?	为何大小涡系特征相似,作用结果却截然不同?

附录 A　湍涡运动随想

梅伯受刑剁成肉酱，箕子装疯消极避世。大涡撕裂成小涡，小涡分裂成更小的涡体？
后稷原是嫡出长子，帝喾为何毒害翻脸？大涡出自时均剪切，为何湍流非要将它撕裂？
将他扔在寒冰之上，鸟儿为何覆翼送暖？壁面扰动演变发展，为何能够堆积成涡斑？
为何长大仗弓持箭，善治农业怀有奇能？为何扰动发展变大，随机演变更显其能？
出生既已惊动上帝，为何后嗣繁荣昌盛？大涡既具拟序结构，为何破碎无序发展？
西伯姬昌号令衰世，执鞭来作雍州牧伯。来流扰动失去控制，发展演变随机无序。
为何武王令治周社，承受天命享有殷国？为何大涡拟序结构，承受湍流宏观特性？
带着宝藏迁居岐山，如何能使百姓依从？靠近壁面大涡结构，如何受到壁面约束？
殷纣已受妲己迷惑，劝谏之言又有何用？来流已受扰动污染，抑制作用可否有效？
纣王赐他儿子肉酱，西伯姬昌向天诉求。大涡供给小涡能量，更大涡向时均流动摄取能量？
为何纣王亲受天罚，殷商命运仍难挽救？为何纵波受到抑制，横波依然可以污染流场？
太公吕望人在肉店，姬昌为何就能认识？壁面产生的涡体运动，如何输送到远场区域？
听到挥刀振动发声，文王为何那么欢喜？旋涡脉动越剧烈，湍流发展越充分？
武王姬发诛纣灭商，为何抑郁不能久忍？大涡结构改变流场，为何不能久长？
抬着文王木主会战，为何充满焦急之情？瞬时湍流依方程可控，为何解不能唯一？
纣王烧柴上吊自焚，这样去死究竟何故？大涡被卷散撕裂，为何发生这种情景？
为何武王惊天动地，假托神灵却怀畏惧？为何大涡殃及流场，还要维持小涡稳定？
上帝既降天命于殷，为何不再劝戒明白？湍流既然受控大涡，为何还未找到规律？
纣王既已统治天下，为何又被他人取代？大涡既然控制流场，为何又要被卷撒撕裂？
初把伊尹视作小臣，后来用作辅政宰相。初始扰动发展缓慢，为何后来变化剧烈？
为何最终上追成汤，受到尊敬宗庙配享？为何最终演变成小涡，处于均匀各向同性？
阖庐有功寿梦之孙，少年遭受离散之苦。大涡有功维系小涡，初始并未随机无序？
为何壮年奋厉勇武，能使他的威严远布？大涡运动剧烈，可能殃及整个流场？
祖烹调雄鸡之羹，为何帝尧喜欢品尝？扰动超过临界状态，为何演变剧烈发展？
得享高寿年岁太多，为何竟有那么久长？小涡衰变缓慢，为何存活久长？
大地中央共同治民，列国君主为何发怒？管道中央湍涡无序，管壁近区拟序涡如何发展？
蜂蛾生命原本微贱，自卫力量为何牢固？个别小涡微不足道，为何整体缓慢衰变？
惊于女言不再采薇，白鹿为何庇佑夷齐？大涡失稳破碎小涡，为何还要提供能量？

北行来到回水之地，一起饿死有何可喜？小涡破碎更更小的涡，直至一起被黏性消灭？
哥哥有着善咬猛犬，弟弟又打什么主意？大涡保持稳定结构，是否还能生成小涡？
一百辆车换一条狗，最终不成反失禄米。如果小涡融合成大涡，能量传递是否也会反串？
傍晚时分雷鸣电闪，想要归去有何忧愁？平静之中扰动加剧，流动演变如何发展？
国家庄严不复存在，对着上帝有何祈求？稳态湍流不复存在，时均流动作何变动？
伏身藏匿洞穴之中，还有什么事情要讲？小涡藏匿大涡之中，不知他如何发展变化？
楚国勋旧军中殉国，国势如何能够久长？大涡被卷散撕裂，湍流特征如何保持？
悔悟过失改正错误，我又有何言词可陈？一旦超过临界状态，变化剧烈已无法控制？
吴王阖庐与楚争国，我们久已被他战胜！两涡相互作用，强涡必然战胜弱涡！
环绕穿越里社丘陵，为何生出令尹子文？绕近壁区的湍流，如何产生大涡结构？
我曾告诉贤者堵敖，楚国将衰不能久长。扰动一旦低于临界状态，衰减演变不能久长？
为何自赞告诫君主，忠义之名欲更显扬？为何演变生成大涡，拟序涡系更加显扬？

屈原（公元前340～公元前278），汉族，战国时期楚国丹阳人，名平，字原，又自云名正则，字灵均，我国文学史上最早的伟大诗人。他强烈的爱国热情和坚定的理想信念、深刻思考和敢于提问的精神以及超群的概括能力、顽强的创作力，将是中国知识分子永远学习的榜样。

《离骚》是战国时期屈原的代表作，是中国古代诗歌史上最长的一首浪漫主义的政治抒情诗。诗人从自叙身世、品德、理想写起，抒发了自己遭谗被害的苦闷与矛盾，斥责了楚王昏庸、群小猖獗与朝政日非，表现了诗人坚持"美政"理想，抨击黑暗现实，不与邪恶势力同流合污的斗争精神和至死不渝的爱国热情，充分表达了诗人强烈的爱国热情和坚定的理想信念。

《九歌》是《楚辞》篇名。原为传说中的一种远古歌曲的名称，屈原据民间祭神乐歌改作或加工而成。共11篇：《东皇太一》《云中君》《湘君》《湘夫人》《大司命》《少司命》《东君》《河伯》《山鬼》《国殇》《礼魂》。其中《国殇》一篇悼念和颂赞了为楚国而战死将士；多数篇章，则皆描写神灵间的眷恋，表现出深切的思念或所求未遂的伤感。王逸说这是屈原被放逐江南时所作。但现代研究者多认为作于放逐之前，仅供祭祀之用。表达了诗人超群的概括能力和顽强的创作力。

《天问》是中国最伟大的浪漫主义诗人屈原的代表作，是《楚辞》中的一篇，全诗374句，多为四言，兼有三言、五言、六言、七言，偶有八言，起伏跌宕，错落有致。该作品全文自始至终，完全以问句构成，一口气对天、对地、对自然、对社会、对历史、对人生提出187个问题，被誉为是"千古万古至奇之作"。表现了诗人的深刻思考和敢于提问的精神。

▲ 天问

△ 汨罗江上万古悲情

附录 B

我的追梦

B.1 我的守望

春，在我的守望里，一直是盈盈满志。记忆中一年里春、夏、秋、冬，春总是给我的梦最多，因为奶奶告诉我春天的梦最真。是的，经过慢慢的严冬之夜，人们迎来的不仅是春的和煦清风，叩开季节的门扉，轻轻泊在枝头，明媚的阳光，徜徉着清寒煴暖。不知怎的，从小到大，在这万物生机的季节，我总是迎来一年中梦最多的时候。记得小时候，我的春之梦是大山外的精彩世界，猜想着外边到底是什么，翻过山是否快到天际。读高中时上大学是我最大的春之梦，而在上大学的时候梦更多，每到春天我总是要放飞自己的希望之鸽，到如今不知有多少梦想都是春天激发的。

我的春之梦，如同江南春天，像一幅淡淡的水墨，如梦似幻，绵绵而潇潇。如同江南春之风情，像一阕古典的歌谣，优雅而散淡，轻柔而叹婉。

我的春之梦，如同在微风细雨中，行走在青衣陌巷，正是"梨花淡白柳深青，柳絮飞时花满城"，依依燕语，恰恰莺啼，禾苗青绿，油菜花黄，空气中飘洒着淡淡的花香。在湿润的石板路上，流淌着过往的醇香，而我的梦，也绽放在春日的画笺，如诗如画。

附录 B　我的追梦

北京航空航天大学航空科学与工程学院 2013 年入学的力学班学员朱屹洁同学在听作者的空气动力学课程时为作者画的素描（2015 年秋季）。

B.2　追梦的人生

人生不知有过多少梦，

仿佛从记忆起，

就是一个追梦的过程。

小时候妈妈常说，

梦多的人有出息，

长大后才知其中的缘由。

梦是生命之灵魂，

能够点燃爱的火焰，

融化世间冰雪。

梦是理想的翅膀，

如同蓝天中飞翔的海燕，

无论狂风骤雨，

为梦飞向远方。

伴随着爱的梦想，

御风而行，

心将永远不会孤单。

附录 B　我的追梦

B.3　我童年的记忆

小时候印象最深的是小学校墙外的一条长长而窄的胡同路，这条路上留下我许多童年的欢乐和幸福的记忆，其中印像最深的是春天胡同路上的烤红薯香味，即使现在想起来也会在心里激起一股淡淡的香甜。

那时候，每到了初春的日子，春风吹拂着大地，朗朗天空飘着几朵白云，常常会在上下学的胡同路上出现用大号铁皮油桶制成的烤红薯炉子，炉子下面是一个可以移动的小推车，炉子上面摆放着一两块烤得金黄的香喷喷的红薯，快邻近炉旁香味扑鼻，那种诱惑对童年的我实在难以抵挡，有时会在炉子不远处呆呆地看上一阵子，如果不是卖红薯大爷提醒要误课了，也不知多久才离开。即使背着重重的书包，快速跑进学校门赶去上课，也会因为听到断断续续的叫卖声，在心理激起几分隐隐的因离开而难受的感觉。特别是到下午最后一堂课的后半节，不管多重要的课，即使遇到考试，只要隐约听到熟悉的红薯叫卖声，心就不在课堂了，焦急地等待着下课放学的来临。

一听到下课铃，早已在课间约好的伙伴们，背起书包争先恐后离开教室，气喘吁吁朝着红薯香味方向奔跑过去，这时候不知是心灵感应还是什么，老大爷早早就准备好了，先去的伙伴自然可以挑到大一点的，后去的有时会因为大小与大爷争上几句，有时也会得到些许补偿。

想想那个吃红薯的场面更是童趣横生。大家你一口我一口边吃边打闹，常会被烫得怪叫声连连。特别是对付外黑内黄的红薯皮，当剥去外表一层黑黑的皮，漏出金黄的薄层，实在香甜得很。但面对双手捧着滚烫的红薯，心理别提有多急啦，常常被烫得龇牙咧嘴，跳着脚尖快速甩摆拨皮的指头，这时常会搞得满脸和衣裳都是黑胡胡的，好不容易吃完后，伙伴们自然少不了打闹一阵，看到天黑了，才恋恋不舍地离开。

不要忘了，事情并没有完，当赶着时间朝家跑去，远远看到妈妈在门口焦急地等着，看到我后，把书包接过去，嘴里少不了絮叨，看你又吃红薯去了，瞧你脸上和衣衫上都是黑的，赶紧跟妈去洗洗，别让你爸看着，这时会乖乖地被妈妈数落着，洗着脸和打扫衣衫灰尘。洗完后妈妈会说，乖点，别惹你爸。说来也怪，这时候的爸爸好像也很慈祥。

不知怎的，这些童年无忧无虑的趣事一直伴着自己，每每想起，总是燃起满满的思乡情。

这就是我的童年，我的故乡，我的母亲，留给我一辈子的思念。

流体力学通论

B.4　秋叶辉煌

在这金秋的季节，漫步于丛林中的我，自然被满目的秋叶所吸引。那一树树的秋叶，如同一朵朵繁花，由红黄绿交融在一起，形成色彩斑斓的世界，绝不逊色于五月鲜花盛开的时节，在通透的秋阳照射下，一片片秋叶熠熠生辉，充满着生命的活力。

在这清淡的秋日里，他们尽自己最大努力，甚至不惜生命，为远方的追梦，无私地绽放出生命中最后的辉煌。那些红色的枫叶，激情四射；金黄的杏叶，深情厚重；各样淡绿色叶子，如翡翠，玲珑剔透。一片片各色秋叶交错在一起，把世界装扮的五彩缤纷，给人们带来花谢后久违的激动和愉悦，仿佛告知只要有他们世界一样光彩照人。

其实他们一生中留给人们的何止这些，特别是他们对花

的守护令世界动容,他们那种甘做护花使者,终生为花奉献的精神值得人们学习。

想想这一片片叶子,从生到离去没有一天不是为花而奉献。在那初春的季节,寒气不时地还会袭来,他们早早爬上枝端,从此与风雨为伴,为春天点燃绿色的生命,默默地等待着鲜花的到来。当进入暖春,枝上布满花蕊,他们无时无刻守护在花蕊身旁,为花蕊提供绿色而温馨避风港,生怕意外夭折。每当迎来夏日花开的季节,整个世界处在鲜花盛开的海洋,鸟语花香,各种花卉多姿多彩,娇艳无比,世界深深被花所吸引,此时几乎无人在乎他们,仿佛忘记了他们的存在,但他们却是最忙绿的时候,默默守护在花的身边,忠实地肩负着护花使者的重任,呵护着朵朵鲜花,为花遮风挡沙,营造着最佳氛围,创造出"红花得有绿叶陪"的美景,他们无怨无悔的精神令世界感动。到了初秋,当人们对渐渐凋谢的鲜花失去兴趣,他们依然守护着朵朵残花,坚持着自己的信念,恋恋不舍地目送着百花的离去。此时,他们依然傲立于树端,倔强地坚守着爱的初衷,依然做着护花的梦,执着而坚定,而且这种挚爱随岁月在递增,无论受到如何摧残,他们的梦始终未破。到了深秋,当他们即将离去的时候,人们做梦也没有想到他们以鲜花一样的姿态奉献出毕生的精力，装扮自己让秋色更加迷人。在繁华快落尽时，为深秋增添的这一笔爱的色彩，似乎在延续着花的生命，完成了他们最后的夙愿。

秋叶如花，他们为爱默默地付出执着而平凡的一生，在这个落叶飘飞的季节，我不时生出黛玉葬花的忧伤，同时也为他们崇高的品格所感动。

B.5　春雪如花

雪花在人们心中，一直以洁白轻盈、纯净无瑕而被赞誉。尤其是春天里的雪花，带着人们对新年美好的期盼和祝愿，飘逸连绵从空中洒下，装扮着初春的大地，给人们带来无限的遐想，如同在浓妆艳抹的春季到来之前，为大地略使粉黛所营造的那种清香典雅之美境。

初春虽有些寒气逼人，但大地已开始悄悄回暖，从窗外看去，飘飞在雨水中的片片雪花，带着几分羞涩落于黛瓦青墙、街衢小径，宛

如多愁善感的白衣少女缓缓而至，洁白无瑕，高贵无比，似冷艳如冰美，有着闭月羞花沉鱼落雁之美感。

纷飞的片片雪花，带着诗意般的素雅，美的让人不知所措。无论是诗人、画家、摄影家，甚至一般人，都将会情不自禁地驻脚凝视，赞美不绝。

在唐诗中，飘飞的雪花如同美妙无比的朵朵玉蝶，寄托着人们的美好夙愿。在宋词中，她们又像结成的帧帧素笺，带来远方无尽的思念。从陶渊明到李白杜甫，再到苏东坡辛弃疾，无不与雪花缠绵情深。

附录 B　我的追梦

　　望去窗外的雪花世界，在洁白的大地上点缀着片片青色，偶尔在树梢上可看到初春刚露头的粉红色点点般的花蕾，此时在雪花的簇拥下，常会使人心中生起悠悠情思，如轻烟雾丝冉冉升腾，好像与整个宇宙融为一体，感到通明透亮，清净无比。

　　这种春天带雨的雪花，简直就是上帝馈赠给人们最珍贵的返季礼物，如果不到屋外去亲吻一下她们，将会留下难以修复的遗憾。尤其到了傍晚时分，雪花依旧无声息地飘着，只是感觉比早晨更瘦小了些许。细细品来，如同唐代诗人宋之问所描述的那样，"不知庭霰今朝落，疑是林花昨日开"。站在雪地里，任凭雪花飘打在脸上，掬一

捧雪花品味着唐代诗人韩愈的"当春天地争奢华,洛阳园苑尤纷拏。谁将平地万堆雪,剪刻作此连天花"之雅韵,感悟着唐代诗人高骈的"六出飞花入户时,坐看青竹变琼枝。如今好上高楼望,盖尽人间恶路岐"之情调和思索。品之,赏之,思之,别有一番情趣韵味。

站在雪地上,如同走进白雪绘就的图画中。在这份上帝恩赐的天然静美中,让人品味着早春的美景,静静地享受着飘逸如蝶的春雪深情…。

B.6　沁园春·北航绿园

腊月深冬，学子归家，寂静校园。

看雪霜争艳，层林尽染；

素裹银装，独上枝头。

处处皑雪，举目惆怅，忽见园中万点青。

莫非是，那颗颗雪粒，也御寒来。

独游园内丛林，北风忆追春草绿园。

恰同学草地，万物着绿；

书生荟萃，欲比高低。

叶绿丛林，朗声四起，圆梦英才破万千。

曾记否，待花开盛旺，迎聚新人。

参 考 文 献

[1] Prandtl L. 流体力学概论 [M]. 郭永怀，陆士嘉译. 北京：科学出版社，1987.

[2] 巴切勒 G K. 流体动力学引论 [M]. 沈青，贾复译. 北京：科学出版社，1997.

[3] 李功发. 科学巨匠的发明之争 [J]. 发明与创新：综合科技，2010，11：44，45.

[4] Tsin S H.Superaerodynamics, mechanics of rarefied gases. J. Aero. Sci, 1946,13：653～664.

[5] 翟章华，刘伟，曾明，等. 高超声速空气动力学 [M]. 北京：国防科技大学出版社，2001.

[6] 张维. 符松. 章光华. 普朗特纪念报告译文集———部哥廷根学派的力学发展史 [M]. 任文敏编译. 北京：清华大学出版社，2013.

[7]（英）冯. 卡门，李. 爱特生著. 冯. 卡门 [M]，王克仁译. 西安：西安交通大学出版社，2015.

[8] 钱学敏. 钱学森科学思想研究 [M]. 西安：西安交通大学出版社，2008.

[9] 张长高. 水动力学 [M]. 北京：高等教育出版社，1993.

[10] 吴望一. 流体力学 [M]. 北京：北京大学出版社，1983.

[11] Doulas J F, Gasiorekand J J M.A.Swaffield. Fluid Mechanics, 3rd. [M]. 北京：世界图书出版社，2000 年.

[12] 许维德. 流体力学 [M]. 北京：国防工业出版社，1979.

[13] Lamb H.Hydrodynamics [M]. Cambridge University Press, 1932.

[14] Batchelor G H. The theory of homogeneous turbulence[M]. New York: Cambridge University Press, 1953.

[15] Schlichting H. Boundary layer theory[M]. New York: McGraw Hill Book Company, 1979.

[16] Launder B E and Spalding D B. Mathematical models of turbulence[M]. London: Academic Press, 1972.

[17] Frost W, Moulden T H. Handbook of turbulence[M]. New York: Plenum Press, 1977.

[18] 刘沛清，刘佳. 现代大学概论 [M]. 北京：北京航空航天大学出版社，2012.

[19] 刘沛清. 现代坝工消能防冲原理 [M]. 北京：科学出版社，2010.

［20］ 赵学端，廖其奠. 粘性流体力学 [M]. 北京：机械工业出版社，1983.

［21］ Stanisic M M. The Mathematical theory of turbulence[M]. New York: Springer-Verlag, 1984.

［22］ Hinze J O. 湍流（上下册）[M]. 黄永念，颜大椿译. 北京：科学出版社，1987.

［23］ 陈义良. 湍流计算模型 [M]. 合肥：中国科学技术大学出版社，1991.

［24］ Frisch U. Turbulnce[M]. New York: Cambridge University Press, 1995.

［25］ 陈懋章. 粘性流体动力学基础 [M]. 北京：高等教育出版社，2002.

［26］ Orszag S A, Patterson G S. Numerical simulation of three-dimensional homogeneous isotropic turbulence[J]. Phys. Review. Lett., 1972, 28：76.

［27］ Moser R D, Moin P. The effect of curvature in wall bounded turbulence[J]. JFM, 1987, 175：479.

［28］ Moin P, et al. Direct numerical simulation: A tool in turbulence research[J]. Annual Review of Fluid Mechanics, 1998, 30：539.

［29］ Kleiser L, Zang T A. Numerical simulation of transition in wall-bounded shear flows[J]. Annual Review of Fluid Mechanics, 1991, 23：495.

［30］ 吴子牛. 空气动力学（上下册）[M]. 北京：清华大学出版社，2007.

［31］ 张兆顺，崔桂香，许春晓. 湍流理论与模拟 [M]. 北京：清华大学出版社，2005.

［32］ 是勋刚. 湍流 [M]. 天津：天津大学出版社，1994.

［33］ Wu J Z, Ma H Y, Zhou M D.Vortical Flows[M].Springer Heidelberg New York Dordrecht London,2015.

［34］ 范全林，张会强，郭印诚，等. 平面自由湍射流拟序结构的大涡模拟研究 [M]. 北京：清华大学学报，2001.

［35］ Cohen I B. Dictionary of Scientific Biography[M]. New York: Charles Scribner's Sons. 1970.

［36］ 朱庭光、秦晓鹰、孙耀文. 外国历史名人传 [M]. 北京：中国社会科学出版社，1984年.

［37］ 牛顿——科学巨匠. 新浪网.

［38］ 世界数学名人 [M]. 天津：天津工程职业技术学院，2014.

［39］ 孙方民，等. 科学发展史 [M]. 郑州：郑州大学出版社，2006.

［40］ （英）约翰·克拉克，迈克尔·阿拉比. 世界科学史 [M]. 张海译. 哈尔滨：黑龙江科学技术出版社，2009.

［41］ 刘睿铭. 科学的历程 [M]. 南昌：江西高校出版社. 2009.

［42］ 远德玉，王建吉，赵研. 自然科学发展简史 [M]. 北京：中央广播电视大学出版社，2004.

［43］ 白春礼．科学与中国 [M]．北京：科学出版社，2016．

［44］ （英）安德森 D F，埃伯哈特 S．认识飞行（第二版）[M]．韩连译．北京：航空工业出版社，2011．

［45］ 徐华舫．空气动力学基础：上下册 [M]．北京：北京航空航天大学出版社，1987．

［46］ John D,Anderson J. Fundamentals of Aerodynamics[M]. Third Edition, International Edition. Mechanical Engineering Series, New York: McGaw-Hill, 2001.

［47］ 马丁．西蒙斯．模型飞机空气动力学 [M]，肖治垣，马东立译．北京：航空工业出版社，2007．

［48］ 陈再新，刘福长，鲍国华．空气动力学 [M]．北京：航空工业出版社，1993．

［49］ 钱翼稷．空气动力学 [M]．北京：北京航空航天大学出版社，2004．

［50］ 陆志良．空气动力学 [M]．北京：北京航空航天大学出版社，2009．

［51］ 朱宝鎏．无人机空气动力学 [M]．北京：航天工业出版社，2006．

［52］ （英）Gunter Endres Michael J.Gething．飞机鉴赏指南（第 5 版）[M]．李佩乾译．北京：人民邮电出版社，2014．

［53］ Royce R. The Jet Engine[M].Rolls-Royce plc,2005.

［54］ Saad M A.Compressible Fluid Flow[M].Prentice-hall, INC.1985.

［55］ Milne-Thomson L M. Theoretical aerodynamics[M]. London : Macmillan and Co, 1948.

［56］ Dyke M V. An Album of Fluid Motion[M]. United States : Parabolic, 1982

［57］ Bertin J J, Michael L. Smith.Aerodynamics for engineers (2nd) [M]. Englewood Cliffs, New Jersey: Prentice Hall, 1989.

［58］ Barnes W.McCormick. Aerodynamics,Aeronautics,and Flight Mechanics (2nd) [M]. John Wiley & Sons, INC., 1995.

［59］ Obert E.Aerodynamic Design of Transport Aircraft[M].Delft University Press,2009.

［60］ Wang S, Zhang X, He G, et al.Lift enhancement by bats dynamically changing wingspan[J] . J. R. Soc. Interface,2015,12:12.

［61］ 詹金森 L R，辛普金 P，罗兹 D．民用喷气飞机设计 [M]．李光里等译．北京：中国航空研究院，2001．

［62］ 郭子中．消能防冲原理与水力设计．北京：科学出版社，1982．

［63］ Rajaratnam N. Hydraulic jumps. Advances in Hydrosciences, 1967, 4:198, 280.

［64］ Ven Te Chow，Open-channel Hydraulics. New York：McGRAW-Hill Book Company,1959.

［65］ 刘沛清．计算水力学基础．郑州：黄河水利出版社，2001．

[66] 麦赫默德 K, 叶夫耶维奇 V. 明渠不恒定流（第 1 卷）. 林秉南等译. 北京: 水利电力出版社, 1987.

[67] 夏震寰著, 现代水力学（四册）[M]. 北京: 高等教育出版社, 1992.

[68] 清华大学水力学教研室编著, 水力学 [M](下册), 人民教育出版社, 1981.

[69] 吴持恭主编, 水力学 [M]（上册）, 高等教育出版社, 1983.

[70] 华东水利学院水力学教研组编, 水力学（下册）[M], 华东水电学院, 1978.

[71] （英）贝尔纳·莫兰著. 海洋工程水动力学 [M], 刘水庚译. 北京: 国防工业出版社, 2012.

[72] （英）约翰·克拉克, 迈克尔·阿拉比. 世界科学史 [M]. 张海译. 哈尔滨: 黑龙江科学技术出版社, 2009.

[73] John D.Anderson, J R. Computational Fluid Dynamics– The Basics with Applications[M], McGraw-Hill,1995.

[74] Roache P J.Computational Fluid Dynamics[M].Hermosa and Publishers,1976.

[75] Doulas J F, Gasiorek J M, Swaffield J A. Fluid Mechanics（3rd）[M]. 北京: 世界图书出版社, 2000 年.

[76] Spalart P R, et al. Spectral Methods for the Navier-Stokes Equations with one infinite and two periodic directions[J]. Journal of Computational Physics, 1991, 96 : 297.

[77] Lele S K. Computational acousitics: a Review[R]. AIAA, paper 97-0018, 1997.

[78] （英）约翰·克拉克, 迈克尔·阿拉比. 世界科学史 [M]. 张海译. 哈尔滨: 黑龙江科学技术出版社, 2009.

[79] 远德玉, 王建吉, 赵研. 自然科学发展简史 [M]. 北京: 中央广播电视大学出版社, 2004.

[80] 李周复. 风洞试验手册. 北京: 航空工业出版社, 2015.

[81] 颜大椿. 实验流体力学. 北京: 高等教育出版社, 1992.

[82] 恽起麟. 实验空气动力学. 北京: 国防工业出版社, 1991.

[83] 王铁城. 空气动力学实验技术. 北京: 航空工业出版社, 1995.

[84] 何克敏. 低湍流度风洞及其设计. 西北工业大学校庆 30 周年纪念论文, 1987.

[85] Nagib N, et al. Flow Quality Documentation of the National diagnostic Facility. AIAA paper 94-2499.

[86] Loerke R L, et al. Control of free-steam turbulence by means of honeycombs, A balance between suppression and generation. Journal of Fluids Engineering, 1976.

[87] 伍荣林,王振羽.风洞设计原理.北京:北京航空学院出版社,1985.

[88] 彭克斯特 RC,等.风洞实验技术(上).北京:国防工业出版社,1963.

[89] 艾伦.波普,约翰 J.哈珀.低速风洞试验.北京:国防工业出版社,1977.

[90] 李桂春.风洞试验光学测量方法.北京:北京国防工业出版社,2008.

[91] 程厚梅.风洞实验干扰与修正.北京:国防工业出版社,2003.

[92] Baals D D, Corliss W R.Wind tunnels of NASA. Washington, D.C. : Scientific and Technical Information Branch, National Aeronautics and Space Administration : for sale by the Supt. of Docs., U S G P O, 1981.

[93] Pope A. Wind-Tunnel Testing[M]. New York : JohnWiley & Sons, Inc, 1947.

[94] Tropea C, Yarin A L, Foss J F. Handook of Experimental Fluid Mechanics[M]. Berlin: Springer, 2007.

[95] 盛森芝,等.流速测量技术[M].北京:北京大学出版社,1987.

[96] 沈熊.激光多普勒测速技术及应用[M].北京:清华大学出版社,2004.

[97] 詹青龙,卢爱芹,李立宗,等著.数字图像处理技术[M].北京:清华大学出版社,2010.

[98] 范洁川.流动显示与测量[M].北京:机械工业出版社,1997.

[99] 航空百年活动组委会.飞行世纪—纪念飞机发明 100 周年[M].北京:中国宇航出版社,2003.

[100] 胡问鸣.通用飞机[M].北京:航空工业出版社,2008.

[101] 刘大响,陈光,等.航空发动机——飞机的心脏[M].北京:航空工业出版社,2010.

[102] 李素循.激波与边界层主导的复杂流动[M].北京:科学出版社,2007.

[103] 中国大百科全书.中国大百科全书.北京:中国大百科全书出版社,1993.

[104] 恽起麟.风洞实验[M].北京:国防工业出版社,2000.

[105] Kline S J, Reynold W C, Schraub F H, et al. The strueture of turbulent boundary layers. J Fluid Mech, 1967,30: 741-774.

[106] 姚华栋,何国威.均匀各向同性湍流的压力时空关联函数.庆祝中国力学学会成立 50 周年暨中国力学学会学术大会,2007.

[107] 张伟伟,高传强,叶正寅.机翼跨声速抖振研究进展[J].航空学报,2015,36(4):1056-1075.

[108] Morton S A, Cummings R M, Kholodar D B. Highresolutionturbulencetreatmentof F/A-18 tailbuffet[C]. 45th AIAA/ASME/ASCE/AHS/ASC Structures, Structural Dynamics &

Materials Conference. Palm Springs, California, 2004.

[109] 刘沛清.《天问》与《问湍流》之比拟[J]. 力学与实践，2016，38（3）：356-360.

[110] Tino Weinkauf and Hans-Christian Hege, Bernd R. Noack, Michael Schlegel, and Andreas, Dillmann, Coherent Structures in a Transitional Flow around a Backward-Facing Step, PHYSICS OF FLUIDS, 2003, VOL. 15(9).

[111] Lighthill M.On Sound Generated Aerodynamically.I.General Theory[J]. Proceedings of the Royal Society of London.Series A, Mathematical and Physical Sciences,1952, 211(1107):564-587.

[112] Curle N. The Influence of Solid Boundaries upon Aerodynamic Sound[J].Proceedings of the Royal Society of London.Series A,Mathematical and Physical Sciences,1955, 231(1187): 505-514.

[113] Ffowcs Williams J.E. and Hawkings D. Sound Generation by Turbulence and Surfaces in Arbitrary Motion[J]. Philosophical Transactions for the Royal Society of London. Series A, Mathematical and Physical Sciences,1969,264(1151):321-342.

[114] Powell A. Theory of Vortex Sound[J].The Journal of the Acoustical Society of America,1964,36:177.

[115] Ffowcs Williams J.E. and Hall L.H. Aerodynamic Sound Generation by Turbulence Flow in the Vicinity of a Scattering Half Plane. [J]. Journal of Fluid Mechanics,1970,40 (No.4):657–670.

[116] Farassat F. Theory of Noise Generation from Moving Bodies with an Application to Helicopter Rotors. NASA TRR-451,1975.

[117] 朱自强、陈迎春、王晓露、吴宗成. 现代飞机的空气动力设计[M]. 北京。国防工业出版社，2011.

[118] 吴希曾等主编. 中国儿童百科全书[M]. 北京：中国大百科全书出版社，2009.

[119] 美国财经杂志《福布斯》网站 cmo.icxo.com.

[120] 投资界网 http://news.pedaily.cn.

[121] 深圳新闻网 http://www.sznews.com.

[122] 信息时报 www.xxsb.com.

[123] Metacomptechnologies 网站 http://www.metacomptech.com.

[124] 航空网 http://www.hangkong.com.

[125] 百度百科网站 baike.baidu.com.

［126］新浪网站 www.sina.com.cn.

［127］新浪军事 http://mil.news.sina.com.cn.

［128］新浪科技 http://tech.sina.com.cn.

［129］新浪广东 http://gd.sina.com.cn.

［130］新华网 http://news.xinhuanet.com.

［131］空翼网 http://www.afwing.com.

［132］腾讯科技 http://tech.qq.com.

［133］南华早报 http://www.ftchinese.com.

［134］财经网 http://life.caijing.com.cn.

［135］和讯新闻网站，news.hexun.com.

［136］佳工机电网 http://www.newmaker.com.

［137］榆次锋特行液压机械制造有限公司 http://www.ycfth.com.

［138］素材公社 http://www.tooopen.com.

［139］中国历史博物馆网站 www.cpc.people.com.cn.

［140］清华大学网站 www.tsinghua.edu.cn.

［141］北京大学网站 www.pku.edu.cn.

［142］北京航空航天大学网站 www.buaa.edu.cn.

［143］天津大学网站，tdjxxy.tju.edu.cn.

［144］同济大学网站，www.tongji.edu.cn.

［145］西北工业大学网站，jpkc.nwpu.edu.cn.

［146］中国科学院网站，www.cas.cn.

［147］红动中国网站，sucai.redocn.com.

［148］搜狗百科网站，baike.sogou.com.

［149］另类科学博客网站，blog.cntv.cn.

［150］星竞界网站，www.766.com.

［151］科学网站，www.sciencenet.cn.

［152］中国空气动力研究与发展中心网站，www.cardc.cn.

［153］中航工业空气动力研究院网站，www.avicari.avic.com.

［154］日本铁道低噪声风洞网站，www.rtri.or.jp.

［155］微信公众号，国学精粹与生活艺术（gxjhshs）.

［156］微信公众号，风流知音（CFD1001.）

后　记

说来也怪，成稿数月并没有感觉到有多大的轻松愉快，却相反经常会生出一些不明的纠结，其中感慨最深的莫过于编书的不易，现在如果再给我一次选择，也许会主动放弃。这里暂不说编书成稿所花费的大量精力和时间，也不说为筹集出版书款而受尽的磨难，更不论担心出版后的效果。现借此一角，仅想说说自己结稿后所生的几分感慨、欣慰和遗憾。

感慨的是，自从 1982 年由华北水利水电大学本科毕业留校任教至今，已过去 34 年的时间，这期间虽然变故很多，但流体力学课程一直伴随着自己，经过多年对水力学、空气动力学和工程流体力学课程的讲授，深知讲好一门课程的不易。特别是从自己看懂、讲出来、讲明白、再到让别人听明白，各阶段的提升是需要长时间修炼和积累的。近年来我思考最多的是如何在课堂上将枯燥静止的数学方程与生动活泼的物理现象有机结合，如何激发学习兴趣，让学生在思考中获取知识。为此，一直构思着写一本与理论教材相配套的流体力学通论读本，希望将科学知识与人文历史相结合，从直观易懂的物理概念入手，将知识介绍融入历史发展进程中，达到引人入胜、引人入神之境界。今日总算完稿，实感不易。

欣慰的是，经过长达 5 年的编撰，从收集资料到加工成稿，整个

后　记

过程使自己对流体力学的认识发生了一次阶跃式的提升，这种感悟是过去从未有过的，不能不算是一件欣慰的事。

遗憾的是，每次读起书稿，总感觉与编撰时所设想的境界相差很远，虽说大改 2 遍、小改 3 遍，但总不能令自己满意，深怕出现差错或留下不小的遗憾。但任何事情总有时间限制，继续推敲实属不易，也只能在无奈中搁笔。

渴望读者多提宝贵意见，以便日后再版修正。